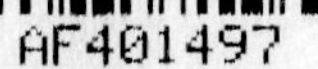

Rⁿ Nietzki

Chimie
des
Matières colorantes
Organiques

Bibliothèque technologique

Georges CARRÉ & C. NAUD, Éditeurs

CHIMIE

DES

MATIÈRES COLORANTES

ORGANIQUES

CHIMIE

DES

MATIÈRES COLORANTES

ORGANIQUES

PAR

R^r. NIETZKI

Professeur à l'Université de Bâle

AVEC PRÉFACES

DE

C. FRIEDEL et E. NŒLTING

Traduite sur la IIIe édition allemande, et mise au courant des derniers progrès
d'après la IVe édition allemande

PAR

CHARLES VAUCHER, CAMILLE FAVRE

ET

ALFRED GUYOT

Maître de Conférences à la Faculté des Sciences
de Nancy.

PARIS

GEORGES CARRÉ ET C. NAUD, ÉDITEURS

3, RUE RACINE, 3

1901

PRÉFACE

Le Traité des matières colorantes organiques de
M. Nietzki jouit dans les pays de langue allemande
d'une réputation grande et bien méritée. C'est le vade-
mecum indispensable de tous ceux qui veulent s'occuper de l'étude des matières colorantes et de leurs
applications. Il a paru en 1886 comme article dans le
Dictionnaire de chimie de Ladenburg, et, sous une
forme plus complète, comme livre à part, en 1889.
Une seconde et une troisième édition toujours tenues
au courant des découvertes les plus récentes ont été
publiées en 1894 et 1897. Il en existe des traductions
anglaise, italienne et russe. MM. Ch. Vaucher, Camille
Favre et A. Guyot viennent d'en achever la traduction
française sur l'édition de 1897, en tenant compte des
progrès réalisés depuis cette époque. Nous sommes
convaincu qu'ils rendent par là un réel service au
public français et nous espérons que leur tentative
sera bien accueillie. Il existe en français d'excellents
ouvrages sur les matières colorantes, en particulier
ceux de M. Lefèvre et de MM. Seyewetz et Sisley,
mais l'un et l'autre sont très volumineux et leur étude
exige plus de temps que ne peuvent et ne veulent y

consacrer beaucoup de personnes. Le livre de Nietzki a le double mérite d'être à la fois très concis et très complet. Ceux qui s'en sont bien assimilé la teneur sont tout à fait à la hauteur de cette partie de la science et peuvent entreprendre avec succès l'étude du Traité plus détaillé de Lefèvre (2 gros volumes d'ensemble pages 1 645), et des mémoires originaux et des brevets. La lecture de ce livre ne sera pas utile seulement à ceux qui veulent faire plus tard des matières colorantes l'objet spécial de leurs études, mais aussi à ceux beaucoup plus nombreux qui ont à s'occuper de leur application. Le teinturier et le coloriste, le fabricant de laques, de papier, de papiers peints, tous ceux enfin qui teignent les matières premières diverses, cuirs, peaux, plumes, cires, corps gras, etc., tiennent maintenant, s'ils sont intelligents et instruits, à ne plus opérer avec des produits dont la nature chimique leur échappe, mais aiment à se rendre compte de la constitution des corps avec lesquels ils opèrent. Il est évident que la connaissance des propriétés chimiques des matières qu'on met en travail, facilite de beaucoup leur application et permet d'éviter bien des tâtonnements inutiles.

Enfin les professeurs de chimie organique, qui, dans leurs cours, veulent donner un aperçu général des matières colorantes, se serviront avec profit de ce livre qui en expose la théorie avec beaucoup de clarté. La division des matières colorantes en familles naturelles telle qu'elle est employée maintenant partout, a été inaugurée par M. Nietzki en 1886. La meilleure preuve de son excellence, c'est qu'elle a été adoptée universellement, aussi bien dans les traités que dans les cours. A l'école de chimie de Mulhouse, le livre de Nietzki est d'un usage courant et en voyant les services qu'il a rendus et rend toujours à mes élèves, aussi bien pour l'étude que comme guide pour les travaux de laboratoire, je saisis avec plaisir l'occasion qui se présente pour moi ici, d'en dire tout le bien que j'en pense et de le recommander au bon accueil du public français.

E. NŒLTING.

Directeur de l'école de chimie de Mulhouse.

PRÉFACE ([1])

Dans sa trop grande modestie, M. Nœlting, l'un des savants les plus compétents dans les questions qui peuvent être soulevées par l'étude des matières colorantes, a cru que quelques mots de ma part pouvaient ajouter quelque chose à la valeur de la recommandation qu'il fait du livre de M. Nietzki et de sa traduction française. Si peu nécessaire que ce soit, je joins bien volontiers l'expression de mon opinion à la sienne. M. Nietzki a rendu par la composition de son livre un grand service à tous ceux qui ont à s'occuper de matières colorantes, ou qui désirent se mettre au courant de cette branche importante de la science chimique, et MM. Vaucher, Favre et Guyot par leur traduction un non moins grand à tous ceux auxquels les éditions allemandes ne sont pas facilement accessibles. Comme l'école de chimie de Mulhouse, l'enseignement pratique de chimie appliquée, organisé depuis deux ans à la faculté des sciences, et allant atteindre l'année prochaine son plein développement par l'étude des questions industrielles, y trouvera un aide précieux.

([1]) Cette préface de M. Friedel a été écrite le 18 juillet 1898.

Je n'ai donc aucun doute sur l'excellent accueil que le public chimique fera à cette édition nouvelle et complétée de l'ouvrage de M. Nietzki.

C. FRIEDEL,
de l'Institut.

INTRODUCTION

Certains corps jouissent de la propriété de ne réfléchir ou de ne laisser passer que quelques-uns des rayons constituant la lumière blanche et d'absorber les autres; il en résulte que ces corps nous apparaissent avec une coloration propre, plus ou moins caractéristique.

Les corps simples nous en offrent quelques exemples ; leur coloration peut être très différente selon leur état physique ou leur mode d'agrégation ; c'est le cas de l'iode. Quelques éléments, comme le chrome, forment toujours des combinaisons colorées, mais il en est d'autres où la coloration de leurs combinaisons est une exception et ne peut être attribuée qu'à la constitution même de la molécule.

C'est dans cette dernière catégorie qu'il faut ranger les combinaisons colorées du carbone.

Les composés organiques, c'est-à-dire les combinaisons que forme le carbone avec l'hydrogène, l'oxygène et l'azote, sont en grande partie incolores; cependant, le carbone peut également former avec ces mêmes éléments des combinaisons colorées dont l'intensité dépasse de beaucoup celle obtenue avec les autres corps simples.

Entre ces combinaisons colorées et les combinaisons

incolores, il n'existe souvent que des différences très faibles ou même nulles dans la composition centésimale. La composition n'intervenant pas pour faire apparaître la coloration, il nous faut en conclure que cette dernière dépend de la structure même de la combinaison.

Les plantes et les animaux élaborent ces deux sortes de combinaisons, et c'est à eux qu'on s'est adressé dès la plus haute antiquité pour obtenir les produits tinctoriaux dont on avait besoin.

Bien que les matières colorantes naturelles aient été l'objet de recherches très approfondies, entreprises depuis longtemps, leur étude n'a contribué que dans une faible mesure à préciser nos connaissances dans le domaine des combinaisons colorées.

C'est seulement lorsqu'on est arrivé à obtenir des colorants par voie synthétique qu'on est parvenu peu à peu à pénétrer plus avant dans la constitution d'un grand nombre de ces composés.

Aujourd'hui encore, on ne sait que bien peu de choses sur la cause intime de la coloration, mais il est acquis que cette coloration est une propriété caractéristique de classes entières de combinaisons chimiques, et on a pu reconnaître, par une étude plus approfondie de ces combinaisons, l'existence de certaines relations entre la structure et la coloration.

Il est hors de doute que la coloration des composés organiques est due à la présence dans leur molécule de certains groupes généralement polyvalents.

Ces groupes jouissent de la propriété commune de pouvoir fixer de l'hydrogène; ce sont donc des radicaux non saturés. Mais en fixant de l'hydrogène, ils perdent la faculté de former des matières colorantes.

Il en résulte que toutes les matières colorantes se transforment en dérivés incolores sous l'influence de l'hydrogène naissant.

Cependant, cette décoloration n'est pas toujours le résultat d'une simple addition d'hydrogène. Le groupe nitré, par exemple, est transformé par réduction en groupe amidé lequel ne reproduira plus facilement le groupe nitré par oxydation. Le groupe azoïque est de même scindé en deux groupes amidogènes ; mais dans ce dernier cas, on observe souvent la formation de composés hydrazoïques comme produits intermédiaires. Ces composés, qui résultent d'une réduction moins profonde, peuvent être considérés comme les prototypes de toute une série de composés incolores, les « leucodérivés ». Un grand nombre de colorants donnent de même par réduction des leucodérivés capables de régénérer par oxydation les colorants dont ils proviennent et qui renferment généralement deux atomes d'hydrogène de plus que ces derniers.

Partant de ce fait, Graebe et Liebermann admettaient dès 1867 (1), l'existence d'une certaine liaison entre les atomes du groupe qui détermine la coloration, liaison qui serait d'une nature analogue à celle admise à cette époque, entre les deux atomes d'oxygène des quinones.

En 1876, O.-N. Witt (2) exposa une théorie générale très complète sur la constitution des matières colorantes dont voici le résumé :

La coloration d'un composé est provoquée par la présence dans sa molécule de certains groupes que nous appellerons « Chromophores ».

Par l'introduction d'un chromophore dans une molécule, on obtient un composé plus ou moins coloré, mais qui n'est cependant pas un colorant au sens propre du mot. Pour obtenir ce dernier, il faut encore introduire dans la molécule un ou plusieurs radicaux salifiables, de nature acide ou basique, qui lui communiquent la propriété de former des sels.

Witt appelle « Chromogènes » les composés qui ne

renferment que le chromophore. C'est seulement par l'introduction de radicaux salifiables qu'un chromogène se transforme en colorant.

Il est nécessaire de préciser la différence qui existe entre les corps colorés et les véritables colorants.

Un véritable colorant doit posséder, outre sa couleur propre, la propriété de teindre. Cette propriété résulte d'une affinité particulière entre le colorant et la fibre, surtout lorsque cette dernière est une fibre animale. Lorsqu'on plonge, par exemple, un écheveau de soie dans la solution d'un colorant, l'écheveau se teint peu à peu et la solution se décolore, du moins si elle n'est pas trop concentrée.

Cette affinité du colorant pour la fibre est particulièrement développée dans les colorants qui possèdent un caractère acide ou basique plus ou moins accentué.

Certains faits tendent à prouver que la combinaison du colorant avec la fibre est analogue à la formation d'un sel, la fibre jouant vis-à-vis du colorant, le rôle d'un acide ou d'une base à la façon d'un acide amidé.

La rosaniline, par exemple, est une base incolore qui forme avec les acides des sels colorés. Or, si on plonge un écheveau de laine ou de soie dans une solution incolore de rosaniline, on constate qu'à chaud l'écheveau se teint en un rouge tout aussi intense que si l'on avait employé au lieu de base libre une quantité équivalente de chlorhydrate de rosaniline. Pour expliquer ce résultat, il faut admettre que la rosaniline s'est combinée à la fibre en formant un sel de rosaniline, jouissant comme tel de la coloration des sels de rosaniline et dans lequel la fibre joue le rôle d'un acide.

Inversement, vis-à-vis des colorants acides, la fibre se comporte comme une base ; on peut le montrer d'une façon très frappante au moyen de l'éther éthylique à structure quinonique de la phénolphtaléine tétrabromée.

Cet éther est jaune pâle à l'état libre et ses solutions étendues sont presque incolores ; ses sels alcalins sont au contraire d'un bleu intense. Or si on plonge un écheveau de soie dans une solution d'un de ces sels alcalins préalablement décolorée par addition d'une quantité suffisante d'acide acétique, on constate que l'écheveau s'y teint en bleu foncé.

Les colorants acides, tels que les acides sulfoniques dérivés des composés amidoazoïques, possèdent généralement à l'état libre une couleur différente de celle de leurs sels alcalins. Ici encore on constate que les acides libres teignent la fibre, non pas avec leur couleur propre, mais avec celle de leurs sels alcalins, ce qui prouve bien que la fibre se comporte vis-à-vis de ces colorants comme une véritable base. Lorsqu'on voudra teindre non plus avec l'acide colorant libre, mais avec un de ses sels alcalins, la fibre n'étant pas une base assez puissante pour déplacer l'alcali qui est combiné à l'acide colorant, on sera généralement obligé de mettre d'abord l'acide colorant en liberté par une addition au bain de teinture d'un acide plus fort.

Lors de la teinture avec les sels des colorants basiques, il est probable que ces sels sont décomposés par la fibre ; du moins cette hypothèse explique pourquoi les sels de certains colorants très basiques ne teignent pas la laine ; c'est le cas du vert méthyle. Comme tous les sels des bases ammonium, les sels de ce colorant sont très stables et ne teignent que très faiblement la laine, cette fibre n'étant pas capable de les décomposer. La soie, au contraire, qui semble jouir de propriétés acides plus accusées que la laine, est teinte par les colorants de ce genre.

Il est plus difficile d'expliquer par de simples considérations chimiques la propriété dont jouissent certains colorants naturels, tels que la curcumine, la carthamine, le rocou, et beaucoup de colorants azoïques, de teindre

directement les fibres végétales. La plupart des colorants
tétrazoïques sulfonés se fixent ainsi sur coton non mordancé à l'état de sels alcalins.

Quelques fibres végétales, comme le jute, fixent directement la plupart des colorants grâce à leur teneur en substance incrustante. Il faut encore signaler la propriété que
possèdent quelques colorants basiques de teindre le soufre
précipité, la terre d'infusoires, la silice gélatineuse, etc.

Enfin, les oxycelluloses jouissent encore de la propriété
de se teindre directement en colorants basiques. C'est
ainsi qu'en traitant les fibres végétales par le chlore,
l'acide chromique, ou d'autres oxydants énergiques, on
peut ensuite les teindre en colorants basiques sans qu'il
soit nécessaire de les mordancer.

Les faits précités : la teinture du soufre, de la silice,
du coton non mordancé, etc., n'étant pas expliqués par la
théorie chimique de la teinture que nous venons d'exposer, beaucoup de chimistes ont été amenés à considérer la
fixation du colorant comme causée par une attraction méca-
nique de surface sans pouvoir toutefois en donner l'expli-
cation. Une théorie très ingénieuse de Witt tient le milieu
entre cette dernière hypothèse et la théorie chimique (3).

D'après Witt, la teinture de la fibre serait un phénomène de dissolution d'un solide, le colorant, dans un
autre solide, la fibre, phénomène analogue en quelque
sorte à la dissolution d'un oxyde métallique dans un verre
coloré ; l'épuisement d'un bain de teinture par un écheveau de laine se ferait par un mécanisme comparable à
l'épuisement d'une solution aqueuse par l'éther.

Il est d'autant plus difficile de se prononcer pour l'une
ou l'autre de ces théories, que les différences qui existent
entre combinaison chimique, solution ou attraction méca-
nique ne sont pas nettement établies.

En étudiant de plus près les groupes qui jouent le rôle
de chromophores, on remarque qu'ils sont généralement

constitués par des éléments polyvalents ; outre le carbone qu'on y rencontre souvent, ils renferment encore fréquemment de l'oxygène, de l'azote ou du soufre.

Contrairement à l'hypothèse généralement admise autrefois (4) d'après laquelle tous les carbures devaient être incolores, on connaît aujourd'hui certains carbures colorés dont l'existence est hors de doute. C'est le cas de la carotine et du dibiphénylène-éthène (5). Ce dernier carbure renferme certainement comme chromophore le complexe : $>C = C<$. Par réduction, il fixe de l'hydrogène et se transforme en un nouveau carbure incolore, ou leuco-dérivé capable de reproduire le colorant primitif par oxydation [1].

On peut admettre en général qu'un chromophore est d'autant plus énergique qu'il fait partie d'une molécule plus condensée et plus riche en carbone. C'est ainsi que le reste éthylénique : $> C = C <$ qui d'ordinaire ne fonctionne pas comme chromophore, acquiert cette propriété lorsqu'il réunit deux radicaux diphénylés comme dans le cas précédent.

Inversement, les chromophores même les plus éner-

---

(1) J. Thiele (B. 33. p. 666) a décrit récemment toute une série de carbures colorés obtenus par condensation des aldéhydes et des cétones avec le cyclopentadiène :

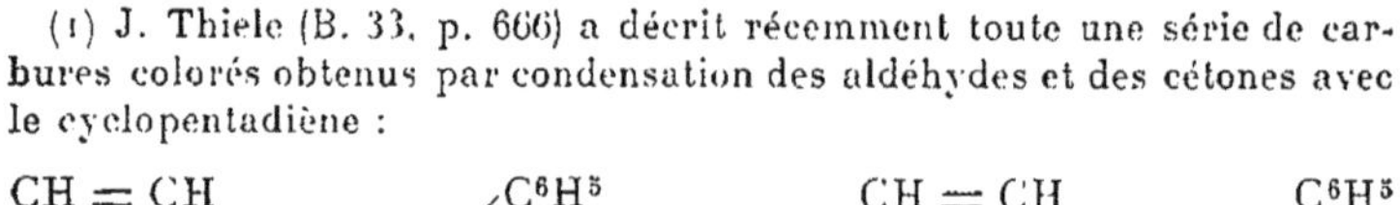

$$\underset{\text{Cyclopentadiène.}}{\underset{CH=CH}{\overset{CH=CH}{\big|}}\!\!\!>CH^2} + \underset{\text{Benzophénone.}}{CO\!\!<\!\!\overset{C^6H^5}{\underset{C^6H^5}{}}} = H^2O + \underset{\text{Diphénylfulvène.}}{\underset{CH=CH}{\overset{CH=CH}{\big|}}\!\!\!>C=C\!\!<\!\!\underset{\text{Carbure rouge.}}{\overset{C^6H^5}{\underset{C^6H^5}{}}}}$$

Ces carbures peuvent être considérés comme étant des produits de substitution d'une carbure isomère du benzène, appelé fulvène, obtenu par condensation du cyclopentadiène avec l'aldéhyde formique :

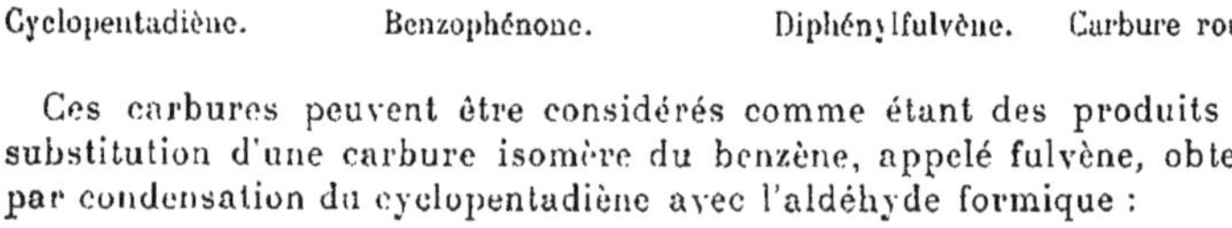

$$\underset{\text{Cyclopentadiène.}}{\underset{CH=CH}{\overset{CH=CH}{\big|}}\!\!\!>CH^2} + \underset{\text{Aldéhyde formique.}}{CH^2O} = H^2O + \underset{\text{Fulvène.}}{\underset{CH=CH}{\overset{CH=CH}{\big|}}\!\!\!>C=CH^2}$$

A. G.

giques cessent de fonctionner comme tels dès qu'ils se trouvent dans une molécule peu condensée et pauvre en carbone ; aussi la série grasse ne fournit-elle que très peu de matières colorantes ; presque toutes ces dernières appartiennent à la série aromatique.

Nous avons vu que les groupes chromophores sont en général polyvalents ; comme chromophore monovalent, on ne connaît guère que le groupe nitré, mais ce chromophore est à peine capable à lui seul de colorer un carbure. Pour qu'il y ait coloration, il faut que la molécule renferme en outre un radical salifiable et il est possible que ce radical salifiable forme avec le groupe nitré un nouveau complexe constituant le véritable chromophore.

Les chromophores polyvalents se comportent comme le groupe nitré et donnent lieu aux mêmes remarques lorsqu'ils sont soudés par chacune de leur valence à des radicaux non reliés entre eux ; les cétones simples sont dans ce cas, tandis que les cétones doubles ou quinones et les cétones faisant partie d'une chaîne fermée comme la diphénylène-cétone ou xanthone sont colorées.

L'azobenzène ne forme qu'une exception apparente à cette règle, on le verra plus loin.

Le groupe cétonique $C = O$ est un des chromophores les plus importants, surtout lorsqu'il entre deux fois dans une même molécule comme dans les quinones ; c'est aussi un de ceux qu'on rencontre le plus fréquemment. L'atome d'oxygène peut y être remplacé par d'autres radicaux ou atomes bivalents ; on obtient ainsi les groupes $C = S$ et $C = Az —$ qui constituent de nouveaux chromophores encore plus puissants que le groupe $C = O$.

Ainsi, tandis que les cétones simples sont généralement incolores, les cétones imides, les thiocétones et les hydrazones sont colorées.

Nous venons de voir que le groupe $C = O$ ne paraît

être chromophore que lorsqu'il fait partie d'une chaîne fermée. Un grand nombre de colorants se rattachent aux types des ortho et para-quinones, et comme les idées généralement admises de nos jours sur la constitution des quinones nous conduisent à remplacer par la formule I la formule II employée jusqu'alors pour les representer, il nous faut aussi changer les formules de constitution d'un très grand nombre de colorants qui s'y rattachent :

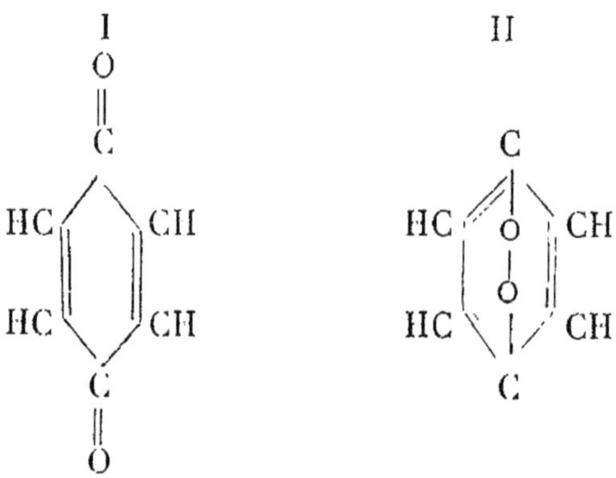

Pour les mêmes raisons, dans les indamines, groupe de colorants dérivés de la quinone diimide, les atomes de carbone considérés jusqu'alors comme tertiaires doivent être envisagés aujourd'hui comme secondaires.

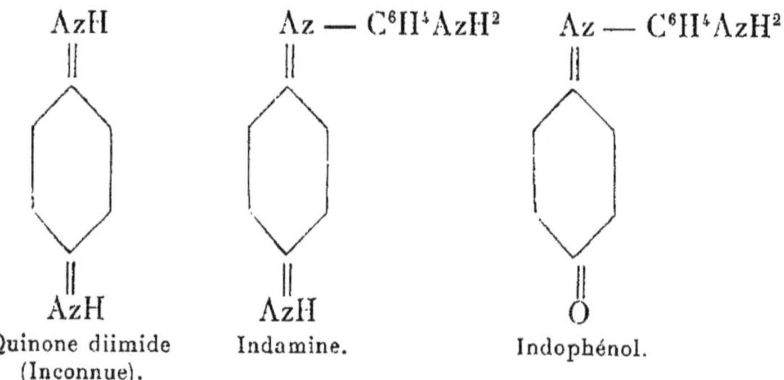

Quinone diimide (Inconnue).   Indamine.   Indophénol.

On peut aussi établir des formules de constitution analogues pour la rosaniline et l'acide rosolique :

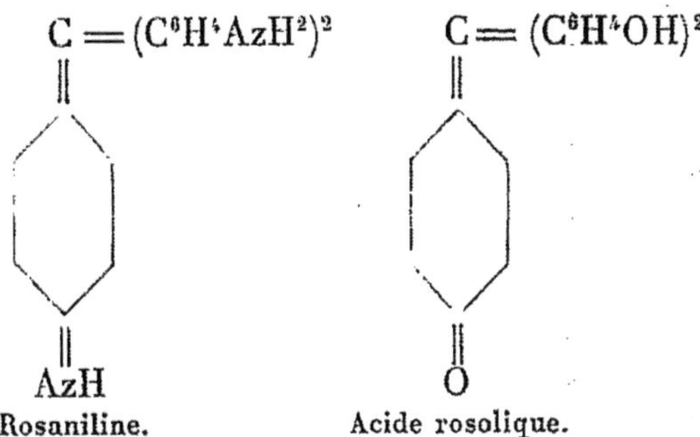

$$C = (C^6H^4AzH^2)^2 \qquad C = (C^6H^4OH)^2$$

AzH   O

Rosaniline.   Acide rosolique.

un atome d'oxygène du groupe cétonique serait ici remplacé par un reste méthénique bivalent.

Les orthoquinones telles que la β-naphtoquinone, la phénanthrènequinone, etc., possèdent une constitution analogue à celle des paraquinones et nous pouvons en faire dériver de la même façon toute une série de colorants, les azines, qui sont comparables à bien des points de vue aux paraquinones.

Lorsqu'une orthoquinone réagit sur une orthodiamine, les atomes d'oxygène quinonique sont éliminés et remplacés par des atomes d'azote tertiaire. On obtient ainsi un nouveau noyau hexagonal, composé de deux atomes d'azote et de quatre atomes de carbone :

qui peut être comparé dans une certaine mesure au noyau paraquinonique ; c'est en effet une paraquinone dans laquelle les deux chromophores CO sont remplacés par deux atomes d'azote tertiaire.

L'analogie devient encore plus frappante quand on

compare la formule de l'azine aromatique la plus simple avec celle de l'anthraquinone :

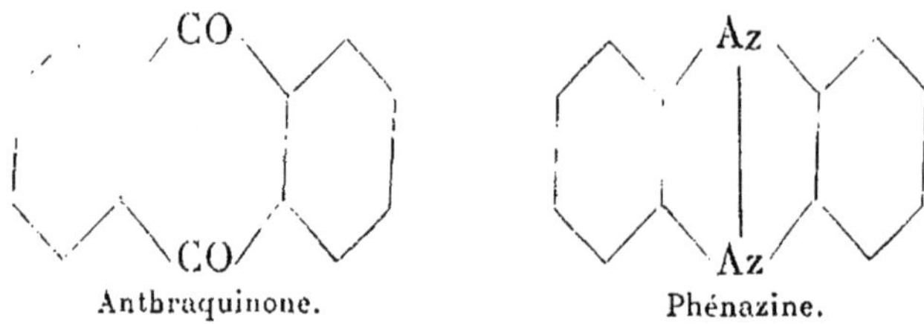

Antbraquinone.   Phénazine.

La quinoléine et l'acridine présentent aussi, sous certains points de vue, de l'analogie avec les azines :

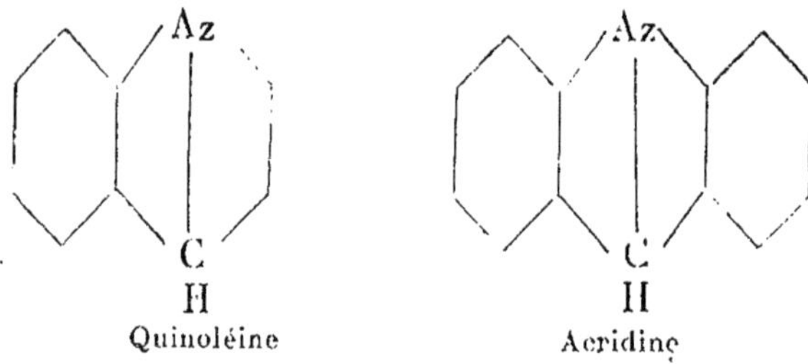

Quinoléine   Acridine

Dans ces deux composés, un atome de carbone seulement est remplacé par un atome d'azote ; ce seront donc des chromogènes moins puissants.

On obtient encore des noyaux comparables aux précédents quand on relie par un atome ou un radical bivalent tels que l'oxygène, le soufre ou le groupe imidé, les deux noyaux benzéniques des diphénylamines substituées, la liaison se faisant en ortho vis-à-vis de l'atome d'azote de ces diphénylamines :

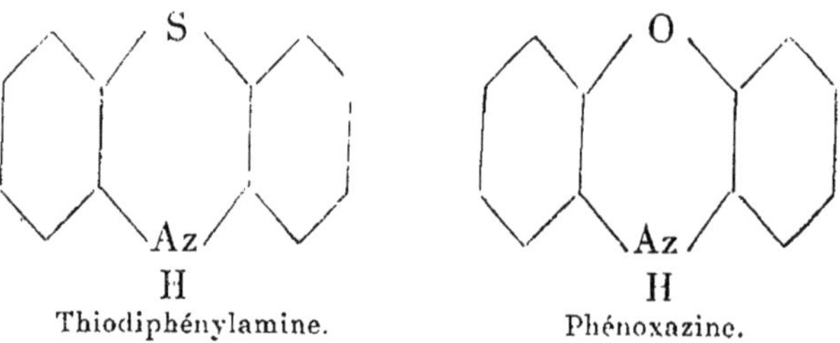

Thiodiphénylamine.   Phénoxazine.

Cependant ces noyaux ne sont pas des chromophores ; d'ailleurs, leur chaîne s'ouvre par fixation d'hydrogène ; mais leurs produits de substitution parahydroxylés et para-amidés constituent les leucodérivés d'un groupe de matières colorantes importantes : les oxazones et les thiazones. Ces colorants présentent comme les indamines et les indophénols une structure paraquinonique, mais en diffèrent par la présence dans leur molécule d'un atome ou d'un radical bivalent reliant en ortho les deux noyaux benzéniques.

Comme exemples typiques de composés possédant cette constitution, on peut citer les deux colorants suivants :

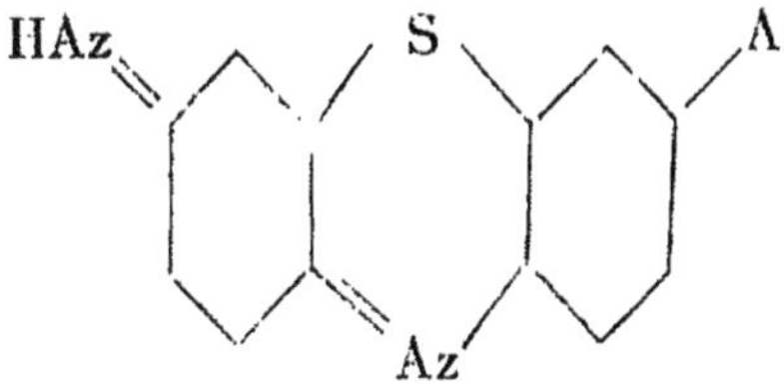

$$HAz \quad S \quad AzH^2 \qquad O \quad O \quad OH$$

Thionine. 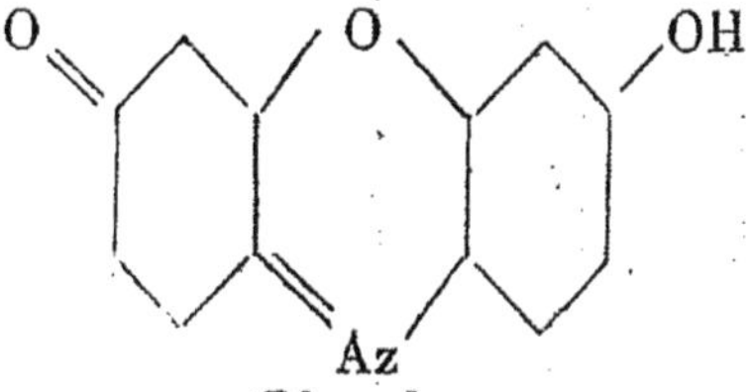   Résorufine.

Le groupe imide, libre ou substitué, peut également remplacer, comme radical bivalent, le soufre ou l'oxygène dans des composés analogues ; de même, l'atome d'azote tertiaire peut y être remplacé par les radicaux tertiaires $\equiv C - H$ ou $\equiv C - C^6 H^5$.

Enfin, pour certains colorants, on est obligé d'admettre la présence, dans leur molécule, de la chaîne lactonique :

$$- O - C = O.$$

Ici encore, l'atome d'oxygène peut y être remplacé par un atome d'azote primaire (Colorants du groupe de l'indigo).

On peut admettre en règle générale, que les chromophores les plus simples ne conduisent qu'à des colorants jaunes. C'est seulement par l'introduction dans une molécule de chromophores plus puissants et plus com-

plexes qu'apparaissent successivement les rouges, puis
les bleus. Ainsi, toutes les matières colorantes dérivées
de la quinoléine et de l'acridine sont jaunes, tandis que
dans le groupe des azines, cette coloration n'appartient
qu'aux représentants les plus simples de la série, l'introduction de radicaux salifiables conduisant rapidement
aux rouges, puis aux bleus.

En examinant la formule de constitution des différents
chromogènes que nous venons de décrire, on remarquera
que dans la plupart d'entre eux, le chromophore fait
partie d'une chaîne fermée et forme un groupe à part, se
distinguant nettement des autres radicaux par sa valence
et ses liaisons particulières.

Ainsi, dans les colorants qui présentent une structure
quinonique, nous y trouvons deux atomes de carbone
secondaire et quatre atomes de carbone tertiaire.

La coloration persiste encore quand le noyau renferme
quatre atomes de carbone secondaire comme dans l'acide
rhodizonique $C^6(OH)^2O^4$, mais elle disparaît complètement dès que les six atomes de carbone deviennent secondaires comme dans la perquinone ou triquinoyle C^6O^6.

De même, par réduction de la quinone, les six atomes
de carbone devenant tertiaires, on obtient un composé
incolore, l'hydroquinone.

On serait donc tenté d'attribuer la coloration des composés organiques à la présence d'un semblable noyau
hétérogène, mais cette règle ne peut être généralisée,
car il est incontestable qu'un certain nombre de colorants ne satisfont pas à cette condition. On peut citer
entre autres, comme faisant exception à cette règle, les
thiocétones telles que la tétraméthyldiamidothiobenzo-
phénone :

$$(CH^3)^2AzC^6H^4 - C - C^6H^4Az(CH^3)^2$$
$$\underset{S}{\overset{\|}{}}$$

et les cétone-imides comme l'auramine :

$$(CH^3)^2AzC^6H^4 — C — C^6H^4Az(CH^3)^2$$
$$\|$$
$$AzH$$

En effet, dans ces composés, les chromophores CS et CAzH ne font pas partie d'un noyau, mais semblent appartenir à une chaîne ouverte.

Il est vrai que la combinaison oxygénée correspondante, la tétraméthyldiamidobenzophénone, est à peine colorée ; elle teint cependant en jaune pâle le coton mcr dancé en tannin.

Cependant, on peut aussi attribuer à ces co m j cí és u structure paraquinonique et la formule suivante, par laquelle on peut encore représenter l'auramine, devient de plus en plus vraisemblable.

$$(CH^3)^2Az = C^6H^4 = C — C^6H^4 — Az(CH^3)^2$$
$$| \qquad\qquad |$$
$$Cl \qquad\quad AzH^2$$

Quelques cétones qui renferment des groupes hydroxylés voisins, comme la gallacétophénone :

$$CH^3 — CO — C^6H^2\overset{1.2.3}{(OH)^3}$$

quoique faiblement colorées, sont des colorants intenses sur mordants métalliques.

Les considérations précédentes s'appliquent difficilement aux composés nitrés : ce sont presque les seuls corps renfermant un chromophore monovalent. Mais dans leurs dérivés hydroxylés ou amidés, il existe certainement d'étroites relations entre le groupe nitré et les groupes hydroxylés ou amidés et il ne serait pas impossible que les nitro-phénols aient une constitution analogue à celle des nitroso-phénols, composés qui sont

actuellement considérés comme étant des quinone-
oximes.

Les colorants azoïques et en particulier leur représentant le plus simple, l'azobenzène, constituent une classe de colorants dont les propriétés peuvent paraître étranges avec la formule de constitution actuellement admise.

Ainsi l'azobenzène est fortement coloré et constitue un chromogène puissant, alors qu'en substituant un seul atome d'hydrogène d'un noyau benzénique, on n'obtient généralement que des composés incolores ou très faiblement colorés, même quand deux noyaux benzéniques sont ainsi reliés par un radical bivalent.

On est ainsi amené à supposer que l'azobenzène ne se comporte pas toujours comme s'il possédait la formule simple $C^6H^5 — Az = Az — C^8H^5$; certains faits semblent en effet confirmer cette hypothèse.

La grande facilité avec laquelle l'azobenzène ou plutôt son produit de réduction l'hydrazobenzène se transforment en un dérivé du diphényle, la benzidine, laisse entrevoir l'existence d'une sorte de liaison mobile entre les deux noyaux benzéniques de ce composé. Mais l'existence de cette liaison mobile implique nécessairement la rupture de certaines doubles liaisons du noyau benzénique dont la structure devient alors comparable à celle des quinones. Dans cette hypothèse, l'azobenzène se représenterait par la formule de constitution suivante :

Naturellement cette formule est très hypothétique et doit être considérée comme un essai fait en vue d'établir un certain rapprochement entre tous les colorants.

Armstrong (*Proc. Chim. Soc.*, 1892, p. 101) a proposé une formule de constitution ne différant de la précédente que parce que la liaison des deux noyaux benzéniques se ferait en ortho. Mais la formule d'Armstrong ne permet pas de rendre compte de la formation de benzidine, citée plus haut.

Les azoïques substitués, c'est-à-dire les colorants azoïques proprements dits, se laissent facilement rattacher au type des quinones, grâce à la tautomérie qu'ils présentent avec les hydrazones :

$$C^6H^5 — Az = Az — C^6H^4OH \qquad C^6H^5 — \overset{\displaystyle H}{\overset{|}{Az}} — Az = C^6H^4 = O$$

Oxyazobenzène.   Phénylhydrazone de la benzoquinone.

Les groupes qui jouent le rôle de chromophores présentent cette particularité d'imprimer à la molécule qui les renferme un caractère acide ou basique plus ou moins accusé que vient encore renforcer l'introduction de radicaux salifiables. On peut donc classer les chromophores en chromophores acides ou électro-négatifs et en chromophores basiques ou électro-positifs.

Le groupe quinonique, par exemple, est un chromophore acide très énergique. Ainsi, tandis que les dérivés hydroxylés des hydrocarbures ne possèdent que des propriétés acides faiblement accusées, les quinones hydroxylées sont des acides beaucoup plus forts. Le groupe nitré agit dans le même sens. Les chromophores qui renferment de l'azote sans renfermer d'oxygène présentent au contraire des tendances basiques.

Les groupes salifiables peuvent aussi agir de deux façons bien différentes ce qui nous permet de les partager en deux classes nettement distinctes.

Tantôt comme le groupe sulfoné SO^3H et le groupe carboxylé $COOH$, ils communiquent simplement au chromogène des propriétés acides, mais sans en modifier sensiblement la nuance ou en exalter le pouvoir colorant; souvent même ils l'atténuent. Les colorants résultants se comportent comme des colorants acides et le radical qu'ils renferment n'intervient que pour fixer le colorant sur la fibre. C'est ainsi que l'azobenzène étant un corps neutre ne possède aucune affinité pour la fibre, tandis que ses dérivés sulfonés ou carboxylés se comportent comme de faibles matières colorantes.

Tantôt, non seulement ils communiquent au chromogène des propriétés acides ou basiques, mais ils modifient encore profondément la nuance, rendent la coloration plus intense et quelquefois même la font apparaître. A cette classe appartiennent le groupe hydroxyle et le groupe amidé.

Nous appellerons simplement « groupes salifiables » les groupes de la première classe et nous réserverons la dénomination proposée par Witt (6) de « groupes auxochromes » pour les groupes de la seconde classe.

Il existe certainement entre l'auxochrome et le chromophore d'une matière colorante des relations encore mal connues.

Ainsi, dans l'oxyquinone mentionnée plus haut, nous voyons le chromophore quinonique imprimer à l'auxochrome hydroxyle des propriétés fortement acides. Les phtaléines et les colorants du groupe de l'acide rosolique donnent lieu aux mêmes remarques. Ces groupes hydroxyles fonctionnent comme groupes salifiables et déterminent l'affinité du colorant pour la fibre.

En général ces relations sont de nature différente entre les chromophores basiques et les auxochromes amidés; on peut facilement l'observer avec les colorants basiques du triphénylméthane. La rosaniline, par exemple, renferme comme chromophore de complexe $=C=R=AzH$, et comme auxochromes deux groupes amidés. Or il est incontestable que lors de la formation des sels rouges et mono-acides de rosaniline, l'acide se combine avec le groupe imidé du chromophore et non avec les auxochromes amidés et que le colorant se fixe sur la fibre par l'intermédiaire de ce groupe imidé. Ce dernier point est prouvé par ce fait que la rosaniline libre teint la fibre avec la couleur rouge de ses sels mono-acides alors que les sels résultant de la saturation des groupes amidogènes sont jaunes.

Ces relations entre chromophores et auxochromes sont encore plus évidentes dans les safranines. Ces composés, qui sont des bases très énergiques et forment des sels mono-acides rouges dans lesquels le radical acide R est fixé sur le chromophore azonium :

$$
\begin{array}{c}
Az \\
\diagdown \\
Az \\
C_6H_5 \diagup \quad \diagdown R
\end{array}
$$

ne présentent cependant le caractère de véritables colorants que par l'introduction d'auxochromes amidés dans leur molécule. Mais comme ces derniers ne forment avec les acides que des sels instables, bleus ou verts, c'est donc bien par l'intermédiaire du chromophore que les safranines se fixent sur la fibre puisqu'elles la teignent en rouge. Les auxochromes n'interviennent ici que pour accentuer le caractère basique de ces colorants et n'y jouent pas le rôle de groupes salifiables.

Par l'introduction de ces auxochromes amidés dans la molécule de la safranine, non seulement le colorant devient plus basique, mais il gagne encore en intensité, fait qui est conforme à la règle suivante énoncée par Witt : de deux colorants comparables, le meilleur sera toujours celui dans lequel les propriétés salifiables seront les plus développées.

L'association d'un auxochrome basique avec un chromophore acide ou inversement conduira donc toujours à des colorants peu intenses. C'est ainsi que le pouvoir colorant des nitranilines est très faible, tandis que celui des nitro-phénols est beaucoup plus accusé.

Il résulte de ce qui précède que les colorants véritables peuvent être classés en deux groupes au point de vue tinctorial : les colorants acides et les colorants basiques.

Les corps colorés indifférents comme l'indigo, ne présentent aucune affinité pour la fibre. Ils ne pourront donc être utilisés en teinture qu'à la condition de leur conférer des propriétés salifiables en les sulfonant ou de les transformer en combinaisons solubles d'où on les régénérera et précipitera sur la fibre à l'état insoluble comme dans la teinture de l'indigo en cuve.

On pourrait aussi classer dans le groupe des colorants neutres les sels de certains azoïques sulfonés qui se fixent directement sur la fibre.

En général, les colorants acides ou basiques ne teignent directement que les fibres animales. Les fibres végétales exigent un mordançage préalable.

Dans ce but, on emploie presque toujours le tannin, ce composé étant capable de former avec les colorants basiques des combinaisons très peu solubles.

Si on plonge du coton dans une solution de tannin, la fibre retient énergiquement une certaine quantité de ce composé, même après lavage. Le coton ainsi mordancé peut alors se teindre aussi facilement que la laine avec la plupart des colorants basiques.

En pratique, on passe souvent le coton mordancé au tannin dans un bain d'émétique ou d'un autre sel d'antimoine. Dans ces conditions, il se forme sur la fibre une combinaison insoluble de tannin et d'oxyde d'antimoine, combinaison qui fixe les colorants basiques avec la plus grande facilité.

Les teintures obtenues sur coton mordancé en tannin et émétique se distinguent de celles obtenues sur coton simplement mordancé en tannin par une plus grande solidité au savon.

Un certain nombre de colorants acides jouissent de la propriété de former avec les oxydes métalliques des laques insolubles dont la couleur est très différente de celles du colorant qui leur donne naissance et dépend de la nature de l'oxyde métallique qui entre dans leur composition.

On met très souvent à profit cette propriété pour fixer ces colorants sur les fibres et en particulier sur coton ; tous les colorants anthracéniques et la plupart des colorants naturels s'emploient ainsi. Cette faculté de « tirer sur mordants métalliques » est très caractéristique et ne peut guère s'expliquer dans l'état actuel de nos connaissances. Lorsqu'on plonge dans un bain d'alizarine un tissu mordancé en alumine ou en oxyde de fer, la laque correspondante prend naissance sur la fibre, y adhère énergiquement et semble même former avec cette fibre une combinaison si intime qu'on ne peut reconnaître aucune particule colorée par l'examen microscopique.

On serait tenté de croire que tous les colorants capables de former avec les oxydes métalliques des laques peu solubles, doivent aussi tirer sur mordants métalliques. Il n'en est rien et la propriété de tirer sur mordants métalliques n'appartient qu'à certains colorants.

Ainsi, bien que la plupart des colorants acides forment avec les oxydes de plomb, de baryum, etc., des laques peu solubles, ils ne se fixent cependant pas sur les tissus mordancés avec ces oxydes. D'une part, seuls les métaux polyvalents comme le fer, l'aluminium, le chrome, le nickel, etc., semblent fonctionner comme mordants, et d'autre part, tous les colorants qui donnent avec ces métaux des combinaisons insolubles ne tirent cependant pas toujours sur ces mordants.

Pour qu'il y ait teinture, il faut probablement que la laque colorée soit capable de former avec la fibre une combinaison d'une nature spéciale ; sinon la laque n'adhère que superficiellement et se détache déjà pendant la teinture à la suite des traitements mécaniques auxquels la fibre est soumise. La propriété de tirer sur mordants métalliques est intimement liée à la constitution du colorant et dépend surtout des positions relatives occupées par les groupes que renferme sa molécule. (Cf. colorants oxyquinoniques.)

Pour déterminer la valeur commerciale d'un colorant, le procédé le plus sûr consiste à faire un essai de teinture. Toutes les méthodes par titrage proposées dans le même but sont plus ou moins inexactes et les résultats qu'elles donnent sont entachés d'erreurs dues à la nature des impuretés qui accompagnent le colorant.

Cependant, pour quelques colorants qui se trouvent dans le commerce dans un grand état de pureté, on pourra faire des dosages en poids à côté de l'essai de teinture. Pour l'alizarine en pâte, par exemple, on détermine son titre en matière sèche après l'avoir soigneusement lavée et sa teneur éventuelle en cendres.

L'essai par teinture n'est autre qu'une comparaison colorimétique de la matière colorante à analyser avec un échantillon du même produit dont la richesse et la qualité sont connues.

En teignant dans les mêmes conditions deux écheveaux de laine ou de soie de même poids avec poids égaux du colorant type et du colorant à analyser, on pourra apprécier par la différence d'intensité des deux teintures une différence de 2 à 5 p. 100 dans la richesse des colorants. En répétant ensuite le même essai, mais avec des quantités différentes de colorant, on réussira à teindre les deux écheveaux à la même intensité; il sera facile d'en déduire par un calcul très simple la richesse du colorant à analyser par rapport à celle du colorant type. L'examen de la nuance des teintures ainsi obtenues permettra aussi de tirer des conclusions relatives à la richesse du colorant et à la nature des impuretés qui l'accompagnent.

On emploie en impression les colorants basiques et les colorants acides capables de former des laques avec les oxydes métalliques. (Colorants pour mordants.)

Les laques que forme le tannin avec les colorants basiques sont insolubles dans l'eau, mais généralement solubles dans l'acide acétique étendu, différence qui est mise à profit pour fixer ces colorants. On imprime à cet effet un mélange de colorant, de tannin et d'acide acétique étendu et on vaporise le tissu. Grâce à la présence de l'acide acétique, la laque tannique est d'abord dissoute et pénètre dans la fibre. Mais l'acide acétique s'éliminant peu à peu au vaporisage, la laque devient insoluble et reste fixée. On termine généralement par un passage en émétique qui rend l'impression plus solide au savon.

Les colorants pour mordants, comme l'alizarine, sont imprimés à l'état libre et mélangés avec le mordant métallique qui est constitué dans ce cas par de l'acétate d'alumine, de fer ou de chrome. Par un vaporisage ultérieur, l'acétate métallique est décomposé, l'acide acétique est éliminé, et l'oxyde restant s'unit au colorant pour former une laque insoluble qui adhère fortement à la fibre.

Quelques rares colorants naturels (alizarine, purpurine, indigo) sont industriellement préparés par voie synthétique; par contre le nombre des matières colorantes artificielles est extrêmement considérable. Par leur constitution, quelques-unes d'entre elles comme les phtaléines, les xanthones et l'acide rosolique présentent une certaine analogie avec les colorants naturels, mais la plupart appartiennent à des classes de composés dont on ne connaît pas encore de représentants dans le règne animal ou le règne végétal.

Tandis que les colorants naturels, à part quelques exceptions comme l'indigo et la berbérine, ne renferment dans leur molécule que du carbone, de l'hydrogène et de l'oxygène, beaucoup de matières colorantes artificielles contiennent des groupes azotés qui leur confèrent souvent un caractère basique assez prononcé. Quelques-unes renferment en outre du chlore, du brome, de l'iode ou du soufre.

Les matières premières employées dans la préparation des colorants artificiels sont presque exclusivement des produits obtenus par distillation pyrogénée ; un des produits les plus importants à ce point de vue est le goudron de houille, résidu de la fabrication du gaz d'éclairage. La découverte et la préparation des premiers colorants artificiels sont donc intimement liées aux premières recherches scientifiques qui ont été faites sur les produits de distillation pyrogénée. Le développement continu de l'industrie du gaz d'éclairage a provoqué ensuite un ensemble de travaux scientifiques d'où est née l'industrie actuellement si prospère des matières colorantes artificielles.

Le premier colorant artificiel préparé en partant des produits obtenus par distillation pyrogénée, est le pittacale, découvert en 1832 par V. Reichenbach. Deux ans plus tard, Runge retirait l'acide rosolique du goudron de houille.

Mais les découvertes de ces savants passèrent longtemps inaperçues ; ce n'est que plus tard, lorsqu'une série de travaux scientifiques eurent précisé nos connaissances sur la nature des produits formés par distillation pyrogénée que ces composés retinrent l'attention des chimistes.

En montrant les relations qui existent entre le benzène, l'aniline, le phénol, etc., et en déterminant la constitution de ces composés, Mitscherlich, A. W. Hofmann, Zinin, Fritzsche et d'autres établirent, pour ainsi dire, les bases de l'industrie des matières colorantes artificielles.

Le premier colorant industriellement exploité fut la « Mauvéine » découverte en 1856 par Perkin. Presque à la même date, Nathanson obtint de la rosaniline en chauffant un mélange d'aniline et de chlorure d'éthylène (8).

Deux ans plus tard (1858), A. W. Hofmann (9) décrit, dans un rapport à l'Académie des Sciences, un produit rouge obtenu en faisant agir l'aniline sur le tétrachlorure de carbone.

La découverte de la pararosaniline remonte donc à cette époque, et doit être attribuée à Hofmann et Nathanson, en admettant que ces chimistes aient opéré avec de l'aniline exempte de toluidines.

Les dix années qui suivent sont presque exclusivement consacrées à des recherches théoriques et pratiques sur la rosaniline et ses dérivés.

En 1859, Verguin découvre une matière colorante rouge en traitant l'aniline par le chlorure d'étain. Le 8 avril de la même année, ce produit est breveté (premier brevet) par Renard frères et Franc de Lyon (10). Puis apparaissent successivement en France et en Angleterre toute une série de brevets dans lesquels le tétrachlorure d'étain est remplacé par d'autres oxydants, mais l'identité des colorants obtenus par ces différents procédés reste douteuse. Le nom de « Fuchsine » a été donné à cette époque par Renard frères, au produit encore très impur qu'ils livraient alors au commerce.

Parmi les nombreux oxydants qu'on a fait agir sur

l'aniline, l'azotate de mercure, proposé en octobre 1859 par Gerber-Keller, mérite une mention spéciale (11).

La même année, Medlock et Nicholson introduisent en Angleterre le procédé de l'acide arsénique (12). Quelques mois plus tard, Girard et de Laire font breveter ce procédé en France.

L'origine du procédé actuel au nitrobenzène se trouve dans un brevet pris en 1861 par Laurent et Castelhaz (Action du nitrobenzène sur le fer et l'acide chlorhydrique) (14). C'est également en 1861 que Klobb et Schmidt réalisent la synthèse de l'acide rosolique (15) et que Girard et de Laire observent pour la première fois la formation du bleu d'aniline ; l'année suivante, Nicholson (16), Monnet et Dury (17), rendent sa fabrication industrielle par le procédé à l'acide acétique et Wanklyn (18) par le procédé à l'acide benzoïque.

Enfin, c'est encore en 1851 que A. W. Hofmann établit la composition de la rosaniline et précise les conditions de sa formation en partant d'aniline et de toluidine (19).

La découverte du vert à l'aldéhyde, date de 1862 (20).

En 1863, Hofmann obtient les dérivés éthylés et méthylés de la rosaniline et caractérise le bleu d'aniline comme étant une triphénylrosaniline (19).

La même année, Lightfoot prépare le noir d'aniline (21).

De 1864 à 1866, on lance dans le commerce les premiers représentants du groupe des colorants azoïques, l'amidoazobenzol (22) et bientôt après le brun de phénylène (23).

En 1866, Caro et Wanklyn précisent les rapports qui existent entre la rosaniline et l'acide rosolique (24) et Keisser prend le premier brevet concernant le vert à l'iode.

En 1867, Girard et de Laire obtiennent le bleu de diphénylamine (26).

C'est également à cette époque que Poirrier et Chapat préparent industriellement le violet méthyle dont la formation avait déjà été observée par Lauth en 1861.

En 1869, Hofmann et Girard (27) établissent la composition des verts à l'iode et Rosenstiehl démontre l'existence de plusieurs rosanilines (28).

La synthèse de l'alizarine, réalisée par Gräbe et Liebermann, date également de 1869 (29). L'alizarine est le premier colorant naturel dont la synthèse est entrée dans la pratique industrielle ; elle mérite à ce titre une mention spéciale.

En 1872, Hofmann et Geyer (30) étudient l'induline et la safranine, qui étaient déjà préparés industriellement depuis quelques années.

En 1873, Hofmann publie ses recherches sur le violet méthyle et le vert méthyle (31).

En 1874, les phtaléines de Baeyer (éosine) sont préparées industriellement.

En 1876, E. et O. Fischer découvrent la pararosaniline et établissent sa parenté avec le triphénylméthane (32).

L'année suivante, Caro (33) prépare le bleu méthylène en utilisant la réaction découverte par Lauth en 1876 (34). E. et O. Fischer (35) d'une part et Dœbner (36) d'autre part obtiennent le vert malachite tandis que Witt et Roussin rendent industrielle la fabrication des colorants azoïques, fabrication qui devait acquérir dans la suite une si grande importance.

En 1879, R. Nietzki livre à l'industrie l'écarlate de Biebrich, premier représentant des colorants tétrazoïques.

En 1880, Bœyer (37) prend son premier brevet relatif à la préparation de l'indigo artificiel.

L'année suivante, Witt et Kœchlin découvrent les indophénols et la gallocyanine (38).

A la suite des travaux de H. Caro. et A. Kern 1882-1884 (39), l'industrie utilise l'oxychlorure de carbone ;

l'emploi de ce composé permet de préparer, entre autres, l'auramine et le bleu Victoria.

En 1884, Böttiger prend le premier brevet concernant les colorants azoïques teignant directement le coton (40).

Seize ans se sont écoulés depuis cette époque ; dans ce laps de temps on a réalisé des progrès considérables ; on a découvert de nouvelles classes de colorants telles que les rhodamines, les rosindulines, les pyronines, les acridines simples et les colorants du thiazol et enrichi la classe des colorants azoïques de nouveaux représentants parmi lesquels les azoïques pour mordants et les noirs azoïques méritent une mention particulière.

Un grand nombre de recherches purement scientifiques ont précisé nos connaissances sur la constitution des colorants déjà connus et ont contribué à faire éclore de nouvelles méthodes synthétiques dont beaucoup sont entrées dans le domaine de la pratique industrielle.

Les matières premières que mettent actuellement en œuvre les fabriques de matières colorantes proviennent du goudron de houille ; ce sont la benzine et ses homologues, toluène et xylène, l'anthracène et la naphtaline. Le goudron de houille, sous-produit de la fabrication du gaz d'éclairage, est d'abord distillé dans les usines spéciales qui livrent les carbures précédents dans un état de pureté relative. Ils sont alors utilisés tels que par les fabriques de matières colorantes ou envoyés à d'autres usines qui préparent avec la benzine brute, l'aniline, les toluidines et les xylidines et avec la naphtaline, les naphtylamines et les naphtols. Dans ce but on soumet d'abord la benzine brute à la distillation fractionnée, et en isole dans un état de pureté aussi grand que possible, la benzine, le toluène et le xylène. Les carbures à point d'ébullition plus élevés sont généralement employés comme dissolvant sous le nom de « benzine de pétrole » notamment pour la purification de l'anthracène. La benzine, le toluène et le xylène sont transformés par nitration et réduction ultérieure en aniline, toluidines et xylidines.

Les fabriques d'aniline livrent actuellement ces produits dans un très grand état de pureté. C'est ainsi qu'on exige pour la fabrication du bleu d'aniline un produit chimiquement pur, l'« huile pour bleu ». Sous le nom d'« huile pour rouge » on emploie au contraire dans la préparation industrielle de la rosaniline, de l'aniline renfermant de l'ortho et de la paratoluidine en proportions variables.

Une classification chimique des matières colorantes organiques présente de grandes difficultés. La classification adoptée dans les anciens ouvrages, basée sur la nature même du carbure dont dérive le colorant, est purement artificielle ; elle réunit en effet dans un même groupe des colorants de constitutions complètement différentes et sépare des colorants comme les azoïques qui forment un groupe nettement défini.

Nous avons essayé pour la première fois de classer les matières colorantes d'après leur constitution et en particulier d'après la nature de leur groupe chromophore dans un article écrit pour le Dictionnaire de chimie de Ladenbourg [1]. Mais cette classification présente souvent de grandes difficultés car nous ne possédons qu'une connaissance incomplète des relations qui peuvent exister entre la constitution d'un corps et son caractère de colorant.

Cette division des colorants en groupes naturels a subi bien des changements depuis les deux premières éditions allemandes de cet ouvrage. On a reconnu entre divers colorants une certaine parenté qui a permis de simplifier cette classification. C'est ainsi que, dans la seconde

---

[1] Ladenburg, *Handwörterbuch d. Chimie* : « Organische Farbstoffe ».

édition de cet ouvrage, nous pouvions déjà ranger dans le groupe commun des quinone-imides les safranines, les indulines et les indamines qui constituaient autrefois autant de groupes séparés. De même, nous pouvons aujourd'hui classer dans le groupe bien connu des xanthones et des flavones toute une série de colorants naturels comme la quercétine et la rhamnétine.

Les différents groupes des matières colorantes organiques n'ont pas changé depuis la dernière édition de cet ouvrage ; mais nous avons jugé nécessaire de donner plus d'étendue à certains d'entre eux.

I.   Colorants nitrés ;

II.   Colorants azoïques ;

III.   Colorants dérivés des hydrazones et des pyrazolones ;

IV.   Oxyquinones et quinone-oximes ;

V.   Colorants du diphénylméthane et du triphénylméthane ;

VI.   Colorants dérivés de la quinone-imide ;

VII.   Noir d'aniline ;

VIII.   Colorants dérivés de la quinoléine et de l'acridine ;

IX.   Colorants du thiazol ;

X.   Oxyquinones, xanthones, flavones et coumarines ;

XI.   Colorants du groupe de l'indigo.

XII.   Colorants à constitution inconnue.

Au point de vue tinctorial, les matières colorantes peuvent être classées en cinq groupes :

I. *Colorants basiques* teignant en bain neutre les fibres animales et les fibres végétales mordancées au tannin ;

II. *Colorants acides* teignant les fibres animales en bain acide ;

III. *Colorants pour mordants* teignant les fibres mordancées avec certains oxydes métalliques comme les oxydes de fer, de chrome, etc.;

IV. *Colorants neutres* teignant directement les fibres
végétales sous forme de sels alcalins ;

V. *Colorants insolubles* ou *pigments* ne pouvant teindre
en raison de leur insolubilité, et devant être produits
directement sur la fibre. On les classe, selon leur mode
d'emploi, en colorants pour cuve, et colorants se développant sur fibre.

CHIMIE

DES

MATIÈRES COLORANTES

ORGANIQUES

I

COLORANTS NITRÉS

Tous les dérivés nitrés des amines ou des phénols sont des colorants à caractère plus ou moins accusé ; dans les nitrophénols, en particulier, le pouvoir colorant est très développé, le chromophore acide AzO^2 exaltant les propriétés acides de l'hydroxyle.

L'introduction de plusieurs groupes nitrés dans une molécule peut même imprimer des fonctions acides à des composés faiblement basiques comme la diphénylamine.

Les nitrés à réaction acide sont surtout colorés dans leurs sels ; le paranitrophénol, par exemple, est incolore tandis que ses sels sont jaunes.

Le caractère colorant des nitrés basiques disparaît au contraire dès que ces dérivés se combinent aux acides pour former des sels.

Les nitrophénols perdent aussi leur coloration par l'é-thérification de leurs groupes hydroxyles dont les fonctions acides se trouvent ainsi neutralisées. Le nitranisol, par exemple, se comporte comme un hydrocarbure nitré.

De tous les nitrophénols, les plus fortement colorés

sont ceux dans lesquels le groupe nitré se trouve en ortho vis-à-vis du groupe phénolique. Tous les nitrophénols employés en teinture remplissent cette condition.

Les nitrophénols présentent d'étroites relations avec les nitrosophénols et comme ces derniers sont des quinone-oximes, et non de vrais dérivés nitrosés, il est très vraisemblable que les nitrophénols possèdent aussi une constitution analogue et qu'il existe certaines liaisons entre l'hydroxyle et le groupe nitré.

Le nombre des colorants nitrés étant très considérable, nous ne nous occuperons ici que de ceux qui ont trouvé des applications dans l'industrie. Ce sont tous des colorants acides.

Acide dinitrophénolsulfonique (1).

$$\overset{4}{H}SO^3C^6H^2(\overset{2:6}{AzO^2})^2\overset{1}{OH}$$

On obtient un acide dinitrophénol sulfonique qui possède probablement cette formule de constitution par nitration de l'o-nitrophénol-p-sulfoné au moyen de l'acide azotique étendu. Un autre acide de même formule mais de constitution différente (probablement $\overset{1}{OH}.\overset{2}{AzO^2}.$ $\overset{4}{AzO^2}.\overset{6}{SO^3}H$) se forme par nitration de l'acide phénol-disulfonique; dans cette réaction, il y a élimination d'un groupe sulfoné. Ces produits ont été employés sous les noms de « Flavaurine » ou de « Jaune nouveau ». Ils teignent la laine et la soie en nuances jaune clair, mais ils possèdent un pouvoir colorant assez faible.

Trinitrophénol (Acide picrique) (2, 3, 4).

$$C^6H^2(AzO^2)^3OH$$

L'acide picrique prend naissance dans l'action de l'acide azotique sur le phénol et sur beaucoup d'autres

matières organiques (indigo, résine de xantorhea, aloès).
On l'obtient dans l'industrie en chauffant l'acide phénol-
sulfonique avec de l'acide azotique concentré (3).

L'acide picrique pur se présente en feuillets jaune
clair, fondant à 122°,5 difficilement solubles dans l'eau,
plus facilement dans l'alcool. Ses sels métalliques sont
très bien cristallisés et le sel de potassium est remarquable
par sa faible solubilité.

Sur laine et sur soie, l'acide picrique donne en bain
acide un beau jaune verdâtre. Malgré le peu de solidité
de ses teintures, ce colorant est encore très employé,
principalement sur soie ; il sert surtout à nuancer les
verts et les rouges.

Dinitrocrésol.

$$CH^3 - C^6H^2 \diagup ^{OH} _{(AzO^2)^2}$$

Sous les noms « d'Orangé Victoria » ou de « Substitut
de safran », on a lancé dans le commerce le sel de sodium
d'un dinitro-crésol (4,5) qui s'obtenait probablement en
faisant agir l'acide nitrique sur le crésol brut ou encore en
traitant la toluidine brute par l'acide azoteux, puis faisant
bouillir avec de l'acide azotique le diazoïque ainsi obtenu.
Il se forme d'une part le dinitroparacrésol (CH^3 : OH :
AzO^2 : $AzO^2 = 1.4.3.5.$) fondant à 83°,5, et d'autre part
le dinitro-orthocrésol (CH^3 : OH : AzO^2 : $AzO^2 =$
$1.2.3.5$) (6) fondant à 85°,8. Ce colorant est très peu
employé aujourd'hui.

Dinitronaphtol (Jaune de Martius).

$$C^{10}H^5(AzO^2)^2OH \quad (\overset{1}{OH}.\overset{2}{AzO^2}.\overset{4}{AzO^2})$$

Le dinitro-α-naphtol s'obtenait autrefois en faisant agir
l'acide azotique étendu et bouillant sur l'α-diazo-naphta-

line (7). On le prépare aujourd'hui en traitant l'acide α-naptholdisulfonique (1 : 2 : 4) par de l'acide azotique (8).

Le dinitronaphtol pur se présente en aiguilles fondant à 138°, très peu solubles dans l'eau, difficilement dans l'alcool, l'éther et le benzène. Ses sels sont assez solubles dans l'eau.

On trouve généralement dans le commerce son sel de sodium, plus rarement son sel de calcium. En bain acide, il donne sur laine et sur soie un beau jaune d'or.

Le dinitronaphtol ne possède pas le goût amer qui caractérise la plupart des dérivés nitrés ; aussi est-il très employé pour colorer les substances alimentaires (nouilles, macaroni).

Le colorant suivant est également utilisé pour cet usage.

Acide dinitronaphtolsulfonique (Jaune de naphtol S).

$$\overset{\alpha}{C^{10}H^4(AzO^2)^2OH.SO^3H}. \quad \overset{1}{(OH}.\overset{2}{AzO^2}.\overset{4}{AzO^2}.\overset{7}{SO^3H}).$$

Tandis que les acides α-naphtol mono et disulfoniques, traités par l'acide azotique, échangent facilement leurs groupes sulfonés contre des groupes nitrés, l'acide α-naphtol trisulfonique ne perd dans ces conditions que deux groupes sulfonés ; le troisième groupe, qui occupe la position 7, reste inattaqué et l'on obtient ainsi l'acide sulfonique du dinitronaphtol (9).

Ce colorant se présente en longues aiguilles jaunes facilement solubles dans l'eau.

Son sel de potassium constitue le produit commercial ; il est remarquable par sa faible solubilité.

En bain acide, il donne sur laine et sur soie des teintures semblables à celles que fournit le jaune de Martius, mais qui s'en distinguent par une plus grande solidité.

Les acides ne donnent pas de précipité avec les solu-

tions des sels du jaune naphtol S tandis qu'ils précipitent aussitôt celles du jaune de Martius ; cette réaction
permet de distinguer les deux colorants.

On obtient un autre acide dinitronaphtol mono-sulfo-
nique par nitration de l'acide naphtoldisulfonique de
Schöllkopf. Il est probable que le groupe sulfoné occupe
dans cet isomère la position 8.

Tétranitronaphtol (11).

$$C^{10}H^2(AzO^2)^4\overset{\alpha}{OH}$$

Ce colorant, qui s'obtient en traitant la tétranitro-
bromonaphtaline par une lessive de soude, se présente en
aiguilles jaunes fondant à 180°. Il teint la laine et la soie
en un jaune très beau mais très fugace ; il n'est pas
employé dans l'industrie.

Tétranitrodiphénol.

$$(AzO^2)^2\diagdown \qquad \diagup (AzO^2)^2$$
$$\qquad C^6H^2 - C^6H^2$$
$$OH\diagup \qquad \diagdown OH$$

On prépare ce composé en chauffant avec de l'acide
azotique le tétrazodiphényle obtenu par diazotation de
la benzidine. Son sel ammoniacal se trouve dans le
commerce sous le nom d' « Orangé palatin » ; il sert
principalement pour la teinture du papier.

Hexanitrodiphénylamine (Aurantia) (12).

$$(AzO^2)^3C^6H^2AzHC^6H^2(AzO^2)^3$$

Ce colorant, qui résulte d'une action énergique de
l'acide azotique sur la diphénylamine, cristalise en
prismes jaune clair, fondant à 238°. Il se comporte

comme un véritable acide et forme avec les alcalis des sels stables et bien cristallisés.

Sur laine et sur soie, il donne un orangé fugace ; ce produit n'est plus guère employé depuis la découverte des colorants azoïques.

Jaune de salicyle (Acides nitrobromosalicyliques) (13).

Par nitration de l'acide monobromosalicylique, on obtient des dérivés mono et dinitrés.

L'acide mononitré donne sur laine et sur soie un très beau jaune ; le dinitré, un jaune orangé. Malgré la grande pureté des nuances ainsi obtenues, ces colorants n'ont pas trouvé d'application ; ils sont trop chers et trop fugaces.

Acide isopurpurique (14).

$C^8H^5Az^5O^6$

Le sel de potassium de l'acide isopurpurique ou acide picrocyanique prend naissance quand on traite l'acide picrique par une solution de cyanure de potassium.

Par double décomposition de ce sel avec le chlorhydrate d'ammoniaque, on obtient le sel ammoniacal, employé autrefois en teinture sous le nom de « grenat soluble ». Il n'a plus aujourd'hui d'application.

L'acide picramique, $C^6H^2(AzO^2)^2AzH^2OH$, produit de réduction partielle de l'acide picrique, a été aussi utilisé comme colorant.

La tétranitrophénolphtaléine et les éosines nitrées appartiennent en réalité à la classe des colorants nitrés ; cependant nous la décrirons dans le chapitre des phtaléines (voy. *Phénolphtaléine, matières colorantes dérivées du triphénylméthane*).

II

COLORANTS AZOÏQUES

Les azoïques forment une classe bien définie de colorants caractérisés par la présence dans leur molécule du chromophore azoïque — $Az = Az$ —.

Ce complexe bivalent diffère du complexe diazoïque identiquement constitué en ce qu'il est relié par chacun de ses valences à un radical aromatique.

Lorsque ces radicaux sont des restes d'hydrocarbures, ou de corps analogues tels que l'anisol, le phénétol, etc., on obtient des composés colorés, mais ne possédant pas les propriétés caractéristiques d'un colorant.

C'est seulement par l'introduction de groupes communiquant à la molécule des fonctions acides ou basiques qu'apparaissent les propriétés tinctoriales et l'affinité pour la fibre.

Ainsi l'azobenzène, malgré sa forte coloration n'est pas un colorant tandis que son dérivé sulfoné jouit de propriétés tinctoriales réelles quoique faiblement accusées. Mais on développe considérablement ce pouvoir tinctorial en introduisant dans ces corps des auxochromes tels que les groupes hydroxylé ou amidé qui modifient aussi la nuance du colorant.

Ici encore on est tenté d'admettre l'existence d'une certaine liaison entre les auxochromes et le chromophore, liaison très mobile et qui disparaîtrait facilement dans certaines circonstances. C'est ainsi que Liebermann (1), se basant sur ce que le β-naphtol-azobenzène ne possède plus le caractère d'un phénol, le représente par la formule :

$$C^6H^5 — AzH — Az\begin{matrix}\diagdown\\ | \\ O\end{matrix}\diagup C^{10}H^6$$

Pour des raisons analogues, Zinke (2) assigne au produit de copulation du diazobenzène avec la β-naphtylamine l'une ou l'autre des formules de constitution suivantes :

$$C^6H^5 — AzH — Az\begin{matrix}\diagdown\\ | \\ AzH\end{matrix}\diagup C^{10}H^6 \quad \text{ou} \quad C^6H^5 — Az\diagup^{\textstyle AzH}_{\textstyle AzH}\diagdown C^{10}H^6$$

Il est certaine qu beaucoup de réactions des amido- et des oxy-azoïques s'expliquent mieux avec cette hypothèse ; cependant il est aussi des cas où les amido-azoïques se comportent comme de véritables dérivés amidés.

Les formules précédentes font ressortir une certaine analogie entre les azoïques et les quinones, analogie qui est encore plus frappante en faisant usage des formules suivantes :

$$C^6H^5 — AzH — Az = C^{10}H^6 = O$$
$$\text{et} \quad C^6H^5 — AzH — Az = C^{10}H^6 = AzH$$

Un argument important à l'appui de ce dernier mode de formuler résulte de l'identité des composés obtenus d'une part par condensation des hydrazines aromatiques avec les quinones et d'autre part par copulation des diazoïques avec les phénols. Ainsi le produit de condensation de l'α-naphtoquinone avec la phénylhydrazine est identique au produit de copulation du diazobenzène avec l'α-naphtol.

Le premier mode de formation de ce composé lui assigne la formule :

$$C^6H^5 - AzH - Az = C^{10}H^6 = O$$

tandis que le second mode de formation conduit avec tout autant de vraisemblance à la formule :

$$C^6H^5 - Az = Az - C^{10}H^6 - OH$$

Du reste les hydrazones et les azoïques présentent entre eux des relations tellement étroites qu'on serait tenté de les confondre dans une seule catégorie de composés ; les azoïques seraient alors rattachés suivant leur constitution au type des ortho ou des paraquinones.

Quelques oxyazoïques rappellent également les quinones et les cétones par la propriété qu'ils possèdent de se combiner au bisulfite de soude (4).

Quelques chimistes admettent pour les ortho-oxy- et ortho-amido-azoïques, une constitution analogue à celle des hydrazones tandis qu'ils considèrent les paradérivés comme de véritables azoïques. Nous ne partageons pas entièrement cette manière de voir car on trouve dans ces deux classes de corps des réactions qui plaident tour à tour en faveur de l'une et de l'autre manière de formuler.

Ainsi contrairement à la théorie quinonique, on peut diazoter certains azoïques ortho-amidés. On peut de même par éthérification des ortho-oxyazoïques obtenir des composés dans lesquels le radical alcoolique est fixé à l'oxygène phénolique. Le produit de copulation du diazobenzène avec l'acide phénol-para-sulfonique, par exemple, est un **ortho-oxyazoïque** :

$$C^6H^5Az^2\,{}^{1}C^6H^3 \diagup \begin{matrix} {}^{2}OH \\ {}^{5}\!SO^3H \end{matrix}$$

qui se laisse facilement éthyler. Or par réduction de ce dérivé alcoylé et transposition moléculaire de son hydrazoïque, on obtient l'éthoxybenzidine sulfonée (5) :

$$H^2Az - C^6H^4 - C^6H^2 \diagup \begin{matrix} AzH^2 \\ SO^3H \\ OC^2H^5 \end{matrix}$$

Le benzène-azoparacrésol éthylé donne également un composé analogue (6). Mais d'autre part, Goldschmidt a obtenu avec les ortho-oxy-azoïques des dérivés acétylés et benzoylés dans lesquels le radical acide est fixé sur l'azote, réaction qui n'est interprétable qu'avec la formule quinonique (7).

On peut donc employer avec tout autant de vraisemblance l'une ou l'autre manière de formuler ; nous conserverons ici l'ancienne manière de formuler qui présente du moins l'avantage d'être généralement adoptée.

Les azoïques les plus simples sont jaunes, comme d'ailleurs tous les colorants à constitution peu complexe. Mais par l'accumulation de groupes auxochromes et par l'introduction dans la molécule de noyaux aromatiques riches en carbone, on arrive à des colorants de plus en plus foncés. Dans certains cas la nuance passe d'abord au rouge, puis au violet ; dans d'autres, au brun. Les bleus n'ont été obtenus jusqu'à présent que par l'introduction de plusieurs groupes azoïques dans la molécule (colorants di et tétrazoïques).

La plupart des colorants ne renfermant que des noyaux benzéniques sont jaunes, orangés ou bruns. Pour les rouges, il faut la présence d'un noyau naphtalénique et ce n'est qu'en introduisant plusieurs de ces noyaux qu'on arrive aux violets et aux bleus.

L'introduction dans la molécule d'un azoïque de groupes indifférents comme le méthoxyle OCH^3, peut déterminer des changements frappants dans la coloration.

La position relative des groupes chromophores joue également un rôle important.

Ainsi le corps :

$$\begin{matrix} (HSO^3)^2 \\ \beta \\ HO \end{matrix}\!\!>\!C^{10}H^4 - Az^2 - C^6H^4 - Az^2 - C^{10}H^4\!<\!\!\begin{matrix} (SO^3H)^2 \\ \beta \\ OH \end{matrix}$$

est bleu lorsque les deux groupes azoïques se trouvent en para dans le noyau benzénique, et rouge lorsqu'ils se trouvent en méta dans ce même noyau.

En général la nuance d'un colorant est d'autant plus foncée que son poids moléculaire est plus élevé ; on ne peut cependant faire de cette règle une loi absolue. Ainsi le colorant précédent devient plus rouge lorsqu'on y remplace le noyau benzénique par un noyau plus lourd.

Presque tous les azoïques se dissolvent dans l'acide sulfurique concentré avec une coloration caractéristique ; il est probable que le caractère basique du groupe azoïque se manifeste en présence de l'acide sulfurique concentré. Il est à remarquer que les azoïques substitués donnent avec l'acide sulfurique concentré la même coloration que l'azoïque simple dont ils dérivent. Ainsi l'azobenzène se dissout en jaune brun dans l'acide sulfurique concentré : il en est de même de ses dérivés hydroxylés ou amidés bien que ces derniers soient colorés en rouge par les acides dilués.

De même l'α-azonaphtalène et ses dérivés hydroxylés ou amidés se dissolvent en bleu dans l'acide sulfurique concentré.

Dans le cas des azoïques mixtes, c'est-à-dire renfermant deux noyaux différents, la présence d'un groupe sulfonique donne lieu à des réactions colorées très différentes selon que ce groupe appartient à l'un ou à l'autre des noyaux.

Ainsi l'azobenzène-β-naphtol :

$$C^6H^5 — Az^2 — C^{10}H^6O\overset{\beta}{H}$$

se dissout dans l'acide sulfurique concentré avec une coloration rouge violette qui est sans doute caractéristique de l'azoïque fondamental dont il dérive :

$$C^6H^5 — Az^2 — C^{10}H^7$$

Cette coloration n'est pas changée par l'introduction d'un groupe sulfoné dans le noyau benzénique, mais si le groupe sulfoné se trouve dans le noyau naphtalénique, l'azoïque se dissout en jaune dans l'acide sulfurique concentré comme l'azobenzène.

Pour expliquer ce phénomène, il faut admettre que l'acide sulfurique se combine tantôt à l'un, tantôt à l'autre des atomes d'azote du chromophore azoïque ; dans un cas il se fixerait sur l'atome d'azote voisin du noyau benzénique et dans l'autre sur l'atome d'azote voisin du noyau naphtalénique.

Lorsque la molécule renferme plusieurs groupes azoïques, les changements de coloration résultant des diverses positions des groupes sulfoniques sont encore plus variés.

Les azoïques substitués s'obtiennent toujours par copulation des diazoïques avec les phénols ou les amines. Avec ces dernières, on observe souvent la formation de dérivés diazoamidés comme produits intermédiaires.

L'expérience a montré que dans cette copulation, le groupe azoïque se fixe presque toujours en para vis-à-vis des groupes amidés ou hydroxylés lorsque cette position est libre. Si la position para est occupée, la copulation se fait en ortho. Dans aucun cas, on n'a pu encore observer de copulation en méta.

Quelques azoïques seulement peuvent être transformés par réduction ménagée en dérivés hydrazoïques, mais tous peuvent être scindés par une réduction énergique. La molécule se rompt à la double liaison azoïque, les deux atomes d'azote ainsi séparés fixent de l'hydrogène et forment des groupes amidés. L'azobenzène, par exemple, donne deux molécules d'aniline et une molécule de paraphénylènediamine :

$$C^6H^5—Az=Az—C^6H^4—AzH^2+4H = C^6H^5—AzH^2+H^2Az—C^6H^4—AzH^2$$

Cette réaction est souvent mise à profit pour reconnaître la nature d'un azoïque et établir sa formule de constitution.

Les colorants azoïques faiblement basiques ne se fixent que difficilement sur la fibre, mais ils deviennent des colorants basiques utilisables par l'introduction d'un second groupe à condition, cependant, que les deux groupes appartiennent à un même noyau benzénique et que l'un d'eux soit un ortho vis-à-vis du chromophore comme dans la chrysoïdine.

$$C^6H^5—Az=Az—C^6H^3(AzH^2)^2HCl$$

Le second groupe amidé communique à la molécule la propriété de former des sels stables. Ces derniers sont jaunes comme la base libre et teignent la fibre en jaune. Les sels biacides sont rouges et dissociables par l'eau,

se comportant ainsi comme ceux de l'amidoazobenzène. Dans les sels biacides, la seconde molécule d'acide
se fixe certainement sur l'amidogène placé en para. Le
diamidoazobenzène symétrique qui renferme dans chaque
noyau un groupe amidé en para vis-à-vis du chromophore a des propriétés analogues à celles de l'amidoazobenzène : il n'est pas utilisable comme colorant.

D'après certaines observations, il semblerait que les
amidogènes en para n'interviennent pas lors de la combinaison des azoïques avec les acides pour fixer ces derniers ; ce rôle reviendrait plutôt à l'un des atomes d'azote
du chromophore. En effet, l'amidoazobenzène, quoique
base faible, conserve ses propriétés basiques même après
acétylation et forme, après comme avant ce traitement,
des sels rouges avec les acides alors que des bases beaucoup plus énergiques, comme l'aniline, perdent presque
toute leur basicité une fois acétylées. Ces faits laissent du
moins supposer l'existence d'étroites relations entre les
amidogènes et le chromophore d'un colorant amidoazoïque.

Les amidoazoïques sulfonés ont des propriétés intéressantes : ils ne semblent pas exister à l'état libre et il
y aurait, dans la molécule même, saturation du groupe
amidé par le groupe sulfonique ; c'est du moins ce qui
semble résulter de leur coloration.

En effet, tandis que l'amidoazobenzène libre est jaune,
les acides sulfoniques qui en dérivent possèdent la coloration rouge de ses sels. En saturant le groupe sulfoné
par un alcali, on reproduit la couleur jaune de l'amidoazobenzène libre.

Ces acides amido-sulfoniques, qui se comportent en
teinture comme des colorants acides, teignent la fibre
avec la coloration de leurs sels alcalins.

Ce fait permet de conclure que la combinaison du colorant avec la fibre se produit par l'intermédiaire du groupe

sulfoné dont l'acidité se trouve saturée par les propriétés basiques de la fibre.

Avec le phénylamidoazobenzol sulfoné (tropéoline oo), le changement de coloration observé en teinture est encore plus frappant : la nuance passe de l'orangé au violet.

Ce n'est que dans ces dix dernières années que les azoïques, connus cependant depuis longtemps, ont acquis toute leur importance industrielle. Les écarlates azoïques, en particulier, se sont substitués presque partout à la cochenille.

Le premier colorant azoïque industriellement exploité est le triamidoazobenzène ou brun de phénylène, découvert en 1867 par Caro et Griess.

La préparation synthétique des colorants azoïques n'acquiert une importance pratique que dix ans plus tard après la découverte de la chrysoïdine par Witt en 1876.

Witt et Roussin font alors paraître simultanément toute une série de colorants acides, d'importance variable.

Mais la fabrication des colorants azoïques ne prend tout son développement qu'à la suite des travaux de Roussin qui introduit les naphtols dans leur préparation.

Enfin, depuis une vingtaine d'années, l'industrie des colorants azoïques est entrée dans une nouvelle phase. En 1880 on lance les colorants directs pour coton et, à la fin de cette même année, paraissent les premiers colorants azoïques à mordants appelés à remplacer les colorants naturels dans la teinture de la laine et dans l'impression du coton.

Une découverte non moins importante est la production directe des azoïques sur fibre ; elle a amené de grandes modifications dans la teinture du coton.

La fabrication des colorants azoïques est en général très simple. Lorsqu'on veut copuler un diazoïque avec un phénol, on prépare d'abord le diazoïque en dissolvant, ou mettant en suspension dans l'eau, l'amine ou un acide amidosulfonique finement pulvérisés puis ajoutant les quantités théoriques d'acide chlorhydrique et de nitrite de soude. On peut en général suivre la marche de la diazotation par des touches sur papier iodo-amiduré : ce papier réactif se colore en bleu tant qu'il y a encore un excès notable d'acide azoteux. Après diazotation complète on verse le liquide dans une solution alcaline du phénol correspondant ou de son acide sulfonique en ayant soin que cette solution reste toujours alcaline. Après un certain temps, le colorant est précipité par addition de chlorure de sodium et passé au filtre-presse.

La copulation des diazoïques avec les amines est souvent plus compliquée. Quelques-unes, comme la méta-phénylène diamine, se combinent directement en solution aqueuse, d'autres, comme la diphénylamine, doivent être dissoutes dans l'alcool puis additionnées lentement d'une solution aqueuse, froide, et aussi concentrée que possible du diazoïque. Enfin, avec certaines amines, il se forme d'abord, comme produits intermédiaires, des composés diazoamidés ; on est alors obligé d'employer un grand excès d'amine pour maintenir en dissolution le diazoiamdé ; ce cas se présente dans la préparation de l'amidoazobenzène.

La nomenclature des colorants azoïques présente de grandes difficultés ; il convient donc de s'aider des formules pour éviter des expressions trop compliquées.

Dans la première édition allemande de cet ouvrage, nous avons dû renoncer à traiter complètement le chapitre des colorants azoïques ; ici plus encore, nous serons obligés de nous restreindre aux principaux colorants de ce groupe, car le nombre des azoïques employés dans l'industrie a plus que doublé depuis cette époque et tous les jours on en fait encore breveter de nouveaux représentants.

I. — DÉRIVÉS AMIDOAZOIQUES

Amidoazobenzène (8,9).

$$C^6H^5 - Az = \overset{I}{Az} - C^6H^4 - \overset{(4)}{AzH^2}$$

L'amidoazobenzène s'obtient par transposition moléculaire du diazoamidobenzène au contact du chlorhydrate
d'aniline. La réaction est particulièrement nette lorsque
le diazoamidé est en dissolution dans l'aniline.

L'amidoazobenzène constitue donc le produit final de
toutes les réactions dans lesquelles un sel de diazobenzène se trouve en présence d'un excès d'aniline à la
température ordinaire.

C'est sur ce principe que repose sa préparation industrielle : on traite l'aniline par des quantités d'acide chlorhydrique et de nitrite de soude telles qu'un tiers seulement de l'amine soit transformée en diazoamidobenzène.
Ce produit reste ainsi en dissolution dans l'excès d'aniline
employée. La quantité d'acide chlorhydrique est prise en
léger excès vis-à-vis du nitrite de façon à former un peu
de chlorhydrate d'aniline dans le mélange. On chauffe
légèrement pour faciliter la transposition moléculaire du
diazoamidobenzène ; la réaction terminée, on sature le
mélange par de l'acide chlorhydrique dilué et récolte par
filtration le chlorhydrate d'amidoazobenzène peu soluble
qui s'est formé.

L'amidoazobenzène libre se présente en aiguilles jaunes
fondant à 127°,5, partiellement sublimables sans décomposition.

Il forme avec les acides des sels rouges à reflets
bleuâtres, bien cristallisés, mais très peu stables ; l'eau
les décompose et ils ne se dissolvent que difficilement
dans les acides étendus avec une couleur rouge.

L'acide sulfurique dissout l'amidoazobenzène en jaune brun.

Les réducteurs le scindent facilement en aniline et paraphénylène diamine. Réduit avec ménagement par la poudre de zinc en milieu alcalin, il se transforme en amidohydrazobenzène, composé incolore, mais qui se réoxyde avec la plus grande facilité au contact de l'air.

L'amidoazobenzène n'est pas utilisable comme colorant, mais il constitue une matière première importante utilisée dans la préparation industrielle d'un certain nombre de colorants.

Acide amidoazobenzène sulfonique (10, 11).

$$\overset{1}{H}SO^3C^6H^4 - \overset{4}{Az} = \overset{1}{Az} - C^6H^3\overset{4}{AzH^2}$$

Ce composé prend naissance, en même temps que l'acide disulfonique, quand on traite l'amidoazobenzène par l'acide sulfurique fumant ; on peut aussi le préparer, mais avec de mauvais rendements, par copulation du diazobenzène parasulfoné avec le chlorhydrate d'aniline ; enfin on l'obtient encore par réduction ménagée de l'acide azobenzène-sulfonique nitré.

L'acide, mis en liberté de ses sels par l'acide chlorhydrique, constitue un précipité gélatineux, rouge chair, se transformant au bout de quelque temps en fines aiguilles.

Les sels sont en général peu solubles dans l'eau froide.

Le sel de sodium se présente en feuillets jaunes d'or.

Acide amidoazobenzène disulfonique (10,11).

$$\overset{1}{H}SO^3C^6H^4 - \overset{4}{Az} = \overset{1}{Az} - C^6H^3\overset{4}{AzH^2}SO^3H$$

Ce colorant résulte de l'action énergique de l'acide sulfurique fumant sur l'amidoazobenzène. Il se présente en aiguilles violettes, ressemblant au chlorure de chrome, il est facilement soluble dans l'eau d'où il est précipité par les acides minéraux. Les sels sont jaunes, extrêmement solubles ; ils cristallisent difficilement.

Il contient un groupe sulfoné dans chaque noyau benzénique et se scinde par réduction en acide sulfanilique et acide paraphénylène diamine sulfonique.

Les deux acides amidobenzène-sulfoniques que nous venons de décrire, et en particulier l'acide disulfonique, sont des colorants de valeur. Le sel de sodium de ce dernier se trouve dans le commerce sous les noms de « jaune acide » et « jaune solide ». Outre leur emploi en teinture, ces composés sont encore utilisés dans la préparation des colorants disazoïques tels que l'écarlate de Biebrich et la crocéine.

L'amidoazobenzène acétylé (11 a) :

$$C^6H^5 - Az^2 - C^6H^4 - AzHC^2H^3O$$

constitue des paillettes jaunes fondant à 141°. Il se dissout en rouge dans l'acide chlorhydrique et n'est saponifié par cet acide qu'à l'ébullition.

Diméthylamidoazobenzène (12).

$$C^6H^5 - Az = \overset{1}{Az} - C^6H^4 - \overset{4}{Az} = (CH^3)^2$$

Diméthylamidoazobenzène sulfoné (13).

$$\overset{1}{HSO^3} - C^6H^4 - \overset{4}{Az} = \overset{1}{Az} - C^6H^4 - \overset{4}{Az}(CH^3)^2$$

Le diméthylamidoazobenzène s'obtient par copulation du chlorure de diazobenzène avec la diméthylaniline et son dérivé sulfoné par copulation de l'acide diazobenzène sulfonique avec la même base.

Le diméthylamidoazobenzène se présente en feuillets jaunes fondant à 115°, et son chlorhydrate $C^{14}H^{15}Az^3HCl$

en aiguilles violettes difficilement solubles dans l'eau. La substitution de radicaux alcooliques aux deux atomes d'hydrogène du groupe amidé semble renforcer le caractère basique de l'amidoazobenzène : les sels du diméthylazobenzène sont en effet beaucoup plus stables que ceux de l'amidoazobenzène. Une trace d'acide suffit pour faire virer au rouge les solutions étendues de cette base, de là son emploi comme indicateur dans l'analyse volumétrique. L'acide acétique et les acides amido-sulfonés ne produisent pas le virage.

L'acide monosulfonique est en aiguilles violacées, difficilement solubles. Ses sels sont jaunes et généralement bien cristallisés.

Le sel de calcium est insoluble et se précipite en cristaux microscopiques à reflets chatoyants quand on additionne de chlorure de calcium une solution aqueuse d'un de ses sels alcalins.

Le sel de sodium a été employé autrefois comme colorant sous les noms de « tropéoline D », « orangé III » et « hélianthine » ; il donne sur laine et sur soie un bel orangé, mais l'extrême sensibilité de ce colorant vis-à-vis des acides s'est opposée à son emploi.

Phénylamidoazobenzène (14).

$$C^6H^5 - Az = Az - C^6H^4 \overset{4}{-} AzHC^6H^5$$

Ce composé s'obtient par copulation du chlorure de diazobenzène avec la diphénylamine. Il cristallise en prismes ou en paillettes jaune d'or fondant à 82°, insolubles dans l'eau, solubles dans l'alcool, l'éther, la benzine et la ligroïne. Ses solutions alcooliques, traitées par les acides, se colorent en violet et laissent déposer des cristaux gris des sels correspondants. L'acide sulfurique concentré dissout ce produit avec une coloration verte qui passe successivement au bleu puis au violet par addition d'eau.

Traité par le nitrite d'amyle, il fournit une nitrosamine fondant à 119°5.

Les réducteurs le scindent en aniline et para-amidodiphénylamine.

Acide phénylamidoazobenzène sulfonique (14).

$$\overset{1}{H}SO^3 - C^6H^4 - \overset{4}{A}z = \overset{1}{A}z - C^6H^4 - \overset{4}{A}zHC^6H^5$$

(Tropéoline OO ou Orangé VI.)

Ce composé prend naissance quand on fait agir l'acide diazobenzène-para-sulfonique sur une solution alcoolique et acide de diphénylamine.

L'acide libre cristallise en aiguilles noir graphite, difficilement solubles dans l'eau en rouge violet. Les sels possèdent une couleur jaune d'or ; ils sont bien cristallisés et se dissolvent facilement dans l'eau bouillante, à l'exception des sels de calcium et de baryum qui sont complètement insolubles. L'acide sulfurique concentré dissout cet azoïque avec une coloration violette. Son sel de sodium est très employé en teinture sous les noms de « tropéoline OO » ou « d'orangé IV » ; il donne sur laine et sur soie un bel orangé.

Son isomère, préparé avec l'acide méta-amidobenzène sulfonique, est également utilisé comme colorant sous le nom de « jaune de métanile » ; il se distingue de l'orangé IV par sa nuance plus jaune.

Enfin, on a aussi préparé d'autres matières colorantes jaunes par copulation de la diphénylamine avec les différents acides diazotoluène-sulfoniques.

La plupart de ces dérivés du phénylamidoazobenzène donnent des nitrosamines qui, traitées avec ménagement par l'acide azotique, se transforment en dérivés nitrés ; ces composés renferment le groupe nitré dans le reste de la diphénylamine. Un certain nombre d'entre eux sont utilisés comme colorants sous les noms d'« azoflavine », de « citronine » et de « jaune indien ». Ils se distinguent des composés non nitrés correspondants par une nuance plus jaune.

Enfin on a préparé et utilisé comme colorants, mais à titre d'essai seulement, des dérivés polysulfonés du phénylamidoazobenzène.

Amidobenzène-azotoluène (15).

$$C^6H^4CH^3 - \overset{4}{\underset{1}{Az}} = \overset{1}{Az} - C^6H^4\overset{4}{AzH^2}$$

Par copulation du paradiazotoluène avec l'aniline. Longues aiguilles jaune brun, fondant à 147°.

Amidoazotoluènes (15).

$$A.\ C^6H^4.\overset{1}{CH^3} - \overset{2}{Az} = \overset{1}{Az} - C^6H^3.\overset{3}{CH^3}\overset{4}{AzH^2}$$

Ce composé se prépare comme l'amidoazobenzène en remplaçant dans cette réaction l'aniline par l'orthotoluidine. P. F. 100°.

$$B.\ C^6H^4.\overset{1}{CH^3} - \overset{4}{Az} = \overset{1}{Az} - C^6H^3.\overset{3}{CH^3}.\overset{4}{AzH^2}\quad (15)$$

Par copulation du paradiazotoluène avec l'orthotoluidine. P. F. 127-128°.

$$C.\ C^6H^4.\overset{1}{CH^3} - \overset{3}{Az} = \overset{1}{Az} - C^6H^3.\overset{2}{CH^3}.\overset{4}{AzH^2}\quad (15)$$

Se prépare comme l'amidoazobenzène en remplaçant dans cette réaction l'aniline par la métatoluidine. P. F. 80°.

$$D.\ C^6H^4.\overset{1}{CH^3} - \overset{4}{Az} = \overset{1}{Az} - C^6H^3.\overset{2}{CH^3}.\overset{4}{AzH^2}\quad (15)$$

Action de la métatoluidine sur le p. diazoamidotoluène
P. F. 127°.

$$E. \quad C^6H^4.\overset{1}{CH^3} - \overset{4}{Az} = \overset{1}{Az} - C^6H^3.\overset{4}{CH^3}.\overset{2}{AzH^2} \quad (16)$$

Action de la paratoluidine sur le paradiazoamido-
toluène. P. F. 118°,

L'acide sulfurique fumant transforme tous ces amidoazotoluènes en dérivés sulfonés dont quelques-uns sont
utilisés comme colorants jaunes.

Dans les quatre premiers amidoazotoluènes A. B. C et
D, le groupe amidé est en para vis-à-vis du chromophore.
Les acides les colorent en rouge et ils donnent tous par
réduction la paratoluylène diamine. Le groupe amidé est
au contraire en ortho vis-à-vis du chromophore azoïque
dans l'amidoazotoluène E décrit en dernier lieu. A l'inverse des précédents, il se colore en vert par les acides
et donne par réduction de l'orthotoluylène diamine.

Amidoazoxylènes.

On connaît sept amidoazoxylènes isomères. Ils ont des
propriétés analogues à celles de l'amidoazobenzène et des
amidoazotoluènes. Nous renvoyons à la lecture des mémoires originaux (17-18).

Diamidoazobenzènes.

A. — *Chrysoïdine* (19,20). *Phénylazo-*
métaphénylène diamine.

$$C^6H^5 - Az = \overset{4}{Az} - C^6H^3 \underset{\underset{AzH^2}{3}}{\overset{\overset{1}{AzH^2}}{\diagup}}$$

La chrysoïdine s'obtient par copulation du chlorure de
diazobenzène avec la métaphénylène diamine et se pré-

pare en mélangeant des solutions équimoléculaires de ces deux corps. La base libre cristallise dans l'eau bouillante en aiguilles jaunes, fondant à 117°,5, peu solubles dans l'eau ; l'alcool, l'éther et la benzine la dissolvent avec facilité.

Elle forme avec les acides deux séries de sels : les sels monoacides sont stables et jaunes en solution ; les sels biacides sont rouges et décomposables par l'eau.

Le chlorhydrate $C^{12}H^{12}Az^4HCl$ se dépose en longues aiguilles rouges ou en octaèdres noir anthracite à reflets verts selon que la cristallisation se fait plus ou moins rapidement. L'acide chlorhydrique en excès le transforme en un polychlorhydrate $C^{12}H^{12}Az^4(HCl)^2$ dissociable par l'eau et qui s'y dissout en rouge.

Par réduction, la chrysoïdine se scinde en aniline et triamidobenzène.

Chauffée avec de l'anhydride acétique, la chrysoïdine fournit un dérivé acétylé qui cristallise en prismes jaunes fondant à 250° (20).

Chauffée avec de l'iodure de méthyle, elle donne un dérivé diméthylé. On a aussi préparé une chrysoïdine tétraméthylée par copulation du chlorure de diazobenzène avec la tétramétylmétaphénylène diamine.

L'acide sulfurique fumant transforme la chysoïdine en un dérivé sulfoné qu'on peut encore obtenir par copulation de l'acide p. diazobenzène sulfonique avec la métaphénylène diamine.

La chrysoïdine est un colorant faiblement basique. Elle se fixe sur coton mordancé en tannin comme tous les colorants basiques et donne un jaune d'or légèrement orangé. Elle est surtout employée pour nuancer les teintures obtenues avec les autres colorants.

La chrysoïdine découverte par Witt est le premier colorant azoïque préparé synthétiquement : elle présente à ce titre un certain intérêt historique.

B. — *Diamidoazobenzène symétrique* (21 22).

Paraazoaniline.

$$\overset{1}{A}zH^2.C^6H^4 - \overset{4}{A}z = \overset{1}{A}z - C^6H^4.\overset{4}{A}zH^2$$

Ce composé, qui s'obtient en saponifiant par l'acide chlorhydrique son dérivé acétylé décrit plus bas, cristallise en longues aiguilles jaunes, fondant à 140°, peu solubles dans l'eau, très facilement dans l'alcool. Les sels monoacides se dissolvent dans l'alcool avec une coloration verte ; les sels biacides, avec une coloration rouge.

Le dérivé acétylé (22) $C^{12}H^{11}Az^4C^2H^3O$ se prépare en copulant la diazoacétanilide avec l'aniline en présence d'une petite quantité d'acide chlorhydrique. Il fond à 212° et forme avec les acides des sels solubles en rouge.

Le dérivé diacétylé $C^{12}H^{10}Az^4(C^2H^3O)^2$ ou *paraazoacétanilide*, s'obtient en réduisant la nitroacétanilide par la poudre de zinc et l'ammoniaque en solution alcoolique (21). Il cristallise en aiguilles jaunes fondant à 282°.

Le dérivé tétraméthylé (23)

$$(CH^3)^2AzC^6H^4 - \overset{4}{A}z = \overset{1}{A}z - C^6H^4 - Az^4(CH^3)^2$$

ou *azyline* prend naissance dans l'action du bioxyde d'azote sur la diméthylaniline ; on l'obtient aussi par copulation de la paradiazodiméthylaniline avec la diméthylaniline (24).

On doit également faire rentrer dans la classe des composés diamidoazoïques la *diphénine* de Gerhardt et Laurent (25) ainsi que l'*hydrazoaniline* de Haarhaus (26) car ces dérivés, que l'on considère généralement comme des combinaisons hydrazoïques, possèdent un caractère colorant qui les différencie nettement des composés hydrazoïques.

Triamidoazobenzène.

$$\overset{\scriptscriptstyle \mathrm{I}}{H^2Az} - C^6H^4 - \overset{3}{Az} = \overset{4}{Az} - C^6H^3\!\!\underset{\scriptscriptstyle 3}{\overset{\scriptscriptstyle \mathrm{I}}{<}}\!\!\begin{array}{l} AzH^2 \\[2pt] AzH^2 \end{array} \qquad (27)$$

(Brun de phénylène, Vésuvine, Brun Bismarck.)

Le triamidoazobenzène se présente en cristaux d'un jaune brun fondant à 137°, peu solubles dans l'eau froide, mais facilement solubles dans l'eau bouillante. Les acides minéraux forment avec ce composé des sels biacides et font virer ses solutions aqueuses du brun jaune au rouge brun.

Le triamidoazobenzène prend naissance à côté d'autres dérivés azoïques quand on traite la métaphénylène diamine par de l'acide azoteux. Il existe à l'état de chlorhydrate dans le produit commercial vendu sous les noms de : « brun de phénylène, vésuvine ou brun Bismark », le composé principal de ce mélange étant sans doute le diazoïque de la formule :

$$C^6H^4\!\!<\!\!\begin{array}{l} Az = Az - C^6H^3(AzH^2)^2 \\[4pt] Az = Az - C^6H^3(AzH^2)^2 \end{array}$$

Il se comporte en teinture comme la chrysoïdine et représente avec cette dernière les deux seuls azoïques basiques industriellement exploités. Il est utilisé pour la teinture du coton et du cuir.

Diamidoazotoluènes (voir 28 et 29).

Benzène azonaphtylamine (80, 81).

$$C^6H^5 - Az = \overset{4}{Az} - C^{10}H^6\overset{\scriptscriptstyle \mathrm{I}}{AzH^2}$$

Ce composé s'obtient par copulation du chlorure de diazobenzène avec l'α-naphtylamine, et son dérivé sulfoné par copulation de l'acide sulfanilique diazoté avec la même base (25-26).

On prépare le composé toluénique correspondant en remplaçant dans cette réaction le chlorure de diazobenzène par le chlorure de p. diazotoluène (29).

Sous les noms de « Substitut d'orseille » ou « Orseilline », on emploie en teinture un colorant obtenu par copulation de la paranitraniline diazotée avec l'acide naphtionique ou acide α-naphtylamine-α-sulfonique (27 *a*). Ce colorant teint la laine sur bain acidé en rouge brun.

Amidoazonaphtaline (32).

$$C^{10}H^7 — Az = \overset{4}{Az} — C^{10}H^6\overset{1}{AzH^2}$$

Ce composé, qui résulte de l'action de l'acide azoteux sur l'α-naphtylamine en excès, s'obtient très facilement en traitant par une molécule de nitrite de soude une solution renfermant deux molécules de chlorhydrate d'α-naphtylamine. La base cristallise en aiguilles rouge brun à reflets métalliques verdâtres. Elle fond à 175°, se dissout difficilement dans l'alcool et plus facilement dans le xylène. Les sels sont décomposés par l'eau et se dissolvent dans l'alcool avec une coloration violette.

Le groupe amidé et le groupe azoïque occupent dans le noyau naphtalénique les deux positions α en para 1 : 4.

On obtient des dérivés sulfonés de cette amidoazonaphtaline en traitant ce composé par l'acide sulfurique fumant ou encore en copulant l'acide diazonaphtaline sulfonique avec l'α-naphtylamine.

En faisant agir le nitrite de soude sur l'acide naphtionique, on obtient aussi un acide amidoazonaphtaline disulfonique ; mais ce colorant dérive d'une amidoazonaphtaline différente de celle que nous venons de décrire car dans l'acide naphtionique la deuxième position α étant occupée par le groupe sulfonique, la copulation se fait en ortho β (1 : 2).

On connaît une deuxième amidoazonaphtaline, fondant à 156°, qu'on prépare en traitant le chlorhydrate de β-naphtylamine par le nitrite de soude. Ce composé, qui appartient à la classe des orthoamidoazoïques, possède un caractère moins basique que son isomère; cette propriété est commune à tous les orthoamidoazoïques.

Les amidoazonaphtalines mixtes ont aussi été préparées. Les amidoazonaphtalines qui renferment le groupe amidé en ortho vis-à-vis du groupe azoïque ne fournissent pas de diazoïques stables. Traitées par l'acide azoteux, qui d'ailleurs n'agit qu'en milieu fortement acide, elles se transforment aussitôt en dérivés oxyazoïques avec dégagement d'azote.

Les amidoazonaphtalines dans lesquelles l'amidogène est en para vis-à-vis du chromophore donnent au contraire des azoïques stables qui, par copulation avec les phénols ou les amines, fournissent des colorants diazoïques (voy. plus bas, *Noir azoïque*).

Colorants azoïques dérivés de bases diazoammonium.

En diazotant les dérivés amidés du chlorure de triméthylphénylammonium ou de composés analogues et copulant les diazoïques ainsi obtenus avec des amines ou des phénols, on obtient des colorants qui possèdent la forte basicité des bases ammonium. Certains d'entre eux sont des colorants de valeur.

Sous le nom d' « azophosphine », on trouve dans le commerce un colorant de cette classe ; il donne sur coton mordancé en tannin des nuances analogues à celles obtenues avec la phosphine ou chrysaniline. On le prépare par diazotation du chlorure de méta-amidotriméthylphényl-ammonium et copulation du diazoïque ainsi obtenu avec la résorcine. La base ammonium s'obtient en méthylant la méta-nitraniline et réduisant le chlorure de m. nitrotriméthylphényl-ammonium formé.

L'« indoïne », qui résulte de la copulation de la safranine diazotée avec le β-naphtol, appartient encore à cette classe de colorants. C'est un bleu basique, qui est très employé dans la teinture du coton mordancé en tannin (voy. *Safranine*).

II. — DÉRIVÉS OXYAZOIQUES

Oxyazobenzène (33, 34, 35).

$$C^6H^5 - \overset{1}{Az} = Az - C^6H^4\overset{4}{OH}$$
(Phénoldiazobenzène.)

On obtient ce composé en faisant agir le diazobenzène sur le phénate de sodium (34) ou en traitant les sels de diazobenzène par le carbonate de baryte (33).

On observe encore la formation d'oxyazobenzène dans l'action de l'acide sulfurique sur son isomère l'azoxybenzène (36) et dans la condensation du nitrosonaphtol avec l'aniline (35).

Il cristallise en aiguilles fondant à 151° peu solubles dans l'eau, facilement solubles dans l'alcool et les lessives alcalines.

Son dérivé p.sulfoné $HSO^3 - C^6H^4 - \overset{1}{Az} = \overset{1}{Az} - C^6H^4 - \overset{4}{OH}$ peut se préparer, soit par sulfonation du composé précédent au moyen d'acide sulfurique fumant, soit par copulation de l'acide p. diazobenzène sulfonique avec le phénate de sodium. C'est un colorant brun orangé, manquant d'éclat, qui a été employé autrefois sous le nom de « Tropéoline Y. »

Son isomère, l'acide métasulfoné, s'obtient de la même façon par copulation du diazobenzène métasulfoné avec le phénate de sodium (37).

Dioxyazobenzène (38).

I. Non symétrique. $C^6H^5 - Az = Az - C^6H^3 \begin{smallmatrix} ^1 \\ OH \\ 3 \\ OH \end{smallmatrix}$

Ce composé qui résulte de la copulation du diazobenzène avec la résorcine se présente en aiguilles rouges, fondant à 161°, facilement solubles dans l'alcool, l'éther et les alcalis.

Le dérivé p. sulfoné ou « Tropéoline O » :

$$HSO^3 - C^6H^4 - \overset{4}{Az} = \overset{1}{Az} - C^6H^3 \begin{smallmatrix} OH \\ 4 \\ OH \end{smallmatrix}$$

s'obtient en traitant le composé précédent par l'acide sulfurique (39) ou en copulant l'acide p. diazobenzène sulfonique avec la résorcine. Il cristallise en aiguilles qui paraissent rouges par transparence et noire verdâtre par réflexion. C'est un acide énergique qui déplace l'acide chlorhydrique du chlorure de sodium en se transformant en sel sodique.

Les sels sont jaune-orangé ; ils ne sont décomposés que par l'acide chlorhydrique concentré ou par l'acide sulfurique étendu.

Ce composé, qui possède un grand pouvoir colorant, donne sur laine et sur soie en bain acide un beau jaune d'or. Il s'emploie principalement dans la teinture de cette dernière fibre.

II. Dioxyazobenzènes symétriques (Azophénols). Ces composés ont été obtenus en fondant avec la potasse les nitro ou nitroso-phénols correspondants (40).

a) Le parazophénol P. F. 204° se prépare de cette façon en partant du paranitro et du paranitrosophénol et :

b) L'orthoazophénol P. F. 171° en partant de l'ortho-nitrophénol.

Cumylazorésorcine $(CH^3)^2$. C^6H^2—$Az=Az$—$C^6H^3(OH)^2$. Cet azoïque, qui s'obtient en copulant le diazocumène avec la résorcine, fond à 199° (41).

L'oxyazobenzène-toluène (35) ou phénolazotoluène CH^3— C^6H^4 — $Az = Az$ — C^6H^4OH résulte de l'action du nitrosophénol sur la paratoluidine ; il fond à 151°.

Par copulation du diazoïque de la métaphénylène diamine mono-acétylée avec le phénate de sodium et saponification du dérivé acétylé ainsi formé :

$$C^2H^3O - HAz - C^6H^4 - Az = Az - C^6H^4OH$$

on obtient l'*amidoxyazobenzène* (42) :

$$\overset{1}{H^2Az}C^6H^4 - \overset{3}{Az} = \overset{1}{Az} - C^6H^4\overset{4}{OH}$$

fondant à 168°.

On a aussi préparé des oxyazoïques par copulation des diazoïques avec les trois crésols isomères (41, 43, 44).

L'α-naphtalineazorésorcine

$$C^{10}H^7 - Az = Az - C^6H^3(OH)^2$$

se présente en aiguilles rouges fondant vers 200°.

Colorants azoïques dérivés des naphtols.

Ces colorants, qui appartiennent à la classe des combinaisons oxyazoïques, ont acquis depuis ces dix dernières années, grâce à la beauté de leur nuance et à leur grand pouvoir colorant, une telle importance qu'il y a lieu de les étudier dans un chapitre spécial.

Les deux naphtols isomères, α et β, s'unissent facilement avec tous les diazoïques.

Avec l'α-naphtol :

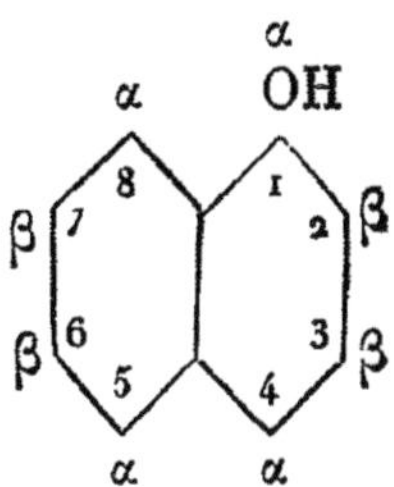

la copulation se fait dans la seconde position α du même noyau hexagonal, c'est-à-dire en para vis-à-vis de l'hydroxyle comme dans le cas des composés benzéniques à position para libre.

Les azoïques les plus simples dérivés de l'α-naphtol présenteront donc le schéma suivant ;

Avec le β-naphtol :

la position para n'est pas libre : la copulation se fait alors en ortho vis-à-vis du groupe phénolique et dans la position α.

Le schéma des azoïques obtenus vers le β-naphtol sera donc :

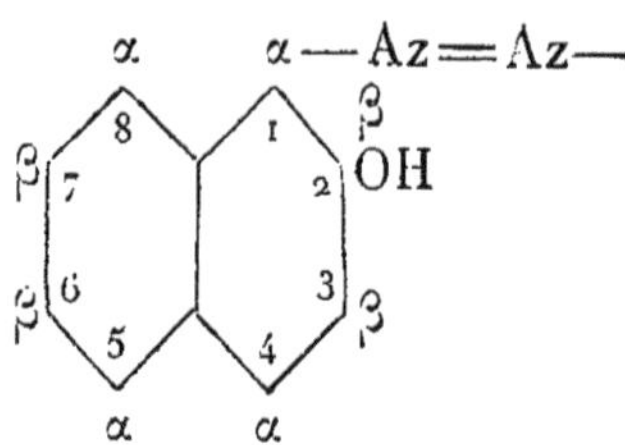

On admettait autrefois que la copulation pouvait se faire dans une autre position, par exemple en 3 (β_2) lorsque la position α_1, du β-naphtol était occupée. Cette hypothèse a été reconnue fausse : les dérivés du β-naphtol dans lesquels la position α_1 n'est pas libre ne donnent pas de colorants. De même, les dérivés de l'α-naphtol dans lesquels les positions 2 et 4 sont occupées ne se laissent pas copuler avec les diazoïques ; c'est le cas de l'acide α naphtol disulfonique 1 : 2 : 4.

Les azoïques qui renferment l'auxochrome en ortho vis-à-vis du chromophore sont des colorants bien supérieurs à ceux qui renferment ces deux groupes en para, ces derniers étant beaucoup plus sensibles aux acides et aux alcalis. Cette remarque est absolument générale, elle s'applique aussi bien aux oxyazoïques qu'aux amido-azoïques et tout particulièrement aux oxyazoïques dérivés des naphtols.

Les colorants dérivés du β-naphtol seront donc, en général, beaucoup plus utilisables que ceux fournis par l'α-naphtol ; ces derniers, qui appartiennent à la série para, virent en effet d'une façon très frappante au contact des alcalis.

Mais si dans l'α-naphtol la position para est occupée comme dans l'acide α-naphtol-α-sulfonique 1 : 4, la copulation se fait en β_2, par conséquent en ortho vis-à-vis du groupe phénolique et l'on obtient encore des colorants de valeur. Enfin, il arrive fréquemment qu'on obtienne des composés ortho-azoïques, même avec des dérivés de l'α-naphtol à position para libre.

Tandis que le β-naphtol ne fixe par copulation qu'une seule molécule d'un diazoïque, l'α-naphtol peut, comme le phénol ordinaire, fixer deux molécules d'un diazoïque ; la seconde molécule vient occuper la position 2, et l'on obtient un diazoïque qui possède le schéma suivant :

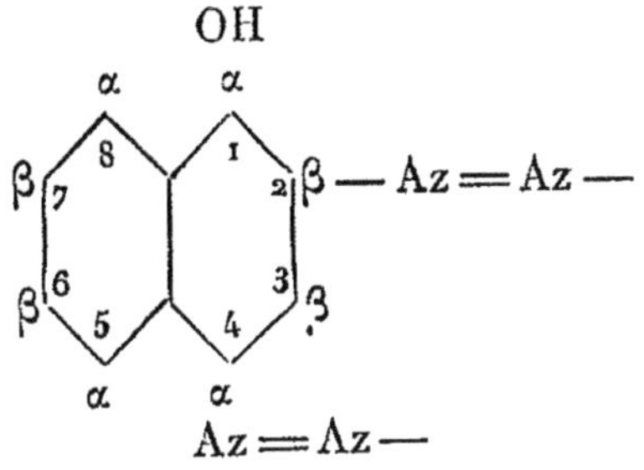

$$\text{OH}$$

Presque tous les colorants azoïques dérivés des naphtols sont des acides sulfoniques.

On les obtient par copulation des diazoïques sulfoconjugués avec les naphtols ou encore par copulation d'un diazoïque quelconque avec les acides naphtol-sulfoniques.

Les acides naphtol-sulfoniques isomères peuvent donner naissance à des colorants très différents par copulation avec un même diazoïque.

Pour faciliter cette étude, nous décrirons rapidement ici les principaux acides mono, di et trisulfoniques des naphtols dont on connaît aujourd'hui la plupart des isomères théoriquement possibles. Dans le tableau ci-contre, nous désignons par raison de simplicité le groupe OH par le signe — et le groupe SO^3H par le signe.

On trouvera la description détaillée de tous ces composés ainsi que des naphtylamines et dioxynaphtalines sulfoconjuguées dans les ouvrages spéciaux de Reverdin et Fulda : *Naphtalinderivate* (Bâle, 1894. Georg. éditeur) et de Täuber et Normann : *Die Derivate des Naphtalins* (Berlin, R. Gärtner, 1896).

Acides α-naphtolsulfoniques.

Acides monosulfoniques.

I : 2

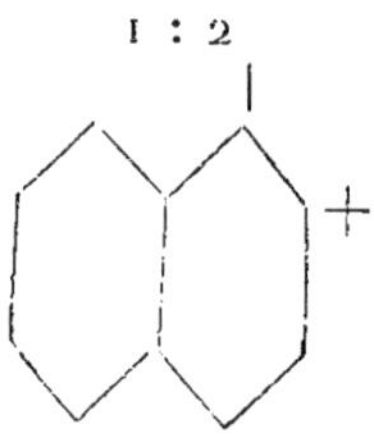

Acide de Schaeffer.
Schaeffer. Annal. 152 p. 293.

1 : 3

Bad. Anilin-u. Sodafabr.
Brev. all. 57910. Demande de
brev. Kalle et Cie. 9563.

1 : 4

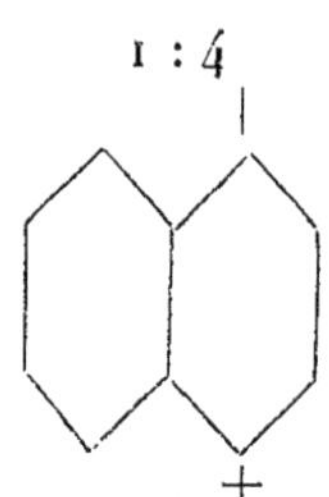

Acide α de Neville et Winther.
Ber. 13, p. 1949.

1 : 5

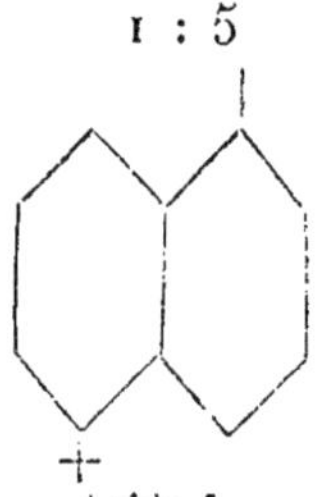

Acide L.
Erdmann. Annal. 247 p. 343
Schulz. Ber. 20, p. 3161.

1 : 7

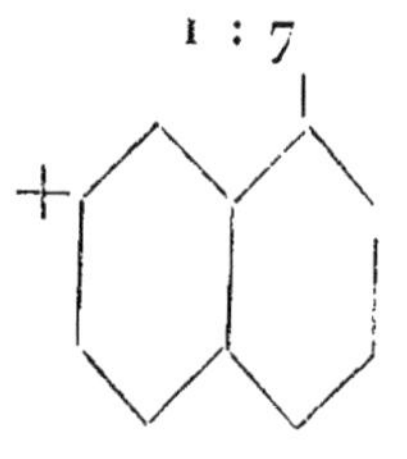

Liebmann et Studer.
Demande de brev. 4327, du
6 juin 1887.

1 : 8

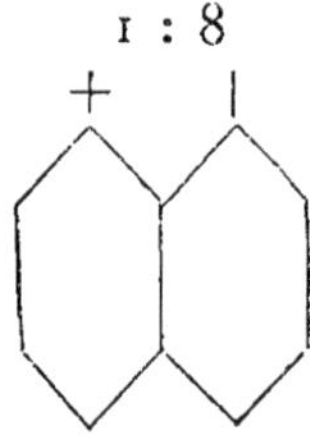

Acide de Schœllkopf.
Brev. all. 40571. Erdmann.
Annal. 247 p. 348.

Acides disulfoniques

I : 2 : 4

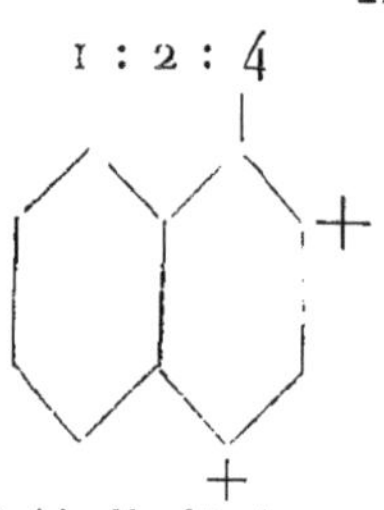

Acide disulfonique
pour Jaune Naphtol.
Bender, Ber. 22 p. 999.

1 : 2 : 7

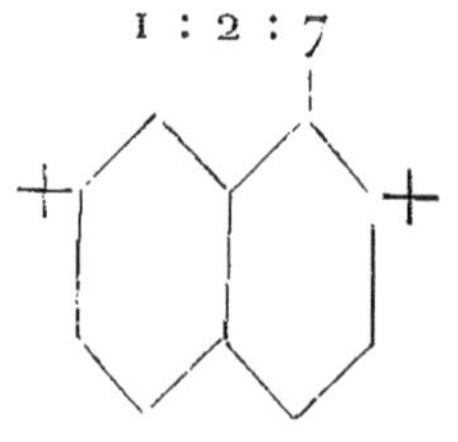

Bender, Ber. 22 p. 996.

1 : 3 : 8

Acide disulfonique ε
Brev. All. 55094,
Ber. 22, p. 3332.

1 : 4 : 6

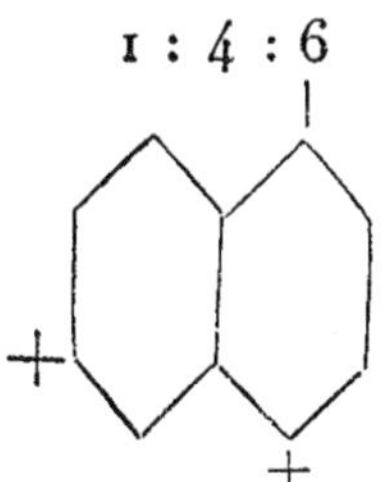

Dahl et Cie.
Br. all. 41957.

1 : 4 : 7

Dahl et Cie.
Brev. all. 41957.
Armstrong et Wynne. Proc. C. S. 1890.17.

1 : 4 : 8

Acide disulfonique S.
ou acide δ de Schœllkopf.
Brev. all. 40571. Ber. 23 p. 3090.

1 : 3 : 6

Gürke et Rudolf. Brev. all. 38281.

Acides trisulfoniques.

1 : 2 : 4 : 7

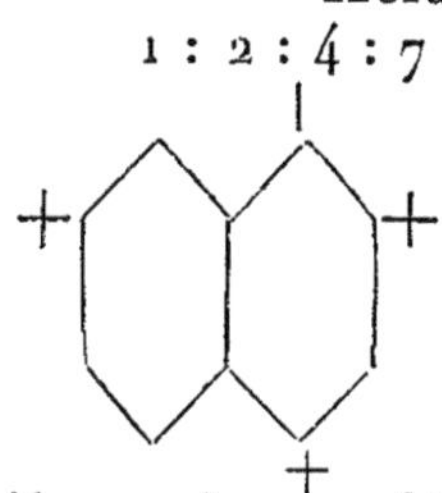

Acide pour Jaune naphtol S.
Brev. all. 10785. Ber. 22 p. 996.

1 : 3 : 6 : 8

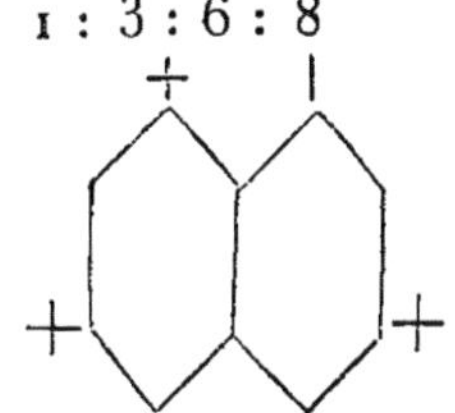

Acide pour chromotrope.
Brev. all. 56058.

Acides β-naphtolsulfoniques.
Acides monosulfoniques.

2 : 6

Acide de Schaeffer
ou acide β.
Ann. 152 p. 206.

2 : 8

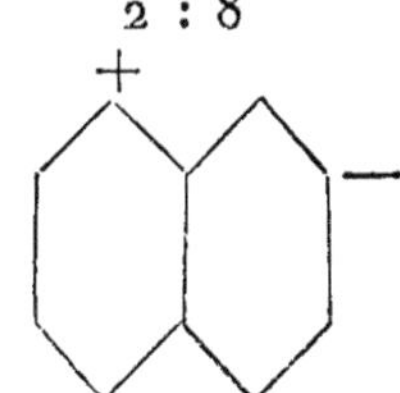

Acide crocéique
ou acide α.
Brev. all. 18027.

2 : 5

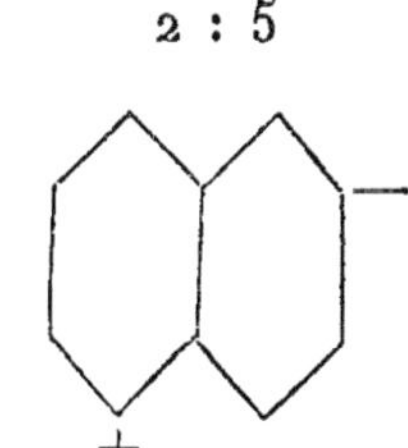

Acide γ de Bahl et Cie.
Brev. all. 29084.

2 : 7

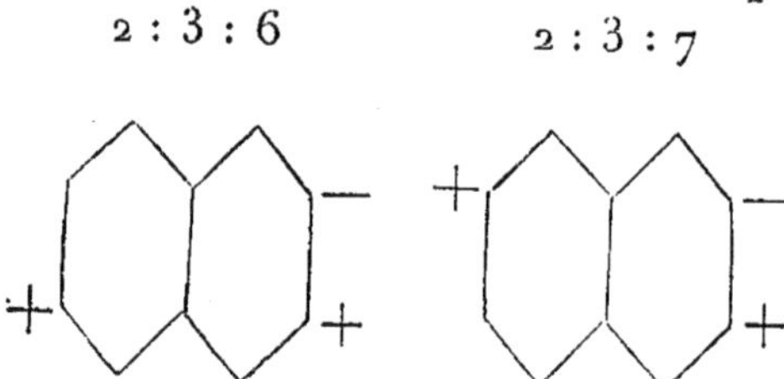

Acide F ou δ Brev. all. 42112 et 45221.

Acides disulfoniques.

2 : 3 : 6   2 : 3 : 7   2 : 4 : 8

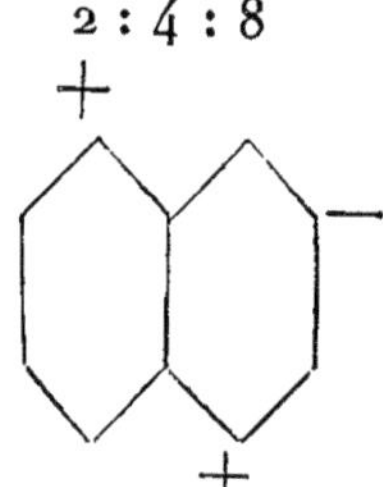

Acide R.
Brev. all. 3229.

Acide disulfonique δ
Brev. all. 4400. Weinberg.
Ber. 20 p. 2911.

Acide disulfonique C.
Demande de brev. 3542.
Cassella et Cie.

2 : 6 : 8

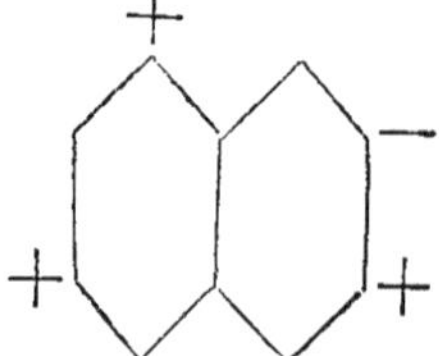

Acide G. Brev. all. 3229.

Acide trisulfonique.

2 : 3 : 6 : 8

Brev. all. 22038. Fabriques de Höchst.

Quelques-uns seulement de ces différents acides sulfoniques sont utilisés dans la préparation des colorants
azoïques. L'α-naphtol ne fournit guère que l'acide sulfonique de Neville et Winther 1 : 4 et le β-naphtol l'acide
de Schaeffer 2 : 6, l'acide crocéique 2 : 8, les deux acides
disulfoniques R et G 2 : 3 : 6 et 2 : 6 : 8 et l'acide trisulfonique 2 : 3 : 6 : 8.

Les acides sulfoniques de l'α-naphtol dans lesquels
un groupe sulfoné est en péri c'est-à-dire en 8 vis-à-vis
de l'hydroxyle phénolique, comme l'acide de Schœllkopf
et les acides di et trisulfonés qui en dérivent, jouissent de
la propriété caractéristique de fournir des anhydrides
internes par perte d'une molécule d'eau entre le groupe
phénolique et le groupe sulfoné. Ces anhydrides s'ap-
pellent « sultones ». La sultone la plus simple s'obtient
en chauffant l'acide de Schœllkopf ; elle possède la formule de constitution suivante :

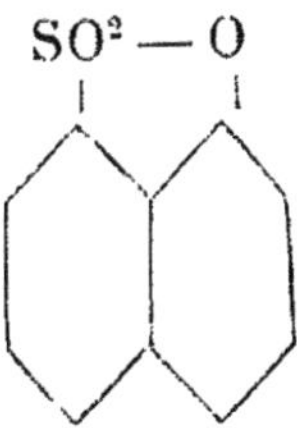

$$SO^2 - O$$

Les acides di et trisulfonés dérivés de l'acide de
Schœllkopf donnent des sultones correspondantes.

Les acides disulfoniques R et G sont de beaucoup les
plus importants.

En sulfonant le β-naphtol à basse température avec de
l'acide sulfurique ordinaire on obtient d'abord deux
acides monosulfoniques, l'acide de Schaeffer et l'acide
crocéique. Tandis que ce dernier se transforme exclusivement en acide disulfonique G par une sulfonation plus
énergique au moyen d'acide sulfurique fumant, l'acide de

Schaeffer donne un mélange d'acide G et d'acide R. On obtient donc toujours un mélange de ces deux acides en traitant directement le β-naphtol par l'acide sulfurique fumant. Pour les séparer, on peut utiliser la différence de solubilité dans l'alcool de leurs sels acides de sodium : le sel de sodium de l'acide G s'y dissout facilement tandis que celui de l'acide R y est presque insoluble. On met aussi à profit la différence de solubilité dans l'eau de leurs sels de potassium : le sel de potassium de l'acide G y est en effet difficilement soluble et se précipite quand on ajoute du chlorure de potassium à une solution aqueuse du mélange des deux acides.

On peut séparer l'acide de Schaeffer de l'acide crocéique en traitant par l'alcool leurs sels de sodium, le sel de l'acide crocéique étant seul soluble dans ce liquide.

Les azoïques dérivés de ces différents acides mono et disulfoniques se distinguent essentiellement par leur nuance.

Les colorants obtenus avec l'acide crocéique et l'acide G ont des propriétés très voisines ; ils possèdent généralement une nuance tirant fortement sur le jaune et sont caractérisés par leur facile solubilité. L'acide de Schaeffer et surtout l'acide R fournissent au contraire des colorants bleuâtres.

L'acide crocéique et l'acide G se distinguent aussi par la difficulté avec laquelle ils se combinent aux diazoïques. En traitant un mélange d'acide crocéique et d'acide de Schaeffer par un diazoïque (de préférence par le diazoxylène), on obtient d'abord le colorant dérivé de l'acide de Schaeffer. Cette propriété a été utilisée industriellement pour séparer ces deux acides.

Benzène azo-α-naphtol (45).

$$C^6H^5 - Az = \overset{4}{Az} - \overset{1}{C^{10}H^6OH}$$

Action du chlorure de diazobenzène sur une solution alcaline de naphtol. Paillettes jaunes, solubles en rouge dans les alcalis.

Acide monosulfonique.

$$\overset{1}{HSO^3C^6H^4} - \overset{4}{Az} = \overset{4}{Az} - \overset{1}{C^{10}H^6OH}$$

(Orangé I. Tropéoline ooo n° II) (46).

Ce composé s'obtient par copulation de l'acide p. diazobenzène sulfonique avec l'α-naphtol. L'acide libre cristallise en feuillets presque noirs, à reflets verts, solubles en violet dans l'acide sulfurique concentré. Les sels alcalins sont jaune-orangé, facilement solubles dans l'eau ; ils virent au rouge par un excès d'alcali ; nous avons vu que cette sensibilité aux alcalis est particulière aux azoïques dérivés de l'α-naphtol et les distingue des colorants analogues obtenus avec le β-naphtol.

Le sel de sodium est employé en teinture. Il donne sur laine et sur soie, en bain acide, un orangé un peu plus rouge et moins pur que l'orangé correspondant obtenu avec le β-naphtol.

Le sel de calcium est insoluble et amorphe. En raison de leur sensibilité aux alcalis, les colorants de l'α-naphtol sont moins importants que ceux du β-naphtol.

Benzène azo-β-naphtol (45).

$$C^6H^5 - Az = Az - \overset{1}{C^{10}H^6}\overset{2}{OH}$$

Paillettes jaunes, insolubles dans les alcalis.

Acide monosulfonique (I).

$$\overset{\quad\;4\qquad\;\;1\qquad\qquad 2}{HSO^3C^6H^4 - Az = Az - C^{10}H^6OH}$$

(Orangé II. Tropéoline ooo nº 1) (46).

Ce composé s'obtient par copulation du diazobenzène
p. sulfoné avec le β-naphtol. L'acide libre cristallise en
feuillets jaune-orangé, solubles dans l'eau ; par dessi-
cation, ils perdent de l'eau de cristallisation et se transforment en une poudre rouge minium.

Les sels alcalins ressemblent à l'acide libre et ne virent
pas en présence d'un excès d'alcali.

Le sel de calcium est difficilement soluble et le sel de
baryum complètement insoluble dans l'eau. Ce colorant
se dissout dans l'acide sulfurique concentré en rouge
fuchsine.

Il donne sur soie et sur laine un bel orangé et constitue
un des colorants azoïques les plus importants.

Acide monosulfonique (II).

$$\overset{\qquad\qquad 1\qquad\qquad 2\;\;6}{C^6H^5 - Az = Az - C^{10}H^5OHSO^3H}$$

(Orangé de crocéine.)

Ce colorant, qui résulte de la copulation du diazobenzène avec l'acide β-naphtol monosulfonique de Schaeffer
(acide β), possède une nuance un peu plus jaune que le
précédent ; il se dissout en jaune-orangé dans l'acide
sulfurique concentré.

Acide disulfonique.

$$C^6H^5 - Az = Az - C^{10}H^4 \begin{cases} (SO^3H)^2 \\[4pt] \;^2 \\ OH \end{cases}$$

(Orangé G.)

Ce composé s'obtient par copulation du diazobenzène
avec l'acide β-naphtol disulfonique G. C'est un colorant

orangé tirant sur le jaune et soluble en jaune-orangé dans l'acide sulfurique concentré.

Colorants azoïques obtenus par copulation des acides β. naphtoldisulfoniques avec les homologues supérieurs du diazobenzène

Comme nous l'avons déjà fait remarquer page 69, les acides disulfoniques du β-naphtol donnent par copulation avec les diazoïques des colorants de nuances très différentes.

Tandis que l'acide disulfonique G donne des jaunes orangés avec les diazoïques de la série benzénique et des écarlates avec les diazoïques de la série de la naphtaline, son isomère, l'acide sulfonique R, donne des rouges avec les diazoïques de la série benzénique, rouges dont l'intensité augmente avec la grandeur de la molécule (47).

Par copulation de cet acide avec les diazoïques correspondant aux xylènes et aux autres homologues supérieurs du benzène, on obtient des écarlates très employés dans la teinture de la laine sous les noms de ponceaux R, RR, RRR, et G. L'α-diazonaphtaline donne avec l'acide R un bordeaux foncé et l'acide diazonaphtaline sulfonique le colorant connu sous le nom d' « amaranthe ».

Avec l'orthodiazoanisol et ses homologues on obtient de très beaux rouges industriellement employés sous le nom de « coccinines ».

Les ponceaux R, RR, RRR ainsi que la coccinine, c'est-à-dire les colorants obtenus avec les diazoïques de la série benzénique, se présentent sous forme de poudres rouge écarlate, solubles en rouge dans l'acide sulfurique concentré. Leurs sels de calcium sont cristallisés et solubles dans l'eau bouillante.

Les colorants obtenus avec les diazoïques de la série naphtalénique se dissolvent au contraire en violet ou en bleu dans l'acide sulfurique concentré.

Voici le tableau des principaux colorants azoïques préparés avec les acides β-naphtol disulfoniques, et n'appartenant pas à la classe des composés biazoïques ; ces derniers seront étudiés dans un chapitre spécial.

Ponceau 2 G.	Fabriques de Höchst.	Acide R et diazobenzène.
— R.	Bad. Anilin-u. Sodafabr.	Acide R et mélange de para et métadiazoxylène, obtenu avec la xylidine commerciale.
— 2 R.	Actiengesel. f. Anilinfabr.	Acide R et diazométhylxylène pur.
— 3 R.	Fabriques de Höchst.	Acide R et diazoéthylmétaxylène.
— 3 R.	Bad. Anilin-u. Sodafabr.	Acide R et diazopseudocumène.
— 4 R.	Actiengesel. f. Anilinfabr.	Acide R et diazopseudocumène.
— 2 R.	Fabriques de Höchst.	Acide R et diazopseudocumène.
Bordeaux B.	—	Acide R et α diazonaphtaline.
Amaranthe.	Cassella et Cie.	Acide R et acide α-diazonaphtaline sulfonique.
Bordeaux S.	Fabriques de Höchst.	Acide R et acide α-diazonaphtalène sulfonique.
Coccinine.	—	Acide R et diazoanisol.
Rouge phénétol.	—	Acide R et diazophénétol.
Rouge anisol.	—	Acide R et homologues des diazophénétols.
Orangé G.	—	Acide G et diazobenzène.
Ponceau 2 G.	Bad. Anilin-u. Sodafabr.	Acide G et diazopseudocumène.
Ponceau cristallisé.	Cassella et Cie.	Acide G et α-diazonaphtaline.
Coccine nouvelle.	Fabriques de Höchst.	Acide G et acide naphtionique diazoté.

Ce groupe de colorants contient encore de nombreux représentants en dehors de ceux mentionnés dans ce tableau. Il est à remarquer que certains de ces produits se trouvent dans le commerce sous des noms différents selon la fabrique dont ils proviennent.

Nous n'avons pas l'intention d'étudier ici tous les colorants azoïques qui se trouvent dans le commerce. On pourra consulter dans ce but les tables de Schultz et Julius éditées par R. Gärtner à Berlin.

α-Naphtalène-azo-β-naphtol.

$$C^{10}H^7 - \overset{I}{A}z = \overset{I}{A}z - C^{10}H^6\overset{2}{O}H \quad (\alpha\beta \text{ oxyazonaphtalène})$$

Ce composé, qui résulte de l'action de l'α-diazonaphtaline sur le β-naphtol, constitue la substance mère d'une série de colorants importants ; son isomère, la para-oxyazonaphtaline, obtenue par copulation de l'α-azonaphtaline avec l'α-naphtol, ne conduit au contraire qu'à des colorants peu utilisables en raison de la sensibilité aux alcalis commune à tous les azoïques dans lesquels le chromophore est en para vis-à-vis de l'hydroxyle phénolique. L'acide α-naphtol-α-sulfonique, bien que dérivant de l'α-naphtol, fournit cependant des colorants azoïques de valeur car ce sont des ortho-oxyazoïques correspondant à l'oxyazonaphtaline encore inconnue de constitution suivante :

$$C^{10}H^7 - \overset{I}{A}z = \overset{2}{A}z - C^{10}H^6\overset{I}{O}H$$

Il est possible que ce composé soit identique à l'hydrazone naphtalénique dérivée de la β-naphtoquinone, conformément à l'hypothèse que nous avons exposée sur la constitution des azoïques.

Acide monosulfonique.

$$HSO^3C^{10}H^6 - \overset{I}{A}z = \overset{I}{A}z - C^{10}H^6\overset{2}{O}H$$

(Rouge solide. — Roccelline.)

Ce colorant, qui résulte de l'action de l'acide diazonaphtaline sulfonique sur le β-naphtol, se présente, tant à l'état d'acide libre que sous forme de sel de sodium, en aiguilles brunes, difficilement solubles dans l'eau froide. L'eau bouillante les dissout facilement et les abandonne par refroidissement sous forme d'une masse gélatineuse. Ce colorant possède un fort pouvoir tinctorial et donne sur laine et sur soie un rouge bleuâtre dont la nuance n'est pas très pure. Ses solutions dans l'acide sulfurique concentré sont violettes et laissent déposer un précipité brun floconneux par addition d'eau. Les sels de calcium et de baryum sont des précipités insolubles et amorphes.

Acide disulfonique.

$$\text{I. } C^{10}H^7 - \overset{\scriptscriptstyle 1}{Az} = \overset{\scriptscriptstyle 1}{Az} - C^{10}H^4 \Big\langle \begin{array}{l} \overset{\scriptscriptstyle 2}{O}H \\ (HSO^3)^2 \end{array}$$

a) *Bordeaux B (Fabriques de Höchst).*

Par copulation de l'acide β-naphtol disulfonique R avec l'α-diazonaphtaline. Soluble en bleu dans l'acide sulfurique concentré.

b) *Ponceau cristallisé G R (Cassella et Cie).*

S'obtient de la même manière par copulation de l'α-diazo-naphtaline avec l'acide disulfonique (G ou γ) soluble dans l'alcool. Son sel de sodium se distingue par la facilité avec laquelle il cristallise.

$$\text{II. } \overset{\scriptscriptstyle 4}{H}SO^3C^{10}H^6 - \overset{\scriptscriptstyle 1}{Az} = \overset{\scriptscriptstyle 1}{Az} - C^{10}H^5 \Big\langle \begin{array}{l} \overset{\scriptscriptstyle 2}{O}H \\ \overset{\scriptscriptstyle 8}{H}SO^3 \end{array}$$

(Crocéine 3 BX.)

Ce composé, qui résulte de la copulation de l'acide α-diazonaphtaline sulfonique avec l'acide-β-naphtol-α-monosulfonique (acide crocéique) (48), constitue un beau colo-

rant rouge écarlate, soluble en rouge violet dans l'acide
sulfurique concentré.

Acide sulfo-naphtaline-azo-α-naphtolsulfonique

$$\overset{4}{HSO^3}C^{10}H^6 - \overset{1}{Az} = \overset{2}{Az} - C^{10}H^5 \underset{\overset{4}{\diagdown} SO^3H}{\overset{\overset{1}{\diagup} OH}{}}$$

(Azorubine S.)

Ce composé, qui résulte de l'action de l'acide diazonaphtaline sulfonique sur l'acide α-naphtol α-sulfonique,
est un beau colorant rouge bleuâtre. L'acide α-naphtol
α-sulfonique qui sert dans cette préparation est obtenu par
ébullition avec l'eau de l'acide diazonaphtaline sulfonique.

La β-naphtylamine et ses acides sulfoniques servent
aussi à fabriquer des colorants qui ont reçu des applications industrielles.

Sous le nom de « carmin-naphte », on emploie dans
la fabrication des vernis l'oxyazonaphtaline obtenue par
copulation de la β-diazo-naphtaline avec le β-naphtol.

L'acide β-naphtol sulfonique de Schæffer, chauffé avec
de l'ammoniaque, fournit un acide β-naphtylamine sulfonique (acide de Brönner) dont le diazoïque, copulé avec
le β-naphtol, donne un colorant employée dans la teinture
de la soie. Ce même diazoïque, copulé avec l'acide α-naphtol α-sulfonique, donne le colorant connu sous le nom
d' « écarlate brillant ».

III. — COLORANTS AZOIQUES
DÉRIVÉS DES ACIDES CARBOXYLÉS

Ces composés peuvent s'obtenir par copulation des
diazoïques carboxylés avec les phénols ou les amines,
ou par copulation des diazoïques non carboxylés avec

les acides ortho et méta-oxycarboxylés ou acides phénol-carboniques.

Tous ces colorants possèdent une affinité plus ou moins accusée pour les mordants métalliques et en particulier pour l'oxyde de chrome. Cette affinité est surtout prononcée dans les colorants obtenus avec les acides oxycarboxylés et présente son maximum d'intensité lorsque le groupe hydroxyle se trouve en ortho vis-à-vis du groupe carboxyle; c'est le cas des azoïques dérivés de l'acide salicylique.

Un certain nombre de ces colorants sont actuellement employés pour la teinture de la laine et l'impression sur coton.

Diméthylamidoazobenzol carboxylé (48).

$$(CH^3)^2 \overset{4}{Az} - C^6H^4 - \overset{1}{Az} - \overset{1}{Az} - C^6H^4 . \overset{3}{CO^2H}$$

Copulation de l'acide métaamidobenzoïque diazoté avec la diméthylaniline.

Oxyazobenzol-carboxylé (48).

$$\overset{4}{OH} - C^6H^4 - \overset{1}{Az} = \overset{1}{Az} - C^6H^4 - \overset{3}{CO^2H}$$

Copulation de l'acide métaamidobenzoïque diazoté avec le phénol. P.F. 220°.

Sous le nom de « Jaune résistant au savon », on trouve dans le commerce un colorant employé en impression sur mordant de chrome qui résulte de la copulation de l'acide métaamidobenzoïque diazoté avec la diphénylamine.

Benzène-azo-naphtol carboxylé (48).

$$\overset{1}{CO^2H} - C^6H^4 - \overset{3}{Az} = \overset{1}{Az} - C^{10}H^6 \overset{2}{OH}$$

P. F. 235°. Son éther éthylique obtenu avec le méta-amidobenzoate d'éthyle diazoté fond à 104°.

Benzène-azonaphtol carboxylé et sulfoné (48).

$$\overset{3}{CO^2H} - C^6H^4 - \overset{\text{\tiny I}}{Az} = \overset{\text{\tiny I}}{Az} - C^{10}H^5 \Big\langle {\overset{2}{OH} \atop SO^3H}$$

Copulation de l'acide métaamidobenzoïque diazoté avec l'acide β-naphtol monosulfonique.

On a également préparé des dérivés di et trisulfonés de cet azoïque par copulation de l'acide m. amidobenzoïque diazoté et de son acide sulfonique avec les acides β-naphtol disulfoniques.

Acide diméthylamidoazobenzène carboxylé (48).

$$C^6H^5 - Az = \overset{\text{\tiny I}}{Az} - C^6H^3 \Big\langle {\overset{2}{Az(CH^3)^2} \atop CO^2H}$$

Copulation du diazobenzène avec l'acide métadiméthylamidobenzoïque. PF. 125°

Acide diméthylamidoazobenzène dicarboxylé (48).

$$\overset{3}{CO^2H} - C^6H^4 - \overset{\text{\tiny I}}{Az} = \overset{\text{\tiny I}}{Az} - C^6H^3 \Big\langle {\overset{4}{Az(CH^3)^2} \atop CO^2H}$$

Copulation de l'acide m. amidobenzoïque diazoté avec l'acide métadiméthylamidobenzoïque.

Acide benzène-azosalicylique (49).

$$C^6H^5 - Az = \overset{4}{Az} - C^6H^3 \Big\langle {\overset{\text{\tiny I}}{OH} \atop \overset{2}{CO^2H}}$$

Copulation du diazobenzène avec l'acide salicylique.

Acide nitrobenzène-azosalicylique.

Les colorants obtenus par copulation de l'acide salicylique avec les différents nitrodiazobenzènes isomères se distinguent par leur grande affinité pour les mordants métalliques. Le dérivé paranitré teint sur mordant de chrome en jaune-orangé et le métanitré en un jaune d'une nuance assez pure. Tous deux se trouvent dans le commerce sous le nom de jaune d'alizarine (Fabriques de Höchst). Le premier est le jaune d'alizarine R et le second le jaune d'alizarine GG. Le dérivé métanitré est surtout employé en impression sur coton comme substitut des graines de Perse. Les acides oxynaphtoïques donnent des colorants bruns.

Avec les acides diazonaphtaline-sulfoniques, et en particulier avec les acides 2 : 8 et 2 : 5, on obtient des colorants employés dans la teinture de laine sous le nom de « jaune pour mordant ». Enfin, on prépare aussi des colorants jaunes pour mordants par copulation des acides diazobenzoïques avec l'acide salicylique. Ce sont les « jaunes diamant » du commerce.

L'acide amidosalicylique fournit encore des colorants pour mordants ; nous les décrirons dans un autre chapitre car la plupart appartiennent au groupe des colorants disazoïques.

IV. — COLORANTS AZOIQUES DÉRIVÉS
DES DIOXYNAPHTALINES

Les dioxynaphtalines et leurs acides sulfoniques n'ont trouvé d'applications industrielles que depuis quelques années. Les colorants qui en dérivent possèdent une nuance (généralement brunâtre) plus foncée que cellè des colorants correspondants obtenus avec les naphtols mais ils sont souvent très sensibles aux alcalis. C'est seulement lorsqu'on eut découvert qu'un certain nombre d'entre eux possèdent de l'affinité pour les mordants métalliques que cette classe de colorants devint importante. Les premiers représentants de ce groupe furent préparés par Witt avec la β-hydronaphtoquinone, ou dioxynaphtaline 1 : 2. Ces colorants n'ont pas trouvé d'application, leur préparation présentant trop de difficultés. Leur affinité pour les mordants métalliques est due à ce qu'ils renferment deux hydroxyles en ortho comme la β-hydronaphtòquinone dont ils dérivent.

On découvrit ensuite que les colorants obtenus avec la dioxynaphtaline dans laquelle les deux hydroxyles se trouvent en péri, c'est-à-dire en 1 : 8, se comportent comme les dérivés orthohydroxylés au point de vue de leur affinité pour les mordants métalliques. Cette péridioxynaphtaline s'obtient par fusion de l'acide de Schœlkopf 1 : 8 avec un alcali. En remplacant dans cette fusion l'acide de Schœlkopf par ses produits de substitution sulfonés, on obtient les acides sulfonés de cette péridioxynaphtaline.

On prépare ainsi, par fusion de l'acide α-naphtoldisulfonique S (OH : SO^{3}H), l'acide dioxynaphtalène sulfonique S :

$$\text{OH} \quad \text{OH}$$

$$\text{SO}^3\text{H}$$

Les azoïques qui en dérivent ne sont pas cependant employés comme colorants pour mordants, mais ils ont remplacé en teinture la fuchsine acide, car ils égalisent

très bien. C'est ainsi qu'on trouve dans le commerce sous
le nom d' « Aazofuchsine », les produits de copulation des
diazotoluènes et des acides diazobenzènes sulfoniques
avec l'acide dioxynaphtaline sulfonique S. Ils donnent sur
laine et sur soie des nuances analogues à celles de la
fuchsine acide, mais s'en distinguent par une plus grande
solidité à la lumière et aux alcalis.

L'affinité pour les mordants métalliques des azoïques
dérivés de la péridioxynaphtaline est au contraire utilisée
avec tout un groupe de colorants qui ont pris le nom de
« chromotropes » et qui dérivent d'un acide péridioxynaphtaline disulfonique. Cet acide, que nous appellerons
acide « chromotropique », possède la constitution suivante :

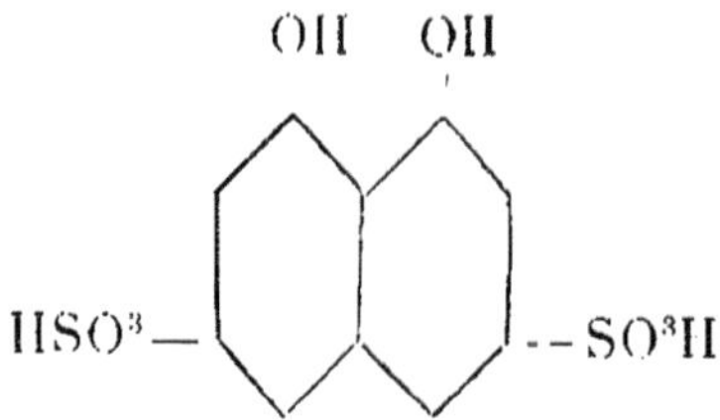

et se prépare par fusion alcaline de l'acide α-naphtol
trisulfonique 1 : 3 : 6 : 8 ou de sa sultone. L'acide α-
naphtoltrisulfonique s'obtient lui-même par nitration de
l'acide naphtaline trisulfonique, puis réduction et substitution du groupe amidé par le groupe hydroxyle. On peut
encore préparer l'acide chromotropique par diazotation
de l'acide amidonaphtol disulfonique H, puis ébullition
avec l'eau du diazoïque ainsi obtenu. La propriété la plus
caractéristique des colorants obtenus avec l'acide chromotropique est de donner en teinture des nuances très différentes selon la nature du mordant métallique employé.

Ainsi le colorant obtenu par copulation du diazobenzène avec l'acide chromotropique teint la laine non mordancée en un beau rouge éosine. Les sels d'alumine font

virer la nuance au violet et les chromates en noir-bleu foncé.

Contrairement au mode d'emploi de la plupart des colorants à mordants métalliques, les chromotropes se teignent d'abord en bain acide et sur fibre non mordancée, puis par une ébullition subséquente avec le mordant, généralement du bichromate de potasse, on développe et fait virer la teinture jusqu'à ce qu'on ait obtenu la nuance désirée.

V. — COLORANTS TÉTRAZOIQUES ET DISAZOIQUES

Ces combinaisons se distinguent des dérivés azoïques simples en ce que leurs molécules renferment plusieurs chromophores — Az = Az —.

On peut les ranger en plusieurs classes, selon leur mode de formation et leur constitution. La première classe, dont le représentant le plus ancien est le phényl-bidiazobenzol de Griess, comprend les colorants dans lesquels les deux chromophores azoïques et les auxochromes hydroxylés ou amidés se trouvent fixés sur un même noyau benzénique. On les obtient par copulation des diazoïques avec les oxyazoïques ou les amidoazoïques.

Dans les colorants de la deuxième classe, les deux chromophores sont encore fixés sur un même noyau benzénique, mais les auxochromes appartiennent à d'autres noyaux. Ces composés peuvent s'obtenir soit en copulant les diazoïques dérivés des amidoazoïques avec les amines ou les phénols, soit en partant des diamines dont on diazote et copule successivement chacun des groupes amidés avec un phénol ou une amine (55-56).

La troisième classe renferme les colorants dérivés de la benzidine et de composés analogues. Dans ces colorants, les deux chromophores sont fixés sur deux noyaux benzéniqués différents mais reliés entre eux.

Enfin on connaît aussi des dérivés azoïques tertiaires et quaternaires, c'est-à-dire renfermant trois et quatre fois le groupe azoïque.

Benzène diazophénol (Phénol bidiazobenzène) (57, 58).

$$C^6H^5 - Az = \overset{1}{Az} - C^6H^3OH - \overset{2}{Az} = \overset{5}{Az} - C^6H^5$$

Ce composé, qui résulte de l'action du carbonate de baryte sur le nitrate de diazobenzène et aussi de la copulation de ce nitrate avec l'oxyazobenzène, constitue des feuillets bruns fondant à 131°.

Par copulation du p. diazotoluène avec l'oxyazobenzène on obtient un dérivé homologue fondant à 110° (58).

Benzène disazorésorcine (55).

$$C^6H^5 - Az^2 - C^6H^2(OH)^2 - Az^2 - C^6H^5$$

On obtient deux combinaisons isomères de cette formule en traitant le m. dioxyazobenzène par le chlorure de diazobenzène (55).

L'isomère α est soluble dans les alcalis et fond à 215°.

L'isomère β est insoluble dans les alcalis et fond à 222°.

Le diazotoluène copulé avec la résorcine, donne trois disazoïques isomères (55).

Solubles dans les alcalis. $\begin{cases} \alpha \ \text{P. F. } 196°. \\ \alpha' \ \text{P. F. } 241°. \end{cases}$

β Insoluble dans les alcalis. P. F. 198°.

L'azotoluène résorcine, obtenue par copulation du diazotoluène avec la résorcine, traité par le diazobenzène ou par le diazotoluène donne également naissance à différents dérivés disazoïques.

Les composés amidés appartenant à cette classe de

disazoïques se préparent par copulation des diazoïques
avec le diamidoazobenzène non symétrique et ses homologues (chrysoïdines). On obtient par exemple l'azoben-
zène-phénylène-diamine-azobenzène, P. F. 250, en faisant
agir le chlorure de diazobenzène sur la chrysoïdine (59) :

$$C^6H^5 — Az = Az — C^6H^2(AzH^2) — Az = Az — C^6H^5$$

On a également préparé des homologues de ce composé.

Poylazoïques dérivés des amidoazoïques.

Les composés amidoazoïques dont l'amidoazobenzol
constitue le représentant le plus simple, traités par l'acide
azoteux, donnent des dérivés diazoïques qui se copulent
comme les diazoïques ordinaires avec les amines ou les
phénols en donnant naissance à des matières colorantes.
Les acides sulfoniques des amidoazoïques se comportent,
à ce point de vue, comme les amidoazoïques non sulfonés.

Benzène-azobenzène-azophénol (tétrazobenzènephénol).

$$C^6H^5 — Az = \overset{1}{Az} — C^6H^4 — \overset{4}{Az} = \overset{1}{Az} — C^6H^4\overset{4}{OH} \quad (61)$$

Ce composé, qui s'obtient par copulation du diazoazobenzène avec le phénol, doit être considéré comme le
représentant le plus simple de cette classe de dérivés.

Benzène-azobenzène-azo-β-naphtol (62).

$$C^6H^5 — Az = \overset{4}{Az} — C^6H^4 — \overset{1}{Az} = \overset{1}{Az} — C^{10}H^6\overset{2}{OH}$$

Copulation du diazobenzène avec le β-naphtol. Poudre
rouge brique ou paillettes brunes à reflets verts. Insoluble
dans les alcalis, difficilement soluble dans l'alcool, facilement dans l'acide acétique cristallisable et bouillant. Se

-dissout dans l'acide sulfurique concentré avec une coloration verte.

Les acides sulfoniques de ce composé se trouvent dans le commerce sous les noms d' « écarlate de Biebrich » et de « crocéine ». Ces deux colorants diffèrent par la position qu'occupent les groupes sulfoniques dans leur molécule.

Acide monosulfonique.

$$HSO^3C^6H^4 \overset{1}{} \overset{4}{-Az=} \overset{1}{Az} - C^6H^4 - \overset{4}{Az=} \overset{1}{Az} - C^{10}H^6OH \overset{2}{} \quad (62)$$

Copulation du diazoazobenzène monosulfoné avec le β-naphtol. Le sel de sodium constitue une poudre rouge amorphe ou des aiguilles rouges, difficilement solubles dans l'eau froide, plus facilement dans l'eau bouillante. Les solutions aqueuses et bouillantes se prennent par refroidissement en une masse gélatineuse. Les sels de calcium et de baryum sont insolubles.

Acides disulfoniques.

$$A. \quad HSO^3C^6H^4 - Az=Az - C^6H^3HSO^3 - Az=\overset{1}{Az} - C^{10}H^6OH \overset{2}{}$$

Écarlate de Biebrich (62, 63.)

Copulation de l'acide diazoazobenzène disulfoné avec le β-naphtol. Le sel de sodium de ce composé est très facilement soluble. Traité par une petite quantité d'eau, il donne un sirop très épais se transformant au bout de quelque temps en une masse cristalline. On peut l'obtenir en aiguilles rouges par cristallisation dans l'alcool dilué. Les sels de calcium et de baryum sont insolubles. Sous le nom d' « écarlate de Biebrich », on trouve dans le commerce un produit constitué tantôt par l'acide disulfonique pur, tantôt par un mélange de cet acide avec l'acide monosulfonique. Ces deux acides se dissolvent dans l'acide sulfurique concentré avec une coloration verte. L'écarlate de Biebrich teint la laine et la soie en un beau rouge cochenille.

$$B. \ HSO^3C^6H^4 - \overset{1}{Az=Az} - C^6H^4 - \overset{2}{Az=Az} - C^{10}H^5OHSO^3H$$

Les deux acides monosulfoniques du β-naphtol donnent naissance à des colorants bien différents par copulation avec l'acide diazoazobenzène-sulfonique. Tandis que le colorant obtenu avec l'acide de Schæffer ou acide β possède une nuance bleuâtre, sans vivacité, le colorant dérivé de l'acide α présente une nuance bien plus pure que celle de l'écarlate de Biebrich.

Ce composé se trouve dans le commerce sous le nom de « crocéine 3 B » (64) et s'emploie en particulier pour la teinture du coton malgré le peu de solidité au lavage de ces teintures. L'ortho amidoazotoluène sulfoné donne dans les mêmes conditions un colorant de nuance plus bleue, la « crocéine 7 B ». Tous les tétrazoïques obtenus avec l'acide β-naphtol α-sulfonique sont caractérisés par la solubilité de leurs sels de calcium et par la facilité avec laquelle ils cristallisent, tandis que les colorants dérivés des autres acides naphtol sulfoniques forment des sels de calcium amorphes et insolubles. L'acide disulfonique G se comporte comme l'acide α sulfonique. Copulé avec le diazoazobenzène, il donne un diazoïque ressemblant par ses propriétés à la crocéine 3 B et qui est utilisé sous le nom de « crocéine brillante M » (Cassella et Cie).

Tous ces composés donnent avec l'acide sulfurique concentré des réactions colorées bien différentes selon les positions occupées par les groupes sulfonés dans la molécule.

Lorsque les groupes sulfonés ne se trouvent que dans les noyaux benzéniques, le composé se dissout dans l'acide sulfurique concentré avec la même coloration verte que l'azoïque non sulfoné dont il dérive. La solution sulfurique est au contraire violette lorsque les groupes sulfonés appartiennent au noyau naphtalénique, et devient bleue lorsque ces groupes sont répartis dans les deux noyaux. En chauffant la solution verte du benzène diazobenzène β-naphtol dans l'acide sulfurique concentré, la nuance de la solution vire peu à peu au bleu. L'acide sulfonique ainsi formé est identique au colorant obtenu par copulation de l'acide diazoazobenzène monosulfonique avec l'acide β-naphtol β-sulfonique.

Copulé avec l'α-naphtylamine, l'acide diazoazobenzène disulfonique donne un colorant brun, ne présentant pas d'intérêt particulier, connu sous le nom de « brun d'orseille ». En remplaçant dans cette réaction l'α-naphtylamine par la p. toluyl-β-naphtylamine, on obtient un colorant employé en teinture sous le nom de « noir pour laine ».

Noirs azoïques.

Quelques colorants disazoïques dérivés des amidoazonaphtalines possèdent une coloration noir bleuâtre très intense et peuvent donner sur laine de beaux noirs lorsqu'on les emploie en quantité suffisante. Le premier représentant de ce groupe a été préparé par la Badische Anilin- und Soda Fabrik en faisant agir l'acide β-naphtylamine α-monosulfonique diazoté sur l'α-naphtylamine, diazotant une seconde fois et copulant avec l'acide β-naphtol disulfonique R (1883).

Ce composé donne en teinture des nuances noir violacé, encore assez différentes du vrai noir. Sous le nom de « noir naphtol », apparut ensuite dans le commerce un colorant obtenu en remplaçant dans la réaction précédente l'acide β-naphtylamine α-sulfonique par de l'acide β-naphtylamine disulfonique (Cassella et Cie).

Nous donnons ici un tableau des colorants azoïques noirs les plus importants.

	BASE DIAZOTÉE :	COPULÉ AVEC :	DIAZOTÉ DE NOUVEAU PUIS COPULÉ AVEC :
Noir naphtol, Cassella et Cⁱᵉ, Brev. all. 39.029.	Acide β-naphtyl-amine disul-fonique G.		Acide naphtoldi-sulfonique R.
Noir naphtyl-amine D. Cas-sella et Cⁱᵉ. Deuxième ad-dition au brev. all. 39.029.	Acide α-naphtyl-amine disulfo-nique, 1:4:7.		α-naphtylamine.
Noir naphtol, 6 B, Brev. all. 39.029.	Acide α-naphtyl-amine disulfo-nique, 1:4:7.	α-naphtylamine.	Acide β-naphtyl-amine disulfoni-que R.
Noir-bleu B. Bad.-Anilin-u. Sodafabr.	Acide β-naphtyl-amine α-mo-sulfonique.		Acide β-naphtyl-amine disulfoni-que R.
Noir jais, Bayer et Cⁱᵉ, Brev. all. 48.921.	Acide amido-benzène disul-fonique.		Phényl-α-naphtyl-amine.
Noir diamant, Bayer et Cⁱᵉ, Brev. all. 51.504	Acide amidosa-licylique.		Acide α-naphtol-sulfonique 1:5.

Le noir diamant présente la propriété commune à tous les colorants dérivés de l'acide salicylique de tirer sur mordants métalliques.

Dans la préparation de ces azoïques, on peut aussi employer comme premier terme l'acide amidonaphtol-sulfonique ou remplacer l'α naphtylamine par l'éther de l'amidonaphtol. Le « noir pour laine » est aussi un colorant diazoïque préparé par copulation de la toluyl-α-naphtylamine avec l'acide amidoazobenzène disulfo-nique diazoté.

Les noirs obtenus en teinture avec ces différents colo-rants sont plus solides à la lumière et aux acides que les noirs au campêche, mais supportent moins bien le foulon; leur prix est aussi plus élevé.

Dans la catégorie des colorants diazoïques, nous citerons encore le « bleu diaminogène » (Cassella et Cie) actuellement employé pour obtenir un bleu analogue au bleu de cuve. On teint avec un dérivé amidoazoïque qu'on diazote sur fibre même et développe en β-naphtol. Cet amidoazoïque résulte probablement de la copulation de l'α-naphtylamine avec la naphtylènediamine sulfonée 1 : 4 ou avec son dérivé acétylé (D. R. P. 7177, Cassella).

Colorants azoïques dérivés de la benzidine et de bases analogues.

La benzidine et les bases analogues, traitées par l'acide nitreux, se transforment en dérivés tétrazoïques qui par copulation avec les amines ou les phénols fournissent des colorants jaunes, rouges, bleus ou violets. Ces composés jouissent de la propriété remarquable de teindre les fibres végétales non mordancées ; ils ont acquis, grâce à cette propriété, une importance industrielle extrèmement considérable. Le produit de copulation du tétrazodiphényle avec l'acide naphtionique, par exemple, est un colorant très employé sous le nom de « rouge Congo » (66) :

$$
\begin{array}{l}
\text{C}^6\text{H}^4 - \text{Az}^2 - \text{C}^{10}\text{H}^5 \Big\langle \begin{array}{l} \overset{\alpha}{\text{SO}^3\text{H}} \\ \overset{\alpha}{\text{AzH}^2} \end{array} \\
\ \ | \\
\text{C}^6\text{H}^4 - \text{Az}^2 - \text{C}^{10}\text{H}^5 \Big\langle \begin{array}{l} \overset{\alpha}{\text{SO}^3\text{H}} \\ \overset{\alpha}{\text{AzH}^2} \end{array}
\end{array}
$$

L'acide sulfonique libre est bleu, ses sels sont d'un beau rouge écarlate et c'est avec cette couleur que le rouge Congo se fixe sur le coton. Mais ces teintures, qui sont assez solides au savon, présentent l'inconvénient de virer au contact des acides, même des acides faibles.

En remplaçant dans la préparation précédente le tétrazo-diphényle par le tétrazo-o-ditolyle, on obtient un colorant analogue, moins sensible aux acides et d'une nuance plus belle : c'est la « benzopurpurine 4 B ».

Les acides β-naphtylamine sulfoniques, copulés avec les tétrazobenzidine et tolidine, donnent aussi des colorants importants (67). Ces acides β-naphtylaminesulfoniques sont très employés pour préparer les colorants de ce groupe et il y a lieu de les étudier ici.

On peut les obtenir soit par sulfonation directe de la β-naphtylamine, soit par amidation des acides β-naphtol-sulfoniques au moyen de l'ammoniaque.

Lorsqu'on traite la β-naphtylamine par l'acide sulfurique concentré, on obtient d'abord deux acides sulfonés dont l'un correspond à l'acide β-naphtol α-sulfonique ou acide crocéique et l'autre à l'acide β-naphtol β-sulfonique ou acide de Schæffer. En effet, on peut encore les obtenir en chauffant ces acides naphtol-sulfoniques avec de l'ammoniaque. Par analogie avec les acides β-naphtol-sulfoniques dont ils dérivent, nous les appellerons acides β-naphtylamine α et β sulfoniques. Un troisième acide sulfonique, l'acide γ, prend naissance d'après Dahl quand on fait agir à basse température l'acide sulfurique concentré sur la β-naphtylamine.

En sulfonant à une température plus élevée, Bayer et Duisberg ont préparé un quatrième acide, l'acide δ. Il a été démontré depuis que l'acide δ de Bayer et Duisberg (70) n'est pas un composé défini, mais un mélange d'acide β avec un nouvel acide, l'acide F, que Weinberg (71) isola à l'état pur. D'après un brevet de Cassella et Cⁱᵉ, on obtient ce même composé en chauffant l'acide β-naphtol monosulfonique F (2 : 7) avec de l'ammoniaque (voy. p. 67). Nous donnons la constitution des principaux acides naphtylamine sulfoniques dans le tableau suivant.

Comme pour les acides naphtol-sulfoniques, nous désignerons le groupe AzH^2 par le signe — et le groupe SO^3H par le signe +.

Acide α, Bad. Anilin
u. Sodafabr.

Acide β de Brönner.

Acide δ ou F.

Acide γ ou acide de Dahl.

Acide amido G.

Acide amido R.

Acide disulfonique δ.

Copulés avec les dérivés tétrazoïques, les acides β et F donnent des rouges tandis que les acides α et γ ne produisent que des colorants jaunes sans valeur. L'acide disulfonique G ne se combine pas avec les diazoïques.

Comme nous l'avons déjà fait remarquer, l'acide β sert à préparer la benzopurpurine B tandis que l'acide F donne avec l'o.tétrazoditolyle un rouge bleuâtre difficilement soluble connu sous le nom de « rouge diamine 3 B ».

En employant pour la copulation un mélange de ces deux acides, par exemple le mélange connu sous le nom d'acide δ, on obtient un colorant mixte d'une très belle nuance ; ce composé n'est pas un mélange de deux colorants, mais un azoïque mixte dans lequel chaque radical benzénique a fixé, par l'intermédiaire du groupe azoïque, une molécule différente des deux acides qui forment le mélange. Cet azoïque mixte constitue la majeure partie du colorant connu sous le nom de « deltapurpurine 5 B ».

On peut d'ailleurs obtenir facilement des azoïques mixtes en partant des dérivés tétrazoïques, grâce à la propriété que possèdent ces dérivés de réagir d'abord par un seul de leurs groupes diazoïques, l'autre n'entrant en réaction que longtemps après, de sorte qu'il suffit de copuler successivement les tétrazoïques avec deux molécules différentes. Le nombre des azoïques mixtes ainsi préparés est tellement considérable que nous sommes obligés de nous limiter aux plus importants.

Trois acides amidonaphtolsulfoniques sont également très importants pour la préparation des colorants dérivés de la benzidine : l'acide amidonaphtolsulfonique G qui dérive de l'acide amidodisulfonique G du tableau précédent, et les acides H et S qui sont des acides péri.

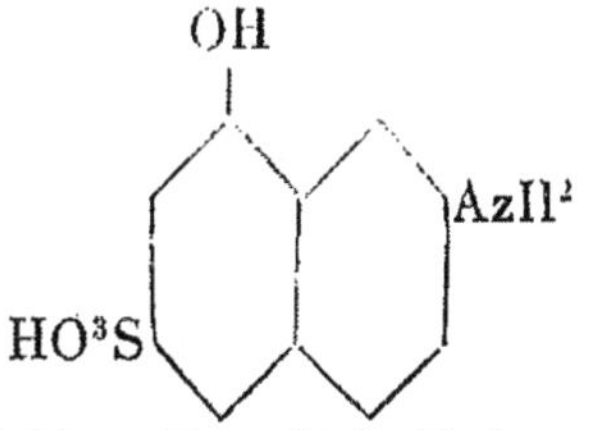

Acide amidonaphtolsulfonique G.

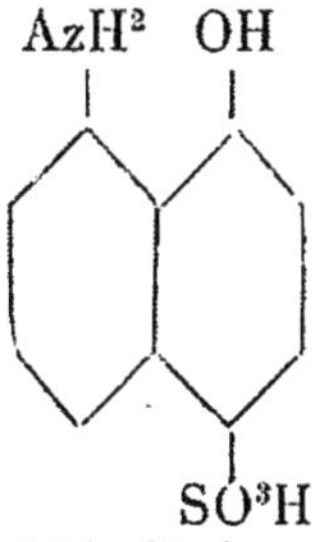

Acide amidonaphtolsulfonique S. 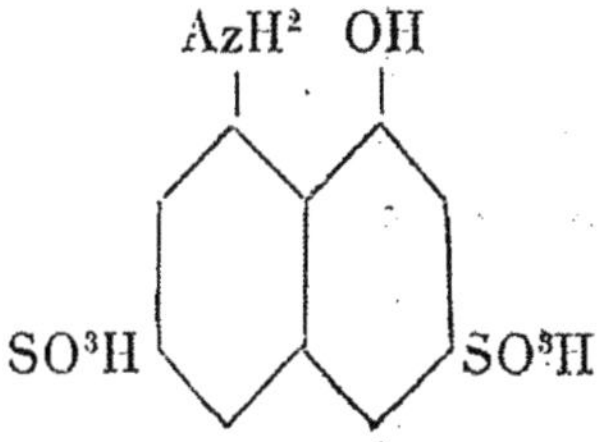   Acide amidonaphtoldisulfonique H.

L'acide amidonaphtolsulfonique G, copulé en solution alcaline avec la benzidine, l'éthoxybenzidine ou la dianisidine tétrazotées, donne des colorants noirs, les noirs diamine. Ces derniers peuvent de nouveau se laisser diazoter sous l'action de l'acide nitreux. En effectuant cette seconde diazotation sur le colorant déjà fixé sur fibre par teinture, puis passant le tissu dans une solution alcaline d'un phénol ou d'une amine, on obtient, par suite de la formation de nouveaux colorants sur la fibre même, de nouvelles teintures de nuances très variables selon la nature du développeur employé. Dans la préparation des noirs diamine, le groupe azoïque se place en ortho par rapport au groupe hydroxyle. Mais si la copulation de l'acide amidonaphtolsulfonique se fait en milieu acide, on obtient des composés tout différents, contenant probablement le groupe azoïque en ortho vis-à-vis du groupe amidé. Ce sont des colorants violets, les violets diamine, qui ne sont plus diazotables.

L'acide salicylique, copulé avec la benzidine tétrazotée et ses analogues, fournit des matières colorantes jaunes qui sont à la fois colorants directs pour coton et colorants pour mordants métalliques. Le phénol donne généralement des jaunes, et les acides naphtolsulfoniques des bleus, surtout l'acide 1 : 4.

On obtient des bleus particulièrement beaux avec les acides amidonaphtolsulfoniques H et S. Souvent les colorants obtenus par copulation avec les phénols sont éthérifiés et rendus ainsi moins sensibles aux alcalis. Les acides sulfanilique et amidobenzène sulfoniques peuvent aussi se combiner au tétrazodiphényle et à ses analogues.

Parmi les bases diamines capables de donner comme la benzidine et la tolidine des colorants directs, nous citerons les amines suivantes :

Diamidostilbène $H^2Az — C^6H^4 — \overset{1}{C}H = \overset{1}{C}H — C^6H^4 \overset{4}{A}zH^2$
(pas employé).

Acide diamidostilbène disulfonique (symétrique SO^3H en 3).

Ethoxybenzidine $H^2AzC^6H^4 \overset{1}{—} \overset{4}{C}^6H^3(OC^2H^5)\overset{4}{A}zH^2$

Dianisidine (diméthoxybenzidine) $H^2Az(\overset{1}{C}H^3O)C^6H^3 \overset{2}{—} C^6H^3 — (\overset{4}{C}H^3O)\overset{4}{A}zH^2$

Diamidoazoxybenzène et ses homologues

$$H^2Az\overset{3}{C}^6H^4 — \overset{1}{A}z\overset{O}{—}Az — C^6H^4\overset{3}{A}zH^2 \text{ (peu employé)}$$

Paraphénylène diamine $H^2Az—\overset{1}{C}^6H^4—\overset{4}{A}zH^2$ (peu employé)

Diamidocarbazol $H^2Az \overset{4}{—} C^6H^3 — \overset{1}{C}^6H^3 — \overset{4}{A}zH^2$
$$\underset{\overset{2}{H}Az}{\diagdown \diagup}$$

Naphtylène diamine (1 : 5)

Diamidodiphénylurée $H^2AzC^6H^4—AzH—CO—AzH—C^6H^4AzH^2$

Acide benzidine sulfonedisulfonique
$$HSO^3H^2AzC^6H^2 — C^6H^2AzH^2SO^3H$$
$$\underset{SO^2}{\diagdown \diagup}$$

La faculté de donner des colorants azoïques teignant
directement le coton semble disparaître dans les dérivés
de la benzidine dont toutes les positions méta vis-à-vis
des groupes amidés sont occupées.

Un mode de formation très intéressant des colorants
dérivés du tétrazodiphényle, breveté par la Bad. Anilin
und Soda Fabrik, consiste à oxyder les colorants de
l'azobenzène ; il y a condensation de deux noyaux benzéniques et formation d'un radical diphénylique. C'est
ainsi qu'on obtient du rouge Congo en oxydant le pro-

duit de copulation du diazobenzène avec l'acide naphtionique :

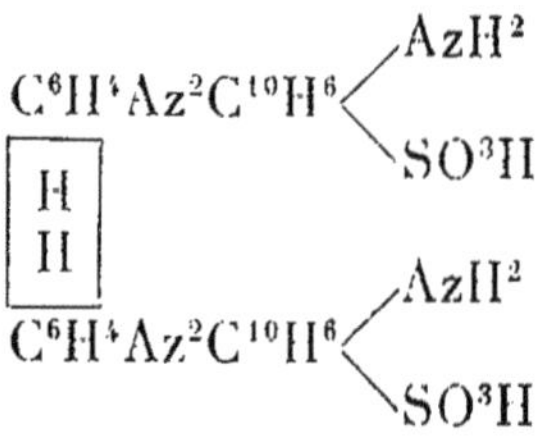

$$C^6H^4Az^2C^{10}H^6 \Big\langle {}^{AzH^2}_{SO^3H}$$

$$\begin{matrix} H \\ H \end{matrix}$$

$$C^6H^4Az^2C^{10}H^6 \Big\langle {}^{AzH^2}_{SO^3H}$$

Le produit, en dissolution dans l'acide sulfurique concentré, est oxydé au moyen de bioxyde de manganèse ou
de composés analogues.

Nous donnons un tableau, pages 96 et 97, des principaux
colorants directs actuellement employés.

Les colorants directs pour coton, une fois fixés sur
fibre, jouent le rôle de véritables mordants, pour les
colorants basiques ; ces derniers peuvent donc servir à
nuancer les teintures en colorants directs. Ils teignent
également la laine en bain légèrement alcalin et sont
assez solides au foulon.

On peut rattacher à la classe des colorants azoïques,
prise dans son sens le plus large, l'azoxystilbène dont
le dérivé sulfoné teint directement le coton en bain
acide.

En chauffant avec une lessive de soude l'acide paranitrotoluène ortho-sulfonique, on obtient une matière
colorante jaune que les réducteurs transforment en acide
diamidostilbène sulfonique (72). Ce colorant qui, d'après
Bender et Schultz serait un dérivé sulfoné de l'azoxystilb-
bène.

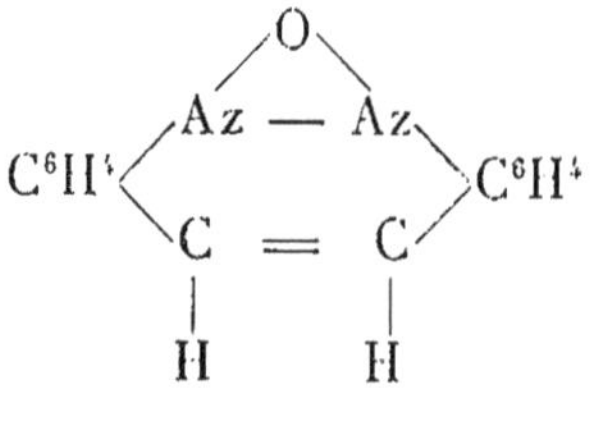

$$C^6H^4 \Big\langle {}^{Az-Az}_{C=C} \Big\rangle C^6H^4 \quad (73)$$

NOM COMMERCIAL	BASE DIAZOTÉE	COPULÉ AVEC
Congo.	Benzidine.	2 mol. acide naphtionique.
Congo Corinthe	—	1 mol. acide naphtionique et 1 mol. acide α-naphtol α-sulfonique.
Congo G.	—	1 mol. acide naphtionique et 1 mol. acide amidobenzène sulfonique.
Chrysamine G.	—	2 mol. acide salicylique.
Jaune Congo.	—	1 mol. acide salicylique et 1 mol. phénol.
Benzopurpurine B.	Orthotolidine.	2 mol. acide β-naphtylamine α-sulfonique.
Rouge diamine 3 B.	—	2 mol. acide β-naphtylamine sulfonique F.
Deltapurpurine 5 B.	—	1 mol. acide β-naphtylamine β-sulfonique et 1 mol. acide β-naphtylamine sulfonique F ou acide δ.
Chrysamine R.	—	1 mol. acide salicylique.
Azobleu.	—	2 mol. acide α-naphtol α-sulfonique.
Benzoazurine G.	O. Dianisidine.	2 mol. acide α-naphtol α-sulfonique.
Héliotrope.	—	2 mol. acide méthyl β-napthylamine β-sulfonique.
Azoviolet.	—	1 mol. acide naphtionique et 1 mol. acide α-naphtol α-sulfonique.
Pourpre de Hesse.	Diamidostil-bène disulfoné.	1 mol. acide naphtionique et 1 mol. acide β-naphtylamine β-sulfonique ou F selon la marque.
Violet de Hesse.	Diamidostil-bène disulfoné.	2 mol. acide α-naphtol α-sulfonique.
Jaune de Hesse.	Diamidostil-bène disulfoné.	2 mol. acide salicylique.
Jaune brillant.	Diamidostil-bène disulfoné.	2 mol. phénol.
Chrysophénine.	»	Jaune brillant éthylé.
Rouge de St-Denis.	Diamidoazoxytoluène.	2 mol. acide α-naphtol α-sulfonique.
Ecarlate diamine.	Benzidine.	1 mol. phénol et 1 mol. acide β-naphtol disulfonique G, puis éthylation du phénol.

NOM COMMERCIAL	BASE DIAZOTÉE	COPULÉ AVEC
Orangé benzoïque.	Benzidine.	1 mol. acide naphtionique et 1 mol. acide salicylique.
Noir diamine R.	Ethoxybenzidine.	2 mol. acide amidonaphtol sulfonique G.
Rouge diamine solide.	Benzidine.	1 mol. acide amidonaphtol sulfonique G et 1 mol. acide salicylique.
Sulfone azurine (Bayer et Cie).	Acide benzidine sulfone disulfonique.	2 mol. phényl-β-naphtylamine.
Congo brillant R.	Tolidine.	1 mol. acide naphtylamine disulfonique R et 1 mol. acide β-naphtylamine β-sulfonique (2 : 6).
Bleu diamine 3 R.	Ethoxybenzidine.	2 mol. acide α-naphtol α-sulfonique.
Bleu pur diamine.	Dianisidine.	2 mol. acide amidonaphtol sulfonique H.
Bleu Chicago.	—	2 mol. acide amidonaphtol sulfonique S.
Azurine brillante.	—	2 mol. acide dioxynaphtaline sulfonique S.
Benzobrun.	Acide naphtionique.	Brun Bismarck.
Vert diamine.	Benzidine.	1 mol. acide amidonaphtol sulfonique H et 1 mol. phénol, puis copulation avec 1 mol. de chlorure de métanitrodiazobenzène.
Vert Columbia.	—	1 mol. acide salicylique et 1 mol. acide amidonaphtol sulfonique S puis copulation avec acide p. diazobenzène sulfonique.
Noir Columbia.	P. Nitrodiazobenzène combiné avec acide amido naphtolsulfonique et réduit.	2 mol. métatoluylène diamine.

est employé sous le nom de « jaune soleil » ou « jaune Mikado. »

Sous le nom d' « azarine », on trouve dans le commerce un colorant obtenu par copulation du diazophénol dichloré avec le β-naphtol. C'est un composé insoluble, d'un beau rouge qui forme de belles laques avec l'alumine. Traité par le bisulfite de soude, il donne un dérivé sulfoné spécial et très instable ; cette formation de dérivé sulfoné est d'ailleurs une propriété commune à la plupart des colorants azoïques du β-naphtol. En imprimant cette combinaison avec l'acétate d'alumine, puis vaporisant, l'acide sulfonique se décompose, le colorant mis en liberté s'unit à l'alumine et reste fixé sous forme de laque. L'azarine est employé en impression sur coton ; ce colorant donne un rouge très beau et très solide au lavage, mais qui ne peut remplacer le rouge d'alizarine, car il n'est pas assez résistant à la lumière.

On a aussi préparé une autre azarine, également employée à l'état de combinaison bisulfitique, par copulation du β-naphtol avec le diamido-oxysulfobenzide diazoté.

Cette propriété, que possèdent les colorants azoïques dérivés du β-naphtol de se combiner au bisulfite de sodium, a été d'abord observée par Prudhomme et le premier colorant de ce genre paru sur le marché est la « narcéine », combinaison bisulfitique, du β-naphtol orange. Tous ces produits ne présentent plus actuellement que très peu d'intérêt au point de vue industriel. Nous citerons encore dans cette catégorie :

La flavine diamant (Bayer) (72).

Copulation du tétrazodiphényle avec une molécule d'acide salicylique et transformation du groupe diazoïque en hydroxyle. Colorant jaune pour mordants ayant la formule de constitution suivante :

$$HO - C^6H^4 - C^6H^4 - Az = Az - C^6H^3 - OH$$

Le jaune d'anthracène (Cassella et Cie).

Obtenu par copulation de la thioaniline tétrazotée ou de composés analogues avec deux molécules d'acide salicylique. Colorant jaune pour mordants.

Colorants azoïques produits sur fibre.

La production des colorants azoïques sur fibre occupe actuellement une place importante dans la teinture et l'impression du coton.

Un premier procédé consiste à teindre d'abord la fibre avec certains colorants substantifs dont la molécule renferme des groupes amidogènes libres. En passant ensuite la fibre dans un bain acidulé de nitrite de sodium, ces groupes sont diazotés, et il suffit d'un second passage dans une solution d'une amine ou d'un phénol tels que l'α ou le β-naphtol, la naphtylamine, etc., pour obtenir par copulation sur la fibre même un nouveau colorant et par conséquent une nouvelle teinture. Nous avons déjà signalé un procédé semblable en parlant du noir diamine et du bleu diaminogène (p. 89). On emploie de la même façon l'acide sulfonique de la primuline (voy. *Colorants du thiazol*) pour l'obtention de nuances très variées. Cet acide sulfonique teint le coton en bain alcalin en un jaune peu intense. Mais par passage successif du tissu teint dans une solution de nitrite de soude acidulé puis dans une solution alcaline de β-naphtol ou d'un autre développeur, on produit des teintures de nuances très variées. Les développeurs les plus employés sont les naphtols, les naphtylamines, l'éther de l'amidonaphtol, la métaphénylène diamine, l'amidodiphénylamine et la résorcine.

Un second procédé consiste à précipiter dans l'épaisseur même et dans les pores de la fibre un colorant azoïque insoluble, généralement obtenu avec le β-naphtol. La fibre est d'abord imprégnée avec une solution alcaline de ce phénol, puis séchée. Le β-naphtol semble former avec la fibre une combinaison peu stable analogue à celle que donne le tannin. On développe ensuite le colorant par passage du tissu ainsi mordancé en β-naphtol dans une solution de diazoïque préalablement neutralisée avec de la craie ou de l'acétate de sodium.

Il est évident que le colorant obtenu doit être insoluble et par conséquent que les diazoïques employés ne doivent pas renfermer de groupes sulfonés. On utilise pour cet usage les para et métanitrodiazobenzènes, les diazonaphtalines, le diazoazobenzène, le diazonitranisol, l'éther du diazonaphtol, la benzidine, la tolidine et la dianisidine ; tout récemment, la fabrique de matières colorantes de Höchst vient aussi de préconiser une para-amidobenzène azonaphtylamine pour l'obtention du noir.

De toutes ces bases, c'est la paranitraniline diazotée qui est la plus importante car elle donne avec le β-naphtol un rouge analogue au rouge turc et presque aussi solide. La diazotation de cette base présentant de nombreuses difficultés dans un atelier de teinture et les solutions du diazoïque ne se conservant que très peu de temps, on a cherché à remédier à ces inconvénients en livrant aux teinturiers des dérivés diazoïques tout préparés et stables.

Dans ce but, on a d'abord utilisé la réaction observée par Schraube et Schmidt qui permet de transformer les diazoïques en isodiazoïques ou nitrosamines. Ces isodiazoïques sont parfaitement stables et reproduisent les diazoïques normaux au contact des acides étendus. On peut aussi employer les sels diazoïques, peu solubles et stables à l'état solide, que la paranitraniline diazotée forme avec les acides à poids moléculaire élevé, comme les acides naphtalène sulfoniques.

Enfin, en évaporant dans le vide des solutions de sulfate de paranitrodiazobenzène additionnées de sels renfermant de l'eau de cristallisation comme l'alun ou le sulfate de soude, on obtient encore des produits stables, ne présentant plus les dangers d'explosion des sels de ce diazoïque.

La dianisidine est, après la paranitraniline, la base la plus importante car elle donne avec le β-naphtol un bleu-violet se 'transformant en bleu-indigo par addition de sels de cuivre. La métanitraniline donne un orangé jaunâtre.

La production directe des azoïques sur fibre a pris beaucoup d'extension depuis quelques années et fait une grande concurrence aux autres colorants pour coton.

III

COLORANTS DÉRIVÉS

HYDRAZONES ET DES PYRAZOLONES

La phénylhydrazine réagit sur la plupart des composés renfermant le groupe CO : il y a élimination d'une molécule d'eau et fixation du reste de la phénylhydrazine.

Ce sont très probablement les deux atomes d'hydrogène du groupe AzH^2 qui entrent en réaction avec l'oxygène du groupe cétonique ; les hydrazones renfermeraient donc le complexe : $C = Az - AzH - C^6H^5$.

L'identité observée entre les hydrazones de quelques quinones aromatiques et les composés oxazoïques dérivés des phénols fait entrevoir une étroite parenté entre les hydrazones et les azoïques.

C'est ainsi que le produit de condensation de la phénylhydrazine avec l'α-naphtoquinone est identique au produit de copulation de l'α-naphtol avec le diazobenzène ; tandis que son premier mode de formation lui assigne la formule de constitution suivante :

$$C^6H^5 - \overset{\overset{\textstyle H}{|}}{Az} - Az = C^{10}H^6 = O$$

son second mode de formation conduit à le formuler :

$$C^6H^5 — Az = Az — C^{10}H^6OH$$

Nous pourrions donc considérer les hydrazones dérivées des quinones aromatiques comme de véritables composés azoïques et les préparer par les mêmes méthodes, mais c'est à la phénylhydrazine qu'il nous faut avoir recours pour préparer les hydrazones dérivées des cétones de la série grasse, ces hydrazones ne s'obtenant pas ou ne s'obtenant que très difficilement par copulation avec les diazoïques. Ces hydrazones présentent aussi de grandes analogies avec les azoïques. Comme ces derniers, elles se scindent par les réducteurs en produits amidés et elles possèdent la coloration jaune particulière aux représentants les plus simples de la classe des azoïques.

Les colorants hydraziniques n'ont pas trouvé d'application, leur pouvoir tinctorial étant trop faible. La « tartrazine », le seul colorant important qu'on rangeait autrefois dans cette classe, n'est pas une hydrazone, mais une pyrazolone, ainsi que l'a démontré Anschütz (1). Les tartrazines sont obtenues par condensation des hydrazines aromatiques avec l'acide dioxytartrique.

Tartrazine (2).

Ce colorant se prépare par condensation de la phénylhydrazine sulfonée avec l'acide dioxytartrique.

À l'état hydraté, cet acide possède la formule de constitution suivante :

$$\begin{array}{c} COOH \\ | \\ C \Big\langle \begin{array}{l} OH \\ OH \end{array} \\ | \\ C \Big\langle \begin{array}{l} OH \\ OH \end{array} \\ | \\ COOH \end{array}$$

et doit être considéré comme un hydrate de l'acide dicé-
tonique :

$$
\begin{array}{c}
COOH \\
| \\
CO \\
| \\
CO \\
| \\
COOH
\end{array}
$$

La condensation de la phénylhydrazine sulfonée avec
l'acide dioxytartrique se fait en deux phases : il y a
d'abord formation de la dihydrazone :

$$
\begin{array}{c}
COOH \\
| \\
C = Az - AzH - C^6H^4 - SO^3H \\
| \\
C = Az - AzH - C^6H^4 - SO^3H \\
| \\
COOH
\end{array}
$$

puis, dans une deuxième phase, il y a élimination d'eau
entre un groupe carboxyle et un groupe AzH et formation
d'un noyau pyrazolonique ; la tartrazine possède donc la
formule de constitution suivante :

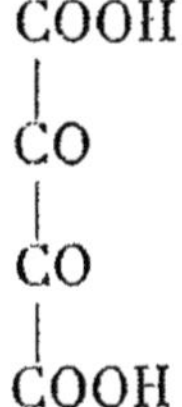

On prépare ce colorant en chauffant simplement le
mélange des deux composants en solution acide.

Le sel de sodium de la tartrazine se présente sous
forme d'une poudre cristalline jaune-orangé.

C'est un colorant très apprécié qui donne sur fibre animale en bain acide un beau jaune d'or très solide à la lumière et au foulon ; il est surtout employé dans la teinture de la laine.

La tartrazine se fixe aussi sur mordants métalliques et particulièrement sur mordants de chrome. Cette propriété est encore plus accusée dans une tartrazine obtenue avec l'hydrazine carboxylée dérivée de l'acide benzoïque. Les tartrazines nitrées sont aussi employées comme couleurs pour mordants.

IV

OXYQUINONES ET QUINONE-OXIMES

Comme nous l'avons vu plus haut, les ortho et les paraquinones sont de puissants chromogènes se transformant
facilement en de véritables colorants par l'introduction de
groupes auxochromes. Le groupe quinonique étant un
chromophore acide, imprimant des fonctions acides très
énergiques aux hydroxyles des molécules qui le renferment, le caractère colorant sera particulièrement développé dans les oxyquinones.

Toutes les oxyquinones sont colorées, surtout à l'état
de sels. La plupart se fixent directement sur fibre animale
mais les teintures manquent d'intensité et ne présentent
pas d'intérêt pratique.

Le véritable caractère de colorant apparaît seulement
dans la plupart de ces composés lorsqu'ils sont combinés
avec certains oxydes métalliques ; en d'autres termes, les
oxyquinones sont des colorants pour mordants et se distinguent par la propriété de former sur fibre mordancée
des laques fortement colorées et résistantes.

D'après une remarque très intéressante de Fitz et
V. Kostanecki (1, 2), ces teintures sur mordants ne sont
solides que lorsque les oxyquinones employées renferment un groupe hydroxyle en ortho vis-à-vis de l'un des

groupes cétoniques ; en général, la présence de deux hydroxyles en ortho l'un vis-à-vis de l'autre est même nécessaire.

Toutes les oxyquinones qui ne répondent pas à cette condition forment bien avec les oxydes métalliques des sels insolubles et généralement colorés, mais ces laques n'ont aucune affinité pour la fibre.

Les oxyquinones de la série benzénique renferment toutes au moins un hydroxyle en ortho vis-à-vis de l'oxygène quinonique, aussi toutes celles qui ont été étudiées à ce point de vue teignent plus ou moins sur mordants métalliques. La tétraoxyquinone, l'acide rhodizonique ou dioxyquinoyle, l'acide nitranilique ou dinitrodioxyquinone ont une grande affinité pour les mordants métalliques tandis que la dioxyquinone et les acides chloro et bromaniliques ne tirent que faiblement.

Cependant, le pouvoir tinctorial de tous ces composés est trop faible pour présenter un intérêt pratique et c'est seulement dans la série de la naphtaline que nous trouvons le premier colorant pour mordants, intense et solide, la « naphtazarine » qui est une dioxynaphtoquinone.

Les quinone-oximes se rapprochent des oxyquinones par leurs propriétés ; l'affinité pour mordants métalliques n'appartient qu'aux quinone-oximes dérivées des orthoquinones.

Les mono et dioximes se rattachent aux orthoquinones par substitution du groupe isonitrosé AzOH à l'un ou aux deux atomes d'oxygène des groupes quinoniques.

Ces deux classes de dérivés jouissent de la propriété de se fixer sur mordants métalliques principalement sur mordants de fer et de cobalt. Cette affinité est particulièrement accusée dans les mono-oximes qui pour cette raison sont utilisées en teinture depuis quelque temps.

Naphtazarine (Dioxynaphtoquinone) (3)
$C^{10}H^4O^2(OH)^2$

Cette oxyquinone a été préparée en 1861 par Roussin et confondue d'abord avec l'alizarine. On croyait en effet à cette époque que l'alizarine était un dérivé de la naphtaline et c'est en voulant faire la synthèse de l'alizarine au moyen de ce carbure que Roussin obtint la naphtazarine.

Ce colorant se prépare en chauffant l'α-dinitro-naphtaline avec de l'acide sulfurique concentré puis traitant le liquide encore chaud par de la grenaille de Zn, ou encore en chauffant simplement la dinitronaphtaline avec de l'acide sulfurique concentré.

Dans l'industrie, on obtient la naphtazarine en chauffant la dinitronaphtaline avec une solution de soufre dans l'acide sulfurique concentré. Ce procédé, employé depuis longtemps déjà, n'a été divulgué que récemment par une demande de brevet.

La naphtazarine sublimée se présente en aiguilles brunes à reflets cantharide, difficilement solubles dans l'eau, facilement dans l'alcool et l'acide acétique cristallisable. Les alcalis la dissolvent en bleu et l'acide sulfurique concentré en rouge. Elle forme avec le bisulfite de soude une combinaison facilement soluble dans l'eau. La naphtazarine est un des meilleurs colorants pour mordants. Elle donne un violet sur alumine et un noir-violet sur chrome. Employée en quantité suffisante, elle teint la laine chromée en un beau noir.

Sous le nom de « noir d'alizarine », on emploie beaucoup sa combinaison bisulfitique dans la teinture de la laine et dans l'impression du coton. Schunk (3. *a*) a démontré que la naphtazarine est une α-naphtoquinone ortho-dihydroxylée possédant la constitution suivante :

$$\text{O} \qquad \text{OH} \qquad \text{OH} \qquad \text{O}$$

C'est donc dans la série de la naphtaline le dérivé analogue à l'alizarine dans la série de l'anthracène.

COLORANTS DÉRIVÉS DE L'ANTHRAQUINONE

Tandis que l'anthraquinone ne possède qu'une couleur jaune pâle, tous ses dérivés hydroxylés possèdent une coloration plus ou moins prononcée allant du jaune-orangé jusqu'au rouge. Les solutions de leurs sels alcalins sont généralement rouges ou violettes. Quelques-uns de ces dérivés teignent directement les fibres animales et se comportent comme des colorants acides, mais les teintures ainsi obtenues ne présentent aucun intérêt pratique.

C'est uniquement sur la propriété que possèdent ces colorants de former avec les oxydes métalliques des laques insolubles et résistantes que reposent toutes leurs applications tinctoriales.

La couleur de ces laques varie considérablement selon le métal employé et l'on peut considérer les différentes combinaisons métalliques d'un même composé comme autant de colorants différents.

Cette propriété de teindre sur mordants métalliques n'appartient pas à toutes les anthraquinones hydroxylées mais aux seuls composés qui possèdent deux hydroxyles en position 1 : 2 vis-à-vis de l'un des groupes carbonyle du chromophore, c'est-à-dire à l'alizarine et à ses dérivés.

La fabrication des couleurs d'anthracène, est une des branches les plus importantes de l'industrie des matières colorantes. Jusque dans ces derniers temps, on ne les employait que pour la teinture et l'impression du coton, mais aujourd'hui, on en consomme aussi de grandes quantités pour la teinture de la laine.

Sur mordant de chrome, ces colorants fournissent des teintures surpassant comme solidité à la lumière et au foulon celles obtenues avec les autres colorants et en particulier avec les colorants naturels employés autrefois pour cet usage.

On a proposé plusieurs méthodes de notation pour désigner les différentes positions dans le noyau de l'anthracène ; on se sert souvent de la notation adoptée autrefois pour la naphtaline : on désigne par α et β les atomes d'hydrogène des deux hexagones latéraux et par γ les deux atomes d'hydrogène du noyau central.

Les composés que nous étudierons ici dérivant tous de l'anthraquinone, il est plus simple de ne pas tenir compte des atomes de carbone du noyau central, et de numéroter les autres de 1 à 8 d'après le schéma suivant :

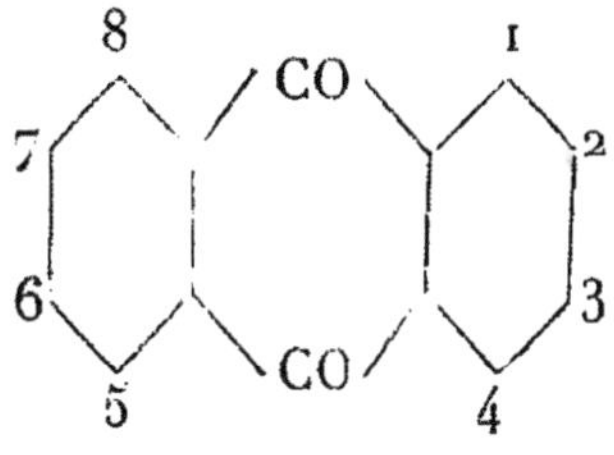

Dans les dérivés de l'anthracène, on désignera les atomes de carbone du noyau central par les chiffres 9 et 10.

Alizarine.

$$C^{14}H^{8}O^{4} \quad (5,6)$$

L'alizarine est un des rares colorants naturels dont on ait fait la synthèse et constitue avec l'indigo les deux seuls représentants de ce groupe preparés industriellement par voie synthétique.

On la rencontre rarement à l'état libre, mais plus généralement sous forme de glucoside, l'acide rubérythrique, $C^{26}H^{28}O^{14}$ (45), dans la garance, racine du *Rubia tinctorum* et dans quelques autres plantes.

L'acide rubérythrique se dédouble, par ébullition avec les acides ou par fermentation, en glucose et alizarine :

$$C^{26}H^{28}O^{14} + 2H^2O = C^{14}H^8O^4 + 2C^6H^{12}O^6$$

L'alizarine cristallise en aiguilles rouge brun, presque insolubles dans l'eau, difficilement solubles dans l'alcool et plus facilement dans l'acide acétique bouillant, le sulfure de carbone et la glycérine.

Elle fond vers 289-290° et se sublime à plus haute température en belles aiguilles rouges. Elle se dissout dans les alcalis caustiques avec une coloration violette et l'acide carbonique précipite de ces solutions des sels acides peu solubles. Elle donne de l'acide phtalique par oxydation avec l'acide azotique et de l'anthracène par réduction au rouge avec la poudre de zinc. Avec l'alumine, le chrome, le baryum, le calcium, le fer, et en général, avec tous les métaux lourds et les métaux alcalino-terreux, l'alizarine forme des laques insolubles, possédant des colorations très caractéristiques. Les seules importantes en teintures sont la laque rouge d'alumine, la laque violette de fer et la laque de chrome d'un violet tirant sur le brun.

Les deux groupes hydroxyles de l'alizarine sont respectivement en ortho et dans le voisinage de l'un des groupes carbonyles de l'anthraquinone. Ce colorant possède donc la formule suivante (7) :

Les atomes d'hydrogène des deux groupes hydroxyles peuvent être remplacés par des radicaux alcooliques ou acides. On prépare facilement les dérivés alcoylés en chauffant l'alizarine avec des iodures alcooliques en présence d'un alcali. On obtient ainsi des dérivés mono et disubstitués (8-9).

L'anhydride acétique forme un dérivé diacétylé fondant à 160° (10).

Le chlore donne naissance à un composé monochloré et le pentachlorure d'antimoine à des produits di et tétra-chlorés (11). On a également préparé les dérivés bromés correspondants (11, 12, 13).

Chauffée en tube scellé avec de l'ammoniaque, l'alizarine se transforme en deux alizarineamides isomères ; $(C^{14}H^6O^2.OH.AzH^2)$ ou oxyamidoanthraquinones. Les deux amides ne prennent pas naissance en quantités égales et le dérivé méta amidé domine dans le mélange.

On a obtenu synthétiquement de l'alizarine par fusion avec les alcalis des anthraquinones dibromées, nitrées ou sulfonées, par condensation de l'acide phtalique avec la pyrocatéchine (7) et par réduction de l'acide rufigallique (6).

Dans l'industrie, on emploie toujours l'anthraquinone comme matière première ; la production de l'alizarine a pris un tel développement depuis dix ans que la garance a presque complètement disparu.

La synthèse de l'alizarine a été réalisée en 1869 par Graebe et Liebermann.

Ces chimistes, ayant constaté la formation d'anthracène lorsqu'on chauffe au rouge l'alizarine naturelle avec de la poudre de zinc, considérèrent ce colorant comme un dérivé de l'anthracène et cherchèrent à le reproduire en partant de ce carbure. Ils réalisèrent sa synthèse en fondant de l'anthraquinone bibromée avec de la potasse.

La même année Graebe et Liebermann, en collaboration avec Caro (17), obtinrent l'alizarine par fusion avec la potasse d'acide anthraquinone sulfonique ; ce procédé, qui est encore employé industriellement aujourd'hui, du moins dans son principe, fut découvert presque en même temps par Perkin (18).

D'autres méthodes pour préparer de l'alizarine, telles que la fusion avec les alcalis de l'anthraquinone dichlorée ou nitrée, ne sont pas entrées dans la pratique (19).

On a cru longtemps que l'alizarine résultait de la fusion alcaline d'acide anthraquinone disulfonique : c'est une erreur, les acides monosulfonés seuls, et principalement l'acide β fournissent de l'alizarine tandis que les acides disulfonés donnent de la flavopurpurine et de l'isopurpurine. Ce fait était déjà connu en 1871 de quelques industriels, mais n'a été publié qu'en 1876 par Perkin (20).

La formation de l'alizarine par l'acide anthraquinone sulfonique ne semble pas due à une réaction unique. D'une part, il se forme d'abord de la mono-oxy-anthraquinone qui s'oxyde et se transforme avec la plus grande facilité en alizarine lors de la fusion alcaline. D'autre part, on obtient aussi de l'acide oxy-anthraquinone sulfonique qui échange ensuite son groupe sulfoné contre un hydroxyle et fournit encore de l'alizarine.

Il est possible que ces différentes réactions soient dues à la présence de deux acides anthraquinones sulfoniques isomères.

Dans la préparation industrielle de l'alizarine, il est

d'abord nécessaire d'employer de l'anthraquinone aussi pure que possible. On l'obtient par oxydation de l'anthracène au moyen de bichromate de potasse et d'acide sulfurique étendu. On emploie généralement de l'anthracène à 5o p. 100 transformée en une poudre ténue par sublimation à la vapeur surchauffée.

L'oxydation se fait dans des récipients en bois, garnis de plomb et chauffés directement à la vapeur. Si l'on a employé de l'anthracène aussi pur que possible et un mélange oxydant de concentration convenable, l'anthraquinone se précipite sous forme d'une poudre grise et légère que l'on débarrasse par lavage à l'eau des sels qui l'imprègnent. Pour obtenir un produit plus pur, on dissout l'anthraquinone brute et sèche dans de l'acide sulfurique concentré, la reprécipite par l'eau, puis la sublime dans un courant de vapeur d'eau surchauffée.

On sulfone ensuite l'anthraquinone à température aussi basse que possible avec de l'acide sulfurique fumant à 3o-4o p. 100 d'anhydride. Dans ces conditions on obtient surtout de l'acide monosulfonique β ; l'acide α ne se forme qu'en petites quantités.

On sépare les acides monosulfonés des acides disulfonés qui ont également pris naissance dans la sulfonation, par cristallisation fractionnée de leurs sels de sodium. En neutralisant partiellement le mélange de ces différents acides par le carbonate de soude, le sel de sodium de l'acide monosulfonique se précipite le premier. D'ailleurs, on peut actuellement conduire la sulfonation de façon à obtenir presque uniquement des acides monosulfoniques.

Ainsi que nous l'avons fait remarquer plus haut, il y a, lors de la fusion alcaline, substitution d'un groupe sulfoné par un groupe hydroxyle et oxydation directe de la molécule.

Dans les anciens procédés de fabrication, cette oxydation se faisait par l'oxygène de l'air et souvent aussi aux dépens d'une partie de la substance. Pour multiplier la surface de contact avec l'air, on effectuait la fusion dans des récipients à large surface.

Ce procédé est abandonné depuis une vingtaine d'années. Actuellement, on effectue la fusion alcaline sous pression dans des autoclaves et en présence d'un oxydant comme le chlorate de potasse. En opérant sous pression, on a encore l'avantage de pouvoir porter la masse fondue à la température nécessaire, même lorsque cette masse renferme beaucoup d'eau, alors qu'en vase ouvert on ne peut atteindre cette température qu'en employant des solutions beaucoup plus concentrées.

Dans un cylindre en fer, horizontal et muni d'un agitateur, on chauffe pendant plusieurs jours entre 180° et 200° un mélange d'une partie d'anthraquinone monosulfonate de sodium, de trois parties de soude caustique, et d'une certaine quantité d'eau.

On dissout ensuite dans de l'eau la masse fondue, précipite l'alizarine de son sel sodique par de l'acide chlorhydrique et lave à fond le précipité formé. Par filtration, on obtient une pâte, à 10 ou 20 p. 100 de colorant, qui constitue l'alizarine commerciale. On estime la richesse de cette pâte en y déterminant sa teneur en cendres et en matière sèche et en faisant des essais de teinture.

Il y a plusieurs marques commerciales d'alizarine, on distingue entre l'alizarine bleuâtre et l'alizarine jaunâtre.

La première est constituée par de l'alizarine presque pure tandis que la seconde contient deux trioxy-anthraquinones, l'isopurpurine et la flavopurpurine.

Bien que pouvant se fixer directement sur la laine avec la nuance jaune rougeâtre de ses solutions aqueuses, l'alizarine n'est employée que sous forme de laques, généralement d'alumine ou de fer.

L'alizarine donne des nuances très différentes, selon la nature du mordant. On n'utilise guère, sur coton, que les mordants d'alumine et de fer. La laque d'alumine est d'un beau rouge et la laque de fer d'un noir violacé qui peut aller presque jusqu'au noir pur quand l'intensité est suffisante. Sur laine, on emploie les mordants d'alumine et de chrome ; ce dernier mordant donne des brun-rouge.

Pour teindre le coton en alizarine, on plonge la fibre, préalablement mordancée, dans un bain contenant de l'alizarine en suspension, puis on monte lentement à l'ébullition. Quoique l'alizarine soit extrêmement peu soluble dans l'eau, cette faible solubilité suffit pour permettre au colorant de se combiner au mordant sous forme de laque. Pour les essais de teinture en alizarine, on trouve dans le commerce des tissus tout mordancés ; ce sont des tissus sur lesquels on a imprimé des bandes de mordants de fer, d'alumine et du mélange fer alumine, à différentes concentrations.

On peut ainsi obtenir par teinture dans un même bain d'alizarine des nuances très différentes.

En impression, on emploie un mélange d'alizarine en pâte, d'acide acétique et d'acétate d'alumine ou de fer. La laque se forme au vaporisage par décomposition des acétates.

Dans la teinture en alizarine et en particulier dans la teinture en rouge turc, on a recours à des procédés souvent très empiriques.

Le rouge écarlate très vif appelé rouge turc s'obtient sur mordant d'alumine en présence de mordant gras. Ces mordants gras étaient constitués autrefois par des huiles d'olive très acides, connues sous le nom d' « huiles tournantes ». Aujourd'hui on se sert uniquement de sulforicinate d'ammoniaque. C'est l'huile pour rouge turc du commerce, qui s'obtient en traitant l'huile de ricin par l'acide sulfurique puis neutralisant par l'ammoniaque les acides formés.

Il est probable que le rouge turc est constitué par une laque complexe, renfermant à la fois de l'alumine, des acides gras et de l'alizarine, et possédant une nuance plus brillante que la laque simple d'alumine et d'alizarine. La teinture en rouge turc est une opération très compliquée dans laquelle on fait intervenir des traitements dont le rôle n'est pas encore bien connu.

Lorsqu'on fait usage dans la teinture du coton d'une eau exempte de calcaire, la pratique a montré qu'il n'y a pas formation de la laque rouge alumine-alizarine. D'autre part, l'analyse de cette laque y a révélé la présence d'une certaine quantité de chaux; il est donc probable que le rouge d'alizarine est une laque complexe.

On a trouvé de même que la laque complexe de chrome et de magnésium était supérieure à la laque simple de chrome.

Pour teindre la laine en alizarine, on mordance cette fibre en alumine, dans un bain bouillant d'alun et de crème de tartre, ou en chrome, dans un bain bouillant de bichromate de potasse et de crème de tartre.

Les teintures en alizarine se distinguent par leur grande solidité; elles sont presque inaltérables à la lumière et résistent au savon et au chlore.

Alizarine sulfoconjuguée (Alizarine S).

L'acide alizarine sulfonique s'obtient en traitant avec précaution l'alizarine par l'acide sulfurique fumant. Ce colorant est très employé dans la teinture de la laine, principalement sur mordants de chrome et d'alumine.

On peut préparer d'autres alizarines sulfonées par fusion ménagée des acides anthraquinone disulfoniques avec les alcalis.

Nitroalizarines (22, 23).

$C^{14}H^7AzO^2O^4$

Le composé le plus important au point de vue industriel est le dérivé β (OH.OH.AzO^2 = 1 : 2 : 3). On l'obtient en traitant l'alizarine, en suspension dans la ligroïne ou le nitrobenzène, par de l'acide azotique ou par des vapeurs nitreuses; on peut encore le préparer en nitrant avec précaution de l'alizarine dissoute dans de l'acide acétique glacial.

Il se présente à l'état pur en aiguilles jaune-orangé, fondant à 244° en se décomposant (23). La β-nitro-alizarine se sublime avec décomposition partielle en feuillets jaunes, solubles dans le benzène et l'acide acétique cristallisable. Elle se dissout dans les alcalis avec une couleur rouge pourpre. Elle forme avec la chaux une laque violette qui n'est pas décomposée par l'acide carbonique ce qui la distingue de l'alizarine. Elle donne un dérivé diacétylé fondant à 218° (23).

Le dérivé nitré α se forme surtout lorsqu'on nitre l'alizarine en solution sulfurique. On l'obtient aussi par nitration de l'alizarine diacétylée.

La β-nitro-alizarine donne un orangé sur mordant d'alumine et un violet rouge sur mordant de fer. On la trouve dans le commerce sous forme de pâte employée en teinture et en impression sous le nom d' « orangé d'alizarine ». Ce colorant sert surtout à préparer le bleu d'alizarine (voy. plus loin).

TRIOXYANTHRAQUINONES

De toutes les trioxyanthraquinones isomères, les seules présentant une importance technique sont celles qui renferment deux hydroxyles en 1 : 2 comme l'alizarine dont elles peuvent être considérées comme des dérivés hydroxylés.

On connaît quatre composés répondant à cette condition :

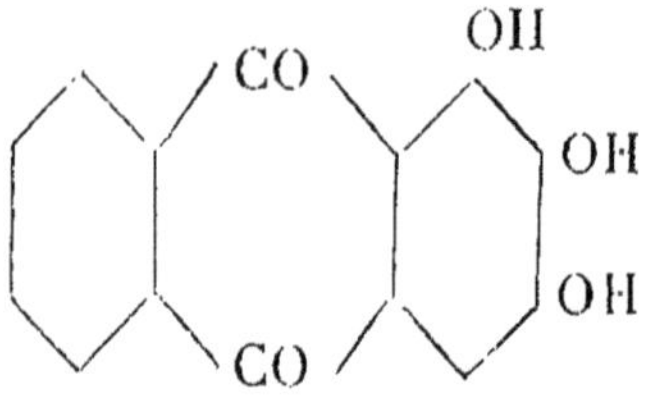

Anthragallol 1 : 2 : 3

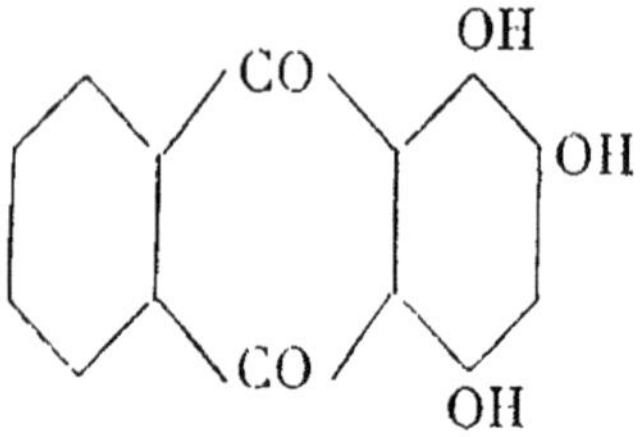

Purpurine 1 : 2 : 4

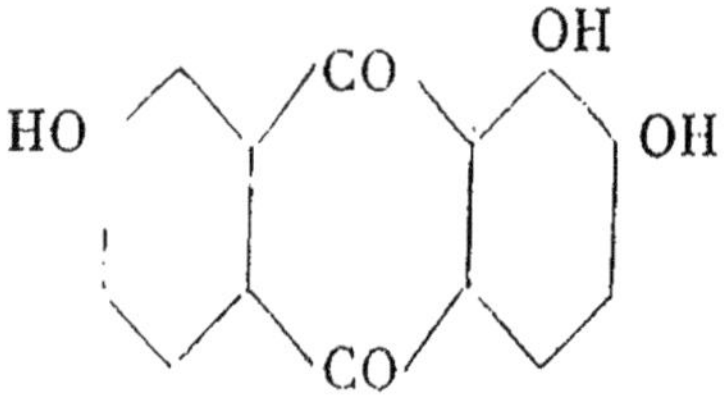

Isopurpurine 1 : 2 : 7

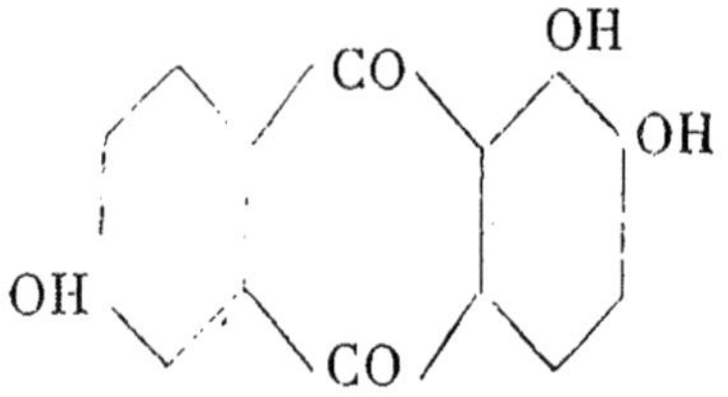

Flavopurpurine 1 : 2 : 6

La purpurine, l'isopurine et la flavopurpurine se préparent en partant de l'anthraquinone et présentent de grandes analogies avec l'alizarine, aussi nous les décrirons en premier lieu.

A. — *Purpurine* (1 : 2 : 4).

La purpurine accompagne l'alizarine dans la garance, probablement aussi sous forme de glucoside (24). On l'a préparée synthétiquement en oxydant l'alizarine en solution sulfurique par le bioxyde de manganèse ou l'acide arsénique (25) ou encore en fondant avec de la potasse le dérivé sulfoné de l'alizarine connu sous le nom d'acide alizarine purpuro-sulfonique (21).

La purpurine cristallise avec une molécule d'eau en longues aiguilles jaune-orangé. Elle se dissout assez facilement dans l'alcool, l'éther, le benzène et l'acide acétique cristallisable ; elle est aussi beaucoup plus soluble dans l'eau que l'alizarine.

Elle perd son eau de cristallisation à 100° et se sublime à une température relativement basse. P. F. 253°.

La solution rouge violacé de la purpurine dans les alcalis se décolore rapidement à l'air et à la lumière. La présence de certains oxydes métalliques exerce une action caractéristique sur le spectre d'absorption des solutions de purpurine ce qui permet d'employer ce colorant pour déceler la magnésie et l'alumine (26-27). La purpurine se dissout dans les solutions bouillantes d'alun en donnant un liquide rouge jaune fluorescent d'où le colorant se précipite par refroidissement.

Comme l'alizarine est presque insoluble dans les solutions d'alun, on utilise cette différence de propriétés pour séparer ces deux composés. Malgré la rapide altération à la lumière de ses solutions alcalines, la purpurine fournit cependant sur mordant d'alumine des teintures très solides, d'un beau rouge écarlate beaucoup plus jaune que le rouge obtenu avec l'alizarine. La purpurine ne trouve cependant qu'un emploi très restreint dans l'industrie car son prix est beaucoup plus élevé que celui de l'iso-purpurine.

La purpurine sulfonée s'obtient, d'après un brevet des fabriques de Höchst, par oxydation de l'alizarine sulfonée. C'est un colorant pour mordants, employé dans la teinture de la laine pour obtenir des rouges écarlates.

B. — *Isopurpurine (Anthrapurpurine)* (28, 29, 30).
Positions 1 : 2 : 7.

L'isopurpurine s'obtient par fusion alcaline de l'acide β-anthraquinone disulfonique ; il se forme probablement comme produit intermédiaire l'acide isoanthraflavique isomère de l'alizarine (3o).

L'isopurpurine cristallise en aiguilles orangées, facilement solubles dans l'alcool bouillant, insolubles dans la benzine, qui fondent au-dessus de 33o°.

Elle renferme des groupes hydroxyles dans les deux noyaux benzéniques, car elle ne donne pas d'acide phtalique par oxydation.

L'isopurpurine constitue la majeure partie du produit commercial connu sous le nom d' « alizarine pour rouge ». Sur alumine, elle donne un beau rouge écarlate et sur fer, un gris-violet sans intérêt.

C — *Flavopurpurine* (3o, 3i). Positions 1 : 2 : 6.

Ce colorant s'obtient en fondant l'acide α-anthraquinone-disulfonique avec de la soude et du chlorate de potasse. Dans cette réaction, il se forme d'abord comme produit intermédiaire de l'acide anthraflavique, un isomère de l'alizarine.

La flavopurpurine se présente en aiguilles jaunes, facilement solubles dans l'alcool et fondant au-dessus de ' 33o°.

Elle se dissout dans la soude en rouge pourpre ; dans l'ammoniaque et le carbonate de soude, en rouge-jaune.

La flavopurpurine donne sur alumine un rouge encore plus jaune que celui obtenu avec l'isopurpurine ; en impression on se sert surtout de flavopurpurine et en teinture d'isopurpurine.

Deux dioxyanthraquinones, l'acide anthraflavique et l'acide isoanthraflavique (1 : 6 et 1 : 7), peuvent se trouver mélangés aux colorants précédents dans les produits commerciaux, surtout lorsque la fusion alcaline a été faite dans de mauvaises conditions ; ils n'ont aucune valeur tinctoriale.

L'isopurpurine et la flavopurpurine sont des dérivés hydroxylés de l'anthraquinone renfermant le troisième groupe hydroxyle dans le second noyau benzénique.

D. — *Anthragallol.* Positions 1 : 2 : 3.

Cette trioxyanthraquinone, qui contient ses trois hydroxyles en positions voisines, s'obtient en condensant à chaud molécules égales d'acide benzoïque et d'acide gallique en solution sulfurique concentrée.

La réaction peut se traduire par l'équation suivante :

$$+ 2H^2O$$

Acide benzoïque.   Acide gallique.   Anthragallol

L'anthragallol possède une coloration brune, ainsi que ses laques de chrome et d'alumine.

Sous le nom de « brun d'alizarine », on emploie en teinture un mélange à proportions variables d'anthragallol et d'acide rufigallique.

TÉTRAOXYANTHRAQUINONES

En chauffant les oxyanthraquinones avec de l'acide sulfurique concentré ou fumant, on arrive à introduire dans ces molécules de nouveaux groupes hydroxyles qui se fixent de préférence sur les deux atomes de carbone en para du noyau benzénique non substitué. Cette réaction a d'abord été observée par Bohn (32) sur le bleu d'alizarine, puis étudiée plus tard par Gräbe et Philipps (34 *a*). E. Schmidt et L. Gattermann (33, 34).

Le mécanisme de la réaction est probablement le suivant : il y a formation d'un dérivé disulfoné, élimination d'acide sulfureux entre les deux groupes sulfonés et formation d'un éther sulfurique neutre :

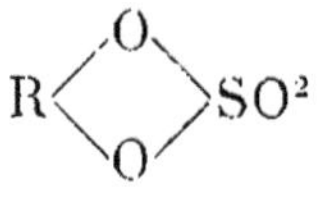

$$R\begin{array}{c}O\\ \diagup\diagdown\\ \diagdown\diagup\\ O\end{array}SO^2$$

Ce composé, traité par les alcalis, se transforme en éther sulfurique acide :

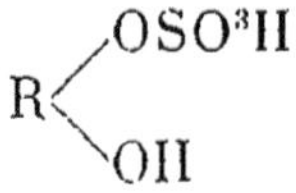

$$R\begin{array}{c}OSO^3H\\ \diagup\\ \diagdown\\ OH\end{array}$$

qui, par ébullition avec les acides minéraux, perd une molécule d'acide sulfurique et donne naissance au dérivé dihydroxylé.

Cette réaction semble être absolument générale. Tous les colorants ainsi obtenus peuvent être considérés comme des dérivés de la quinizarine :

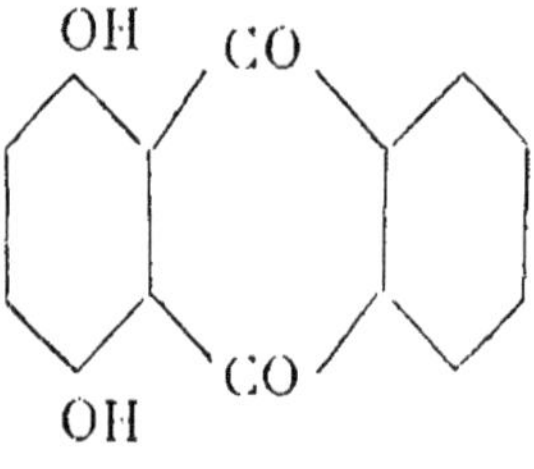

qui, par ébullition avec les acides minéraux, perd une molécule d'acide sulfurique et donne naissance au dérivé dihydroxylé.

car ils renferment tous deux hydroxyles en para.

Bordeaux d'alizarine.

Tétraoxyanthraquinone 1 : 2 : 5 : 8 ou quinalizarine.

Ce colorant, qui résulte de l'action de l'acide sulfurique riche en anhydride sur l'alizarine, se présente en aiguilles rouges solubles dans la nitrobenzine. Son dérivé éthylé fond à 200°.

Il donne un très beau rouge bordeaux sur mordants d'alumine et un bleu violet sur mordants de chrome.

On obtient des composés isomères en partant de la quinizarine.

Anthrachrysone.

Tétraoxyanthraquinone 1 : 3 : 5 : 7.

Ce composé s'obtient comme l'anthragallol en chauffant une solution d'acide dioxybenzoïque symétrique 1 : 3 : 5 dans l'acide sulfurique concentré.

L'anthrachrysone ne renfermant pas d'hydroxyles en 1 : 2, ne peut être utilisée comme colorant. Mais par sulfonation, nitration et réduction de ce composé, on obtient un acide diamidoanthrachrysone sulfonique qui teint la laine en jaune en bain acide. Par passage ultérieur du tissu teint dans une solution bouillante de fluorure de chrome ou d'un autre mordant de chrome, la nuance vire et se transforme en un beau bleu. Ce dérivé constitue le « bleu d'alizarine 2 B » (35 *a*).

On obtient au contraire une matière colorante verte, employée sous le nom de « vert d'alizarine G », en réduisant la dinitro-anthrachrysone sulfonée en milieu alcalin (35 *b*).

Alizarine cyanine.

Pentaoxyanthraquinone 1 : 2 : 4 : 5 : 8.

Ce colorant, qui est à la purpurine ce que le bordeaux d'alizarine est à l'alizarine, s'obtient par oxydation du bordeaux en solution sulfurique par le bioxyde de manganèse. Il teint en bleu rougeâtre sur mordant de chrome.

Hexaoxyanthraquinones.

Acide rufigallique 1 : 2 : 3 : 5 : 6 : 7 (35).

L'acide rufigallique s'obtient en traitant l'acide gallique par l'acide sulfurique concentré. Dans cette condensation, qui rappelle la préparation de l'anthrachrysone et de l'anthragallol, deux molécules d'acide gallique entrent en réaction.

L'acide rufigallique se sublime en aiguilles orangées, solubles en violet dans les alcalis. Il teint en brun les fibres mordancées au chrome. Mélangé d'anthragallol, il constitue le produit commercial employé sous le nom de « brun d'anthracène ».

Bleu d'anthracène 1 : 3 : 4 : 5 : 7 : 8
ou 1 : 2 : 4 : 5 : 6 : 8 (36).

Ce colorant, qui peut être considéré comme une dipurpurine, s'obtient en chauffant la di-o-nitro-anthraquinone 1 : 5 avec de l'acide sulfurique fumant. Il se forme d'abord dans cette réaction un éther sulfurique soluble dans l'eau qui, chauffé avec de l'acide sulfurique ordinaire, se saponifie et donne de l'hexa-oxyanthraquinone et de l'acide sulfurique. L'hexa-oxyanthraquinone teint sur mordants de chrome en un bleu très beau et très solide.

Par une action moins énergique de l'acide sulfurique concentré sur l'α-dinitro-anthraquinone, on obtient des colorants azotés qui ont été étudiés par Graebe et Liebermann, Böttger et Petersen, Lifschütz, mais dont la constitution reste encore inconnue.

La maison Bayer (38) prépare également une hexa-oxyanthraquinone en chauffant l'anthrachrysone avec de l'acide sulfurique fumant, mais les données du brevet ne permettent pas d'établir si ce colorant est identique ou seulement isomérique avec le précédent.

Ces polyoxyanthraquinones peuvent par oxydation fournir un nouveau noyau quinonique, l'oxydation portant sur deux groupes hydroxyles en para, et donner naissance à des doubles quinones qui se comportent aussi comme des matières colorantes.

Bleu d'alizarine (39, 40, 41).

En chauffant le β-nitro-alizarine avec de la glycérine et de l'acide sulfurique, on obtient un colorant bleu, jouissant de la propriété commune aux couleurs d'alizarine de former des laques, et possédant aussi un caractère basique faiblement accusé. C'est à la suite de la découverte du bleu d'alizarine par Prud'homme (39) et de la détermination de sa formule de constitution par Graebe (40), que Skraup réalisa la synthèse de la quinoléine au moyen de la glycérine, de la nitrobenzine et de l'aniline.

Le bleu d'alizarine possède la formule brute $C^{17}H^9AzO^4$. Il présente vis-à-vis de l'alizarine les mêmes rapports que la quinoléine vis-à-vis du benzène ; sa formule de constitution sera donc (40) :

Le bleu d'alizarine cristallise dans la benzine en aiguilles d'un brun violet, insolubles dans l'eau, et diffi-

cilement solubles dans l'alcool et l'éther. Il fond à 270°
et se sublime en émettant des vapeurs jaune-orangé. Il
se dissout dans les alcalis avec une coloration bleue qui
vire au vert en présence d'un excès d'alcali. Il forme
avec les acides des sels rouges, dissociables par l'eau.
Distillé avec de la poudre de zinc, il donne de l'an-
thraquinoléine $C^{17}H^{11}Az$ (40). Il forme avec l'oxyde de
chrome une laque bleu indigo très stable. Le bleu
d'alizarine est généralement employé à l'état de combinaison bisulfitique ; cette combinaison, qui constitue la
majeure partie du produit commercial connu sous le
nom de « bleu d'alizarine S » (42), est incolore mais
régénère à chaud le colorant. On l'imprime sur tissus
avec de l'acétate de chrome et on vaporise ; dans ces
conditions, il y a formation et fixation sur fibre de la
laque de chrome du bleu d'alizarine.

Le produit commercial se présente sous forme d'une
poudre brune, facilement soluble dans l'eau d'où le chlorure de sodium le précipite à l'état cristallin.

Dans la préparation industrielle du bleu d'alizarine on
emploie aujourd'hui, au lieu de nitroalizarine, l'amidoali-
zarine que l'on chauffe avec un mélange de nitrobenzène,
de glycérine et d'acide sulfurique.

En remplaçant dans cette préparation le β-amidoali-
zarine par le dérivé α amidé, on obtient une matière
colorante verte, le « vert d'alizarine », qui s'emploie
principalement sur mordants doubles de nickel et de
magnésium (Fabriques de Höchst).

Vert d'alizarine et bleu-indigo d'alizarine.

Chauffé avec de l'acide sulfurique fumant, le bleu
d'alizarine se transforme en dérivés polyhydroxylés par
une réaction analogue à celle qui permet de transformer
l'alizarine en tétra-oxyanthraquinone. Il y a donc succes-

sivement sulfonation de la molécule, formation d'éthers sulfuriques puis saponification de ces éthers avec élimination d'une molécule d'acide sulfurique. C'est R. Bohn (43, 44, 43) qui observa le premier cette action spéciale de l'acide sulfurique fumant.

Trois colorants différents prennent successivement naissance dans cette réaction : le bleu-vert d'alizarine, le vert d'alizarine et le bleu-indigo d'alizarine.

Le premier, qui résulte de l'action de l'acide sulfurique fumant à 70 p. 100 d'anhydride sur le bleu d'alizarine, est constitué par de la trioxyanthraquinone quinoléine monosulfonée, c'est-à-dire par l'acide monosulfonique du bleu d'alizarine hydroxylé. Dans cette réaction, on observe la formation d'un produit intermédiaire facilement décomposable.

Chauffé à 120° avec de l'acide sulfurique concentré, le bleu-vert d'alizarine se transforme en vert d'alizarine qui est un mélange de tétra-oxyanthraquinoléine quinone et d'un acide sulfoné isomère du précédent.

Enfin, en élevant la température jusqu'à 200°, on obtient le bleu-indigo d'alizarine qui, d'après Graebe et Philipps (43 a), serait un mélange de tétra et de pentaoxyanthraquinoléine quinone et de leurs dérivés sulfonés.

Tous ces composés forment des combinaisons bisulfitiques comme le bleu d'alizarine et donnent sur mordants de chrome des teintures très solides allant du bleu-indigo au vert.

QUINONE-OXIMES

L'acide azoteux réagit sur les phénols en donnant naissance à des composés qu'on a d'abord considérés comme des nitrosophénols.

Cependant, ces dérivés ayant été reconnus identiques

aux produits de l'action de l'hydroxylamine sur les quinones et capables de donner des dioximes par condensation avec une nouvelle molécule d'hydroxylamine, on doit
plutôt les envisager comme étant des oximes de quinones,
c'est-à-dire des quinones dans lesquelles un atome d'oxygène est remplacé par le radical bivalent = Az — OH.

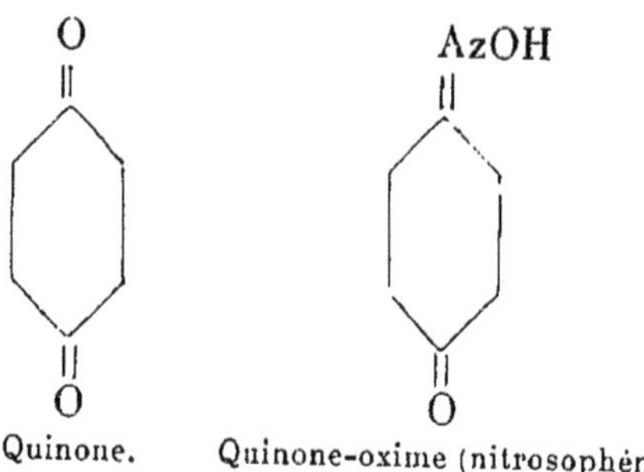

Quinone.   Quinone-oxime (nitrosophénol).

Les quinone-oximes sont généralement jaunes comme
les quinones, mais elles ne possèdent qu'un faible pouvoir colorant. Cependant, celles qui dérivent des orthoquinones jouissent, comme certaines oxyquinones, de la
propriété de former avec les oxydes métalliques, principalement avec les oxydes de fer et de cobalt, des laques
adhérentes à la fibre et fortement colorées.

Nous ne nous occuperons ici que de ce groupe de quinone-oximes dont quelques-unes ont acquis une certaine
importance comme colorants pour mordants.

Dinitrosorésorcine (Diquinoyldioxime) (46).
$$C^6H^2O^2(AzOH)^2$$

Ce composé, qui résulte de l'action de l'acide azoteux
sur une solution aqueuse de résorcine, cristallise dans
l'alcool en feuillets jaune brun, détonnant à 115°. C'est
un acide bibasique assez fort qui forme avec les alcalis
des sels facilement solubles.

La dinitrosorésorcine possède probablement la formule de constitution suivante (47):

$$O$$

$$= AzOH$$

$$O$$

$$AzOH$$

Ce colorant forme avec l'oxyde de fer une laque vert foncé très intense et teint dans cette nuance le coton mordancé en fer. Il est employé dans la teinture du coton sous le nom de « vert solide ».

Naphtoquinone-oxime (48).
$$C^{10}H^6.O.AzOH.$$

On connaît les deux oximes correspondant à la β-naphto-quinone. Elles se distinguent de l'oxime dérivée de l'α-naphtoquinone (α-nitroso-α-naphtol) par la propriété qu'elles possèdent de teindre les mordants.

La première, l'α-nitroso-β-naphtol :

$$AzOH$$

$$O$$

résulte de l'action de l'acide azoteux sur le β-naphtol tandis que la seconde, le β-nitroso-α-naphtol :

$$O$$

$$AzOH$$

prend naissance, à côté de son isomère $\alpha\alpha$, dans l'action de l'acide azoteux sur l'α-naphtol.

Ces deux quinone-oximes forment des laques vert foncé avec le fer et rouge foncé très intenses avec le cobalt. Elles n'ont trouvé que peu d'application en teinture, mais on emploie beaucoup sous le nom de « vert naphtol » le sel de fer de l'acide sulfonique du dérivé $\alpha\beta$.

Ce composé, qui résulte de l'acide nitreux sur l'acide β-naphtolmonosulfonique de Schæffer, forme un sel de fer soluble dans l'eau et qui se fixe sur fibre animale en bain acide comme les colorants acides. Le vert de naphtol est employé dans la teinture de la laine.

Nitrosodioxynaphtaline (51). Sous le nom de « dioxine », on trouve dans le commerce le dérivé nitrosé de la dioxynaphtaline 1 : 7 ; il donne sur mordants de fer des teintures vert brun. La dioxynaphtaline ne semble former qu'un dérivé mononitrosé.

V

COLORANTS DU DIPHÉNYLMÉTHANE ET DU TRIPHÉNYLMÉTHANE

Le diphénylméthane :

$$C^6H^5 — CH^2 — C^6H^5$$

et le triphénylméthane :

$$C^6H^5 — \overset{\overset{\textstyle H}{|}}{\underset{\underset{\textstyle C^6H^5}{|}}{C}} — C^6H^5$$

sont les carbures fondamentaux d'où dérivent toute une séric de matières colorantes d'une très grande importance pratique. Tous ces composés peuvent être classés actuellement dans le groupe des colorants à structure paraquinonique. Des travaux récents ont montré que les auramines, autrefois considérées comme des cétone-imides, renferment non pas un groupe imidé mais un groupe amidé et rentrent ainsi dans la classe précédente ; on a reconnu aussi que les phtaléines, dans lesquelles on admettait autrefois un groupe lactonique, possèdent également une liaison para-quinonique.

I. — COLORANTS DU DIPHÉNYLMÉTHANE

Quelques colorants importants dérivent du diphényl-méthane ; ce carbure n'est cependant pas employé comme matière première pour leur préparation. Dans ce but, on se sert presque exclusivement de ses dérivés amidés, et même, parmi ces derniers, les seuls intéressants sont ceux dans lesquels les groupes amidés sont en para vis-à-vis du carbone méthanique.

Le diamidodiphénylméthane :

$$\overset{4}{H^2Az} - C^6H^4 - \overset{1}{CH^2} - C^6H^4 - \overset{4}{AzH^2}$$

est le représentant le plus simple de ce genre de dérivés et possède à ce titre une certaine importance.

Le diphénylméthane présente une étroite parenté avec la benzophénone. Ce dernier composé renferme un atome d'oxygène à la place des deux atomes d'hydrogène du reste méthanique du diphénylméthane et se transforme successivement par réduction en benzhydrol :

$$C^6H^5 - C - C^6H^5$$
$$\overset{}{H} \quad OH$$

puis en diphénylméthane.

Les dérivés de la benzophénone se prêtant aux mêmes transformations, nous sommes ainsi amenés à étudier simultanément les dérivés du diphénylméthane, du benzo-hydrol et de la benzophénone.

Depuis quelque temps, on a trouvé toute une série de procédés synthétiques permettant d'obtenir très facilement ces différents composés. On utilise principalement dans ce but l'oxychlorure de carbone ou phosgène $COCl^2$ et l'aldéhyde formique COH^2.

Tous deux réagissent sur les amines tertiaires : il y a condensation entre deux molécules d'amines et une molécule de phosgène ou d'aldéhyde, la condensation se faisant en para dans chaque noyau vis-à-vis du groupe amidé. Mais tandis que le phosgène donne ainsi avec la diméthylaniline un dérivé de la benzophénone :

$$\overset{4}{(CH^3)^2}Az - C^6H^4 - \overset{1}{C}O - C^6H^4 - Az\overset{4}{(CH^3)^2}$$

l'aldéhyde formique conduit à un dérivé du diphénylméthane :

$$\overset{4}{(CH^3)^2}Az - C^6H^4 - \overset{1}{C}H^2 - C^6H^4 - Az\overset{4}{(CH^3)^2}$$

En remplaçant dans ces condensations les amines tertiaires par des amines primaires ou secondaires, la réaction se passe dans un autre sens : la condensation ne se fait plus dans le noyau mais dans les groupes amidés et l'on obtient avec le phosgène des urées substituées et avec l'aldéhyde formique un dérivé méthylénique de la base employée.

Toutefois, ces nouveaux composés peuvent aussi se transformer, dans certaines conditions, en dérivés du diphénylméthane. Ainsi, le produit de condensation de l'aldéhyde formique avec l'aniline subit, en présence d'un excès d'acide et d'une seconde molécule d'aniline, une transposition moléculaire et donne du diamidodiphénylméthane.

Nous étudierons d'abord les dérivés de la benzophénone.

Tétraméthyldiamidobenzophénone.

$$\begin{array}{l} (CH^3)^2Az - C^6H^4 \diagdown \\ \qquad\qquad\qquad\quad CO \\ (CH^3)^2Az - C^6H^4 \diagup \end{array}$$

Cette base, découverte en 1876 par Michler (1), constitue

depuis quelques années une matière première importante
pour la préparation des colorants du triphénylméthane.

La tétraméthyldiamidobenzophénone résulte de l'action
du gaz phosgène ou de l'éther chloroxycarbonique sur la
diméthylaniline. C'est un produit incolore ou très légèrement jaune qui teint cependant le coton mordancé au
tannin en ja ne pâle.

Son caractère de colorant, qui est dû à la présence du
groupe cétonique, apparaît bien plus nettement lorsqu'on
y remplace l'atome d'oxygène cétonique par un atome
de soufre ou par le radical imidé $= AzH$.

Il est possible que les produits de substitution ainsi
obtenus ne soient pas les véritables cétone et imide correspondantes, mais bien leurs isomères à structure
paraquinonique ; c'est une question qui n'est pas encore
élucidée.

La thiocétone s'obtient comme la cétone ordinaire en
faisant agir sur la diméthylaniline le thiophosgène ou
chlorure de thionyle $CSCl^2$; on peut également l'obtenir
en traitant la tétraméthyldiamidobenzophénone par le
sulfure de phosphore ou le tétraméthyldiamidodiphénylméthane par du soufre. Elle se comporte dans toutes ses
réactions comme la cétone ordinaire (2) et possède une
couleur jaune foncé.

L'hydrogène naissant transforme la tétraméthyldiamidobenzophénone en benzhydrol correspondant :

$$(CH^3)^2Az - C^6H^4 \diagdown \diagup OH$$
$$ C$$
$$(CH^3)^2Az - C^6H^4 \diagup \diagdown H$$

Cet hydrol forme avec les acides des sels d'un très
beau bleu, mais dont la couleur est détruite par un excès
d'acide, se comportant ainsi comme les colorants du
groupe de la rosaniline.

Ils teignent la soie et le coton mordancé en tannin en

un bleu magnifique qui disparaît au contact des acides et des alcalis même dilués.

Il est probable que ces sels colorés se forment avec départ d'une molécule d'eau et possèdent une structure analogue à celle des colorants du groupe de la rosaniline. Dans cette hypothèse, le chlorhydrate se représenterait par la formule de constitution :

$$\begin{array}{l} (CH^3)^2Az - C^6H^4\diagdown \\ \qquad\qquad\qquad\qquad\quad C - H \\ (CH^3)^2Az = C^6H^4\diagup\!\!\diagup \\ \qquad\quad | \\ \qquad\quad Cl \end{array}$$

Le chlorure résultant de l'action du pentachlorure de phosphore sur la tétraméthyldiamidobenzophénone possède aussi une coloration bleue intense ; pour les mêmes raisons, il ne serait pas le chlorure cétonique correspondant :

$$\begin{array}{l} (CH^3)^2 - AzC^6H^4\diagdown \\ \qquad\qquad\qquad\qquad\quad C = Cl^2 \\ (C^2H^3) - AzC^6H^4\diagup \end{array}$$

mais bien le dérivé à structure paraquinonique :

$$\begin{array}{l} (CH^3)^2Az - C^6H^4\diagdown \\ \qquad\qquad\qquad\qquad\quad C - Cl \\ (CH^3)^2Az = C^6H^4\diagup\!\!\diagup \\ \qquad\quad | \\ \qquad\quad Cl \end{array}$$

Enfin, il serait possible que la tétraméthyldiamidobenzophénone elle-même possédât dans ses sels colorés une formule quinoïdique analogue :

$$\begin{array}{l} (CH^3)^2Az - C^6H^4\diagdown \\ \qquad\qquad\qquad\qquad\quad C - OH \\ (CH^3)^2Az = C^6H^4\diagup\!\!\diagup \\ \qquad\quad | \\ \qquad\quad Cl \end{array}$$

Auramine, $C^{17}H^{21}Az^3$ (4, 5, 6, 7).

Ce colorant, découvert simultanément par A. Kern et
H. Caro (3), résulte de l'action de l'ammoniaque sur la
tétraméthyldiamidobenzophénone et se prépare très facilement en fondant cette base avec du chlorhydrate d'ammoniaque :

$$C^{17}H^{20}Az^2O + H^3Az = C^{17}H^{21}Az^3 + H^2O$$

On peut remplacer dans cette réaction la phénone par
son dérivé dichloré ou par la thiocétone correspondante.
Depuis quelque temps on fabrique encore l'auramine par
de nouveaux procédés.

1° On fond du tétraméthyldiamidodiphénylméthane
avec du soufre et on traite la masse en fusion par du gaz
ammoniac.

Il se forme probablement de la thiocétone ou du thio-
benzhydrol comme produit intermédiaire.

2° On traite le chlorure de l'acide diméthylamido-
benzoïque, premier produit de l'action du phosgène sur
la diméthylaniline, par de la diphénylamine ou une autre
amine secondaire. On obtient ainsi une amide substituée :

$$(CH^3)^2Az - C^6H^4 - CO - Az = (C^6H^5)^2$$

dont le chlorure fournit, par condensation avec la diméthylaniline, un colorant possédant probablement la formule de constitution suivante :

$$\begin{array}{c}(CH^3)^2Az - C^6H^4 \\ \diagdown \\ (CH^3)^2Az = C^6H^4 \diagup \end{array} C - Az = (C^6H^5)^2$$
$$\underset{\displaystyle Cl}{|}$$

Ce dernier composé, traité par l'ammoniaque, se transforme en auramine avec élimination d'une molécule de diphénylamine.

L'auramine se trouve dans le commerce à l'état de chlorhydrate $C^{17}H^{21}Az^{3}HCl$; c'est un sel facilement soluble dans l'eau d'où il cristallise en paillettes jaunes d'or.

Par ébullition prolongée de ses solutions aqueuses, surtout en présence d'acides minéraux, l'auramine se scinde en ammoniaque et tétraméthyldiamidobenzophénone.

La base libre, obtenue par précipitation des solutions du chlorhydrate avec les alcalis, cristallise dans le benzène en feuillets presque incolores, se colorant peu à peu en jaune.

Chloroplatinate $(C^{17}H^{21}Az^{3}HCl)^{2}PtCl^{4}$. Précipité rouge orangé.

Picrate $C^{17}H^{21}Az^{3}C^{6}H^{2}(Azo^{3})^{3}OH$. Paillettes jaunes difficilement solubles.

Oxalate $(C^{17}H^{21}Az^{3})^{2}C^{2}H^{2}O^{4}$. Aiguilles jaunes difficilement solubles dans l'eau.

La leucoauramine (7) $C^{17}H^{23}Az^{3}$ s'obtient par réduction de l'auramine en solution alcoolique au moyen de l'amalgame de sodium.

Elle se présente en cristaux incolores, fondant à 135°, solubles en bleu dans l'acide acétique cristallisable.

Phénylauramine et tolylauramine. Action de l'aniline ou de la toluidine sur l'auramine ou sur la tétraméthyldiamidobenzophénone.

L'auramine peut être considérée comme étant l'imide de la tétraméthyldiamidobenzophénone et s'écrire :

$$(CH^{3})^{2}Az - C^{6}H^{4} \diagdown$$
$$\phantom{(CH^{3})^{2}Az - C^{6}H^{4}} C = AzH$$
$$(CH^{3})^{2}Az - C^{6}H^{4} \diagup$$

Mais certains faits tendent à démontrer l'existence d'un groupe amidé dans la molécule de l'auramine qui se représentait alors par la formule de constitution paraquinonique suivante :

$$\begin{array}{l}(CH^3)_2Az - C^6H^4 \\ (CH^3)_2Az = C^6H^4 \\ \quad\quad\quad | \\ \quad\quad\quad Cl\end{array} \Big\rangle C - AzH^2$$

Ainsi Stock (7 *a*) a préparé une éthylphényl-, une méthylphényl- et une diphénylauramine. Cependant, l'auramine libre ne renfermant pas d'oxygène, n'est pas une base ammonium ; il faut donc admettre ici des phénomènes de tautomérie.

Pendant longtemps, la tétraméthylauramine était le seul représentant connu de cette classe de composés, mais le procédé au soufre a permis d'obtenir quelques nouvelles auramines.

Ainsi, on a préparé avec le diméthyldiamido-diphénylméthane une auramine diméthylée donnant en teinture un jaune encore plus verdâtre que le dérivé tétraméthylé. Sous le nom d' « auramine G », on trouve dans le commerce un produit obtenu de la même façon en partant du diméthyldiamidoditolylméthane préparé par condensation de l'aldéhyde formique avec la monométhyl-ortho-toluidine (7 *b*).

Les auramines se distinguent par la pureté de leurs nuances. Elles se fixent sur tannin et sont très employées dans la teinture et l'impression du coton.

Pyronine.

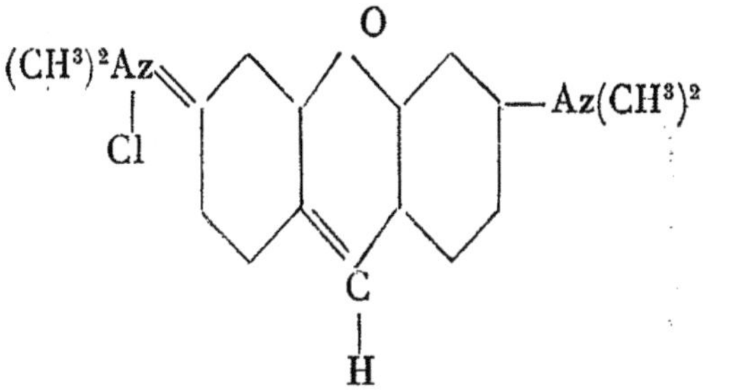

$$(CH^3)^2Az = \cdots = Az(CH^3)^2$$

Ce composé constitue avec le dérivé éthylé correspondant les deux seuls représentants d'une classe de colorants dont nous retrouverons les analogues dans la série du triphénylméthane dans le groupe des rosamines, des rhodamines et des phtaléines de la résorcine.

Les pyronines possèdent, comme chromophore, le complexe :

$$\equiv Az = C^6 H^4 = \overset{\text{\tiny I}}{C} - H$$

qui caractérise aussi les colorants de la rosaniline, mais elles renferment en outre un noyau hexagonal formé par un atome d'oxygène et cinq atomes de carbone, noyau que nous trouvons également dans les xanthones, les oxazones, les rosamines, les rhodamines et les phtaléines de la résorcine.

Le colorant vendu dans le commerce sous le nom de « pyronine » ou de « rose » se prépare par deux procédés. L'un consiste à nitrer le tétraméthyldiamidodiphénylméthane puis à réduire le dérivé nitré. On obtient ainsi un dérivé tétramidé :

$$(CH^3)^2 \overset{4}{Az} - C^6 H^3 - \overset{\text{\tiny I}}{C}H^2 - C^6 H^3 - \overset{4}{Az}(CH^3)^2$$
$$\overset{2}{H^2 Az} \diagup \qquad\qquad \diagdown \overset{2}{Az H^2}$$

qui par diazotation puis ébullition avec l'eau, donne le dérivé dihydroxylé correspondant. Ce dernier se transforme en colorant par oxydation et élimination d'une molécule d'eau.

Le second procédé consiste à préparer directement cette combinaison dihydroxylée, qui s'anhydrise sous l'influence de l'acide sulfurique dans le sens indiqué par la formule suivante :

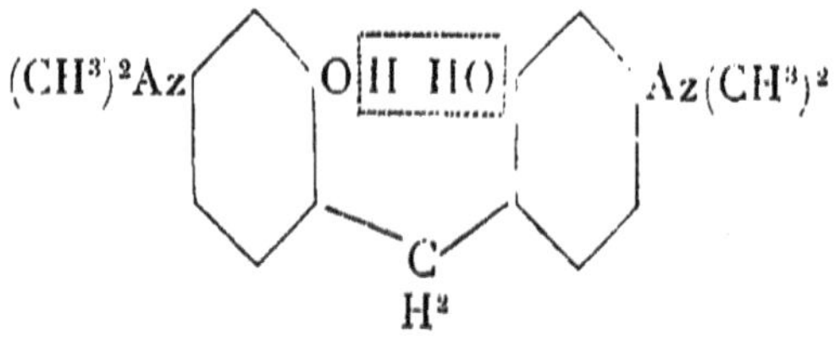

$$(CH^3)^2Az \overbrace{\qquad}^{O\ H\ HO} \qquad Az(CH^3)^2$$

On l'obtient très simplement en condensant le diméthylméta-amidophénol $(CH^3)^2\,Az - C^6H^4 - OH$ avec l'aldéhyde formique, réaction parallèle à celle qui donne naissance au tétraméthyldiamido-diphénylméthane en partant de la diméthylaniline (9).

La pyronine se dissout en rouge avec fluorescence jaune et teint la soie et le coton mordancé en tannin en un beau rose.

Les solutions se décolorent lentement en présence des alcalis, sans doute à la suite de la formation de la base carbinolique correspondante, et virent en jaune par les acides minéraux.

En traitant le tétraméthyldiamidodiphénylméthane par le sesquioxyde de soufre (solution de soufre dans l'acide sulfurique fumant); Sandmeyer a obtenu un colorant analogue dans lequel l'atome d'oxygène est remplacé par un atome de soufre. C'est une matière colorante rouge fortement fluorescente (10).

II. — COLORANTS DU TRIPHÉNYLMÉTHANE

Le triphénylméthane et ses homologues constituent les carbures fondamentaux d'où dérivent toute une série de matières colorantes dont un grand nombre ont acquis une importance industrielle considérable.

En introduisant dans ces carbures des groupes amidés ou hydroxylés en para vis-à-vis du carbone méthanique, on obtient des composés incolores qui doivent être considérés comme représentant les leucodérivés de ces colorants.

C'est ainsi que le composé connu sous le nom de para-leucaniline :

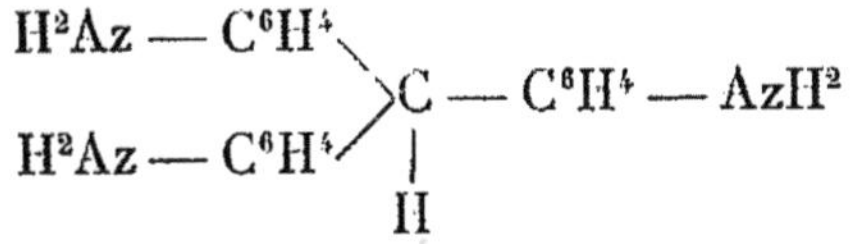

$$\begin{array}{c} H^2Az - C^6H^4 \diagdown \\ \qquad\qquad\qquad\diagup C - C^6H^4 - AzH^2 \\ H^2Az - C^6H^4 \diagup \; | \\ \qquad\qquad\quad H \end{array}$$

résulte de l'introduction en para vis-à-vis du carbone méthanique de trois groupes amidés dans les trois noyaux benzéniques.

Par oxydation de ce composé, il y a élimination de deux atomes d'hydrogène, condensation interne entre le carbone méthanique et un atome d'azote d'un des groupes amidés et formation de pararosaniline :

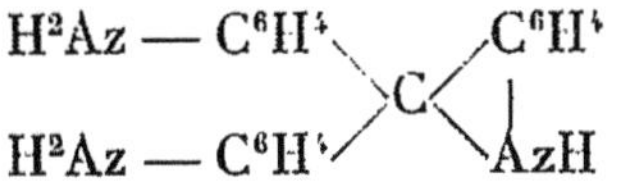

$$\begin{array}{c} H^2Az - C^6H^4 \diagdown \quad \diagup C^6H^4 \\ \qquad\qquad\qquad C \diagdown \quad | \\ H^2Az - C^6H^4 \diagup \quad \diagdown AzH \end{array}$$

Ce dernier composé n'existe cependant qu'à l'état de sels ; lorsqu'on veut le mettre en liberté, il fixe aussitôt une molécule d'eau et se transforme en triamidotriphénylcarbinol incolore :

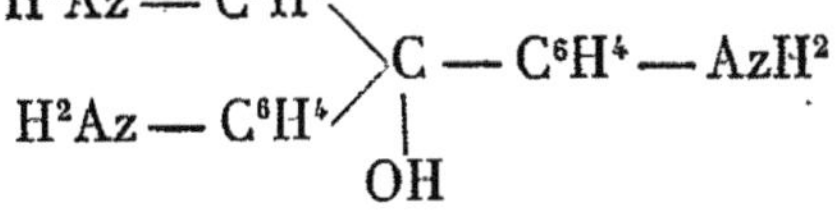

$$\begin{array}{c} H^2Az - C^6H^4 \diagdown \\ \qquad\qquad\qquad\diagup C - C^6H^4 - AzH^2 \\ H^2Az - C^6H^4 \diagup \; | \\ \qquad\qquad\quad OH \end{array}$$

Tous les colorants basiques du triphénylméthane donnant lieu à cette formation de dérivés carbinoliques incolores, on considère généralement, mais à tort, ces carbinols comme étant les bases dont les matières colorantes sont les sels. En réalité ces deux catégories de composés possèdent des constitutions bien différentes : tandis que dans les matières colorantes il nous faut admettre la présence de complexes analogues à celui qui existe dans les quinones, les composés carbinoliques sont de simples dérivés amidés ou hydroxylés.

Comme nous l'avons déjà fait remarquer au sujet des colorants du diphénylméthane, les colorants du triphénylméthane possèdent toujours un atome d'oxygène ou d'azote placé dans un des noyaux benzéniques en para vis-à-vis du carbone méthanique. Tandis que les carbinols renferment le complexe :

$$H^2Az - C^6H^4 - \overset{\vee}{C} - OH$$

il y a, lors de la transformation de ces carbinols en matières colorantes, élimination d'une molécule d'eau aux dépens de l'hydroxyle carbinolique et d'un atome d'hydrogène du groupe amidé.

Il doit donc s'établir une liaison entre le groupe imidé ainsi formé et l'atome de carbone méthanique, liaison qu'on peut représenter par le schéma suivant :

$$HAz - C^6H^4 - C\big\langle$$

en adoptant les formules proposées par O. et E. Fischer pour les colorants du groupe de la rosaniline.

Cette liaison est de même nature que celle admise autrefois entre les atomes d'oxygène de la quinone. Or

comme les colorants du triphénylméthane présentent de
grandes analogies avec les dérivés des quinones et en
particulier avec les quinone-imides, nous appliquerons
aux colorants du triphénylméthane la façon actuellement
admise de formuler les quinones et qui attribue à ces derniers composés un noyau octovalent. Avec ce mode de
formuler, le chromophore qui existe dans les colorants du
triphénylméthane sera représenté par le schéma suivant :

dans lequel R représente un groupe imidé ou un atome
d'oxygène.

Nous ne considérons pas cette nouvelle manière de formuler comme différente de celle de Fischer mais nous
lui donnons cependant la préférence, car elle présente
l'avantage, d'ordre typographique, d'exiger moins de
place.

Le groupe imidé, contenu dans le chromophore de ces
colorants basiques, semble aussi se comporter comme
un groupe salifiable et déterminer la combinaison du colorant avec la fibre. Ainsi les bases carbinoliques incolores
teignent les fibres animales exactement comme les sels
colorants eux-mêmes, fait qui semble bien prouver la
formation, lors de la teinture, d'une combinaison saline
dans laquelle la fibre jouerait le rôle d'un acide vis-à-vis
du groupe imidé du colorant.

Les autres groupes amidés de ces colorants ne manifestent généralement leur caractère basique qu'en présence d'acides concentrés ou d'iodures alcooliques ; ils contribuent surtout à renforcer la basicité du groupe imidé. Lorsqu'ils se combinent aux acides, on observe généralement des changements de coloration très nets.

Rosenstiehl attribue aux colorants du groupe de la rosaniline des formules de constitution bien différentes de celles que nous venons d'exposer.

Ce savant admet que dans le chlorure de rosaniline, par exemple, l'atome de chlore est lié au carbone méthanique et que cette molécule renferme encore trois groupes amidés libres. Dans cette hypothèse, la parafuchsine se formulerait :

$$Cl - C \equiv (C^6H^4AzH^2)^3$$

et représenterait du chlorure de méthyle trois fois substitué par le groupe $- C^6H^4 - AzH^2$.

Pour justifier cette formule, Rosenstiehl s'appuie surtout sur ce fait que la parafuchsine, traitée par de l'acide chlorhydrique gazeux, peut encore fixer trois molécules d'acide et donner un tétrachlorhydrate auquel il attribue la formule suivante :

$$Cl - C \equiv (C^6H^4AzH^2HCl)^3$$

Mais on peut opposer à l'hypothèse de Rosenstiehl les objections suivantes : d'abord ces formules enlèvent à ces colorants toute analogie avec les colorants des autres classes, alors qu'ils présentent certaines relations avec la plupart des colorants à constitution connue et en particulier avec les colorants dérivés de la quinone-imide. En outre, elle n'explique pas comment l'atome de chlore peut être remplacé par double décomposition par un radical acide quelconque, organique ou minéral. Enfin, on connaît bien des composés qui, sans être des bases, jouissent de la propriété de se combiner à l'acide chlorhydrique. Les quinones, la brésiléine, l'hématéine, l'éther de la fluorescéine et bien d'autres composés sont dans ce cas. Cette propriété des quinones de fixer de l'acide chlorhydrique n'est pas due à la formation d'une hydroquinone chlorée, car il se forme d'abord un produit d'addition, l'hydroquinone chlorée ne prend naissance qu'à chaud et doit être considérée comme un produit de réaction plus avancée.

D'ailleurs, on ne peut affirmer que ce tétrachlorhydrate de rosaniline possède encore la constitution d'un colorant, car la coloration de la parafuchsine est complètement détruite par les acides de concentration moyenne et ne reparaît que par dilution. Nous continuerons donc, pour tous ces motifs, à conserver les formules de Fischer.

D'après une communication privée d'Homolka, on peut mettre en évidence l'existence de deux bases, la base colorée et la base incolore ou carbinolique dans les colorants du groupe de la rosaniline, par l'expérience suivante à laquelle se prête surtout, en raison de sa grande solubilité, la fuchsine N ou chlorhydrate de triamido-tritolylcarbinol. Lorsqu'on traite par un alcali la solution aqueuse et rouge de ce chlorhydrate, on obtient d'abord un précipité rouge, soluble dans l'éther avec une coloration jaune-orangé. Il est probable que le composé en dissolution dans l'éther est constitué par la base véritable du colorant. En effet, cette solution éthérée absorbe énergiquement l'acide carbonique de l'air et colore presque instantanément le papier en rouge fuchsine. En faisant passer un courant d'acide carbonique dans cette solution, on peut obtenir un précipité rouge de carbonate de tritolylrosaniline.

Si au contraire on chauffe quelque temps le liquide

aqueux au sein duquel on a précipité la fuchsine N par un alcali, la base véritable se transpose en carbinol, composé beaucoup plus difficilement soluble dans l'éther, en donnant une solution incolore sur laquelle l'acide carbonique de l'air est sans action. L'acide acétique forme lentement avec cette base carbinolique l'acétate de la rosaniline correspondante [1].

Les colorants basiques du triphénylméthane peuvent donner pour la plupart des dérivés sulfonés. Ces derniers présentent généralement les caractères des colorants acides et possèdent à l'état libre ou dans leurs sels acides la couleur des composés dont ils dérivent. Mais les sels neutres, qu'ils forment avec les alcalis, sont incolores et semblent donc être des bases carbinoliques.

H. Weil a proposé récemment une troisième formule de constitution pour les colorants du groupe de la rosaniline. Weil admet que les bases incolores ne renferment pas de groupe hydroxyle, mais que l'atome d'oxygène s'y trouve relié à l'azote d'un groupe amidé comme dans la nitrosodiméthylaniline considérée à l'état de base.

Dans cette hypothèse, la rosaniline incolore possèderait la constitution suivante :

$$(H^2AzC^6H^4)^2 = C - C^6H^4 - AzH^3$$
$$\underset{O}{\diagdown\diagup}$$

---

[1] Par des mesures de conductibilité électrique, Hantzsch et Osswald (*Berichte*. XXXIII, p. 278) ont montré tout récemment que lorsqu'on traite par un alcali un colorant du groupe de la rosaniline, il y a d'abord formation d'une base ammonium colorée qui se transpose peu à peu en base carbinolique incolore dans le sens de l'équation suivante :

$$>C = <\!\!\!> = AzR^2OH = HO\, >C - <\!\!\!> - AzR^2$$

Base ammonium colorée.　　　　Base carbinolique incolore.

A. G.

Pour établir cette formule, Weil s'appuie sur ce fait que l'atome d'oxygène de la rosaniline peut être remplacé par les restes de différentes amines.

Dans l'hypothèse de Weil, il existerait donc une sorte de combinaison interne entre un groupe amidé et le groupe hydroxyle. Cependant ce dernier ne jouissant pas de propriétés acides puisque c'est un hydroxyle alcoolique, cette formule de constitution ne paraît guère probable ; elle n'est d'ailleurs pas nécessaire pour expliquer les faits précédents.

Lorsqu'on traite les bases carbinoliques par des acides, le colorant ne se forme généralement que lentement et l'on peut souvent observer tout d'abord la formation de sels incolores. Ainsi le tétraméthyldiamidotriphénylcarbinol, ou base du vert malachite, se dissout presque sans coloration dans l'acide acétique étendu et le colorant ne prend naissance qu'au bout d'un certain temps ou plus rapidement en chauffant.

On peut préparer les colorants du triphénylméthane par un grand nombre de procédés.

Les benzophénones substituées, par exemple, se condensent avec les bases tertiaires en présence de déshydratants pour donner des dérivés du triphénylméthane :

$$(CH^3)^2Az - C^6H^4 \Big\rangle CO + C^6H^5Az(CH^3)^2 + HCl$$
$$(CH^3)^2Az - C^6H^4$$

Tétraméthyldiamidobenzophénone.   Diméthylaniline.

$$= (CH^3)^2Az - C^6H^4 \Big\rangle C - C^6H^4Az(CH^3)^2 + H^2O$$
$$(CH^3)^2Az = C^6H^4$$
$$|$$
$$Cl$$

Hexaméthylrosaniline.

Le chlorure dérivé de la tétraméthyldiamidobenzophénone réagit de la même façon. Comme ce corps possède une couleur bleue, il est probable qu'il appartient à cette classe de colorants du diphénylméthane dont la constitution est analogue à celle des colorants du groupe de la rosaniline et qu'il doit être représenté par la formule suivante :

$$(CH^3)^2Az - C^6H^4 \diagdown$$
$$\qquad\qquad\qquad > C - Cl$$
$$(CH^3)^2Az = C^6H^4 \diagup$$
$$\qquad\quad |$$
$$\qquad\quad Cl$$

Le benzhydrol, obtenu par réduction de la tétraméthyldiamidobenzophénone, réagit aussi avec la plus grande facilité avec les amines. Dans cette réaction, on n'obtient pas le colorant lui-même mais sa leucobase :

$$(CH^3)^2Az - C^6H^4 \diagdown \qquad \diagup H$$
$$\qquad\qquad\qquad > C < \qquad + C^6H^5Az(CH^3)^2 =$$
$$(CH^3)^2Az - C^6H^4 \diagup \qquad \diagdown OH$$

Tétraméthyldiamidobenzhydrol.   Diméthylaniline.

$$(CH^3)^2Az - C^6H^4 \diagdown$$
$$\qquad\qquad\qquad > C - C^6H^4 - Az(CH^3)^2 + H^2O$$
$$(CH^3)^2Az - C^6H^4 \diagup \quad |$$
$$\qquad\qquad\qquad\quad H$$

Hexaméthylparaleucaniline.

On obtient aussi des colorants du triphénylméthane en oxydant les monamines primaires, secondaires ou tertiaires renfermant des groupes méthyle dans le noyau ou dans le groupe amidé (rosaniline, violet de méthyle), ou encore en traitant des dérivés benzéniques exempts de groupes méthyle par des composés, comme le chlorure de carbone, l'acide oxalique ou l'iodoforme, capables de fournir le carbone méthanique destiné à relier ces noyaux benzéniques. (Acide rosolique, bleu de diphénylamine.)

On peut également préparer des dérivés du triphénylméthane en introduisant directement des groupes amidés
dans ce carbure ou en condensant les amines aromatiques
ou les phénols avec les aldéhydes aromatiques ou avec les
dérivés du toluène chlorés dans le groupe CH^3. Dans la
plupart de ces modes de préparation, on obtient d'abord
une leucobase qui se transforme en colorant paroxydation.

Un nouveau mode de préparation des colorants du
triphénylméthane, qui présente depuis quelque temps une
certaine importance industrielle, consiste à oxyder le
paradiamidodiphénylméthane, ses dérivés ou ses homologues, avec une monamine ayant une position para
libre.

Les phtaléines, produits de condensation de l'anhydride
phtalique avec les phénols, appartiennent également à la
classe des colorants du triphénylméthane dont elles forment un groupe à part.

A. — COLORANTS DU GROUPE DE LA ROSANILINE

Sous la dénomination de colorants de la rosaniline,
prise dans son acception la plus large, on comprend
tous les colorants basiques dérivés du triphénylméthane
et des carbures analogues. Nous avons vu plus haut que
ces colorants n'existent qu'à l'état de sels et que ce qu'on
a l'habitude de considérer comme étant les bases correspondantes, constituent en réalité des dérivés carbinoliques
incolores. Comme nous manquons d'une nomenclature
convenable pour désigner les colorants proprement dits,
nous nous conformerons à l'usage et nous donnerons, par
exemple, à la rosaniline le nom de triamidotriphénylcarbinol, bien qu'en général il n'existe aucune analogie entre
la constitution des colorants et celles de leurs bases
carbinoliques.

Les colorants azotés les plus simples de ce groupe dérivent du diamidotriphénylméthane.

Le diamidotriphénylméthane fournit par oxydation un colorant violet qui appartient très probablement à la classe des composés que nous étudions ici et qui possèderait la formule de constitution suivante :

$$C^6H^5 - C \begin{cases} C^6H^4 - AzH^2 \\ C^6H^4 = AzH \end{cases}$$

Ce colorant s'obtiendrait encore, d'après Döbner (11), en condensant l'aniline avec du phénylchloroforme $C^6H^5 - CCl^3$ en présence de nitrobenzine. Chauffé avec de l'iodure de méthyle, il donne du vert malachite.

Les premiers représentants bien étudiés de cette série sont les dérivés tétraméthylés du diamidotriphényl-méthane.

Tétraméthyldiamidotriphénylcarbinol (12, 13, 14).

$$C^6H^5 - C \begin{cases} C^6H^4 - Az(CH^3)^2 \\ C^6H^4 - Az(CH^3)^2 \\ OH \end{cases}$$

Chlorure (Vert malachite).

$$C^6H^5 - C \begin{cases} C^6H^4 - Az(CH^3)^2 \\ C^6H^4 = Az(CH^3)^2Cl \end{cases} \qquad (12)$$

La base, mise en liberté de ses sels par les alcalis, se présente sous forme d'une poudre incolore ou légèrement grise, et cristallise dans la ligroïne en feuillets incolores ou en amas ronds fondant à 120°.

Elle se combine aux acides, avec élimination d'une

molécule d'eau, en donnant des sels d'un vert intense. Puisque les groupes amidés de cette base ne renferment pas d'hydrogène remplaçable et que l'hydrogène nécessaire à la formation de cette molécule d'eau ne peut vraisemblablement pas être emprunté aux groupes méthyle, il nous faut admettre qu'il provient, du moins en partie, de la molécule de l'acide employé et que les sels formés présentent une constitution analogue à la constitution des sels obtenus avec les bases ammonium quaternaires.

Le chlorure doit donc posséder la formule de constitution que nous lui avons donnée plus haut.

Les sels biacides possèdent une couleur jaune pâle et prennent naissance en présence d'un grand excès d'acide. Les sels monoacides sont caractérisés par la grande facilité avec laquelle ils cristallisent et constituent de beaux colorants verts, très intenses.

Chlorure $C^{23}H^{24}Az^2Cl$: Paillettes vertes facilement solubles.

Sulfate $C^{23}H^{24}Az^2H^2SO^4$: Cristallise avec une molécule d'eau en aiguilles vertes ou sans eau en gros prismes verts.

Chlorozincate $C^{23}H^{24}Az^2ZnCl^2$: Aiguilles ou feuillets vert brillant.

Oxalate : Grands prismes verts facilement solubles dans l'eau.

Picrate $C^{23}H^{24}Az^2C^6H^2(AzO^2)^3OH$: Difficilement soluble.

Ether éthylique $C^6H^5C = [C^6H^4Az(CH^3)^2]^2$: En chauffant

$$\overset{|}{O}C^2H^5$$

la base avec de l'alcool à 110°. Incolore, fond à 162°.

Iodométhylate (14) $C^{23}H^{25}(OCH^3)Az^2 2CH^3I + H^2O$. S'obtient en chauffant la base avec de l'iodure de méthyle et de l'alcool méthylique. Aiguilles incolores.

Les sels du tétraméthyldiamidotriphénylcarbinol sont très employés en teinture sous les noms de « vert malachite », « vert de benzaldéhyde » ainsi que sous beaucoup d'autres noms de fantaisie. Le vert malachite possède un pouvoir colorant trois fois plus fort que l'ancien vert méthyle, il n'est pas décomposé par la chaleur et teint plus facilement la laine. On le trouve généralement dans le commerce à l'état d'oxalate ou de chlorozincate. Le vert malachite a été d'abord obtenu par O. Fischer (12) par oxydation du tétraméthyldiamidotriphénylméthane. Peu de temps après, Döbner le prépara par condensation du phénylchloroforme $C^6H^5 — CCl^3$ avec la diméthylaniline ; ce procédé a été breveté (13, 15) et employé industriellement. A cette époque, sa fabrication au moyen du tétraméthyldiamidotriphénylméthane n'était pas industriellement exploitable par suite de la difficulté de se procurer l'aldéhyde benzoïque nécessaire à la préparation du leucodérivé. Mais on parvint bientôt à surmonter les difficultés qui s'opposaient à la fabrication industrielle de l'aldéhyde benzoïque et le procédé au phénylchloroforme fut abandonné en raison de son mauvais rendement. Actuellement, on prépare dans l'industrie le vert malachite par le procédé suivant :

On fabrique d'abord la leucobase en condensant à chaud une molécule d'aldéhyde benzoïque avec deux molécules de diméthylaniline en présence d'acide chlorhydrique ou d'acide sulfurique. Le chlorure de zinc, employé autrefois pour produire cette condensation, n'est plus utilisé et on a reconnu qu'il ne fallait employer que la quantité d'acide chlorhydrique ou sulfurique nécessaire pour neutraliser environ les deux tiers de la diméthylaniline mise en œuvre. Un excès d'acide détermine en effet la formation de diméthylamidobenzhydrol :

$$(CH^3)^2AzC^6H^4 — C{\overset{\displaystyle C^6H^5}{\underset{\displaystyle OH}{\Big\langle}}}$$

$$II$$

La leucobase est oxydée sous forme de chlorhydrate par le bioxyde de plomb ; on opère en solution diluée et en présence d'un peu d'acide acétique. On élimine ensuite le plomb par addition de sulfate de soude et précipite le colorant sous forme de chlorozincate par du chlorure de zinc et du chlorure de sodium. On peut aussi précipiter la base à l'état de carbinol par un carbonate alcalin et en former l'oxalate.

Dérivés nitrés du vert malachite (17, 18).

Le dérivé nitré en para s'obtient, soit par oxydation du nitrotétraméthyldiamidotriphénylméthane résultant de l'action de la paranitrobenzaldéhyde sur la diméthylaniline, soit par condensation, au contact de l'air, du chlorure de benzoyle paranitré avec la diméthylaniline (17).

La base libre $C^{23}H^{25}(AzO^2)Az^2O$ cristallise en prismes jaunes ; ses sels sont d'un beau vert, mais dissociables par l'eau. Par réduction ménagée, ils se transforment en une matière colorante violette, la tétraméthylpararosaniline et par une réduction plus profonde en tétraméthylparaleucaniline incolore.

Le dérivé méta nitré s'obtient en oxydant le nitrotétraméthyldiamidotriphénylméthane préparé par condensation de la métanitrobenzaldéhyde avec la diméthylaniline. Il se comporte comme le colorant précédent, mais ne donne pas de violet par réduction ménagée.

Vert tétraéthylé (20).

Les sels de cette base se trouvent dans le commerce sous le nom de « vert brillant ». Le chlorozincate cristallise en aiguilles vertes et le sulfate en prismes à reflets dorés. Ce colorant possède une nuance un peu plus jaune que celle du vert malachite.

On utilise aussi comme colorants des dérivés du vert
brillant sulfonés ou chlorés dans le noyau benzénique
(21, 22, 23).

Vert acide S.

Sous le nom de « vert acide S », on trouve dans le
commerce l'acide sulfonique du diéthyldibenzyldiamido-
triphénylcarbinol. On l'obtient par condensation de
l'éthylbenzylaniline avec la benzaldéhyde, sulfonation de
la leucobase ainsi obtenue, et transformation du leuco-
sulfoné en colorant par oxydation.

Dans cette molécule, le groupe sulfoné est fixé sur le
noyau benzylique, noyau qui a été reconnu comme étant
très apte à ce genre de substitution. On a également
préparé ce colorant par condensation de l'éthyle ou de la
méthylbenzylaniline sulfonée avec l'aldéhyde benzoïque
et oxydation du leucodérivé ainsi obtenu.

Bleu patenté
(Acide sulfonique du vert malachite hydroxylé) (24, 24a).

On obtient des colorants d'un bleu verdâtre, jouissant
de propriétés spéciales, en introduisant un groupe hydroxyle en méta vis-à-vis du carbone méthanique dans le
noyau benzénique non amidé du vert malachite et des
composés analogues.

On peut préparer ces colorants en réduisant, diazota-
tant et faisant bouillir avec de l'eau les produits de condensation de la métanitrobenzaldéhyde avec la diméthylaniline ou les autres amines tertiaires ; on obtient ainsi
des leucobases qui sont d'abord sulfonées puis transformées en colorants par oxydation.

Les colorants acides ainsi obtenus renferment deux
groupes sulfonés dont l'un est probablement en para et

l'autre en ortho vis-à-vis du carbone méthanique ; grâce
à ces positions, ils jouissent de propriétés toutes différentes de celles des autres colorants sulfonés du triphénylméthane. Tandis que ces derniers ne correspondent
aux anhydrides colorés qu'à l'état libre et sont incolores
dans leurs sels neutres, parce que sous cette forme ils
constituent des dérivés sulfonés du carbinol correspondant, l'acide disulfonique du vert malachite métahydroxylé n'est pas décoloré par les solutions alcalines diluées ;
cette solidité aux alcalis explique sa grande importance
en teinture. Nous avons déjà fait remarquer dans la
seconde édition allemande de ce livre que les propriétés
précieuses du bleu patenté sont dues, non pas à la présence d'un hydroxyle en méta vis-à-vis du carbone méthanique, mais aux positions particulières occupées par les
groupes sulfonés.

Bien que ce colorant soit un acide disulfonique, il se
comporte néanmoins comme un acide monovalent. Cette
particularité fit d'abord croire à la formation d'une sultone par combinaison de l'un des groupes sulfoniques
avec le groupe métahydroxylé. Mais cette hypothèse fut
reconnue fausse, car on démontra que la présence de ce
groupe hydroxylé n'est pas nécessaire pour communiquer
au colorant de la solidité aux alcalis et qu'il suffit, pour
qu'il jouisse de cette propriété, qu'il renferme un groupe
sulfoné en ortho vis-à-vis du carbone méthanique. C'est
ainsi que Saudmeyer prépara avec la benzaldéhyde orthosulfonée des colorants aussi solides aux alcalis que le
bleu patenté, mais dont les propriétés acides sont très
faibles.

On doit également considérer comme invraisemblable
la formation d'une sultone entre le groupe sulfonique
et l'hydroxyle carbinolique, car un tel composé ne posséderait probablement pas les propriétés d'un colorant ; il
y a peut-être saturation du groupe sulfoné par le groupe

diméthylammonium et formation d'un composé représenté par la formule suivante :

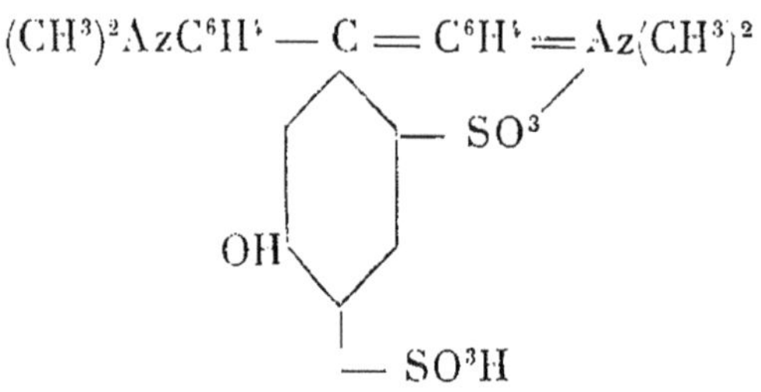

$$(CH^3)^2AzC^6H^4 - C = C^6H^4 = Az(CH^3)^2$$

On doit à Nölting un nouveau procédé permettant d'obtenir des colorants du même type. Ce savant a observé
qu'en condensant le tétraméthyldiamidobenzhydrol avec
des amines dont la position para est occupée, la soudure
se fait en ortho vis-à-vis du groupe amidé lorsqu'on opère
en solution chlorhydrique et en méta lorsqu'on opère
au sein de l'acide sulfurique concentré (25). On peut
ainsi obtenir, par condensation de l'hydrol avec la paratoluidine, un homologue du produit de réduction de la leucobase métanitrée du vert malachite, et comme avec ce
dernier, préparer le dérivé hydroxylé correspondant par
diazotation et ébullition avec l'eau.

Sous le nom de « cyanol », on trouve dans le commerce
un bleu patenté dans lequel la diméthylaniline est remplacée par la monoéthylorthotoluidine (26).

Par condensation de la benzaldéhyde orthosulfonée
mentionnée plus haut avec l'éthylbenzylaniline, on obtient
une leucobase qui par sulfonation dans les groupes benzyliques, puis oxydation, fournit un colorant bleu très pur,
l' « érioglaucine » de Geigy.

Les colorants de la série du bleu patenté se transforment par oxydation avec le perchlorure de fer en nouveaux colorants de valeur appelés « cyanines ».

En introduisant des atomes de chlore dans le noyau

non amidé du vert malachite, on obtient aussi des colorants bleus, mais qui ne possèdent pas la solidité aux alcalis du bleu patenté. Sous le nom de « bleu glacier », on trouve dans le commerce un de ces produits de substitution chlorés préparé au moyen de la dichlorobenzaldéhyde (27).

Par condensation des benzhydrols alcoylés avec les acides carboxyliques, les phénols et leurs acides sulfoniques et les acides sulfoniques de la naphtaline, on obtient aussi des leucobases donnant par oxydation des colorants du triphénylméthane (28).

Les colorants pour impression (mordant de chrome) livrés au commerce depuis quelques années par la fabrique Bayer et Cie d'Elberfeld, sont probablement préparés de cette façon par condensation de l'hydrol de Michler avec l'acide benzoïque et ses dérivés.

On a également préparé des colorants pour mordants par condensation des diphénylméthanes amidés et des benzhydrols avec le pyrogallol et quelques dioxynaphtalines.

Colorants azoïques du triphénylméthane.

Le tétraméthyltriamidotriphénylméthane, préparé par réduction du métanitrotétraméthyldiamidotriphénylméthane, peut être diazoté et le diazoïque ainsi obtenu, copulé avec les phénols et les amines, donne des dérivés azoïques. Par oxydation ultérieure, on obtient des colorants qui renferment à la fois le chromophore de colorants azoïques et celui des colorants du triphénylméthane.

Par copulation du diazoïque précédent avec l'acide salicylique, puis oxydation de l'azoïque formé, on obtient un colorant qui possède une nuance semblable à celle du vert malachite et qui peut être représenté par la formule suivante :

$$\underset{HO}{\overset{HOOC}{\diagdown}} C^6H^3 - Az \overset{1}{=} Az - C^6H^4 - \overset{3}{C} \underset{C^6H^4 - Az(CH^3)^2}{\overset{C^6H^4 = Az(CH^3)^2}{\diagdown}} \overset{R}{\diagup}$$

La présence d'un reste salicylique dans cette molécule confère au colorant la propriété de tirer sur mordants métalliques. Il est employé en impression sur mordant de chrome sous le nom de « vert azoïque ». Sa solidité au savon laisse cependant à désirer (30).

Rosamines (31).

Ces composés, qui dérivent également du diamidotriphénylméthane, se distinguent des colorants de la série du vert malachite par la présence d'un atome d'oxygène reliant les deux noyaux amidés. On peut aussi les considérer comme des pyronines (voyez page 14) dans lesquelles l'atome d'hydrogène du reste méthanique est remplacé par un radical phényle. Ils présentent d'ailleurs dans leurs propriétés générales de grandes analogies avec les pyronines.

On les obtient en remplaçant la diméthylaniline par le diméthylmétaamidophénol dans la préparation du vert malachite au moyen du phénylchloroforme $C^6H^5 - CCl^3$. Il est probable que dans cette condensation il se forme d'abord un vert malachite dihydroxylé qui s'anhydrise ensuite comme le montrent les formules suivantes :

$$\text{(CH}^3)^2\text{Az} \underset{\underset{\text{C}^6\text{H}^5}{|}}{\overset{\text{Cl}}{\underset{}{\diagdown}}} \quad \text{O} \quad \text{Az(CH}^3)^2$$

Les solutions des sels de rosamine sont rouge bleuâtre avec fluorescence jaune ; les acides concentrés les colorent en rouge-orangé. Ils teignent la soie en rose bleuâtre avec fluorescence jaune.

Les alcalis en précipitent une base carbinolique incolore, répondant à la formule :

$$\text{C}^{23}\text{H}^{23}\text{Az}^2(\text{OH})^3 \quad (\text{probablement } \text{C}^{23}\text{H}^{23}\text{Az}^2\text{O},\text{OH} + \text{H}^2\text{O})$$

On prépare de la même façon le dérivé tétraéthylé correspondant, au moyen du diéthylmétamidophénol.

On obtient encore les rosamines en chauffant la résorcine benzéine avec la diméthylamine ou la diéthylamine.

Triamidotriphénylcarbinol, Pararosaniline.

$$\text{H}^2\text{Az} - \text{C}^6\text{H}^4 - \underset{\underset{\text{OH}}{|}}{\text{C}} \diagup^{\text{C}^6\text{H}^4 \,-\, \text{AzH}^2}_{\diagdown \text{C}^6\text{H}^4 \,-\, \text{AzH}^2}$$

L'anhydride correspondant à ce carbinol n'est pas connu, mais les sels rouges de pararosaniline peuvent être considérés comme résultant de la combinaison de cet anhydride avec les acides, ainsi qu'on peut le voir sur la formule suivante qui représente le chlorhydrate :

$$\text{H}^2\text{Az} - \text{C}^6\text{H}^4 - \text{C} \overset{\diagup \text{C}^6\text{H}^4 \,-\, \text{AzH}^2}{=} \text{C}^6\text{H}^4 = \text{AzH},\text{HCl}.$$

Les trois groupes amidés de cette molécule se trouvent en position para vis-à-vis du carbone méthanique.

La pararosaniline s'obtient par oxydation à chaud d'un mélange de deux molécules d'aniline et d'une molécule de paratoluidine au moyen d'acide arsénique, de bichlorure de mercure ou d'autres oxydants (32); par réduction partielle du trinitrotriphénylcarbinol par le zinc en poudre et l'acide acétique cristallisable (33); par oxydation du triamidotriphénylméthane ou paraleucaniline (33); par amidation de l'acide pararosolique ou aurine avec de l'ammoniaque à 120° (34); par condensation de l'aniline pure avec le tétrachlorure de carbone, le chlorure d'éthylène ou l'iodoforme. On observe encore sa formation dans l'action sur l'aniline de la paranitrobenzaldéhyde (35), des chlorures de benzyle (36) et de benzylidène paranitrés et de l'alcool benzylique paranitré.

Le carbinol libre se présente en feuillets incolores, peu solubles dans l'eau froide, mais facilement solubles dans l'eau bouillante.

Il se combine à une molécule d'acide avec élimination d'une molécule d'eau en formant des sels d'un rouge intense.

Avec un excès d'acide, on obtient des sels triacides jaunes, décomposables par l'eau.

Les réducteurs transforment la pararosaniline en paraleucaniline ou triamidotriphénylméthane.

Chauffée en tube scellé avec de l'acide iodhydrique, elle donne de l'aniline et de la paratoluidine.

La pararosaniline a été trouvée par Rosenstiehl (37); E. et O. Fischer (33) en établirent la formule de constitution en s'appuyant sur les faits suivants :

L'acide nitreux transforme la pararosaniline en un dérivé diazoïque dans lequel les trois groupes amidés sont diazotés (ce qui semble indiquer que ce diazoïque

NIETZKI. Mat. colorantes. 11

est un dérivé carbinolique). Par ébullition de ce diazoïque avec de l'alcool, on obtient du triphénylcarbinol.

Par réduction ménagée du trinitrotriphénylcarbinol (33), on obtient encore de la pararosaniline et par une réduction plus profonde de la paraleucaniline.

L'aldéhyde paranitrobenzoïque se condense avec l'aniline en présence de chlorure de zinc pour donner un nitrodiamidodiphénylméthane que les réducteurs transforment en paraleucaniline (33).

La pararosaniline se trouve dans la rosaniline préparée industriellement. Les sels sont en général semblables à ceux de la rosaniline ordinaire (voyez plus bas) mais souvent un peu plus solubles dans l'eau que ces derniers.

La préparation synthétique de la pararosaniline (par la paranitrobenzaldéhyde, etc.) (38, 39, 40, 41) ne semble pas avoir acquis jusqu'à présent une grande importance technique ; par contre le procédé à l'aldéhyde formique, qui permet de réaliser la synthèse de presque toutes les rosanilines homologues et de leurs dérivés, peut présenter beaucoup d'intérêt pour la fabrication industrielle de la pararosaniline. Tandis que l'aldéhyde formique se condense avec les bases aromatiques tertiaires à position para libre en donnant des dérivés du diphénylméthane, elle réagit d'abord sur le groupe amidé des bases primaires et conduit à des dérivés méthyléniques. Ceux-ci, chauffés en présence du chlorhydrate de la même amine, se transposent et donnent naissance aux dérivés correspondants du diamidodiphénylméthane.

Il suffit ensuite d'oxyder ces derniers avec une troisième molécule d'amine pour obtenir facilement des colorants du triphénylméthane. Ainsi, en oxydant un mélange d'aniline et de paradiamidodiphénylméthane, on obtiendra de la pararosaniline formée d'après le schéma :

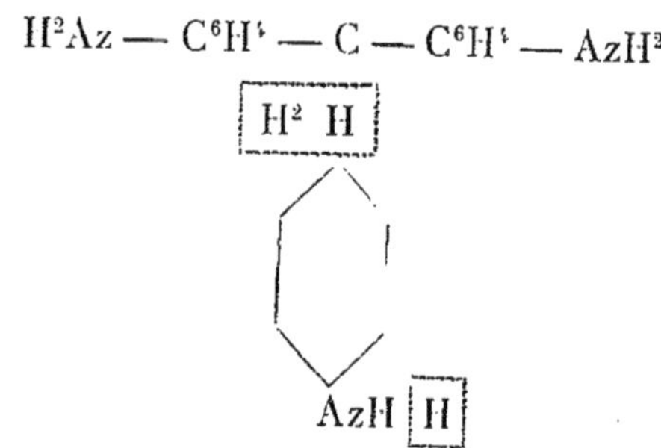

On peut remplacer dans la réaction précédente le diamidodiphénylméthane et l'aniline par leurs homologues
et préparer ainsi un grand nombre de composés homologues et analogues (41 *a*).

Violet méthyle (42).

Sous le nom de « violet méthyle », on trouve dans le
commerce des produits obtenus par oxydation de diméthylaniline pure ou d'un mélange de cette base avec la
monométhylaniline.

Pour préparer ces colorants, on mélange la diméthylaniline avec du chlorure ou du sulfate de cuivre, de l'acide
acétique, du chlorate de potasse et une forte quantité de
chlorure de sodium. Il existe de nouveaux procédés
dans lesquels l'emploi du chlorate de potasse est sup-
primé et l'acide acétique remplacé par du phénol. Dans
tous les cas, c'est le chlorure de cuivre qui agit comme
oxydant ; il est réduit en chlorure cuivreux puis retrans-
formé en chlorure cuivrique par le chlorate de potasse ou
l'oxygène de l'air. Comme le chlorure cuivreux forme avec
le violet de méthyle un sel double presque insoluble, on
traitait autrefois cette combinaison par l'hydrogène sulfuré
et séparait le colorant, ainsi rendu soluble, du précipité de
sulfure de cuivre. Aujourd'hui on transforme par le perchlorure de fer le sel cuivreux en sel cuivrique ; ce der-

nier ne formant pas de combinaison double avec le violet, se retrouve dans les eaux mères avec le chlorure de sodium qui a servi à précipiter le colorant.

Le procédé suivant, aujourd'hui complètement abandonné, est intéressant au point de vue théorique car on n'y emploie pas de produits chlorés. On mélangeait la diméthylaniline avec du sulfate de cuivre, de l'acide acétique et du sable, reprenait la masse par l'eau et précipitait le violet sous forme de sulfate par addition de sulfate de soude. L'absence complète de produits chlorés évitait la formation du sel double et difficilement soluble donné par le chlorure cuivreux et le métal se retrouvait sous forme d'oxydule de cuivre insoluble.

On n'a pas encore expliqué le rôle du phénol employé dans les nouveaux procédés, mais il est acquis que les rendements en violet méthyle augmentent beaucoup par son emploi.

Le violet méthyle prend encore naissance dans l'action de l'iode ou du chloranile sur la diméthylaniline.

On n'en obtient pas en oxydant la diméthylaniline en solution acide par le peroxyde de plomb, le bioxyde de manganèse ou l'acide chromique.

Mais on observe sa formation en oxydant en milieu acide un mélange de tétraméthyldiamidodiphénylméthane et de diméthylaniline. Ce dernier mode de formation explique dans une certaine mesure le mécanisme en vertu duquel il prend naissance dans les procédés employés industriellement. Par oxydation, le diméthylaniline perd probablement un groupe méthyle qui se transforme en aldéhyde formique ; cette dernière se condense aussitôt avec une autre partie de diméthylaniline et donne du tétraméthyldiamidodiphénylméthane qui réagit à son tour, en présence des oxydants, sur une nouvelle quantité de diméthylaniline et donne de l'hexaméthylrosaniline. Le violet méthyle est constitué par un mélange de ce produit avec d'autres colorants moins méthylés qui prennent également naissance dans cette réaction, grâce à la présence de la monométhylaniline provenant de la diméthylaniline dont un des groupes méthyle a fourni l'aldéhyde formique nécessaire à la condensation.

Le violet méthyle se présente en masses amorphes, d'un vert brillant, facilement solubles dans l'eau. Il teint la soie et la laine en bain neutre. Les acides minéraux en excès font successivement virer la nuance de ses solutions au bleu, puis au vert et enfin au jaune sale.

Le violet méthyle est un mélange dans lequel on trouve surtout de l'hexa-, de la penta- et de la tétraméthylpararosaniline. Lorsque la diméthylaniline employée pour sa préparation renferme de la monométhylaniline, ce mélange renferme encore des produits moins méthylés.

Comme la nuance de ces divers colorants est d'autant plus bleue qu'ils renferment un plus grand nombre de groupes méthyle, les marques commerciales les plus bleues seront les plus riches en hexaméthylpararosaniline. On trouve aussi, dans les marques les plus bleues, un violet benzylé, obtenu en traitant par le chlorure de benzyle la base du violet méthyle. Le chlorure de benzyle ne réagirait pas, d'après Fischer, sur l'hexaméthylpararosaniline et ne se fixerait que sur les composés moins méthylés (43).

Tétraméthylpararosaniline (44).

$$(CH^3)^2 Az - C^6H^4 - C \Big\langle \begin{matrix} C^6H^4 - Az(CH^3)^2 \\ C^6H^4 = AzH \end{matrix}$$

Fischer a obtenu ce colorant par oxydation du tétraméthyltriamidotriphénylméthane et par réduction ménagée du vert de benzaldéhyde paranitré.

Tétraméthylpararosaniline acétylée (45).

$$(CH^3)^2Az - C^6H^4 - C\big\langle\begin{array}{l}C^6H^4 - Az(CH^3)^2\\ C^6H^4 = AzC^2H^3O\end{array}$$

S'obtient par oxydation de la tétraméthylparaleucaniline acétylée.

Colorant vert que l'acide chlorhydrique concentré transforme en tétraméthylpararosaniline.

Pentaméthylpararosaniline (43).

$$(CH^3)^2Az - C^6H^4 - C\big\langle\begin{array}{l}C^6H^4 - Az(CH^3)^2\\ C^6H^4 = AzCH^3\end{array}$$

Le chlorhydrate de cette base se trouve dans le violet méthyle commercial. On l'obtient à l'état pur en saponifiant son dérivé acétylé par l'acide chlorhydrique.

Pentaméthylpararosaniline diacétylée (43).

$$[(CH^3)Az^2C^6H^4]^2 = C - C^6H^4Az\big\langle\begin{array}{l}OC^2H^3\\ CH^3\end{array}$$
$$\underset{OC^2H^3O}{|}$$

Ce composé résulte de l'action de l'anhydride acétique sur la base brute du violet méthyle. Base incolore formant un sel vert avec l'acide acétique [1] (43).

Hexaméthylpararosaniline (43, 45, 46).

$$[(CH^3)^2AzC^6H^4]^2 = C = C^6H^4 = \overset{\overset{\textstyle Cl}{|}}{Az}(CH^3)^2$$

Ce produit est un des principaux colorants dont le

---

[1] Ce fait ne peut s'expliquer qu'en admettant l'élimination d'un des groupes acétylés et de l'oxygène carbinolique (l'Auteur).

mélange constitue le violet méthyle. On l'obtient encore
en condensant la tétraméthyldiamidobenzophénone :

$$(CH^3)^2AzC^6H^4 — CO — C^6H^4Az(CH^3)^2$$

avec la diméthylaniline en présence de déshydratants :

$$C^{17}H^{20}Az^2O + C^8H^{11}AzHCl = C^{25}H^{30}Az^3Cl + H^2O$$

ou en traitant la diméthylaniline par l'oxychlorure de
carbone ou par le formiate de méthyle chloré.

Enfin, il prend encore naissance quand on oxyde un
mélange de tétraméthyldiamidodiphénylméthane et de
diméthylaniline, ou quand on chauffe vers 110°-120° son
chloro ou son iodométhylate (vert méthyle) (47).

Sa leucobase se forme par condensation du chlorhydrate de diméthylaniline avec le chlorhydrate du tétraméthyldiamidobenzhydrol ou de la leucoauramine, et peut
être transformée en colorant par oxydation.

Le chlorhydrate et le chlorozincate du violet hexaméthylé se présentent à l'état pur en cristaux vert brillant.

L'iodhydrate et le picrate sont difficilement solubles.

Par réduction, ce colorant se transforme en héxamé-
thylparaleucaniline, feuillets incolores fondant à 173°.

Les sels monoacides de l'héxaméthylpararosaniline
sont violets ; les biacides sont verts et les triacides
légèrement jaunes. Dans les sels monoacides, le radical
acide se trouve lié à l'atome d'azote qui fait partie du
chromophore.

Ce n'est que lorsque le groupe ammonium et les deux
autres groupes amidés se trouvent en para vis-à-vis du
carbone central que ces colorants sont violets. Lorsque
l'un des deux autres groupes amidés est éliminé, acétylé
ou neutralisé par un acide, la nuance passe du violet au
vert. Le même changement de coloration s'observe encore

lorsque l'un des atomes d'azote fait partie d'un noyau quinoléique.

Sous le nom de « violet acide », on trouve dans le commerce différents colorants qui sont généralement constitués par des acides sulfoniques des violets méthyle benzylés.

Le violet méthyle se sulfone difficilement par l'acide sulfurique fumant ; il est préférable de sulfoner sa leucobase et de la transformer ensuite en colorant par oxydation.

Les violets benzylés et surtout leurs leucobases se sulfonent plus facilement. Il est certain que les groupes sulfoniques se fixent sur les noyaux benzyliques.

On a préparé toute une série de colorants du type précédent en oxydant des diamidodiphénylméthanes alcoylés et sulfonés avec les amines ou leurs acides sulfoniques. Ainsi, en condensant l'éthylbenzylaniline sulfonée avec l'aldéhyde formique, on obtient un dérivé du diphénylméthane qui, oxydé en présence d'une nouvelle molécule d'éthylbenzylaniline sulfonée, fournit un très beau colorant acide, le « violet formyle » du commerce.

Vert méthyle. — Chorure du chlorométhylate de l'hexaméthylpararosaniline (48. 49).

$$(CH^3)^2Az - C^6H^4 - C \begin{cases} C^6H^4 - Az(CH^3)^2CH^3Cl \\ C^6H^4 = Az = (CH^3)^2 \\ \quad | \\ \quad Cl \end{cases}$$

En traitant le violet méthyle du commerce par le chlorure ou par l'iodure de méthyle, on obtient les chloro- ou iodométhylates correspondants.

Les tétra et pentaméthylrosanilines, que renferme le violet méthyle, sont d'abord transformées en héxaméthylrosaniline qui s'additionne ensuite une molécule de chlorure ou d'iodure de méthyle.

On n'emploie que le chlorure de méthyle dans la préparation industrielle.

On fait passer un lent courant de chlorure de méthyle dans une solution alcoolique du violet chauffée à 40° et on maintient la neutralité du milieu par des additions successives de soude caustique. Il n'est pas nécessaire d'opérer en autoclave, car à cette température le chlorure de méthyle est assez soluble dans l'alcool sous une très faible pression.

La réaction terminée, on distille l'alcool avec précaution, reprend le produit par l'eau et précipite le violet non transformé par de la craie, du carbonate de chaux ou du chlorure de sodium. On précipite ensuite le vert méthyle à l'état de chlorozincate par le chlorure de zinc puis on élimine les dernières traces de violet par lavage à l'alcool amylique.

Ce colorant se rencontre généralement dans le commerce sous forme de chlorozincate en feuillets verts à reflets dorés.

Iodure $C^{26}H^{33}Az^3I^2$. Aiguilles vertes, facilement solubles dans l'eau (48).

Picrate $C^{26}H^{33}Az^3[C^6H^2(AzO^2)^3OH]^2$. Insoluble dans l'eau et difficilement soluble dans l'alcool (48).

La base $C^{26}H^{33}Az^3O^2$, obtenue par l'action de l'oxyde d'argent sur le dérivé iodé ou chloré, est incolore. Ses solutions alcalines restent incolores quand on les acidule; la coloration n'apparaît qu'en chauffant (48). Chauffés vers 110-120°, les sels du vert méthyle perdent peu à peu du chlorure ou de l'iodure de méthyle et se transforment en violet hexaméthylé (48). Par l'action du bromure d'éthyle sur le violet méthyle, on a également pré-

paré un bromoéthylate analogue au colorant précédent ;
son chlorozincate se trouve dans le commerce sous le nom
de « vert éthyle », et possède probablement la formule :
$C^{25}H^{30}Az^3ClC^2H^5BrZnCl^2$. Sa nuance est plus jaune que
celle du vert méthyle.

Ces deux colorants teignent facilement la soie et le
coton mordancé en tannin, mais non la laine. Pour les
fixer sur cette dernière fibre, il faut, ou bien rendre le
bain de teinture alcalin par addition d'ammoniaque, ou
bien mordancer au préalable la laine en soufre par
immersion dans une solution d'hyposulfite de soude acidulée. Il est facile de reconnaître ces colorants sur fibre,
car il suffit de chauffer pour que la nuance passe du vert
au violet.

Les verts éthyle et méthyle sont presque complètement remplacés par les verts à l'aldéhyde benzoïque dont
le pouvoir colorant est plus grand et le prix moins élevé.

Ainsi que nous l'avons fait remarquer plus haut, la
nuance verte que possèdent ces colorants est due à la neutralisation d'une des fonctions amidées du violet méthyle. On peut effectuer cette neutralisation au moyen
d'un acide minéral, mais alors le sel vert ainsi formé est
dissocié par l'eau en violet et acide libre. On obtient au
contraire un sel stable, comme tous les sels des bases
ammonium, en employant pour cette saturation du chlorure ou de l'iodure de méthyle ; la scission ne se produit plus qu'à température élevée avec régénération de
violet.

Les solutions des verts éthyle et méthyle virent au
jaune en présence d'un excès d'acide et sont décolorées
lentement par les alcalis. Les produits commerciaux contiennent souvent du violet méthyle dont on peut déceler
la présence en agitant leur solution avec de l'alcool amylique qui se colore en violet.

Triamidodiphényltolylcarbinol. — Rosaniline. Fuchsine (50, 51, 52).

$$\begin{array}{c} H^2Az \\ CH^3 \end{array}\!\!\Big\rangle C^6H^3 - \underset{\underset{OH}{|}}{C} \Big\langle\!\!\begin{array}{c} C^6H^4 - AzH^2 \\ C^6H^4 - AzH^2 \end{array}$$

La rosaniline, homologue de la pararosaniline, se forme par oxydation de molécules égales d'orthotoluidine, de paratoluidine et d'aniline.

Comme oxydant, on peut employer le chlorure stannique, le chlorure ou le nitrate mercurique, l'acide arsénique ou le nitrobenzène. Ces trois derniers composés ont été utilisés industriellement ; aujourd'hui, on se sert exclusivement d'acide arsénique ou de nitrobenzène.

Dans le procédé à l'acide arsénique, on chauffe à 170-180° le mélange des bases dans les proportions indiquées plus haut, mélange qui constitue l'aniline dite « pour rouge », avec une solution sirupeuse d'acide arsénique à 70 p. 100 d'anhydride. On emploie pour cet usage une chaudière en fer munie d'un agitateur et d'un appareil à distillation. Pendant l'opération, qui dure de huit à dix heures, une partie des bases échappe à la réaction et distille avec de l'eau. Dès que la cuite a pris une certaine consistance, on la fait écouler et on la pulvérise après refroidissement. On l'épuise ensuite par de l'eau en vase clos et sous pression, puis on neutralise partiellement par la chaux les acides arsénieux et arsénique en solution. Par addition de chlorure de sodium, on précipite à l'état cristallin le chlorhydrate de rosaniline qu'on purifie par de nouvelles cristallisations. La fuchsine du commerce, préparée par ce procédé, contient toujours un peu d'arsenic.

Dans le procédé au nitrobenzène, on chauffe de la

même façon l'aniline pour rouge avec de l'acide chlorhydrique, du nitrobenzène et du fer. Ce métal amorce la
réaction ; le chlorure ferreux d'abord formé, est transformé par le nitrobenzène en chlorure ferrique qui agit à
son tour comme oxydant.

Le nitrobenzène ne semble agir que par ses propriétés
oxydantes et ne prend pas part à la formation de la rosaniline ; il se transformerait en colorants de la série des
indulines.

En effet, en remplaçant dans cette préparation le nitrobenzène par du nitrobenzène chloré, on obtient encore
de la rosaniline et non une rosaniline chlorée (53).

On peut encore préparer de la rosaniline par le procédé
à la formaldéhyde ; la rosaniline obtenue par oxydation
d'un mélange d'orthotoluidine et de diamidodiphénylméthane ne semble pas identique à la rosaniline obtenue par
oxydation d'un mélange d'aniline et de diamidophénylto-
lylméthane : c'est un fait remarquable qu'on peut expliquer
par les positions différentes qu'occupe le chromophore
dans ces deux colorants ; dans un cas, le chromophore
se trouverait dans un reste benzénique et dans l'autre cas
dans le reste toluénique.

On peut également préparer par le procédé à l'aldéhyde formique les fuchsines homologues dérivant du
phénylditolyl- et du tritolylméthane.

Le colorant dérivé de ce dernier carbure est très
employé sous le nom de « fuchsine N » (Fabriques de
Höchst) ; il présente l'avantage d'être beaucoup plus
soluble que la fuchsine ordinaire.

Enfin on peut encore obtenir des colorants de la série
des rosanilines en oxydant de nombreuses bases aromatiques en présence d'aniline ou de paratoluidine. Avec cette
dernière base, il est nécessaire que les amines employées
aient la position para libre ; cependant toutes celles qui
satisfont à cette condition ne donnent pas de rosanilines.

D'après les expériences de Nölting et de Rosenstiehl, la formation de ces colorants est régie par les deux lois suivantes :

Toutes les amines méthylées en para vis-à-vis de l'amidogène donnent des rosanilines par oxydation avec les amines à position para libre.

Ces dernières amines ne doivent cependant pas être substituées en méta vis-à-vis d'AzH^2.

Parmi les amines connues, l'aniline, l'o.toluidine et la xylidine AzH^2. $\overset{1}{C}$H^3. $\overset{2}{C}$H^3. remplissent seules ces conditions.

Les amines substituées en méta peuvent cependant donner des colorants de la série de la rosaniline par condensation avec les benzhydrols.

Base de la rosaniline (52).
C^{20}H^{21}Az^{3}O

La rosaniline libre cristallise en paillettes incolores, devenant rouges à l'air. Elle est peu soluble dans l'éther et l'eau froide, plus facilement dans l'eau bouillante et mieux encore dans l'alcool.

A chaud, la rosaniline peut déplacer l'ammoniaque d'une solution étendue de chlorhydrate d'ammoniaque tandis qu'à froid, l'ammoniaque précipite la base de ses solutions salines. Pour préparer la rosaniline, on traite à l'ébullition une solution très étendue de son chlorhydrate par la quantité théorique de soude caustique ou de chaux. La base cristallise, par refroidissement de la solution filtrée, en feuillets presque incolores qui brunissent à l'air. Chauffée à 235° avec de l'eau, elle donne du phénol, de l'ammoniaque, une base C^{20}H^{20}Az^{2}O^2 fondant à 176° et un acide C^{20}H^{19}AzO^3 (52 *a*).

A 270°, il se forme de l'ammoniaque, du phénol et de la dioxybenzophénone HOC^{6}H^4 — CO — C^{6}H^{4}OH (?).

Par ébullition **prolongée** (quatorze jours) avec de l'acide chlorhydrique, la rosaniline donne, de la p. diamido-benzophénone.

Les sels de rosaniline, comme ceux de son homologue inférieur, la pararosaniline, se forment avec élimination d'une molécule d'eau. Les sels monoacides sont rouge intense et les sels biacides jaune brun (54). L'acide nitreux transforme ces sels en dérivés diazoïques tertiaires (55).

Chlorhydrate $C^{20}H^{19}Az^3HCl$. Octaèdres verts brillants ou tables rhomboédriques. Difficilement solubles dans l'eau à froid et plus facilement à chaud. Facilement solubles dans l'alcool. D'après Rosenstiehl, la rosaniline donne un tétrachlorhydrate lorsqu'on la traite par l'acide chlorhydrique gazeux.

$C^{20}H^{19}Az^3(HCl)^3$. Aiguilles jaune brun facilement solubles. Ce chlorhydrate est dissocié par l'eau et se décompose à 100°.

Chloroplatinate $(C^{20}H^{19}Az^3Cl)^2(PtCl^4)^3$.

Bromhydrate $C^{20}H^{19}Az^3HBr$. Difficilement soluble.

Sulfate $(C^{20}H^{19}Az^3)^2H^2SO^4$. Cristaux vert brillant, difficilement solubles dans l'eau.

Acétate $C^{20}H^{19}Az^3C^2H^4O^2$. Grands cristaux verts, facilement solubles dans l'eau.

Picrate. $C^{20}H^{19}Az^3C^6H^2(AzO^2)^3OH$. Aiguilles difficilement solubles dans l'eau.

Le tannate est un précipité rouge, insoluble dans l'eau.

La rosaniline et la pararosaniline forment avec l'acide sulfureux et les bisulfites alcalins des combinaisons incolores et facilement décomposables qui, traitées par les aldéhydes, donnent des colorations violettes caractéristiques (Réaction des aldéhydes) (56).

Rosaniline sulfonée (57).
(Fuchsine acide, fuchsine S.)

Chauffée à 120° avec de l'acide sulfurique riche en anhydride, la rosaniline se transforme en un dérivé disulfoné dont les solutions, d'un rouge intense, ne virent pas au jaune en présence d'un excès d'acide, ainsi qu'on l'observe avec la fuchsine.

Les sels neutres que cet acide sulfonique forme avec les alcalis ou les autres bases minérales, sont incolores et les sels acides sont rouges ; ces deux catégories de sels sont très solubles dans l'eau et cristallisent difficilement. L'acide sulfonique libre étant rouge et ses sels neutres incolores, on peut en conclure que dans l'acide libre, un groupe amidé est neutralisé par un groupe sulfoné et forme avec ce dernier une sorte de combinaison saline tandis que dans les sels incolores, la molécule renferme un groupe carbinolique et possède une constitution analogue à celle de la base de la rosaniline.

La rosaniline sulfonée teint la laine et la soie en bain acide.

Elle est très employée car elle égalise bien en teinture. Cependant sa sensibilité aux alcalis la rend inutilisable dans bien des cas.

Rosaniline tétrabromée (58).

Action du brome sur la rosaniline. Base incolore, sels violets.

Rosanilines méthylées (52).

Les rosanilines méthylées ont d'abord été étudiées par Hofmann ; cependant, à la suite des travaux de E. et O. Fischer et de quelques autres chimistes, il règne aujourd'hui une certaine incertitude sur leur identité.

Si le vert méthyle est bien de l'heptaméthylpararosaniline, le vert à l'iode devrait être de l'heptaméthylrosaniline et non de la pentaméthylrosaniline et le violet, obtenu par décomposition du vert par la chaleur, de l'hexaméthylrosaniline ; or les chiffres analytiques trouvés par Hofmann ne sont pas d'accord avec cette hypothèse. En conséquence, nous conserverons ici les anciennes formules jusqu'à ce que de nouvelles recherches nous permettent d'établir l'exactitude de ces faits.

Triméthylrosaniline (52) $C^{20}H^{18}(CH^5)^3Az^3O$.

On obtient l'iodhydrate $C^{23}H^{26}Az^3I$ correspondant à cette base en chauffant la rosaniline avec de l'iodure de méthyle et de l'alcool méthylique. C'est un colorant violet, difficilement soluble dans l'eau.

Tétraméthylrosaniline (52) $C^{20}H^{17}(CH^3)^4Az^3O$.

Son iodhydrate $C^{24}H^{28}Az^3I$ s'obtient en chauffant à 120° le vert à l'iode. Il se présente en longues aiguilles bleu violacé.

Pentaméthylrosaniline (59) (Vert à l'iode).

L'iodure correspondant $C^{20}H^{17}(CH^3)^4Az^3ICH^3I + H^2O$ se forme en chauffant à 100° la rosaniline avec de l'iodure de méthyle et de l'alcool méthylique. On le sépare du violet qui prend naissance dans les mêmes conditions par une méthode identique à celle indiquée dans la préparation du vert méthyle. L'iodure se présente en prismes à reflets métalliques, facilement solubles dans l'eau, qui perdent vers 100-120° une molécule d'iodure de méthyle en se transformant en violet de tétraméthylrosaniline.

Chlorozincate $C^{25}H^{31}Az^3Cl^2ZnCl^2$. Cristaux verts. Les acides minéraux font virer ses solutions au jaune brun.

Chloroplatinate $C^{25}H^{29}Az^3Cl^2PtCl^4$. Précipité brun insoluble.

Picrate $C^{25}H^{29}Az^3C^6H^2(AzO^2)^3OH$. Prismes bronzés insolubles dans l'eau, difficilement solubles dans l'alcool.

Le vert à l'iode a été très employé avant la découverte du vert méthyle.

Hexaméthylrosaniline (59). L'iodure de cette base s'obtient en même temps que l'octométhylleucaniline en chauffant à 100° en tube scellé le vert à l'iode avec de l'alcool méthylique. Aiguilles vertes. Colorant violet insoluble dans l'eau et difficilement soluble dans l'alcool.

Triéthylrosaniline ou violet de Hofmann (52). $C^{29}H^{18}(C^2H^5)^3Az^3O$. L'iodure correspondant à cette base s'obtient en chauffant la rosaniline avec de l'iodure d'éthyle et de l'alcool.

$C^{26}H^{35}Az^3I^2$. Aiguilles vertes, brillantes, solubles dans l'alcool et difficilement solubles dans l'eau. Colorant préparé autrefois en grandes quantités.

Tétraéthylrosaniline (52). Iodure : $C^{20}H^{16}(C^2H^5)^4Az^3I$.

Iodométhylate de tribenzylrosaniline $C^{20}H^{16}(C^7H^7)^3CH^3Az^3I$. Ce colorant s'obtient en chauffant la rosaniline avec du chlorure de benzyle, de l'iodure de méthyle et de l'alcool méthylique. Aiguilles vertes insolubles dans l'eau (60).

Rosaniline acétylée (61) $C^{20}H^{18}(C^2H^4O)Az^3$. Action de l'acétamide sur le chlorhydrate de rosaniline. Se dissout en rouge dans l'alcool et forme des sels violets.

La *triacétylrosaniline* (62) $C^{20}H^{16}Az^3(C^2H^3O)^3$ et la *tribenzoylrosaniline* (62) $C^{20}H^{16}Az^3(C^7H^5O)^3$, obtenues respectivement par l'action du chlorure d'acétyle et du chlorure de benzoyle sur la rosaniline, sont des composés incolores qui jouissent encore de propriétés basiques et forment avec les acides des sels orangés.

Combinaisons de la rosaniline avec les aldéhydes.
(Voyez H. Schiff. Ann. 140, p. 101.)

Dans la préparation industrielle de la rosaniline par oxydation d'un mélange d'aniline, d'ortho et de para-toluidine, les rendements sont toujours très mauvais, quel que soit le procédé employé. On obtient rarement en fuchsine cristallisée plus de 35 p. 100 du poids du mélange de bases mises en œuvre. Il se forme toujours une grande quantité de produits secondaires, encore peu étudiés.

A côté de rosaniline, on obtient un peu de chrysa-niline (voir plus bas) et différents produits violets et noir bleuâtre dont certains sont solubles dans l'alcool, d'autres dans l'eau, et d'autres complètement inso-lubles dans ces véhicules. Les uns se dissolvent donc ors de l'extraction de la fuchsine et se retrouvent dans les eaux mères de ce colorant, les autres, qui constituent la majeure partie, restent dans les résidus insolubles et très abondants qui se forment dans la préparation de la fuchsine.

Bleu d'aniline (63).

En traitant la rosaniline vers 180° par un excès d'aniline en présence de certains acides organiques, on obtient des rosanilines substituées dans leurs groupes amidés par un ou plusieurs radicaux phényle, l'atome d'azote de l'aniline s'éliminant sous forme d'ammoniaque. Selon le nombre de radicaux phényle ainsi introduits, on obtient des colorants dont la nuance va du violet au bleu pur. Jusqu'à présent on n'a pu introduire plus de trois radicaux phé-nyle dans la molécule de la rosaniline.

Les acides organiques qui ont été employés dans l'in-dustrie sont l'acide acétique, l'acide benzoïque et l'acide stéarique. Le seul actuellement employé est l'acide benzoïque, non seulement parce qu'il donne des rendements plus élevés, mais aussi parce que lui seul permet d'obtenir un bleu pur. On n'a pas encore pu expliquer le rôle de ces acides ; sans leur présence, la rosaniline ne donne pas de bleu. Une très faible quantité d'acide benzoïque suffit pour que le bleu se forme, mais cependant un excès facilite et accélère la réaction. L'acide benzoïque se retrouve inaltéré après l'opération et peut être récupéré presque intégralement en épuisant à la soude caustique le produit de la réaction.

On ne peut pas remplacer dans cette préparation l'acide benzoïque par de la benzanilide et la rosaniline par de la rosaniline benzoylée. Ces composés n'interviennent donc pas dans la formation du bleu d'aniline, et ne jouent pas le rôle de produits intermédiaires comme on serait tenté de le croire.

La quantité d'aniline employée est d'une grande importance, car la phénylation est d'autant plus rapide et plus complète que l'aniline est en plus grand excès. Pour préparer la triphénylrosaniline pure, dont la nuance est bleu verdâtre, il faudra donc employer un très grand excès d'aniline, excès qui peut atteindre jusqu'à dix fois la quantité théorique et une quantité relativement grande d'acide benzoïque. Comme les homologues de l'aniline et en particulier l'orthotoluidine donnent des produits d'un bleu moins pur et plus rouge, on se sert pour cette phénylation d'aniline très pure. L'aniline dite « pour bleu » du commerce doit complètement distiller dans l'intervalle d'un degré et doit être presque chimiquement pure. Lorsqu'on veut obtenir un bleu rougeâtre, il suffit d'employer moins d'aniline et d'acide benzoïque, ou encore une aniline moins pure.

Une condition essentielle pour obtenir un beau bleu est encore d'opérer avec une rosaniline très pure. Lorsqu'elle est constituée par un mélange d'homologues, par exemple, de pararosaniline et de rosaniline ordinaire, on constate une phénylation irrégulière des deux bases. La pararosaniline est phénylée plus vite que son homologue ; en poussant la réaction jusqu'à phénylation complète de ce dernier, la triphénylrosaniline d'abord formée se décomposera partiellement. Il sera donc difficile d'obtenir un bon bleu avec un tel mélange.

Dans l'industrie, on procède de la façon suivante :

On introduit dans une chaudière, munie d'un agitateur et d'un appareil à distillation, le mélange de rosaniline, d'acide benzoïque et d'aniline et on chauffe jusqu'à ébullition de cette dernière. Le bleu formé se trouvant dans la cuite à l'état de base carbinolique incolore, on ne peut pas suivre directement la marche de la réaction. Dans ce but, on prélève de temps en temps de petits essais dans la masse en fusion, on les neutralise par un mélange d'alcool et d'acide acétique, et on arrête l'opération dès qu'un dernier essai a montré la nuance désirée. En chauffant trop longtemps, on décomposerait partiellement le colorant. L'opération dure de deux à quatre heures selon la marque de bleu à préparer.

En saturant partiellement la cuite par l'acide chlorhydrique, le chlorhydrate de triphénylrosaniline cristallise presque pur tandis que l'aniline retient en dissolution les matières étrangères. Ces dernières sont ensuite complètement précipitées par de l'acide chlorhydrique dilué et sont employées sous le nom de « bleu de résidus ». Cette méthode a complètement remplacé le procédé de purification à l'alcool.

Les rosanilines peu phénylées se dissolvent facilement dans l'alcool, tandis que la triphénylrosaniline y est très peu soluble.

On trouve dans le commerce un très grand nombre de marques de bleus qui dépend, non seulement du degré de phénylation, mais encore du nombre de groupes sulfoniques introduits dans ces différentes phénylrosanilines pour les transformer en colorants solubles à l'eau. On prépare également des colorants sulfonés avec les bleus de résidus cités plus haut.

I. *Monophénylrosaniline* $C^{20}H^{20}Az^3(C^6H^5)O$.

Chlorhydrate : cristaux bronzés solubles dans l'alcool en rouge violet (64).

II. *Diphénylrosaniline* $C^{20}H^{19}Az^3(C^6H^5)^2O$.

Les sels de cette base sont violets (52-65).

III. *Triphénylrosaniline, bleu d'aniline* $C^{20}H^{18}Az^3(C^6H^5)^3O$.

La base est incolore et facilement soluble dans l'alcool (52, 63, 66). Son chlorhydrate, préparé industriellement en chauffant de la rosaniline avec de l'acide benzoïque et de l'aniline, puis neutralisant partiellement le produit de la réaction par de l'acide chlorhydrique, se présente en aiguilles vertes et chatoyantes, insolubles dans l'eau, légèrement solubles dans l'alcool bouillant et plus facilement dans l'aniline. La solution alcoolique est d'un bleu pur. La triphénylrosaniline et ses sels se dissolvent dans l'acide sulfurique concentré avec une coloration brune. Le sulfate $[C^{20}H^{16}Az^3(C^6H^5)^3]H^2S^2O^4$ est presque insoluble dans l'alcool.

La triphénylrosaniline trouve quelques applications sous le nom de « bleu à l'alcool », mais on l'emploie surtout pour fabriquer le bleu soluble à l'eau.

Acides sulfoniques de la triphénylrosaniline (68).

Tandis que la rosaniline ne se transforme que difficilement en dérivé sulfoné, même en présence d'acide sulfurique très riche en anhydride, la triphénylrosaniline se laisse sulfoner avec la plus grande facilité. Il suffit de faire agir sur ce composé l'acide sulfurique concentré ordinaire en chauffant légèrement pour obtenir un acide monosulfonique. Par une action plus énergique on peut introduire deux, trois et même quatre groupes sulfoniques dans la molécule.

On en conclut que les groupes sulfonés ne se fixent pas dans le noyau de la rosaniline elle-même, mais dans les radicaux phénylés.

Tous ces acides sulfoniques sont amorphes et possèdent à l'état libre la coloration bleue des sels de la triphénylrosaniline. Les sels que forment ces acides avec les alcalis ou les oxydes métalliques étant incolores, sont certainement des dérivés du carbinol correspondant.

Acide monosulfonique $C^{38}H^{30}Az^3(HSO^3)$.

C'est le premier terme de l'action de l'acide sulfurique sur le bleu d'aniline. L'acide libre est un précipité bleu, amorphe, insoluble dans l'eau. Les sels sont incolores ou peu colorés, facilement solubles dans l'eau et incristallisables. Le sel de sodium constitue le « bleu alcalin » du commerce. Contrairement à ce qu'on observe avec les autres colorants sulfonés, le bleu alcalin jouit de la propriété de se fixer sur laine et sur soie en bain légèrement alcalin. Il semble que cette affinité pour la fibre est provoquée par les groupes basiques de la molécule. La teinture ainsi obtenue est peu intense, mais par traitement ultérieur du tissu teint par un acide dilué (avivage), l'acide sulfonique est mis en liberté, et on obtient un très beau bleu. On emploie surtout le bleu alcalin dans la teinture de la laine.

Acide disulfonique $C^{38}H^{29}Az^3(HSO^3)^2$.

Ce composé, qui résulte de l'action de l'acide sulfurique sur le colorant précédent, est soluble dans l'eau pure mais est insoluble dans l'acide sulfurique étendu, de sorte que l'eau le précipite de sa solution dans l'acide sulfurique concentré.

Cet acide forme avec les bases deux séries de sels : des sels acides qui sont bleus et qui possèdent à l'état solide un reflet cuivré, et des sels neutres qui sont à peine colorés. Le sel acide de sodium est employé en teinture sous le nom de « bleu soluble pour soie ».

Acides tri et tétrasulfoniques.

Ces composés, qui résultent de l'action prolongée de l'acide sulfurique sur la triphénylrosaniline, se distinguent de l'acide disulfonique parce qu'ils ne sont pas précipités par l'eau de leur solution dans l'acide sulfurique concentré. Pour les isoler, on neutralise l'acide sulfurique par la chaux, sépare par filtration le sulfate de chaux des sels de calcium solubles que forment ces acides sulfoniques, et transforme ces derniers en sels de sodium.

Le « bleu soluble pour coton » du commerce, est probablement formé par un mélange des deux acides précédents ou de leurs sels acides de sodium.

Tous les colorants connus sous le nom de « bleu soluble » teignent directement la laine et la soie en bain additionné d'acide sulfurique. Le coton est généralement mordancé en alumine et savon ou encore en tannin et émétique.

En traitant la pararosaniline par l'acide benzoïque et l'aniline, on obtient un composé triphénylé qui se distingue par sa nuance bleu-vert très pure. Il est très employé actuellement et semble avoir complètement remplacé le bleu de diphénylamine. On prépare également de la même façon des homologues du bleu d'aniline en traitant la rosaniline par les toluidines. Ces colorants présentent généralement une nuance terne et rougeâtre.

Enfin, en faisant agir les naphtylamines sur la rosaniline, on a aussi obtenu des naphtylrosanilines. Ces différents composés sont sans importance dans l'industrie des matières colorantes.

Bleu de diphénylamine (69).

On obtient un colorant bleu, d'une nuance très pure, en chauffant la diphénylamine avec du sesquichlorure de carbone C^2Cl^6 ou de l'acide oxalique.

On le prépare industriellement en chauffant pendant longtemps à 110-120° un mélange de diphénylamine et d'acide oxalique ; le colorant se forme avec un rendement qui ne représente guère que 10 p. 100 de la quantité de diphénylamine mise en œuvre. On le purifie par des épuisements répétés à l'alcool, véhicule dans lequel il est presque insoluble. On le trouve généralement dans le commerce sous forme d'acide sulfonique (bleu à l'eau) ; il est presque uniquement employé dans la teinture de la soie et du coton.

L'identité de ce bleu avec le bleu de triphénylrosaniline, identité qui semble résulter de son mode d'obtention, n'est pas encore démontrée. On obtient des colorants analogues et peut-être même identiques au bleu de diphénylamine, en traitant la méthyldiphénylamine par les oxydants comme les quinones chlorées (70).

Enfin, on prépare encore un bleu par condensation de la diphénylamine avec l'aldéhyde formique et oxydation en présence d'une molécule de diphénylamine du diphényldiamidodiphénylméthane ainsi obtenu.

Vert à l'aldéhyde.

En traitant la rosaniline par de l'acide sulfurique concentré et de l'aldéhyde ordinaire, on obtient un colorant violet, de constitution inconnue, que l'hyposulfite de sodium en solution acide transforme en un colorant vert, contenant du soufre (71)[1].

Pour le préparer, on chauffe un mélange de rosaniline, d'aldéhyde et d'acide sulfurique jusqu'à ce qu'une prise d'essai se dissolve dans l'eau en bleu violet ; on verse alors le produit de la réaction dans une solution très diluée d'hyposulfite de sodium. Il se précipite du soufre mélangé d'une substance grise, et le liquide filtré présente une belle couleur verte. Le colorant peut être précipité de cette solution par le chlorure de zinc ou l'acétate de soude ; dans le premier cas probablement à l'état de chlorozincate et dans le second à l'état de base libre. Il teint la laine et la soie comme les colorants basiques. Le vert à l'aldéhyde était employé en assez grandes quantités avant la découverte du vert à l'iode. On le trouve dans le commerce sous forme de chlorozincate et plus souvent encore en pâte. On le préparait aussi sur place dans les teintureries et l'employait en solution. On utilisait aussi en impression son tannate, obtenu en précipitant ses solutions par le tanin ; ce précipité était imprimé avec de l'acide acétique et fixé par vaporisage. D'après Hofmann le vert à l'aldéhyde possède la formule $C^{22}H^{27}Az^3S^2O$. C'est une poudre verte, insoluble dans l'eau et l'alcool, mais soluble dans l'alcool additionné d'acide sulfurique.

Le vert à l'aldéhyde et le violet obtenu en traitant la rosaniline par l'aldéhyde ont été l'objet de récentes recherches scientifiques.

---

(1) Cherpin découvrit, par hasard, le vert à l'aldéhyde en 1861.

Gattermann et Wichmann (71 *b*) considèrent le vert à l'aldéhyde comme un dérivé de la quinaldine tandis que Miller et Plöchl (71 *c*) combattent cette hypothèse et l'envisagent comme une trialdolpararosaniline. Ces derniers chimistes séparèrent du vert à l'aldéhyde deux substances contenant des quantités différentes de soufre.

Ces colorants n'ayant pu être obtenus cristallisés, on peut douter de l'exactitude des formules brutes et plus encore des formules de constitution qu'on leur attribue.

En raisonnant par analogie avec d'autres réactions analogues, on peut admettre que ces colorants prennent naissance en vertu du mécanisme suivant :

Les aldéhydes formeraient d'abord avec la rosaniline des bases anhydroaldéhydiques, comparables aux rosanilines alcoylées et possédant comme ces dernières une coloration violette. On pourrait ensuite admettre que l'hyposulfite de sodium ou l'hydrogène sulfuré donnent avec ces composés des réactions analogues à celles observées dans les différente phases de la formation du bleu méthylène et qu'il y ait introduction de groupes thiosulfonés ou de groupes mercaptans dans le noyau ou les restes aldéhydiques.

Ceci n'est qu'une hypothèse contredite par l'assertion de certains chimistes d'après laquelle le vert à l'aldéhyde ne renfermerait plus de soufre lorsqu'il est bien pur ; l'hyposulfite de soude n'agirait que comme réducteur et pourrait être remplacé par d'autres composés réducteurs.

L'aldéhyde formique donne aussi un violet avec la rosaniline, mais ce dernier ne donne pas de vert par traitement à l'hyposulfite.

Colorants du diphénylnaphtylméthane (72).

Tous les colorants que nous venons de décrire dérivent du triphénylméthane : on connaît des colorants qui dérivent d'une façon analogue du diphénylnaphtylméthane. On les obtient en particulier en condensant les naphtylamines substituées avec la tétraméthyldiamidobenzophénone en présence de déshydratants. On peut remplacer la phénone par le chlorure ou l'hydrol correspondant.

Sous le nom de « bleu Victoria », on trouve dans le commerce un colorant ainsi préparé au moyen de la phényl-α-naphtylamine ; il possède probablement la formule de constitution suivante :

$$\left.\begin{array}{l}(CH^3)^2AzC^6H^4\\ \cdot(CH^3)^2AzC^6H^4\end{array}\right\rangle C = C^{10}H^6 = Az - C^6H^5$$

et se forme d'après l'équation :

$$(CH^3)^2AzC^6H^4 - CO - C^6H^4Az(CH^3)^2 + C^{10}H^7AzHC^6H^5 = C^{33}H^{30}Az^3 + H^2O$$

En remplaçant dans la réaction précédente le phényl-α-naphtylamine par la p. tolyl-α-naphtylamine, on obtient le colorant connu sous le nom de « bleu de nuit ».

Le bleu Victoria et le bleu de nuit se trouvent dans le commerce sous forme de chlorhydrates. Ce sont de beaux colorants bleus, facilement solubles dans l'eau, qui teignent le coton mordancé en tanin comme le bleu méthylène, mais qui sont peu solides à la lumière.

Leurs réactions sont en général celles des colorants du groupe de la rosaniline. Les alcalis précipitent de leurs solutions les bases correspondantes en flocons bruns et les acides en excès vont virer la solution bleue au brun jaune.

Les « bleu Victoria R » et « bleu Victoria nouveau B » (Bayer) sont des colorants obtenus de la même façon, res-

pectivement avec l'éthyl-α-naphtylamine et avec la benzyl-
α-naphtylamine.

B. — COLORANTS DU GROUPE DE L'ACIDE ROSOLIQUE

Ces colorants présentent beaucoup d'analogie avec les
colorants du groupe de la rosaniline et peuvent être considérés jusqu'à un certain point comme des rosanilines
dans lesquelles les groupes amidés sont remplacés par
des groupes oxygénés.

Les colorants du groupe de l'acide rosolique sont aussi
des anhydrides de carbinols. L'aurine, par exemple, peut
être envisagée comme représentant l'anhydride d'un tri-
oxytriphénylcarbinol inconnu :

$$HOC^6H^4 - C \begin{cases} C^6H^4OH \\ \ \ \ \ \ \ \ \ \ \ \ \ \ \ \ \ C^6H^4OH \\ OH \end{cases} \quad (73)$$

Tous ces colorants jouissent de propriétés acides ; ils
sont jaunes à l'état libre, mais leurs sels se dissolvent
dans l'eau en un beau rouge.

Comme ils ne se fixent qu'imparfaitement sur fibre,
ils ne présentent presque pas d'intérêt en teinture, mais
ils donnent des laques qui sont employées dans l'industrie
des papiers.

Aurine. — Acide pararosolique.

$$(HOC^6H^4)^2 = C = C^6H^4 = O \ (73)$$

On observe la formation d'aurine : en chauffant du
phénol avec de l'acide oxalique et de l'acide sulfurique à
120-130° (74) ; en chauffant du phénol avec de l'acide

formique et du chlorure d'étain (75) ; en faisant bouillir avec de l'eau le dérivé diazoïque de la pararosaniline (77) ; en condensant le chlorure de la dioxybenzophénone avec du phénol (76) et enfin en faisant agir l'acide salicylique sur le phénol en présence d'acide sulfurique concentré (77)[1].

Pour préparer ce colorant, on chauffe à 120-130°, pendant vingt-quatre heures environ, un mélange de six parties de phénol, trois parties d'acide sulfurique et quatre parties d'acide oxalique anhydre. On épuise ensuite à plusieurs reprises le produit de la réaction par l'eau bouillante, dissout le résidu dans l'alcool chaud, et fait passer dans la solution alcoolique un courant d'ammoniac ; on obtient ainsi un précipité qu'on fait bouillir avec de l'acide acétique ou de l'acide chlorhydrique (79).

L'aurine se présente en cristaux rhomboédriques d'un rouge foncé ou en aiguilles à reflets verts, non fusibles. Elle se dissout en rouge jaune dans l'alcool et l'acide acétique cristallisable et en rouge fuchsine dans les alcalis.

$KHSO^3C^{19}H^{14}O^3$. Petites tables incolores.

L'aurine forme avec l'acide chlorhydrique des combinaisons très peu stables.

Les réducteurs transforment l'aurine en leucaurine $C^{19}H^{16}O^3$ ou trioxytriphénylméthane. L'ammoniaque aqueuse la transforme à 120° en pararosaniline (79).

Chauffée avec de l'eau, l'aurine se scinde en phénol et dioxybenzophénone. Nous renvoyons aux mémoires originaux (79 *a*) pour la description des produits secondaires qui prennent naissance dans la préparation de l'aurine.

---

(1) Il ne devrait pas se former d'aurine dans cette dernière réaction. Il faut admettre, ou bien que le colorant ainsi formé est un isomère de l'aurine, hydroxylé en ortho vis-à-vis du carbone méthanique, ou bien que l'aldéhyde salicylique employée renferme de la paraoxybenzaldéhyde. (L'Auteur.)

Acide rosolique.

$$OH - C^6H^4 \diagdown$$
$$OH \diagdown \diagup C = C^6H^4 = O$$
$$C^6H^3$$
$$CH^3 \diagup$$

On obtient ce composé en faisant bouillir avec de l'eau le dérivé diazoïque de la rosaniline (80), ou en chauffant un mélange de phénol et de crésol avec de l'acide arsénique ou de l'acide sulfurique (79 *a*).

Il est probablement identique avec l'acide rosolique retiré en 1834 par Runge (81) des résidus de distillation du phénol brut.

L'acide rosolique se présente en cristaux à reflets verts, infusibles; il est presque insoluble dans l'eau et se dissout assez facilement en jaune-orangé dans l'alcool et l'acide acétique cristallisable. Les alcalis le dissolvent en rouge. Il forme avec les bisulfites des combinaisons incolores et solubles dans l'eau. Il se comporte en général dans toutes ses réactions comme son homologue inférieur, l'aurine. Les réducteurs le transforment en trioxydiphényltolylméthane ou acide leucorosolique. Chauffé avec de l'eau, il se scinde en phénol et dioxyphényltolylcétone (82).

Sous les noms de « Coralline » ou « Péonine » (83) et d' « Azuline » (84), on a préparé autrefois deux colorants qui dérivent de l'aurine.

Le premier, obtenu en faisant agir l'ammoniaque à chaud et sous pression sur l'aurine brute, résulte probablement d'une substitution partielle des groupes hydroxyles par des groupes amidés et constitue un colorant intermédiaire entre l'aurine et la pararosaniline, tandis que l'azuline, obtenue en traitant l'aurine par l'aniline, serait un produit résultant de la substitution partielle

des groupes hydroxyles de l'aurine par des groupes
phénylamidés, ou serait même de la triphénylrosaniline
impure. Ce dernier colorant était employé en assez
grande quantité avant la découverte du bleu d'aniline.

Pittacale (acide eupittonique).

En 1835, Reichenbach (85) observa la formation d'un
colorant bleu qui prend naissance au contact de l'air
lorsqu'on traite par l'eau de baryte, certaines portions
provenant de la distillation fractionnée du goudron de
hêtre.

L'observation de Reichenbach ayant été confirmée par
Grœtzel, Liebermann et plus tard Hofmann entreprirent
l'étude de ce composé.

Liebermann décrivit un colorant qu'il appela « eupit-
ton » ou « acide eupittonique » (86), mais dont l'identité avec le pittacalle de Reichenbach n'est pas établie
avec certitude. Dans des travaux plus récents, Hofmann
(87) a expliqué la formation de ce composé et établi sa
formule de constitution.

Acide eupittonique. Hexaméthoxylaurine (86).
$$C^{19}H^8(OCH^3)^6O^3$$

Ce colorant résulte de l'action à 160-170° du sesquichlorure de carbone C^2Cl^6 sur une solution alcaline de
deux molécules de l'éther diméthylique du pyrogallol
et d'une molécule de l'éther diméthylique du méthylpyrogallol, ou de l'action de l'air sur une solution alcaline
de ces deux éthers (17).

L'acide eupittonique se présente en aiguilles jaune-
orangé, insolubles dans l'eau, solubles dans l'alcool et
l'éther et fondant à 200° en se décomposant. C'est un
acide bibasique qui forme avec les alcalis des sels bleus,

solubles dans l'eau, mais précipitables par un excès d'alcali. Il forme avec les métaux lourds (Pb., Sn) des laques bleues, très peu solubles.

Éther diméthylique (87) $C^{25}H^{24}O^9(CH^3)^2$. Action de l'iodure de méthyle sur le sel de sodium. Aiguilles jaunes d'or fondant à 242°.

Éther diéthylique (87) $C^{25}H^{24}O^9(C^2H^5)^2$. P. F. 202°.

Diacétate (87) $C^{25}H^{24}(C^2H^3O)^2O^9$. Aiguilles jaunes fondant à 265°.

On obtient un colorant analogue à l'acide eupittonique, la tétraéthoxyldioxyméthylaurine :

$$C^{19}H^8(OCH^3)^2(OC^2H^5)^4O^3$$

en oxydant un mélange d'éther diéthylique du pyrogallol et d'éther diméthylique du méthylpyrogallol (87). Aiguilles rouge brique, solubles dans l'éther.

Hexaméthoxylpararosaniline (87).

$$C^{25}H^{31}Az^3O^7 = C^{19}H^{13}(OCH^3)^6Az^3O$$

Ce composé prend naissance en chauffant sous pression pendant quelques heures à 160-170° l'acide eupittonique avec de l'ammoniaque, par une réaction identique à celle qui permet de transformer l'aurine en pararosaniline. La base libre se présente en fines aiguilles feutrées, incolores, mais bleuissant rapidement à l'air ; chauffée avec de l'eau, elle se scinde facilement en acide eupittonique et ammoniaque par une réaction inverse à celle qui lui a donné naissance.

Les sels monoacides de cette base sont bleus et les sels polyacides (triacides ?) jaunâtres. Les colorants du groupe de l'acide eupittonique n'ont pas trouvé d'application industrielle.

Acide aurine-tricarboxylique (88).

L'acide aurine tricarboxylique et ses homologues se préparent par condensation, en milieu sulfurique, de l'aldéhyde formique avec l'acide salicylique en présence d'un oxydant. Ce mode de formation a été découvert par Sandmeyer. Ces colorants sont employés en impression sous le nom de « violet au chrome ». Dans la formation de l'aurine tricarboxylée, trois restes salicylique s'unissent au carbone de l'aldéhyde formique, et le colorant résultant possède probablement la formule de constitution suivante :

$$\left(\begin{array}{c}\text{HOOC}\\ \text{HO}\end{array}\!\!\!\!\diagdown\!\!\!\diagup\,C^6H^3\right)^2 = C = C^6H^3 \diagup^{O}_{\diagdown COOH}$$

On emploie l'acide nitreux comme oxydant et puisque ce dernier transforme en solution sulfurique l'alcool méthylique en aldéhyde formique, on peut aussi préparer très simplement l'aurine tricarboxylée en chauffant l'acide salicylique avec un mélange d'alcool méthylique, d'acide sulfurique concentré et de nitrite de sodium.

Elle donne sur mordant de chrome un violet rouge, très solide au savon et s'emploie surtout dans l'impression du coton. (Comparez aussi N. Caro (89).)

Colorants obtenus par condensation
du phénylchloroforme avec les phénols.

D'après Döbner (90), le phénylchloroforme agit sur les phénols dans le même sens que sur la diméthylaniline. On obtient ainsi des colorants dérivés du triphényl-méthane et présentant une constitution analogue à celle de l'aurine.

Le premier représentant de ce groupe résulte de l'action de deux molécules de phénol sur une molécule de phénylchloroforme ; c'est la « benzaurine » de Doebner. La benzaurine est au dioxytriphénylméthane ce que l'aurine est au trioxytriphénylméthane, et possède par conséquent la formule de constitution suivante :

$$C^6H^5 - C \begin{cases} C^6H^4 - OH \\ C^6H^4 = O \end{cases}$$

La benzaurine forme des croûtes dures à reflets métalliques, insolubles dans l'eau, solubles en jaune dans l'alcool, l'éther, l'acide acétique cristallisable. Elle se dissout en violet dans les alcalis et les acides la précipitent en flocons jaunes de ses solutions alcalines.

Les réducteurs transforment la benzaurine en dioxytriphénylméthane, composé cristallisant dans l'alcool en aiguilles jaunes fondant à 161°. Ce colorant teint la soie et la laine en jaune.

On obtient un colorant analogue, la « résorcine-benzéine », par condensation du phénylchloroforme avec la résorcine (90). Traité par le brome, il fournit un dérivé tétrabromé qui teint la soie en nuances semblables à celles de l'éosine. Ces différents colorants n'ont pas reçu d'application industrielle. Mais le produit de condensation du phénylchloroforme avec l'acide pyrogallique, est un colorant pour mordant qu'on trouve dans le commerce sous le nom de « violet d'anthracène ».

C. — PHTALÉINES

Les phtaléines résultent de l'action de certains phénols sur l'anhydride phtalique : deux molécules de phénol se condensent avec une molécule d'anhydride, l'atome d'oxygène d'un des groupes carbonyle de cet anhydride s'éliminant sous forme d'eau avec les atomes d'hydrogène en para des deux molécules de phénol. Les phtaléines doivent donc être considérées comme étant des dérivés de l'anhydride interne de l'acide triphénylcarbinolorthocarbonique.

Cet anhydride, appelé phtalophénone :

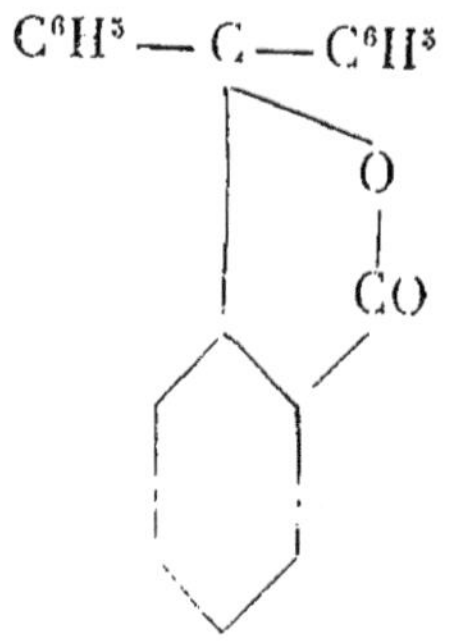

$$C^6H^5 - C - C^6H^5$$

s'obtient par condensation du benzène avec le chlorure de phtalyle en présence du chlorure d'aluminium.

Les phtaléines donnent par réduction des phtalines qui ne sont autres que les dérivés hydroxylés de l'acide triphénylméthane orthocarbonique.

La phtalophénone est incolore, il en est de même de ses dérivés hydroxylés simples, obtenus par l'action des phénols sur l'anhydride phtalique. Cependant ces derniers forment des sels d'un rouge intense. Il est difficile d'admettre que la coloration de ces composés soit due à la présence d'une chaîne lactonique ; toute une série de faits tend au contraire à prouver que, dans ces sels colorés, la chaîne lactonique est rompue et qu'un hydroxyle se transforme en oxygène quinonique comme le montre le schéma suivant :

Phénolphtaléine.   Sel de sodium de la phénolphtaléine.

Les phtaléines sont donc comparables aux colorants du groupe de l'acide rosolique ; la phénolphtaléine ordinaire peut être considérée comme étant de la benzaurine carboxylée.

Le caractère quinoïdique des phtaléines est encore plus accentué lorsqu'on introduit un halogène et en particulier du brome dans les deux restes du phénol.

On a préparé des éthers de la phénolphtaléine tétrabromée qui possèdent certainement une formule quinoïdique et dans lesquels le radical alcoylé se trouve combiné au groupe carboxylé.

Ces éthers sont peu colorés à l'état libre, comme toutes les phtaléines simples, mais forment cependant des sels d'un bleu intense, bien plus stables que ceux des phtaléines ordinaires ; ces dérivés quinoïdiques sont en outre de véritables colorants alors que la phénolphtaléine ne possède aucun pouvoir tinctorial.

Les phtaléines dérivées des phénols polyvalents qui renferment deux groupes hydroxyles en méta, présentent une allure un peu différente. Dans ces composés, il se produit en effet une anhydrisation entre les deux hydroxyles placés en ortho vis-à-vis du carbone méthanique, anhydrisation que nous avons déjà observée dans des colorants analogues du di et du triphénylméthane tels que les rosamines et les pyronines, et l'on obtient ainsi des dérivés du fluorane (anhydride de l'orthophénolphtaléine). La fluorescéine ou anhydride de la résorcine phtaléine est un exemple classique de ce groupe de phtaléines :

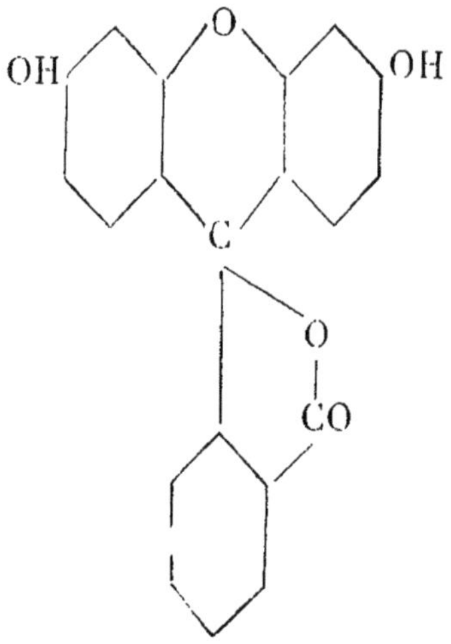

La fluorescéine, considérée comme dérivé du fluorane, contient un complexe analogue à celui de la xanthine, complexe dont la présence suffit à expliquer sa coloration jaune et sa fluorescence. Il existe cependant toute une série de dérivés de la fluorescéine auxquels il nous faut attribuer une structure quinoïdique. Ce sont les fluorescéines halogénées dans les restes résorciniques, appelées couleurs d'éosine. Ces composés dérivent certainement d'une fluorescéine tautomère qui possède la constitution suivante (91) :

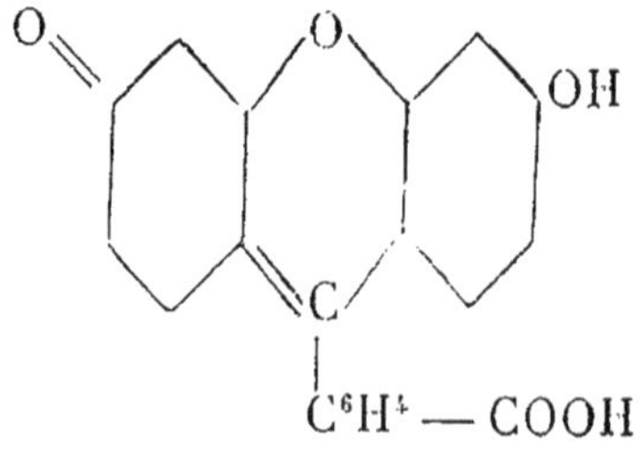

$$C^6H^4 - COOH$$

On pourrait aussi admettre une constitution analogue pour la galléine.

Les phtaléines se transforment par réduction en phtalines ; la liaison lactonique est rompue et les phtalines sont de simples dérivés de l'acide triphénylméthane-o.-carbonique :

$$\begin{array}{c}C^6H^5 \\ C^6H^5\end{array}\!\!\!>\!C\!<\!\!\!\begin{array}{c}O \\ C^6H^4\end{array}\!\!\!>CO + H^2 = \begin{array}{c}C^6H^5 \\ C^6H^5\end{array}\!\!\!>\!C\!<\!\!\!\begin{array}{c}H \\ C^6H^4 - COOH\end{array}$$

Phtalophénone.   Acide triphénylméthane ortho-carbonique.

Les phtaléines perdent facilement une molécule de phénol sous l'influence des déshydratants énergiques, et se transforment en dérivés anthracéniques (92).

On connaît un grand nombre de phtaléines ; nous ne décrirons ici que celles qui possèdent une certaine importance comme colorant ou qui présentent un intérêt théorique.

Phénolphtaléine (92). **Dioxyphtalophénone**.

$$(OHC^6H^4)^2 = \underset{\underset{C^6H^4}{|}}{C} \!\!\! \overset{O}{\underset{}{\diagdown}}\!\!\! >CO$$

La phénolphtaléine résulte de l'action du phénol sur l'anhydride phtalique en présence d'acide sulfurique concentré. La phtaléine libre se présente en cristaux incolores, fondant vers 250°. Elle se dissout en rouge dans les alcalis d'où les acides la précipitent à l'état incolore. Ses solutions alcalines rouges sont décolorées par un excès d'alcali. Fondue avec de la potasse, elle se scinde en acide benzoïque et en dioxybenzophénone.

La phénolphtaléine est employée comme réactif indicateur dans l'analyse volumétrique grâce à la coloration rouge qu'elle donne au contact des alcalis libres ou carbonatés mais non des bicarbonates.

Comme nous l'avons fait remarquer plus haut, il nous faut admettre une rupture de la liaison lactonique dans les sels colorés de la phénolphtaléine.

La seule combinaison connue jusqu'à présent, qui dérive certainement, même à l'état libre, d'une phénolphtaléine quinoïdique tautomère de la phénolphtaléine ordinaire, est l'éther éthylique de la tétrabromophénolphtaléine (93) :

(La position des atomes de brome est hypothétique.)
Ce colorant s'obtient en faisant agir le brome sur l'éther de la phénolphtaline :

puis oxydant par une solution alcaline de ferricyanure de potassium le dérivé bromé ainsi obtenu.

Cet éther est jaune et teint cependant en bleu la laine et la soie en bain légèrement acide.

Les sels sont d'un bleu intense, difficilement solubles dans l'eau et facilement dans l'alcool.

Tétranitrophénolphtaléine (94).

Ce colorant, qui résulte de l'action de l'acide azotique sur la phénolphtaléine en solution sulfurique, fond à 244°. Son sel de sodium se trouve dans le commerce sous le nom d' « aurotine ».

Il teint directement en jaune la laine en bain acide, et se fixe également sur mordants de chrome et d'alumine.

Ce colorant possède très probablement une structure quinonique.

Fluorane (95-96).

Dans la préparation de la phénolphtaléine, il se forme une petite quantité d'un produit secondaire qui a d'abord été considéré comme étant l'anhydride interne de la phénolphtaléine. Mais cette hypothèse a été reconnue fausse et des recherches récentes ont établi la véritable constitution de ce dérivé. Tandis que la phénolphtaléine résulte de la condensation en para vis-à-vis des groupes hydroxyles de deux molécules de phénol avec une molécule d'anhydride phtalique, ce produit secondaire résulte d'une condensation analogue, mais s'effectuant en ortho vis-à-vis de ces mêmes groupes hydroxyles, condensation qui est aussitôt suivie d'une anhydrisation entre les deux hydroxyles de la phénolphtaléine isomère ainsi

formée. Ce dérivé, qui possède donc la constitution suivante :

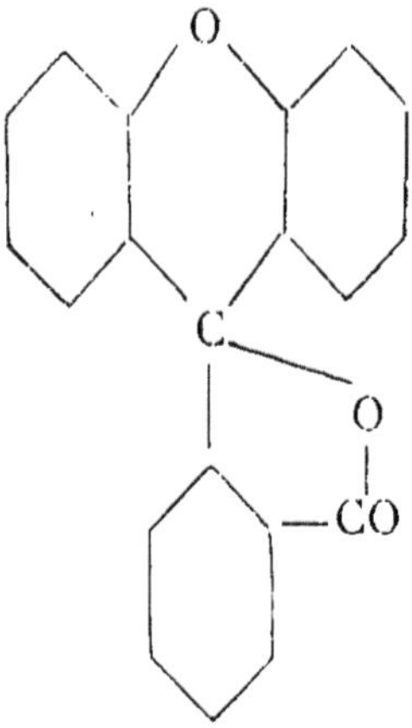

a reçu de R. Mayer le nom de « fluorane », car il représente la substance mère de la fluorescéine.

Le fluorane se présente en aiguilles incolores, fondant
à 180°, solubles dans l'acide sulfurique concentré avec
une forte fluorescence jaune-vert.

Fluorescéine (97).

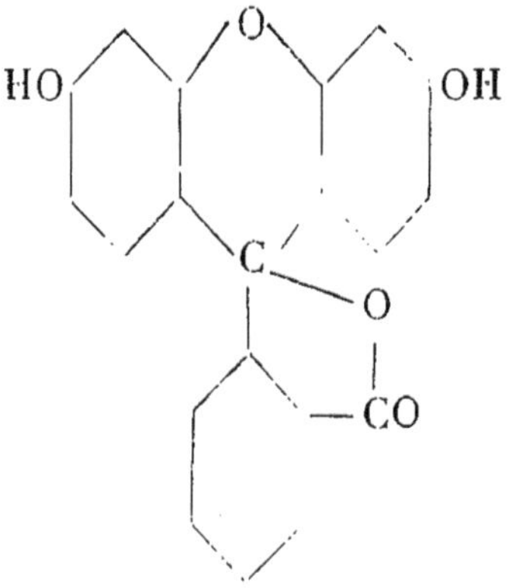

Dioxyfluorane, anhydride interne de la résorcine phtaléine.

La fluorescéine s'obtient en chauffant à 190-200° un

mélange de deux molécules de résorcine et d'une molécule d'anhydride phtalique. C'est une matière première importante qui sert à fabriquer la plupart des colorants dérivés de l'acide phtalique.

Elle se présente en cristaux jaune foncé, difficilement solubles dans l'alcool et plus facilement dans l'acide acétique cristallisable. Elle est presque insoluble dans l'eau, mais se dissout facilement dans les alcalis en un liquide rouge jaunâtre légèrement fluorescent qui acquiert par dilution un dichroïsme vert très intense. Les acides la précipitent de ses solutions alcalines sous forme d'une poudre jaune. Dans l'industrie, il est nécessaire d'employer pour sa préparation des produits purs, car il est très difficile de purifier la fluorescéine impure. Les réducteurs la transforment en fluorescine incolore.

Par condensation de la résorcine avec l'anhydride phtalique di ou tétrachloré, on obtient les fluorescéines chlorées correspondantes ; ces dernières ne sont pas identiques avec les colorants obtenus en chlorant directement la fluorescéine, car, dans ce cas, le chlore (ainsi que le brome et l'iode) se fixe toujours dans les noyaux résorciniques. Les fluorescéines préparées à l'aide des acides phtaliques chlorés sont employées comme matières premières pour préparer toute une série de très beaux colorants introduits dans l'industrie par Nölting.

Les fluorescéines chlorées se distinguent de la fluorescéine ordinaire par une nuance plus rouge.

La constitution de la fluorescéine a été récemment l'objet de nombreuses discussions en vue d'établir si ce colorant est bien un véritable dioxyfluorane ou s'il ne se rattache pas plutôt au groupe de composés à structure quinoïdique cités plus haut (voy. p. 198).

D'après les recherches de Nietzki et de Schröter (98),

certains dérivés de la fluorescéine existent sous les deux formes tautomères.

La fluorescine (acide carboxylique obtenu par réduction de la fluorescéine) se laisse facilement transformer en éther carboxylé par l'alcool et l'acide chlorhydrique. Comme le groupe carboxylé est éthérifié, la formation d'une chaîne lactonique n'est plus possible et l'éther de la fluorescéine obtenu par oxydation de ce leucodérivé doit nécessairement posséder la structure quinonique suivante :

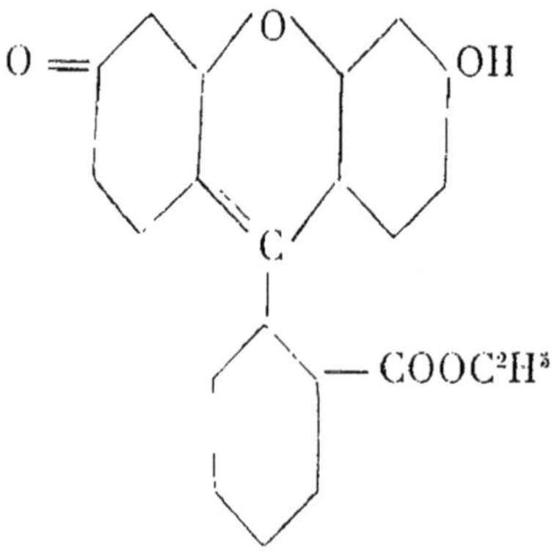

$$O = \text{...} \quad OII$$

Or, en traitant cet éther par le brome, on obtient un dérivé bromé identique avec l'érythrine, éther de l'éosine connu depuis longtemps et qu'on peut préparer directement en éthérifiant l'éosine par l'alcool et l'acide sulfurique.

Il en résulte que l'éosine appartient certainement à la classe des composés à structure quinonique, hypothèse considérée depuis longtemps déjà comme très probable [1].

La fluorescéine, par contre, se comporte comme un com-

---

[1] Comparez la deuxième édition allemande de ce livre, 1894, p. 148.

posé tautomère, car elle donne, par alcoylation directe,
un mélange d'éther à structure quinonique et d'éther à
structure lactonique.

En effet, en traitant par le bromure d'éthyle et la
potasse l'éther monoéthylique à structure quinonique
décrit plus haut, on obtient un éther diéthylique fortement coloré en jaune rouge et qui possède nécessairement
aussi une structure quinonique. Ce même composé prend
aussi naissance dans l'action du bromure d'éthyle sur la
fluorescéine mais on observe aussi la formation d'un éther
diéthylique incolore, isomère du précédent, qui possède
évidemment une structure lactonique et qui peut être
considéré comme étant un diéthoxyfluorane :

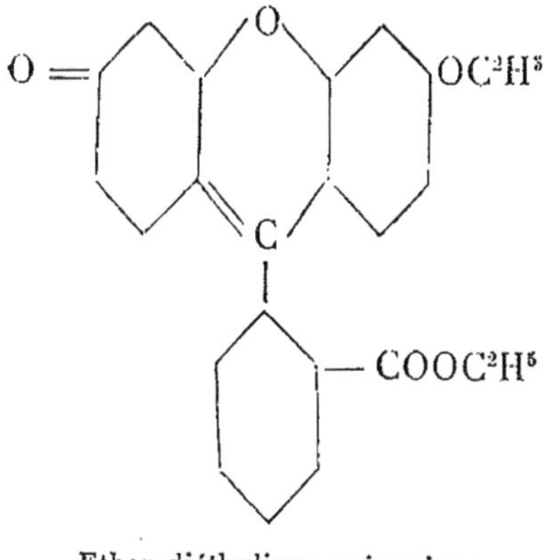

Ether diéthylique quinonique.

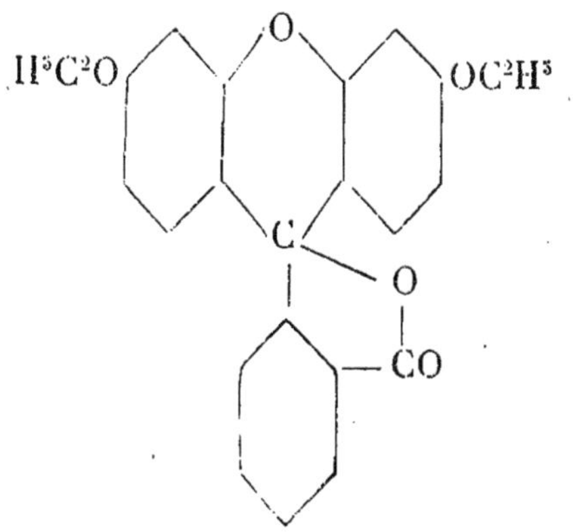

Ether diéthylique lactonique.

L'éther à structure lactonique n'est pas saponifiable
tandis que son isomère à structure quinonique se laisse
saponifier avec la plus grande facilité.

Éosine.

La fluorescéine donne facilement des dérivés bromés
par substitution des atomes d'hydrogène des noyaux ré-

sorciniques ; le terme de bromuration le plus élevé est la tétrabromofluorescéine $C^{20}H^8O^5Br^4$ (99).

Ce composé, ainsi que les autres produits de substitution moins avancés, constituent de belles matières colorantes rouges dont la nuance est d'autant plus jaune qu'elles renferment moins d'halogène.

La tétrabromofluorescéine pure cristallise dans l'alcool en prismes rouge-jaune renfermant de l'alcool de cristallisation : elle est presque insoluble dans l'eau et forme avec les alcalis des sels bibasiques facilement solubles dont les solutions aqueuses possèdent une belle fluorescence jaune. Les acides minéraux précipitent de ces solutions l'éosine libre sous forme d'une poudre rouge-jaune ; l'acide acétique ne décompose ces sels qu'incomplètement.

L'éosine forme avec le plomb, l'étain, l'alumine, etc., de belles laques insolubles.

La tétrabromofluorescéine et les produits de bromuration moins élevés de la fluorescéine se trouvent dans le commerce sous forme de sels de sodium ou de potassium et constituent les différentes marques d' « éosine soluble à l'eau ».

Ces colorants teignent la laine et la soie en bain légèrement acide en nuances rouges de toute beauté. Les teintures sur soie en particulier possèdent une fluorescence rouge jaunâtre très caractéristique.

Les éosines peuvent aussi se fixer sur mordants de chrome.

Les éosines furent découvertes en 1873 par Bæyer et introduites par H. Caro dans l'industrie.

Comme nous l'avons fait remarquer plus haut, les éosines sont des dérivés de la fluorescéine à structure quinonique et contiennent par conséquent un groupe carboxylé libre.

On ne connaît pas encore exactement les positions

qu'occupent les atomes de brome dans l'éosine mais il est certain qu'ils sont également répartis dans les deux noyaux résorciniques[1].

Traitées par l'amalgame de sodium, les éosines échangent leurs atomes de brome contre de l'hydrogène, puis fixent deux atomes de cet élément et donnent toutes, comme terme ultime de réduction, de la fluorescine incolore $C^{20}H^{14}O^5$ qui reproduit la fluorescéine ordinaire par oxydation. Par fusion avec la potasse, l'éosine se scinde en acide phtalique et dibromorésorcine (100).

Différentes méthodes ont été proposées pour bromer industriellement la fluorescéine.

On traite par exemple une solution alcaline de fluorescéine par la quantité calculée d'une solution alcaline de brome et l'on acidule le mélange : la fluorescéine et le brome mis simultanément en liberté se combinent aussitôt. Ce procédé semble abandonné aujourd'hui et l'on effectue généralement la bromuration en solution alcoolique.

La fluorescéine finement pulvérisée est mise en suspension dans l'alcool, puis on ajoute peu à peu la quantité

---

(1) G. Heller, R. et H. Meyer (B, 29, 2623) ont déterminé récemment la position des atomes de brome dans l'éosine. D'après ces recherches, ce colorant possède certainement la formule de constitution suivante :

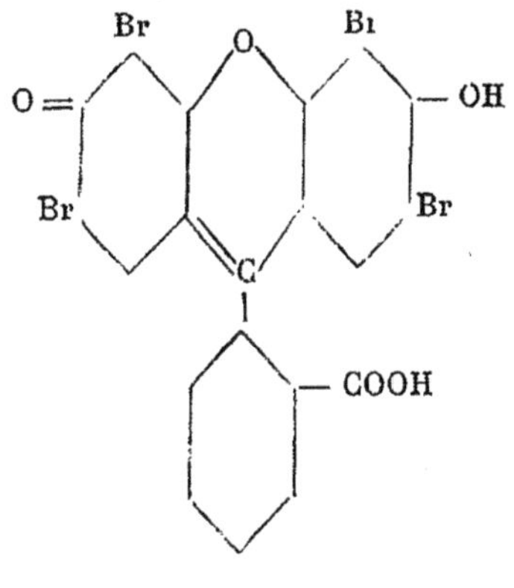

A. G.

calculée de brome et on porte le mélange à l'ébullition.
Pour utiliser l'acide bromhydrique qui se dégage dans
cette réaction, on en met le brome en liberté par addition de chlorate de potassium ou de sodium en quantité
théorique. Grâce à cet artifice, on utilise tout le brome
employé et quatre atomes de cet élément suffisent pour
donner une molécule de tétrabromofluorescéine alors que,
sans addition du chlorate, il faudrait huit atomes d'halogène, la moitié du brome s'éliminant sous forme d'acide
bromhydrique.

Éthers des éosines. Érythrine (99).

Les éthers monométhyliques et monoéthyliques des
éosines se préparent par éthérification directe des éosines
par l'alcool et l'acide chlorhydrique. On peut encore les
obtenir en traitant les sels des éosines, et en particulier
le sel de potassium de la tétrabromofluorescéine, par les
chlorures, bromures ou iodures alcooliques. Les nuances
de ces colorants sont encore plus belles et plus bleues
que celles des éosines correspondantes.

Dans l'industrie, on prépare généralement les éthers
éthyliques en bromant la fluorescéine en solution alcoolique puis chauffant sous pression le produit de la réaction qui renferme de l'acide bromhydrique en dissolution.

Ces colorants sont des éthers carboxyliques, ainsi que
nous l'avons vu plus haut: on peut en effet les obtenir en
bromant directement l'éther carboxylique de la fluorescéine. Ils se saponifient facilement par les alcalis. Ce
sont des acides monobasiques, car ils renferment encore
un groupe hydroxyle libre. Leurs sels sont insolubles
dans l'eau et l'alcool absolu, mais se dissolvent cependant
assez facilement dans l'alcool à 5o p. 1oo. Ces solutions
possèdent une très belle fluorescence.

Le sel de potassium de la monoéthylfluorescéine tétrabromée :

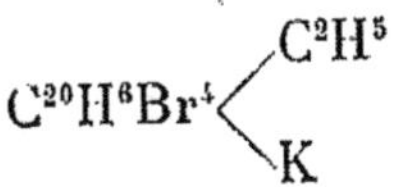

forme de grands cristaux rouge rubis présentant de
magnifiques reflets verts.

Sous les noms d' « éosine à l'alcool » ou de « prime-
rose à l'alcool », on emploie en assez grande quantité dans
la teinture de la soie les sels de sodium ou de potassium
de ces éthers de l'éosine et en particulier de l'éther éthylique. On dissout le colorant dans l'alcool dilué et l'ajoute
peu à peu au bain de teinture acidulé par l'acide acétique.

On connaît aussi des éthers incolores de l'éosine. Ces
composés, qui s'obtiennent en chauffant l'éosinate d'argent avec des iodures alcooliques (93), sont évidemment
des éthers à structure lactonique.

Dérivés iodés de la fluorescéine.

Sous le nom d' « érythrosine », on trouve dans le commerce à l'état de sels alcalins les dérivés iodés de la
fluorescéine et en particulier la tétraiodofluorescéine
$C^{20}H^8I^4O^5$. Ces colorants sont solubles dans l'eau, possèdent des nuances plus bleues que les éosines correspondantes et s'en distinguent par l'absence de fluorescence
de leurs solutions alcalines.

On trouve dans le commerce différentes marques
d'érythrosine selon leur teneur en iode ; ces colorants,
qui peuvent se fixer sur coton mordancé en alumine,
sont surtout très employés pour la coloration des
papiers.

Dinitrodibromofluorescéine, $C^{20}H^8Br^2(AzO^2)^2O^5$ (92).

Ce colorant résulte de l'action du brome sur la dinitrofluorescéine ou inversement de l'action de l'acide azotique sur les di ou tétrabromofluorescéines. On le prépare, dans l'industrie, en nitrant en solution alcoolique la dibromofluorescéine. La dinitrodibromofluorescéine pure se présente en aiguilles jaunes, difficilement solubles dans l'alcool et l'acide acétique cristallisable. C'est un acide bibasique énergique qui forme avec les alcalis des sels facilement solubles dans l'eau. Leurs solutions, jaunes à l'état concentré, deviennent roses par dilution et ne sont pas fluorescentes.

Le sel de sodium se trouve dans le commerce sous les noms d' « écarlate d'éosine », de « rouge impérial », de « safrosine » ou de « lutécienne ».

Ce colorant teint la laine en un beau rouge légèrement bleuâtre ; mélangé avec des colorants jaunes, il donne de belles nuances écarlates. Il s'employait beaucoup autrefois dans la teinture de la laine avant la découverte des rouges azoïques, mais il ne présente plus actuellement qu'une importance secondaire.

Tétrabromodichlorofluorescéine.
$$C^{20}H^5Cl^2Br^4O^5$$

Tétrabromotétrachlorofluorescéine.
$$C^{20}H^4Cl^4Br^4O^5$$

Ces colorants se préparent par un procédé analogue à celui qui permet d'obtenir l'éosine ordinaire en bromant les fluoresceines di et tétrachlorées dérivées des acides chlorophtaliques correspondants.

NIETZKI. Mat. colorantes.

Les sels alcalins de ces acides sont solubles dans l'eau et constituent les différentes marques commerciales de « phloxine ».

Leurs éthers éthyliques sont analogues aux éthers de l'éosine et, solubles dans l'alcool dilué, comme ces derniers, ils sont employés en teinture sous le nom de « cyanosines ».

Sous le nom de « rose bengale », on trouve aussi dans le commerce un colorant constitué par les produits de substitution tétraiodés des di et tétrachlorofluorescéines.

Tous ces composés, obtenus en partant des acides phtaliques chlorés, se distinguent des colorants correspondants préparés avec la fluorescéine ordinaire par leurs nuances bleuâtres, d'un rouge rosé de toute beauté. Ils s'emploient surtout dans la teinture de la soie. Le colorant de ce groupe qui présente la nuance la plus bleue est le rose bengale. La nuance la plus jaune est fournie par la phloxine obtenue avec la dichlorofluorescéine. On peut naturellement obtenir toute la gamme des nuances intermédiaires en employant des produits de substitution plus ou moins halogénés. Les acides phtaliques chlorés ont été introduits dans l'industrie des matières colorantes par Nölting.

La dichlorofluorescéine, traitée par une solution de sulfure de sodium, se transforme en un dérivé sulfuré dans lequel l'atome d'oxygène qui relie les deux noyaux résorciniques est probablement remplacé par un atome de soufre. Ce dérivé, traité par le brome, fournit un colorant rouge bleuâtre employé dans la teinture de la soie sous le nom de « cyclamine » (101).

Rhodamines (102, 103).

Ces colorants, qui constituent les phtaléines obtenues avec le métamidophénol et ses dérivés, se distinguent de tous les autres rouges par l'extrême beauté de leurs nuances.

La rhodamine commerciale est généralement obtenue avec le diéthylmétaamidophénol. Le métaamidophénol non substitué ne se condense avec l'anhydride phtalique qu'en présence d'acide sulfurique concentré.

On peut encore préparer les rhodamines en chauffant le chlorure de fluorescéine ou dichlorofluorane avec les amines dialcoylées [1].

Les rhodamines ne dérivent certainement pas du fluorane ; ce sont plutôt des colorants carboxylés à structure quinonique. La présence d'un groupe carboxylé est encore

----

[1] Les rhodamines s'obtiennent encore, d'après le brevet allemand 83931, par condensation des dialcoylmétaamidophénols avec les acides dialcoylamidooxybenzoylbenzoïques C^6H^4 (groupe C, OH, $COOH$, $-AzR^2$). Ces acides s'obtiennent eux-mêmes par condensation à 100° de molécules égales d'anhydride phtalique et de dialcoylmétaamidophénols. On remarquera que ce procédé permet d'obtenir des rhodamines mixtes de la forme :

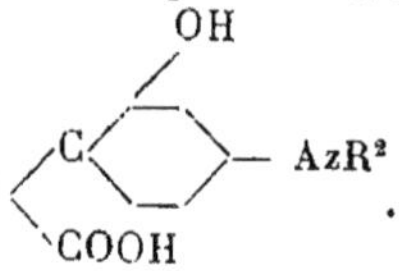

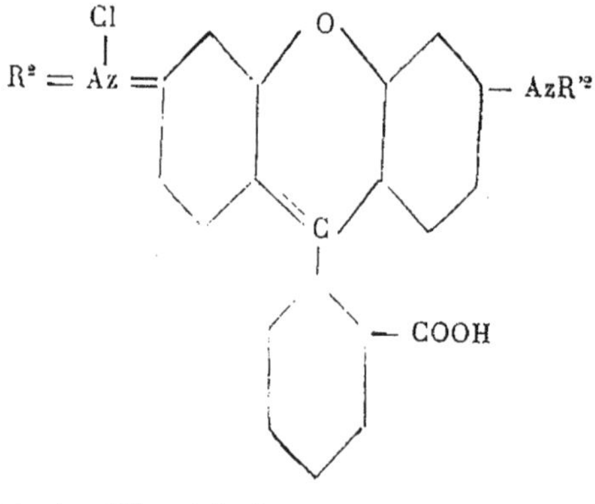

$$R^2 = Az = \text{(structure rhodamine : noyaux avec } Cl, O, C, COOH, -AzR'^2)$$

De récents brevets utilisent également pour la préparation des rhodamines l'acide phtalamique C^6H^4 (groupe $CO-CO^2H$, CO^2H), produit d'oxydation de la naphtaline par le permanganate de potasse, et l'aldéhyde orthopthalique qui en dérive.

A. G.

plus facile à mettre ici en évidence que dans le cas des dérivés de la fluorescéine.

En effet, les rhodamines tétraalcoylées peuvent encore fixer un nouveau radical alcoolique, et les composés ainsi obtenus ne sont certainement pas des dérivés ammoniés mais bien des éthers carboxyliques, facilement saponifiables par les alcalis, auxquels on doit attribuer la formule de constitution suivante :

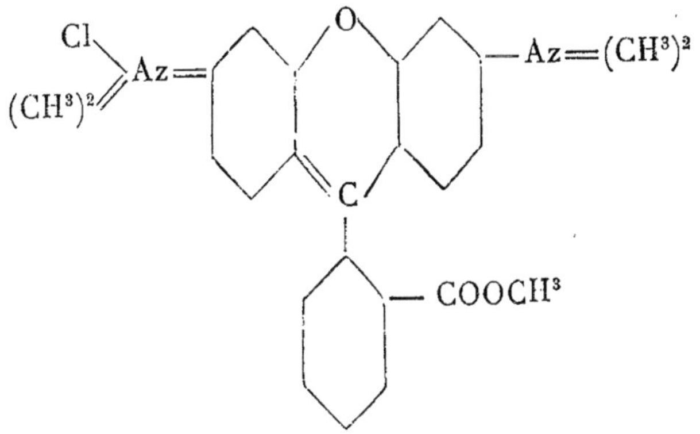

$$\text{(CH}^3)^2 \diagdown \overset{\text{Cl}}{\text{Az}} = \cdots \overset{\text{O}}{\cdots} \cdots - \text{Az} = (\text{CH}^3)^2$$
$$\text{C} \longrightarrow \text{COOCH}^3$$

Les rhodamines sont donc les acides orthocarboxylés des rosamines (voy. plus haut, p. 160).

Les rhodamines se distinguent aussi des autres phtaléines par leurs propriétés basiques. Elles forment avec les acides des sels solubles dans l'eau dont les solutions virent au jaune en présence d'un excès d'acide minéral.

La rhodamine ordinaire est un rouge de toute beauté dont les teintures sur soie possèdent une fluorescence qui ne peut être obtenue avec aucun autre colorant.

Le caractère basique de la rhodamine est surtout accusé dans son éther, cité plus haut. Ce colorant a d'abord été introduit dans le commerce sous le nom d' « anisoline » par la fabrique Monnet de Genève. L'anisoline préparée avec la diéthylrhodamine symétrique dérivée du monoéthylmétaamidophénol :

$$C^2H^5HAz — C^6H^4 — \overset{3}{O}H$$

se distingue par sa grande solubilité et son affinité très prononcée pour le coton non mordancé. C'est un colorant pour coton très apprécié sous le nom de « rhodamine 6 G ».

Les rhodamines benzylées et phénylées sont employées sous forme de dérivés sulfonés.

On prépare aussi des colorants analogues aux rhodamines par condensation des métaamidophénols alcoylés avec l'anhydride succinique (104).

Ces derniers ne diffèrent probablement des rhodamines que par la substitution du radical phtalyle par le radical succinyle ; la rhodamine succinique la plus simple aura donc la formule de constitution suivante :

$$HAz = \underset{\underset{CH^2 — COOH}{|}}{C} \quad O \quad —AzH^2$$

Ces rhodamines succiniques (rhodamines S du commerce) sont des colorants d'un beau rouge qui jouissent de la propriété de teindre directement le coton non mordancé.

Galléine et Céruléine (105).

Galléine $C^{20}H^{10}O^7$. Le pyrogallol réagit sur l'anhydride phtalique en donnant d'abord naissance à un produit de condensation analogue à la fluorescéine, sorte d'anhydride interne de la pyrogallolphtaléine ; mais ce produit aussitôt formé s'oxyde sous l'influence de l'air et l'on obtient un composé à structure quinonique qui posséderait, d'après Bæyer, la formule de constitution suivante :

il se distinguerait de la fluorescéine par la présence dans sa molécule de deux atomes d'oxygène quinonique.appartenant à deux noyaux benzéniques.

Mais il est plus vraisemblable d'admettre que ces deux atomes d'oxygène appartiennent à un même noyau qui renfermerait ainsi une liaison orthoquinonique et que la galléine rentre dans la classe des phtaléines carboxylées à structure quinonique.

On prépare la galléine en chauffant à 200° de l'anhydride phtalique avec de l'acide gallique. Ce dernier perd une molécule d'acide carbonique et se transforme en pyrogallol qui se condense avec l'anhydride.

A l'état pur, la galléine forme des cristaux à reflets verts, chatoyants, ou une poudre rouge brun. Elle se dissout facilement en rouge foncé dans l'alcool et difficilement dans l'éther.

Ses sels de potassium, sodium, calcium et baryum se dissolvent dans l'eau avec une coloration rouge qui vire au bleu en présence d'un excès d'alcali. Les réducteurs transforment successivement ce colorant en hydrogalléine puis en galline. La galléine forme avec l'alumine et l'oxyde de chrome des laques insolubles d'un gris violacé ; elle s'emploie en impression additionnée d'acétate d'alumine ou de chrome et se fixe par vaporisage.

Céruléine (106) $C^{20}H^8O^6$. La céruléine s'obtient en chauffant la galléine à 200° avec 20 parties d'acide sulfurique concentré. Le produit de la réaction précipité par l'eau se présente sous la forme d'une poudre noirâtre pouvant acquérir par frottement un éclat métallique.

La céruléine est presque insoluble dans l'eau, l'alcool et l'éther ; elle est légèrement soluble en vert dans l'acide acétique cristallisable, facilement en vert olive dans l'acide sulfurique concentré et en bleu dans l'aniline bouillante.

Elle cristallise en petits mamelons de ses solutions dans l'acide sulfurique concentré et chaud.

Elle se transforme par réduction en céruline $C^{20}H^{12}O^6$, leucodérivé d'une couleur rouge brun.

Chauffée avec de l'anhydride acétique, elle donne la triacétylcéruléine $C^{20}H^9O^6(C^2H^3O)^3$. La céruléine forme avec les bisulfites alcalins des combinaisons incolores et solubles dans l'eau, décomposables par les acides, par les alcalis et aussi par simple ébullition. Ces combinaisons bisulfiques sont employées en impressions mélangées d'acétate de chrome. Au vaporisage, la céruléine est mise en liberté et se combine à l'oxyde métallique provenant de la décomposition de l'acétate.

Les nuances obtenues avec la céruléine sont vert foncé, très solides à la lumière et au savon.

Par distillation avec la poudre de zinc, la céruléine

donne du phénylanthracène. D'après Buchka, elle dérive
du phényloxanthranol :

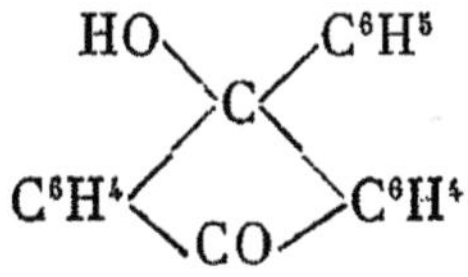

$$\mathrm{C^6H^4}\diagdown\!\!\begin{array}{c}\mathrm{HO}\diagdown\quad\diagup\mathrm{C^6H^5}\\ \mathrm{C}\\ \diagup\mathrm{CO}\diagdown\mathrm{C^6H^4}\end{array}$$

et possède la formule de constitution suivante :

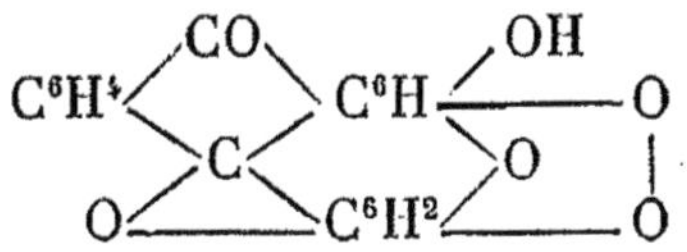

$$\mathrm{C^6H^4}\diagdown\!\!\begin{array}{c}\diagup\mathrm{CO}\diagdown\\ \mathrm{C}\\ \mathrm{O}\diagdown\end{array}\!\!\begin{array}{c}\mathrm{C^6H}\diagup\mathrm{OH}\\ \diagup\mathrm{O}\\ \mathrm{C^6H^2}\diagup\end{array}\!\!\begin{array}{c}\mathrm{O}\\ |\\ \mathrm{O}\end{array}\quad (107)^1)$$

(^{1}) Il serait nécessaire de vérifier cette formule. Ces diverses liaisons
de l'oxygène cadrent mal avec nos connaissances actuelles. La propriété
que possède ce colorant de teindre sur mordants métalliques paraît aussi
difficilement explicable par la présence d'un seul groupe hydroxyle dans
sa molécule. (L'Auteur.)

VI

COLORANTS DÉRIVÉS
DE LA QUINONE-IMIDE

Il existe toute une série de matières colorantes, renfermant notamment les composés connus sous les noms d' « indophénols » et d' « indamines », qui dérivent des imides encore inconnues de la quinone ordinaire ou de ses analogues.

Lorsqu'on remplace dans la molécule de la quinone les atomes d'oxygène par le groupe bivalent AzH, on obtient, suivant que l'on a ainsi substitué un seul ou les deux atomes d'oxygène, les quinonimides hypothétiques :

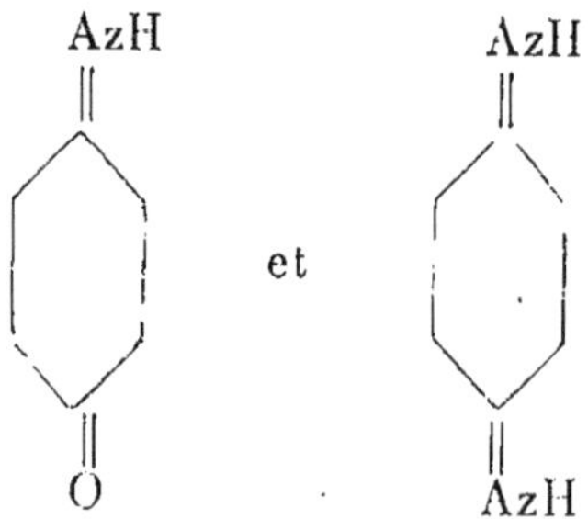

Ces deux composés n'ont pu être isolés, mais on en connaît de nombreux dérivés dont les plus simples sont

sont la quinone chlorimide et la quinone dichlordiimide :

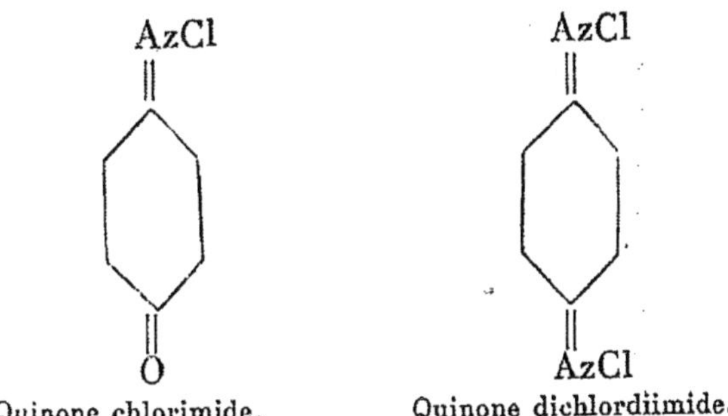

Quinone chlorimide.   Quinone dichlordiimide.

Comme dérivés plus compliqués des quinonimides, on peut citer les indamines et les indophénols. Ces composés s'obtiennent très facilement par oxydation d'une para-diamine en présence d'une monamine ou d'un phénol, ou par condensation de la quinonedichlordiimide avec les phénols.

Lorsqu'on oxyde, par exemple, un mélange de para-phénylènediamine et d'aniline, il est probable que la diamine se transforme d'abord, par perte de deux atomes d'hydrogène, en quinonediimide : $AzH = C^6H^4 = AzH$, laquelle, par une oxydation plus profonde, se fixe sur le noyau benzénique de l'aniline en para vis-à-vis du groupe amidogène. La constitution de l'indamine ainsi obtenue doit donc être représentée par la formule :

Cette formule de constitution, qui caractérise tous les

colorants dérivés de la quinone-imide, se trouve confirmée par les propriétés suivantes de l'indamine :

Sous l'influence des réducteurs, cette indamine fixe
deux atomes d'hydrogène et se transforme en paradiamidodiphénylamine :

$$H^2Az - C^6H^4 - AzH - C^6H^4 - AzH^2$$

D'autre part, comme ce composé régénère l'indamine
par oxydation, il doit être considéré comme étant la leucobase de l'indamine.

L'atome d'azote qui relie les deux noyaux benzéniques
est un azote tertiaire : en effet, les paradiamines substituées dans les deux groupes amidés, telles que la diéthyl-
paraphénylènediamine symétrique :

$$C^2H^5HAz - C^6H^4 - AzHC^2H^5$$

ne fournissent pas d'indamines.

Enfin, le fait que les monamines, dans lesquelles la
position para est occupée, ne sont pas aptes à donner des
indamines par oxydation avec les paradiamines, prouve
que l'atome d'azote tertiaire se trouve en para vis-à-vis
du groupe amidé de la monamine.

Ces monamines peuvent être secondaires ou tertiaires
et les paradiamines peuvent être substituées dans un
groupe amidogène. Mais il faut alors admettre l'existence
d'un groupe ammonium :

$$\begin{array}{c} Cl \\ | \\ = Az(CH^3)^2 \end{array}$$

dans les indamines qui en dérivent.

C'est ainsi que la diméthylparaphénylène diamine dissymétrique donne des indamines par oxydation avec les

monamines. En l'oxydant seule, Würster obtint un colorant rouge qui semble être le chlorométhylate de la quinone-imide méthylée :

$$Cl(CH^3)^2 \equiv Az = C^6H^4 = AzH$$

Ce composé régénère la diméthylparaphénylène diamine par réduction et réagit avec les monamines ou les phénols pour donner des indamines ou des indophénols.

La nitrosodiméthylaniline réagit comme la quinonimide et ses dérivés ; il est certain qu'on doit la considérer, du moins à l'état de sel, comme étant l'oxime d'une quinone-imide dont la constitution serait représentée par la formule :

$$(CH^3)^2 = \underset{\underset{Cl}{|}}{Az} = C^6H^4 = AzOH$$

La nitrosodiméthylaniline ne réagit que sous forme de sels et seulement à chaud. Aussi convient-elle mieux à la préparation des oxazones et des azimes qu'à la préparation des indamines et des indophénols simples. Ces considérations s'appliquent aussi à son dérivé hydroxylé : le nitrosodiméthylmétaamidophénol.

Les relations qui existent entre l'indamine et la diamidodiphénylamine se retrouvent entre l'indophénol et l'oxyamidodiphénylamine.

Il est à remarquer que les indamines ou les indophénols ne se forment que par l'oxydation des dérivés de la diphénylamine qui renferment un groupe hydroxyle ou un groupe amidé en para dans chaque noyau benzénique. Ainsi, la paramonoamidodiphénylamine ne donne pas d'indamine ni la triamidodiphénylamine de constitution :

$$\underset{(3)}{H^2Az} - C^6H^4 - \underset{(1)}{AzH} - C^6H^3 \Big\langle \begin{matrix} AzH^2\ (4) \\ AzH^2\ (2) \end{matrix}$$

obtenue par condensation du dinitrochlorobenzène avec
la métaphénylène diamine, tandis que la triamidodiphénylamine isomère, qui renferme un groupe amidé en para
dans chaque noyau, donne facilement une indamine. Cette
remarque semble s'appliquer à tous les colorants ne renfermant que des noyaux benzéniques.

La formation de colorants par oxydation simultanée de
paradiamines et de monamines a d'abord été observée par
Nietzki en 1877.

En 1879, Witt étudia l'action de la nitrosodiméthylaniline sur les amines et les phénols, puis Bernthsen,
poursuivant ses travaux sur les matières colorantes sulfurées, démontra que le violet de Lauth et le bleu méthylène appartiennent aussi à la classe des dérivés de la
quinone-imide (1).

On peut également classer les azimes dans le groupe
des colorants quinoneimidés bien que la plupart d'entre
elles possèdent une structure orthoquinonique.

I. — INDAMINES

Indamine (3).

$$AzH^2 — C^6H^4\diagdown$$
$$\qquad\qquad\qquad >Az$$
$$AzH = C^6H^4\diagup$$

Ce composé, qui constitue le représentant le plus simple
des indamines, s'obtient par oxydation de la paradiamidodiphénylamine ou par oxydation d'un mélange équimoléculaire d'aniline et de paraphénylène diamine. Les sels
sont généralement solubles dans l'eau en bleu vert. Un
excès d'acide fait d'abord virer au vert la nuance de
leurs solutions puis détruit rapidement le colorant avec
formation de quinone. Par addition d'iodure de potassium

à la solution aqueuse du chlorhydrate d'indamine, l'iodhydrate de ce colorant se précipite en longues aiguilles mordorées également très altérables par les acides. L'indamine se transforme facilement par réduction, en paradiamidodiphénylamine. Chauffée avec une solution aqueuse de chlorhydrate d'aniline, elle donne de la phénosafranine.

Tétraméthylindamine, (3, 6, 7).

Vert de Bindschedler.

$$(CH^3)^2 = Az - C^6H^4 \diagdown$$
$$\qquad\qquad\qquad\qquad > Az$$
$$(CH^3)^2 = Az = C^6H^4 \diagup$$
$$\qquad\qquad\qquad |$$
$$\qquad\qquad\qquad Cl$$

S'obtient par oxydation d'un mélange équimoléculaire de diméthylparaphénylène diamine et de diméthylaniline (5, 6, 7). Les solutions de ses sels possèdent une belle nuance verte que les alcalis font virer au bleu.

Quand l'action des alcalis se prolonge, il y a départ de diméthylamine et formation probable de l'indophénol suivant :

$$(CH^3)^2Az - C^6H^4 \diagdown$$
$$\qquad\qquad\qquad > Az$$
$$O = C^6H^4 \diagup$$

Le vert de Bindschedler est plus stable que l'indamine précédente, cependant les acides le décomposent aussi à chaud avec formation de quinone et de diméthylamine. Il se transforme par réduction en tétraméthyldiamidodiphénylamine (5).

Iodhydrate $C^{16}H^{20}Az^3I$ (5). S'obtient sous forme de longues aiguilles vertes par addition d'iodure de potassium à la solution du chlorhydrate ou du chlorozincate.

Ce sel est assez soluble dans l'eau pure mais insoluble dans l'eau additionnée d'iodure de potassium.

Chlorozincate (6, 7) $(C^{16}H^{20}Az^3Cl)^2ZnCl^2$. Cristaux à reflets cuivrés, facilement solubles dans l'eau.

Sel double de mercure (6) $(C^{16}H^{20}Az^3Cl)^2HgCl^2$.

Chloroplatinate $C^{16}H^{20}Az^3Cl^2PtCl^4$.

Bleu de toluylène. (3,5.)

$$
\begin{array}{c}
Cl \\
| \\
(CH^3)^2 = Az = C^6H^4 \\
\diagdown \\
\quad\quad\quad\quad Az \\
\diagup \\
H^2Az - C^7H^5 - AzH^2
\end{array}
$$

Ce colorant s'obtient en mélangeant des solutions équimoléculaires de chlorhydrate de nitrosodiméthylaniline et de métatoluylène diamine, ou en oxydant un mélange de métatoluylène diamine et de diméthylparaphénylènediamine. C'est une indamine amidée qui se distingue des précédentes par sa stabilité relativement grande.

Les sels monobasiques sont bleus, les sels bibasiques incolores.

Le chlorhydrate $C^{15}H^{19}Az^4HCl$ cristallise en aiguilles à reflets cuivrés solubles dans l'eau.

Le bleu de toluylène se transforme par réduction en triamidotolylphénylamine. Il donne du rouge de toluylène par ébullition de ses solutions aqueuses (5) (voy. *Colorants aziniques*).

L'homologue inférieur du bleu de toluylène s'obtient par oxydation de la triamidodiphénylamine :

$$
\underset{4}{AzH^2} - C^6H^4 - \underset{1}{AzH} - C^6H^3 - \underset{2.\quad 4}{AzH^2AzH^2}
$$

préparée par condensation du dinitrochlorobenzène avec la paraphénylènediamine.

II. — INDOPHÉNOLS (8, 9, 10)

Ces matières colorantes, obtenues par Kœchlin et Witt en oxydant des mélanges de phénols et de paradiamines ou de paraamidophénols, présentent de grandes analogies avec les indamines dans leur constitution et leurs propriétés générales. Comme ces dernières, elles sont décomposées par les acides avec formation de quinone, et transformées par réduction en dérivés parasubstitués de la diphénylamine, la paraamidooxydiphénylamine et ses homologues.

Les indophénols sont faiblement basiques, mais, à l'inverse des indamines, ils forment avec les acides des sels incolores, tandis qu'ils possèdent généralement à l'état libre, une coloration bleue ou violette.

Leurs modes de formation rappellent ceux des indamines ; on obtient en effet les indophénols par oxydation en milieu alcalin d'un mélange de phénols et de paradiamines ou par condensation des phénols avec la nitrosodiméthylaniline ou la quinonechlorimide.

On devrait donc attribuer à l'indophénol le plus simple, obtenu avec la paraphénylène diamine et le phénol, la formule de constitution suivante :

$$AzH = C^6H^4 = Az - C^6H^4 - OH$$

Mais les propriétés des indophénols semblent plutôt parler en faveur de la formule :

$$O = C^6H^4 = Az - C^6H^4 - AzH^2$$

En effet, les indophénols n'ont pas de caractère acide, comme on pourrait s'y attendre s'ils renfermaient un groupe hydroxyle ; ils sont plutôt faiblement basiques, tandis que leurs leucodérivés sont légèrement acides.

La formation d'α-naphtaquinone par décomposition de l'indophénol préparé avec la diméthylparaphénylènedi-amine et l'α-naphtol, semble d'ailleurs indiquer nettement que la liaison quinonique se trouve dans le noyau renfermant l'oxygène.

Les leuco-indophénols possèdent un caractère phénolique prononcé. Ils se dissolvent dans les alcalis, mais ces solutions s'oxydent rapidement au contact de l'air et régénèrent le colorant qui, étant insoluble dans les alcalis, se précipite aussitôt. Les leuco-indophénols sont stables à l'air, en solution acide.

L'emploi des indophénols en teinture et en impression repose sur ces propriétés de leurs leucodérivés ; leur mode d'application est identique en tous points à celui de l'indigo. On imprègne la fibre avec une solution alcaline du leuco-indophénol puis on développe la couleur par oxydation. On peut aussi former directement la matière colorante sur la fibre en imprégnant celle-ci avec un mélange de diamine et de phénol puis développant par passage en bichromate de potasse, en chlorure de chaux, etc.

Les seuls colorants de ce groupe industriellement exploités sont préparés avec la diméthylparaphénylènediamine et le phénol ou l'α-naphtol. L'indophénol obtenu avec l'α-naphtol est le plus employé, il est bleu indigo, cristallise dans la benzine en aiguilles à reflets verts et se dissout dans les acides sans coloration ; un excès d'acide le scinde en α-naphtoquinone et diméthyl-paraphénylènediamine (10). L'indophénol obtenu avec le phénol est bleu verdâtre.

Les indophénols se préparent par oxydation en milieu alcalin du mélange des composants au moyen d'hypochlorite de sodium. On peut aussi oxyder le mélange en faisant passer un courant d'air dans la solution alcaline additionnée d'oxyde de cuivre.

Les indophénols se distinguent par leur grande résistance à la lumière et au savon, mais leur extrême sensibilité aux acides les empêche de se substituer à l'indigo dans toutes ses applications.

On emploie actuellement une cuve mixte d'indigo et d'indophénol qui semble présenter certains avantages sur la cuve d'indigo pur.

En faisant agir la quinonechlorimide trichlorée sur la diméthylaniline, Schmitt et Andressen (11) ont obtenu une matière colorante cristallisée en belles aiguilles vertes qui n'est autre que le trichloroindophénol :

$$(CH^3)^2Az - C^6H^4{\Large\diagdown} \atop O = C^6HCl^3{\Large\diagup}\!\!\!\!> Az$$

Le représentant le plus simple de la classe des indophénols aurait la formule de constitution suivante :

$$OH - C^6H^4 - Az = C^6H^4 = O$$

Son existence est encore douteuse, cependant il est possible que les colorants obtenus par Liebermann en faisant agir les nitrosophénols sur les phénols (voy. plus bas) possèdent une constitution analogue.

III. — THIAZIMES ET THIAZONES

Sous les noms de thiazimes et de thiazones, nous désignons aujourd'hui les matières colorantes que l'on considérait autrefois comme des indamines ou des indophénols sulfurés.

Elles se distinguent des véritables indamines et indophénols par la présence dans leur molécule d'un atome de soufre qui relie les deux noyaux benzéniques, la soudure se faisant en ortho vis-à-vis de l'atome d'azote de la diphénylamine. Ces colorants dérivent donc de la thiodiphénylamine :

comme les indamines dérivent de la diphénylamine.

On voit sur le schéma précédent que la thiodiphénylamine renferme deux noyaux benzéniques et un noyau hexagonal formé de quatre atomes de carbone, un atome d'azote et un atome de soufre.

Les dérivés hydroxylés ou amidés de la thiodiphénylamine sont des leucodérivés au même titre que les dérivés correspondants de la diphénylamine.

Le chromophore des colorants auxquels ils donnent naissance par oxydation n'est pas constitué, comme on le prétend souvent, par le noyau hexagonal sulfuré qu'ils renferment, mais bien par un complexe paraquinonique. D'ailleurs les dérivés amidés de la thiodiphénylamine ne sont pas des matières colorantes, ce sont des leucodérivés. L'atome de soufre contribue surtout à consolider la molécule et à lui donner une plus grande stabilité vis-à-vis des acides. Incidemment, il en modifie aussi sensiblement les propriétés colorantes.

Nous appellerons « thiazimes » les colorants de ce

groupe qui correspondent aux indamines et « thiazones » ceux qui correspondent aux indophénols.

A l'indamine la plus simple :

$$Az\begin{cases} C^6H^4 - AzH^2 \\ C^6H^4 = AzH \end{cases}$$

correspond la thiazime la plus simple, ou violet de Lauth :

$$Az\begin{cases} C^6H^3 - AzH^2 \\ \quad\quad\quad S \\ C^6H^3 = AzH \end{cases}$$

Cette thiazime renferme également ses deux groupes amidogènes en para vis-à-vis de l'atome d'azote qui relie les deux noyaux benzéniques.

Ces dérivés présentent aussi dans leur constitution une certaine analogie avec quelques colorants de la série des azines.

Les indamines sulfurées ou thiazimes peuvent s'obtenir par différents procédés. On peut introduire, par exemple, des groupes amidés dans la thiodiphénylamine puis oxyder le leucodérivé ainsi obtenu. On peut aussi appliquer aux diamines la réaction découverte par Lauth (12) et qui consiste à oxyder une paradiamine en solution acide en présence d'hydrogène sulfuré : deux molécules de diamine se combinent avec élimination d'un atome d'azote sous forme d'ammoniaque et fixation d'un atome de soufre pour donner l'indamine sulfurée correspondante. Par une réaction analogue, les thiodérivés des paradiamines donnent aussi des thiazimes par oxydation. Enfin, on peut encore obtenir ces colorants en petite quantité en oxydant les produits de substitution amidés de la diphénylamine en présence d'hydrogène sulfuré. Nous décrirons plus loin, en traitant de la préparation du bleu méthylène, un dernier mode d'obtention au moyen des mercaptans et des acides thiosulfoniques des indamines.

Ces colorants sulfurés sont bien plus stables que les indamines ou les indophénols correspondants ; ils ne sont pas décomposés par les acides, comme ces derniers, avec formation de quinones.

Ce sont donc des colorants utilisables ; on n'en trouve cependant qu'un seul représentant ayant reçu de grandes applications industrielles ; c'est le bleu méthylène découvert par Caro.

Violet de Lauth, Thionine. Amidodiphénthiazime

$$(12,4)$$

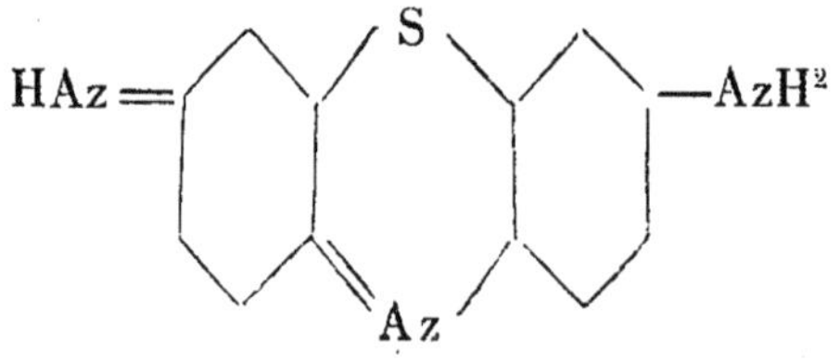

$$HAz = \underset{Az}{\underbrace{\qquad}} \overset{S}{\underbrace{\qquad}} - AzH^2$$

Ce colorant s'obtient :

Par la réaction de Lauth, en oxydant une solution de chlorhydrate de paraphénylène diamine saturée d'hydrogène sulfuré.

Par oxydation du produit résultant de la fusion de la paraphénylènediamine avec du soufre.

Par oxydation de la diamidothiodiphénylamine.

Enfin par les différentes méthodes employées dans la préparation du bleu méthylène, en remplaçant dans ces procédés la diméthylaniline par l'aniline.

Base $C^{12}H^9Az^3S$. Poudre cristalline noire ou aiguilles vertes à reflets légèrement métalliques. Soluble dans l'alcool en rouge violacé et dans l'éther en rouge jaunâtre.

Chlorhydrate $C^{12}H^8Az^3SHCl$. Aiguilles à reflets de cantharide solubles dans l'eau en violet.

Iodhydrate. Difficilement soluble dans l'eau (4).

Le violet de Lauth se dissout en vert dans l'acide sulfurique concentré. La nuance vire successivement au bleu puis au violet, par addition d'eau. Les réducteurs le transforment facilement en paradiamidothiodiphénylamine. On connaît un colorant isomère, l'isothionine, obtenu par oxydation d'une amidothiodiphénylamine de constitution inconnue.

Bleu méthylène (chlorure de tétraméthylamidodi-phènthiazimium)

$$Az \begin{cases} C^6H^3 - Az = (CH^3)^2 \\ S \\ C^6H^3 = Az = (CH^3)^2 \\ | \\ Cl \end{cases} \quad (14, 15, 16, 4, 17, 18, 19)$$

Ce colorant a d'abord été obtenu par Caro par oxydation de diméthylparaphénylène diamine en présence d'hydrogène sulfuré.

Pour le préparer industriellement, on réduisait autrefois une solution fortement acidulée de nitrosodiméthylaniline par l'hydrogène sulfuré ou la poudre de zinc. La diméthylparaphénylène diamine ainsi obtenue était oxydée par le perchlorure de fer en présence d'un excès déterminé d'acide sulfhydrique et la matière colorante précipitée par le chlorure de sodium et le chlorure de zinc sous forme de chlorozincate. Dans la réaction qui lui donne naissance, deux molécules de diméthylparaphénylène diamine se combinent avec élimination d'un atome d'azote sous forme d'ammoniaque.

Cette ancienne méthode est remplacée aujourd'hui presque généralement par les nouveaux procédés à l'hyposulfite (17, 18, 19). Ces nouveaux procédés sont basés

sur ce fait que l'acide hyposulfureux agit sur les indamines
et autres composés à structure paraquinonique en se substituant dans le noyau. Lorsqu'on oxyde un mélange d'une
paradiamine et d'une monamine en présence d'hyposulfites, le reste monovalent S.SO³H de l'acide hyposulfureux
se fixe sur le noyau renfermant la liaison quinonique, en
ortho vis-à-vis de l'atome d'azote qui relie les deux noyaux
benzéniques. Ainsi, en oxydant un mélange de diméthylparaphénylène diamine et de diméthylaniline en présence
d'hyposulfites, on obtient l'acide thiosulfonique de la
tétraméthylindamine, ou plutôt son anhydride :

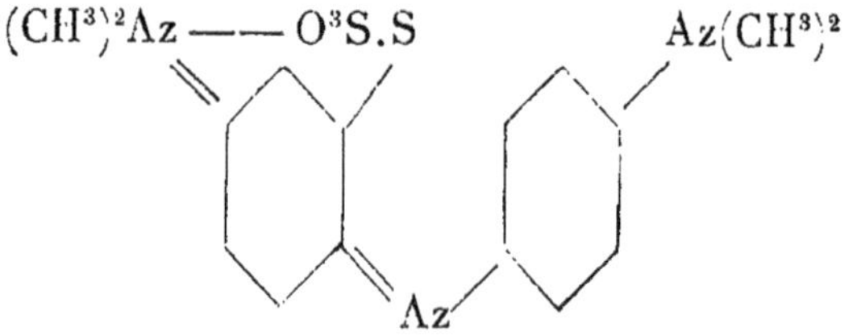

$$(CH^3)^2 Az \underline{\quad\quad} O^3 S.S \qquad\qquad Az(CH^3)^2$$
$$Az$$

qui perd une molécule d'acide sulfureux, par ébullition
avec les acides étendus, et se transforme en leucobase du
bleu méthylène.

On peut aussi préparer le même acide thiosulfonique,
en oxydant la diméthylparaphénylène diamine en présence d'hyposulfites ou en faisant agir ces derniers sels
sur le produit d'oxydation de la diméthylparaphénylène
diamine. On obtient ainsi l'acide thiosulfonique de la
diméthylparaphénylène diamine :

$$(CH^3)^2 Az \qquad\qquad S.SO^3 H$$
$$AzH^2$$

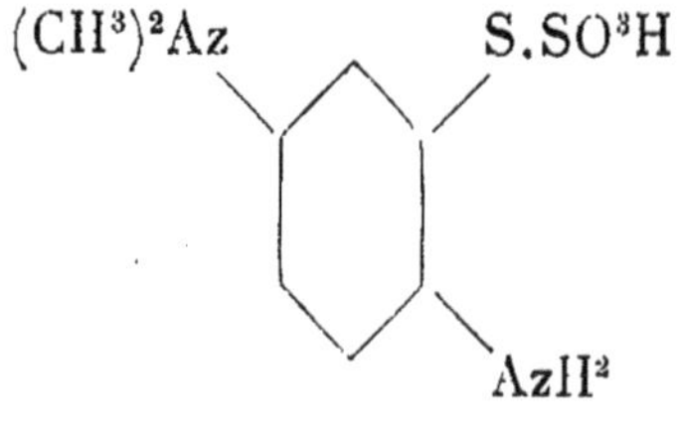

qui se transforme en acides indamine-thiosulfoniques

par oxydation en présence de monamines à position para
libre.

Enfin, on peut encore réduire par la poudre de zinc
l'acide thiosulfonique de la diméthylparaphénylène diamine, on obtient ainsi le mercaptan correspondant :

$$(CH^3)^2Az - C^6H^3 \bigg\langle {}^{AzH^2}_{SH}$$

Ce dernier, oxydé seul, se transforme en un disulfure
qui prend également naissance avec départ d'acide sulfureux lorsqu'on traite l'acide thiosulfonique de la diméthylparaphénylène diamine par un acide ou un alcali.
Mais si l'on effectue l'oxydation en présence de monamines à position para libre, on obtient les mercaptans
des indamines correspondantes ; or ces mercaptans, qui
sont isomères avec les leucothiazimes, se transposent facilement en ces dernières. Pour préparer les colorants, il
suffit ensuite d'oxyder par le perchlorure de fer les leucodérivés obtenus par ces différents procédés.

Les méthodes à l'hyposulfite présentent de nombreux
avantages sur l'ancienne méthode à l'hydrogène sulfuré ;
les rendements sont plus élevés, les produits plus purs
et leur préparation plus économique, car la moitié de
la diméthylparaphénylène diamine est remplacée par
la diméthylaniline qui est une base beaucoup moins
chère.

Lorsqu'on oxyde un mélange de diméthylparaphénylène
diamine et de diméthylaniline en présence d'hydrogène
sulfuré, la diméthylaniline n'entre pas en réaction et le
bleu méthylène se forme uniquement aux dépens de la
diméthylparaphénylène diamine mise en œuvre.

On n'obtient également que des traces de bleu méthylène lorsqu'on oxyde la tétraméthyldiamidodiphénylamine
en présence d'hydrogène sulfuré tandis que si l'on opère

en présence d'hyposulfites on obtient très facilement l'acide thiosulfonique de l'indamine.

Le bleu méthylène est certainement le dérivé tétraméthylé du violet de Lauth bien qu'on n'ait pu le reproduire par méthylation de ce dernier. Sa constitution est complètement analogue à celle de la tétraméthylindamine ; comme dans cette indamine, on y doit admettre la présence d'un atome d'azote pentavalent uni à deux groupes méthyle et à un groupe hydroxyle ou à un radical acide.

Les propriétés du bleu méthylène concordent d'ailleurs très bien avec cette formule de constitution ; ce sont bien celles d'une base ammonium ; on peut isoler cette base en traitant son chlorure par l'oxyde d'argent ; elle se dissout facilement dans l'eau avec une coloration bleue et répond probablement à la formule : $C^{16}H^{18}Az^3SOH$.

Chlorhydrate $C^{16}H^{18}Az^3SCl$. Cristallise en petites paillettes brillantes, facilement solubles dans l'eau.

Chlorozincate (Bleu méthylène du commerce). Aiguilles à reflets cuivrés facilement solubles dans l'eau pure, très difficilement dans l'eau additionnée de chlorure de zinc.

Iodhydrate $C^{16}H^{18}Az^3SI$. Aiguilles brillantes, brunes, difficilement solubles dans l'eau.

L'acide sulfurique concentré dissout le bleu méthylène avec une coloration verte. Les réducteurs le transforment très facilement en son leucodérivé, la tétraméthyldiamidothiodiphénylamine :

$$AzH \begin{cases} C^6H^3 - Az = (CH^3)^2 \\ S \\ C^6H^3 - Az = (CH^3)^2 \end{cases}$$

qui cristallise en paillettes incolores bleuissant rapidement au contact de l'air en régénérant le colorant. Traité

par l'iodure de méthyle, ce leucodérivé se transforme
en diiodométhylate de la pentaméthyldiamidothiodi-
phénylamine (4) :

$$CH^3 - Az \Big\langle \begin{matrix} C^6H^3 ---- Az = (CH^3)^2 \\ \quad\quad\quad > S \\ C^6H^3 ---- Az = (CH^3)^2 \end{matrix}$$

On obtient aussi le même composé par méthylation de
la leucobase du violet Lauth, ce qui montre bien la
parenté qui existe entre ces deux colorants.

Comme la plupart de colorants ammonium, le bleu
méthylène teint difficilement la laine mais se fixe facilement sur soie et sur coton mordancé en tannin ; il possède en outre une légère affinité pour les fibres végétales
non mordancées.

Le bleu méthylène est le plus important de tous les
colorants bleus basiques ; il est très employé pour la teinture et l'impression du coton et se fixe sur mordant de
tannin. Il donne un bleu verdâtre, qui présente, notamment sur coton, une certaine analogie avec l'indigo. Il est
souvent nuancé avec du vert malachite, du violet méthyle
ou d'autres colorants basiques.

Il est inutile de mentionner les nombreux brevets rela-
tifs à la préparation du bleu méthylène qui ont été pris
avant la découverte du procédé à l'hyposulfite, car tous
reposent sur le même principe qui n'est autre que le principe du procédé à l'hydrogène sulfuré décrit plus haut.

Vert de méthylène.

Ce colorant, qui teint la fibre en un brun-vert foncé,
résulte de l'action de l'acide nitreux sur le bleu de méthylène (20). Il semble être un dérivé mononitré du bleu de
méthylène car on obtient un produit possédant des pro-

priétés identiques, en traitant par une molécule d'acide
azotique une solution de ce dernier dans l'acide sulfurique
concentré. Par réduction, il donne un leucodérivé qui se
transforme en colorant bleu par oxydation. (E. Nœlting,
communication privée.)

Des colorants analogues au bleu méthylène ont été
préparés par Oehler (21) en appliquant le procédé à
l'hydrogène sulfuré à la monoéthylparaphénylène diamine
et par Cassella et Cie en appliquant à la monoéthyltoluylène
diamine le procédé à l'hyposulfite. Le colorant préparé
avec cette dernière diamine se trouve dans le commerce
sous le nom de « bleu méthylène nouveau N »; il possède
les mêmes propriétés que le bleu méthylène et s'obtient
par un procédé analogue en remplaçant dans sa préparation la nitrosodiméthylaniline par la nitrosoéthylorthotoluidine (21 *a*).

Sous le nom de « thiocarmin », on trouve également
dans le commerce un colorant du groupe du bleu méthylène obtenu en partant du dérivé nitrosé de l'éthylbenzylaniline sulfonée. Ce produit, qui présente les caractères
d'un colorant acide grâce à la présence d'un groupe sulfonique dans les deux noyaux benzyliques, donne en
teinture des nuances bleu verdâtre; comme il égalise
très bien, on l'a préconisé pour remplacer le carmin
d'indigo; mais il ne possède qu'une faible résistance à
la lumière.

Imidothiodiphénylimide, Thiazime.

$$\mathrm{Az} \underset{\diagdown C^6H^3 = \mathrm{AzH}}{\overset{\diagup C^6H^4 \diagdown}{<}} \hspace{-1.2em} \overset{\diagdown}{\diagup} S \qquad (4)$$

Ce composé, qui doit être considéré comme le représentant le plus simple des thiazimes, diffère du violet de
Lauth par l'absence d'un groupe amidé. Il s'obtient par
oxydation de la monoamidothiodiphénylamine.

Base. Petites aiguilles rouge brun, solubles en rouge brun dans l'alcool et l'éther.

Chlorhydrate. $C^{12}H^8Az^2SHCl + 1\ 1/2\ H^2O$. Précipité brun insoluble dans l'éther, soluble en bleu violacé dans l'eau et en vert dans l'acide sulfurique concentré.

Chlorozincate. $(C^{12}H^8Az^2SHCl)^2ZnCl^2$. Longues aiguilles brun violet.

Les colorants suivants doivent être classés parmi les thiazones; ils se distinguent des thiazimes par la présence d'un atome d'oxygène quinonique à la place du groupe imidé que renferment ces dernières. Cependant la thionoline peut aussi bien être considérée comme une oxythiazime que comme une amidothiazone.

$$Thionoline\ (4).\ Amidothiazone.$$

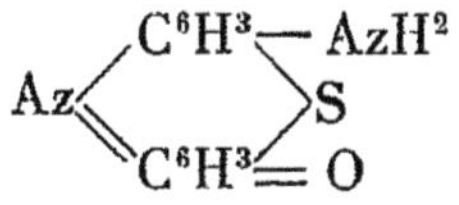

$$Az\diagdown\!\!\!\!\begin{array}{c} C^6H^3 - AzH^2 \\ > S \\ C^6H^3 = O \end{array}$$

La thionoline résulte de l'oxydation du paramidophénol en présence d'hydrogène sulfuré et de l'action des alcalis sur le violet de Lauth. Dans ce second mode de préparation, il y a élimination du groupe imidé sous forme d'ammoniaque.

La base libre cristallise en paillettes jaune brun à reflets verts et le chlorhydrate en fines aiguilles noires, solubles dans l'eau en rouge violacé.

Le derivé diméthylé correspondant au violet de méthylène s'obtient en chauffant le bleu méthylène avec les alcalis. Il se forme en même temps de l'azur de méthylène qui n'est autre que la sulfone du bleu méthylène $C^{16}H^{17}Az^3SO^2$ (4).

Base. $C^{14}H^{12}SOAz^2$. Longues aiguilles solubles dans l'alcool en violet avec fluorescence brun rouge.

Chlorhydrate. Aiguilles vertes, brillantes, solubles en

vert dans l'acide sulfurique concentré ; teint la soie en violet.

Oxythiodiphénylimide (4) *Thiazone.*

$$Az\!\!\diagup\!\!\diagdown \begin{matrix} C^6H^4 \\ C^6H^3 \end{matrix} \!\!\diagdown\!\!\diagup \begin{matrix} \\ S \\ = O \end{matrix}$$

Se forme par oxydation de l'oxythiodiphénylamine. Aiguilles brunes difficilement solubles en rouge orangé dans l'éther, l'acétone, etc.

Thionol (4) (*Dioxythiodiphénylimide*). *Oxythiazone.*

$$Az\!\!\diagup\!\!\diagdown \begin{matrix} C^6H^3 - OH \\ C^6H^3 \end{matrix} \!\!\diagdown\!\!\diagup \begin{matrix} \\ S \\ = O \end{matrix}$$

Ce colorant prend naissance en même temps que la thionoline lorsqu'on fait bouillir le violet de Lauth avec une lessive alcaline ou avec de l'acide sulfurique étendu. Il se forme aussi par oxydation de la thiodiphénylamine avec de l'acide sulfurique à 75 p. 100.

Insoluble dans l'eau. Cristallise dans l'acide chlorhydrique en aiguilles vertes renfermant de l'acide chlorhydrique. Possède à la fois des propriétés faiblement basiques et nettement acides.

Les solutions acides sont rouges et les solutions alcalines violettes.

Sel de Baryum. $C^{12}AzH^7SO^2BaO$. Feuillets verts, brillants, solubles dans l'eau.

Gallothionine (23).

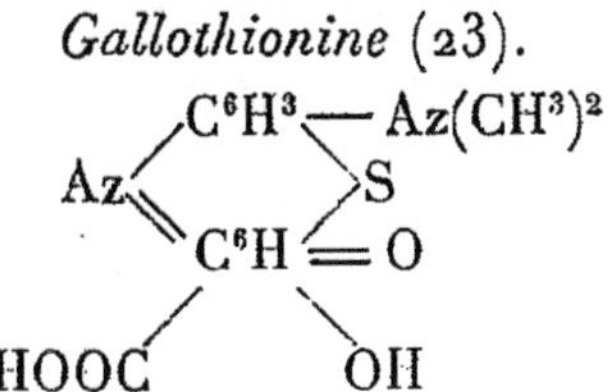

Ce colorant s'obtient par oxydation en milieu alcalin d'un mélange d'acide gallique et du mercaptan ou du disulfure de la diméthylparaphénylène diamine. Il se fixe sur mordants métalliques, en particulier sur mordant de chrome, et donne un bleu violacé. Il jouit à la fois de propriétés acides et basiques.

Un autre colorant pour mordant du même groupe résulte de l'action de l'acide thiosulfonique de la diméthylparaphénylène diamine sur l'acide β-naphtoquinone monosulfonique.

Dans cette condensation, il y a élimination du groupe sulfonique appartenant au noyau naphtalénique. Ce colorant, qui se trouve dans le commerce sous le nom de « bleu d'alizarine brillant », donne un très beau bleu sur laine chromée (24 *a*).

Rouge de méthylène.

$$Cl(CH^3)^2 Az = C^6H^3 \underset{S}{\overset{Az}{<}} > S \quad (4, 24)$$

Ce composé prend naissance à côté de bleu méthylène lorsqu'on oxyde la diméthylparaphénylène diamine en présence d'un grand excès d'hydrogène sulfuré. On l'obtient encore en oxydant avec le chlorure ferrique le persulfure de la diméthylparaphénylène diamine (24).

Le *chlorhydrate* $C^8H^9Az^2S^2HCl$ est très soluble dans

l'eau et peut être extrait de sa solution aqueuse en agitant cette dernière avec du phénol. L'*iodhydrate* est moins soluble et cristallise dans l'eau bouillante en prismes épais. Les solutions aqueuses de ses sels sont décolorées par les alcalis, mais la coloration primitive reparaît par addition d'acide. Réduit par la poudre de zinc, le rouge de méthylène perd de l'hydrogène sulfuré et donne le mercaptan de la diméthylparaphénylène diamine.

IV. — OXAZIMES ET OXAZONES

Les oxazimes et les oxazones se distinguent des thiazimes et des thiazones par la substitution d'un atome d'oxygène à la place de l'atome de soufre qui relie dans ces dernières les deux noyaux benzéniques. Ces composés dérivent donc de la phénoxazine :

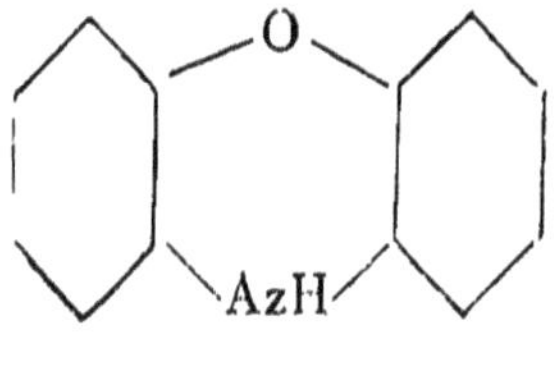

comme les colorants précédents dérivent de la thiodiphénylamine. Nous les appellerons par analogie oxazimes ou oxazones selon qu'ils renfermeront le complexe quinone imidé ou le complexe quinonique ordinaire.

Ces colorants résultent de l'action de la nitrosodiméthylaniline, des nitrosophénols ou des quinone chlorimides sur les phénols et notamment sur les phénols polyvalents, ou encore de l'action de la nitrosodiméthylaniline hydroxylée ou nitrosodiméthylmétaamidophénol sur les amines.

Dans cette condensation des dérivés nitrosés avec les amines ou les phénols, il y a départ de quatre atomes d'hydrogène dont deux sont éliminés sous forme d'eau, ainsi qu'on peut le constater sur l'équation suivante qui rend compte de la formation du bleu naphtol :

$$C^8H^{10}Az^2O + C^{10}H^8O = C^{18}H^{14}Az^2O + H^2O + H^2$$

Nitrosodiméthyl- Naphtol.   Bleu naphtol.
aniline.

Les deux autres atomes d'hydrogène se portent sur la nitrosodiméthylaniline dont ils réduisent une demi-molécule en diméthylparaphénylène diamine, composé que l'on trouve toujours dans les eaux mères d'où on a séparé le colorant. Contrairement à ce qu'on pourrait espérer, l'emploi d'un excès correspondant de nitrosodiméthylaniline ne produit cependant dans aucun cas une augmentation de rendement.

A. — Oxazimes

Les oxazimes ne renfermant que des noyaux benzéniques sont peu connues et n'ont pas encore été étudiées.

Le composé correspondant au bleu méthylène, ou chlorure de tétraméthyldiamidodiphénazime n'est pas connu, mais son homologue méthylé semble constituer le « bleu Capri » du commerce. Ce colorant résulte, en effet, de l'action de la nitrosodiméthylaniline sur le diméthylmétaamidocrésol et prend probablement naissance d'après l'équation :

$$(CH^3)^2Az - \bigcirc - H \quad H\,O\,\bigcirc - Az(CH^3)^2$$
$$- Az\,O \quad H \quad - CH^3$$

Nitrosodiméthylaniline.   Diméthylmétaamidocrésol.

$$(CH^3)^2Az = \text{(structure with Cl, O, Az)} = Az(CH^3)^2, \; CH^3$$

Le bleu Capri teint la soie et le coton mordancé au tannin en un bleu très verdâtre.

Bleu de Meldola (Chlorure de diméthylnaphtophénazime). $C^{18}H^{15}Az^2OCl$ (25, 26)

Ce colorant résulte de l'action de la nitrosodiméthyl-aniline sur le β-naphtol; on obtient en même temps comme produit secondaire de la diméthylparaphénylène diamine. Dans cette condensation, l'atome d'azote du groupe nitrosé se fixe sur le noyau naphtalénique en position ortho et α vis-à-vis de l'hydroxyle phénolique ; le bleu de Meldola possède donc la formule de constitution suivante :

$$(CH^3)^2Az = \text{(structure with Cl, O, Az)}$$

On peut également préparer le bleu de Meldola en oxydant un mélange de diméthylparaphénylène diamine et de β-naphtol.

La base se dissout en rouge dans la benzine.

Le *chlorhydrate* $C^{18}H^{15}Az^2OCl$ et le *chlorozincate* cristallisent en aiguilles bronzées, solubles dans l'eau en violet.

Chloroplatinate $(C^{18}H^{15}Az^2OCl)^2PtCl^4$.

Le bleu de Meldola teint le coton mordancé en tannin en bleu violacé, un peu terne, rappelant le bleu d'indigo. Il est employé en teinture sous le nom de « bleu solide ». Tous ses sels présentent la particularité d'émettre, lorsqu'on les broie, des poussières qui attaquent fortement les muqueuses. Il est coloré en bleu-vert par l'acide sulfurique concentré. Ce composé a été découvert presque simultanément par Meldola et par Witt et décrit par Meldola.

Son homologue inférieur non méthylé, la naphtophénoxazime, s'obtient en faisant agir la quinone dichlorimide sur le β-naphtol.

La base libre est jaune, et ne présente pas de fluorescence, ses sels sont rouges et se dissolvent en vert dans l'acide sulfurique concentré. Par addition d'eau, la solution vire successivement au bleu, puis au rouge (26).

En remplaçant dans cette réaction le β-naphtol par l'α-naphtol, on obtient un colorant soluble en rouge dans l'acide chlorhydrique étendu et qui teint la fibre en gris violacé.

Muscarine (Bleu de naphtol hydroxylé) (27).

Sous le nom de « muscarine », on trouve depuis longtemps dans le commerce un dérivé hydroxylé du bleu de naphtol, obtenu par condensation de la nitrosodiméthylaniline avec la dioxynaphtaline 1 : 7. Ce colorant diffère donc du bleu de naphtol par la présence d'un groupe hydroxyle dans la position 7 (l'atome d'azote azinique se trouvant en 1).

La base libre est violette et se dissout en jaune dans les alcalis caustiques, mais non dans l'ammoniaque. Les sels se présentent en cristaux à reflets verts, solubles dans l'eau en bleu. Ils teignent le coton mordancé au

tannin en nuances plus bleues et plus pures que le bleu
de naphtol.

Le colorant correspondant non méthylé possède une
couleur rouge violacée ; il résulte de l'action de la quinone chlorimide sur la dioxynaphtaline.

Par condensation de la nitrosodiméthylaniline avec la
dioxynaphtaline 2 : 6, on obtient un colorant analogue à
la muscarine qui teint en vert le coton mordancé au
taninn.

Bleu de Nil (Bleu de naphtol amidé) (28).

Ce composé, qui résulte de l'action du nitrosodiméthylmétaamidophénol sur l'α-naphtylamine, doit être considéré comme un dérivé amidé du bleu de naphtol et représenté par la formule suivante :

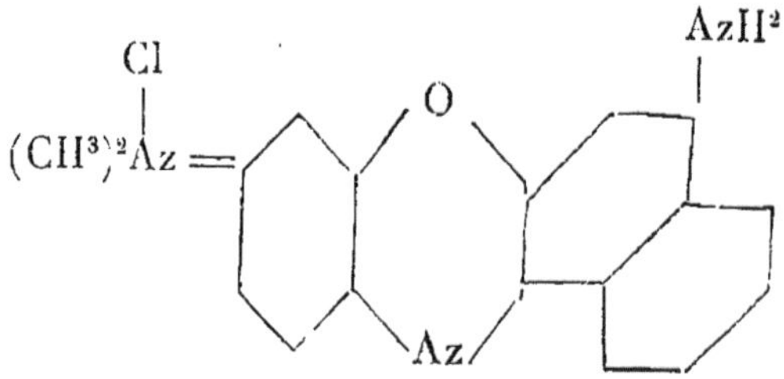

$$(CH^3)^2 Az = \underset{Az}{\overset{Cl}{\bigcirc}} \overset{O}{\bigcirc} \underset{}{\overset{AzH^2}{\bigcirc}}$$

Il teint la soie et le coton mordancé au tannin en un
bleu verdâtre, d'une nuance très pure. L'acide sulfurique
concentré le dissout en jaune ; la solution vire successivement au vert, puis au bleu par dilution.

La formule de constitution donnée ci-dessus au bleu
Nil n'est pas établie avec certitude car la liaison quinonique pourrait aussi se trouver dans le noyau naphtalénique. Cependant, cette formule de constitution semble
la plus probable, car le bleu de Nil possède des propriétés fortement basiques qui tendent à faire admettre
l'existence d'un groupe ammonium dans sa molécule.

Cyanamines.

Witt a donné le nom de « cyanamines » aux premiers représentants d'une classe de colorants découverts par lui, et qui, d'après les recherches ultérieures de Niekzki et Bossi, présentent d'étroits rapports avec le bleu de Nil. Ces composés résultent de l'action des amines primaires et secondaires sur le bleu de Meldola. Dans cette réaction, le radical de l'amine se fixe dans le noyau naphtalénique du bleu de Meldola, en para vis-à-vis de l'atome d'azote azinique.

C'est ainsi qu'en faisant agir l'aniline sur le bleu de naphtol, on obtient un colorant identique au produit de condensation du nitrosodiméthylmétaamidophénol avec la phényl α-naphtylamine. Ce dernier mode de formation permet de le considérer comme étant du bleu de Nil phénylé et de lui assigner la formule de constitution suivante :

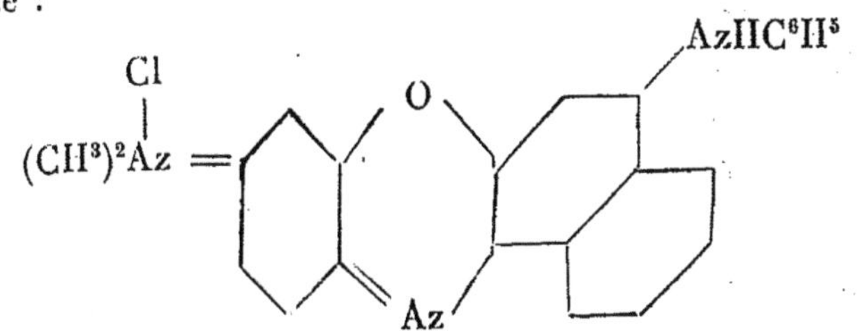

$$(CH^3)^2Az = \cdots$$

Mais, comme pour le bleu de Nil, on peut également lui assigner une autre formule de constitution dans laquelle la liaison quinonique serait placée dans le noyau naphtalénique.

Dans la condensation de l'aniline avec le bleu de Meldola, il y a élimination de deux atomes d'hydrogène qui réduisent probablement une partie du colorant à l'état de leucodérivé.

Le chlorhydrate de ce composé cristallise en aiguilles

à reflets verts, difficilement solubles dans l'eau, facilement dans l'alcool bouillant. Par addition d'ammoniaque à la solution alcoolique et bouillante du chlorhydrate, la liqueur vire au rouge et laisse déposer, au bout de quelque temps, la base libre en aiguilles brunes et chatoyantes ; cette réaction est caractéristique pour toute cette classe de colorants.

La muscarine donne de même avec l'aniline un composé qui doit être considéré comme le dérivé hydroxylé du colorant précédent.

Sous le nom de « bleu méthylène nouveau », on emploie en teinture un colorant résultant de l'action de la diméthylamine sur le bleu de Meldola. Ce colorant, qui constitue probablement du bleu de Nil diméthylé, donne sur soie et sur coton mordancé au tanin des nuances semblables à celles obtenues avec le bleu de Nil.

Witt (29) décrit également sous le nom de « cyanamine » un colorant qu'il obtient en faisant agir les alcalis sur le bleu de naphtol, et qui a été préparé depuis par la Maison Cassella et Cie en traitant le bleu de naphtol par la diméthylparaphénylènediamine (30).

Ce composé ne diffère probablement du produit de l'action de l'aniline sur le bleu de naphtol que par la présence d'un groupe diméthylamidé — $Az (CH^3)^2$ situé en para dans le reste de l'aniline. Cette hypothèse est bien d'accord avec la formule :

$$C^{26}H^{26}Az^4OCl^2$$

assignée par Witt au chlorhydrate de ce colorant. Il se distingue de tous les composés précédents par la nature de ses sels qui renferment deux molécules d'acide, mais il se comporte comme ces derniers vis-à-vis des alcalis (29).

Le produit de l'action de la diméthylamine sur le bleu de Meldola semble être le seul représentant de cette classe de colorants qui ait reçu des applications industrielles.

B. — Oxazones

Les oxazones se distinguent des oxazimes par la substitution du groupe quinone imidé $HAz = C^6H^4 = O$ au groupe quinonediimide que renferment ces dernières.

L'oxazone type :

est inconnue ainsi que l'oxazone naphtalénique correspondant au bleu de Meldola. Toutes les oxazones connues renferment des groupes hydroxylés ou amidés ; lorsqu'elles renferment des groupes amidés, on ne peut affirmer si l'on se trouve en présence d'une oxazone amidée ou de son isomère l'oxazime hydroxylée ; la gallocyanine, la résorufamine et quelques autres composés se trouvent dans ce cas.

Nous décrirons d'abord les dérivés hydroxylés qui sont certainement de véritables oxazones. Ce groupe de dérivés renferme notamment les colorants de la résorcine découverts par Weselsky.

Résorufine (Diazorésorufine de Weselsky) (31, 32, 33, 35).
Oxydiphénoxazone.

Ce composé a été obtenu par Weselsky en traitant une

solution éthérée de résorcine par de l'acide azotique renfermant de l'acide azoteux. Il prend encore naissance par
réduction de la résazurine ou lorsqu'on chauffe ce colorant avec de l'acide sulfurique concentré. Enfin on observe
aussi sa formation lorsqu'on traite une solution de résorcine dans l'acide sulfurique concentré par de l'acide azoteux ou par des composés capables de lui donner naissance,
tels que l'acide nitrique, les dérivés nitrés ou nitrosés. Il
est probable que dans ces différentes réactions, il se forme
d'abord de la nitrosorésorcine qui réagit à son tour sur
une autre molécule de résorcine et donne de la résorufine :

Nitrosorésorcine.   Résorcine.

A l'appui de cette formule de constitution, on peut
encore citer les modes de formation suivants : action du
nitrosophénol ou de la quinonechlorimide sur la résorcine ou réciproquement de la nitrosorésorcine sur le
phénol ; oxydation en solution sulfurique par le bioxyde
de manganèse d'un mélange d'amidorésorcine et de résorcine. Dans ces différentes réactions, on obtient d'abord
un composé soluble en bleu pur dans l'acide sulfurique,
constitué probablement par l'indophénol correspondant ;
ce dernier se transforme ensuite à chaud en résorufine
soluble en rouge violacé dans les acides.

La résorufine se présente en petits cristaux rouge brun,
peu solubles dans l'alcool, l'éther et l'acide acétique cristallisable, facilement solubles dans l'aniline et l'acide
chlorhydrique concentré et bouillant. Elle se dissout facilement dans les alcalis en donnant une solution rose

caractérisée par sa superbe fluorescence rouge cinabre. Les acides en précipitent la résorufine en petites aiguilles brunes. Le sel de potassium cristallise en aiguilles brunes, très solubles dans l'eau, insolubles dans une solution concentrée de carbonate de potassium.

Dérivé acétylé $C^{12}H^6AzO^3C^2H^3O$.

Ce dérivé, qui résulte de l'action de l'anhydride acétique sur la résorufine ou de l'action prolongée du même anhydride sur la résazurine, cristallise en aiguilles jaune brun fondant à 223°.

Ether éthylique $C^{12}H^6AzO^3C^2H^5$.

Action de l'iodure d'éthyle sur le sel d'argent de la résorufine ; aiguilles rouge-orangé fondant à 225°.

Leucorésorufine; $C^{12}H^9AzO^3$.

Par réduction de la résorufine avec la poudre de zinc ou le chlorure stanneux.

Chlorhydrate. Longues aiguilles, d'un éclat soyeux, verdissant rapidement au contact de l'air. Ses solutions alcalines s'oxydent très rapidement et régénèrent la résorufine. Ce leucodérivé forme avec l'anhydride acétique un dérivé triacétylé fondant au-dessus de 216°.

La leucorésorufine doit être considérée comme une dioxyphénoxazine et représentée par la formule de constitution suivante :

Résorufine tétrabromée, $C^{12}H^3Br^4AzO^3$ (34).

Ce composé, qui résulte de l'action du brome sur la résorufine, possède une couleur bleu violacé à l'état libre et dans ses sels. Il teint la soie et la laine en bleu avec une forte fluorescence rouge, et se trouve dans le commerce sous le nom de « bleu fluorescent ».

Son sel de sodium $C^{12}H^2Br^4AzO^3Na + 2H^2O$ cristallise dans l'alcool dilué en aiguilles à reflets verts.

Résazurine (Diazorésorcine de Weselsky)
(31, 32, 35, 33, 36).

Ce composé prend naissance à côté de la résorufine dans l'action de l'acide azotique renfermant des vapeurs nitreuses sur une solution éthérée de résorcine. On l'obtient encore en traitant un mélange de résorcine et de mononitrosorésorcine en solution alcoolique par le bioxyde de manganèse et l'acide sulfurique (36). Il se dissout difficilement en rouge-jaune dans l'alcool et l'acide acétique concentré et cristallise de ce dernier dissolvant en aiguilles vertes infusibles.

Les solutions alcalines sont bleues et présentent un beau dichroïsme rouge. Réduite avec ménagement par la poudre de zinc, le chlorure ferreux, le chlorure stanneux, etc., la résazurine se transforme en résorufine, puis, par une réduction plus énergique, en leucorésorufine.

Sel de sodium $C^{12}H^6AzO^4Na.$ Cristallise en aiguilles vertes chatoyantes lorsqu'on dissout le colorant dans une solution bouillante de carbonate de soude.

Dérivé acétylé, $C^{12}H^6AzO^4C^2H^3O.$

S'obtient en chauffant avec précaution la résorufine avec de l'anhydride acétique et de l'acétate de sodium.

(Par une action prolongée de l'anhydride acétique, on obtient de la résorufine acétylée.) Cristallise dans l'alcool en aiguilles rouge rubis fondant à 222°.

Ether éthylique, $C^{12}H^6AzO^4C^2H^5$.

Action de l'iodure d'éthyle sur le sel d'argent de la résazurine.

Aiguilles rouge foncé fondant à 120°. On obtient également le même composé, à côté de l'éther correspondant de la résorufine, dans l'action de l'acide nitrique fumant sur une solution éthérée de monoéthylrésorcine.

Résazurine tétrabromée, $C^{12}H^3Br^4AzO^4$.

Colorant d'un bleu pur, non fluorescent, facilement transformable par réduction en résorufine tétrabromée fluorescente.

Sel de sodium $C^{12}H^2Br^4O^4Na+2H^2O$. Aiguilles vertes.

La molécule de la résazurine renferme un atome d'oxygène de plus que celle de la résorufine. On peut d'ailleurs facilement éliminer cet atome d'oxygène et transformer la résazurine en résorufine ; il suffit de traiter la résaruzine par des réducteurs ou même par certains agents ne possédant aucune propriété réductrice tels que l'acide sulfurique, l'anhydride acétique ou l'aniline, la réaction étant probablement accompagnée dans ce dernier cas d'une destruction partielle du produit.

La facilité avec laquelle la résazurine se transforme en résorufine semble indiquer que cet atome d'oxygène supplémentaire appartient à un groupe nitrosé ou isonitrosé, hypothèse qui est bien d'accord avec le mode de formation de la résazurine par oxydation de molécules égales de résorcine et de nitrosorésorcine ; la résazurine serait donc représentée par l'une des deux formules de constitution suivantes dont la première présente certaines analogies avec la formule de constitution de l'azoxybenzène (36) :

Orcirufine, $C^{14}H^{11}AzO^3$ (31, 35, 37).

Cet homologue de la résorufine s'obtient exactement comme cette dernière en remplaçant dans sa préparation la résorcine par de l'orcine. Mais on n'observe pas dans cette réaction la formation du colorant correspondant à la résazurine.

Aiguilles brun foncé solubles dans les alcalis avec la même coloration et la même fluorescence que la résorufine.

Sel de sodium $C^{14}H^{10}AzO^3Na$. Aiguilles à reflets bleus.

Dérivé acetylé P. F. 204.

Éther éthylique. Aiguilles orangées fondant à 269°.

Traitée par le brome, l'orcirufine donne un bleu fluorescent représentant probablement l'homologue de la résorufine tétrabromée.

Résorufamine et Orcirufamine (37).

Ces deux colorants représentent les amidooxazones correspondant à la résorufine et à l'orcirufine.

On peut, il est vrai, hésiter entre les deux formules de constitution suivantes :

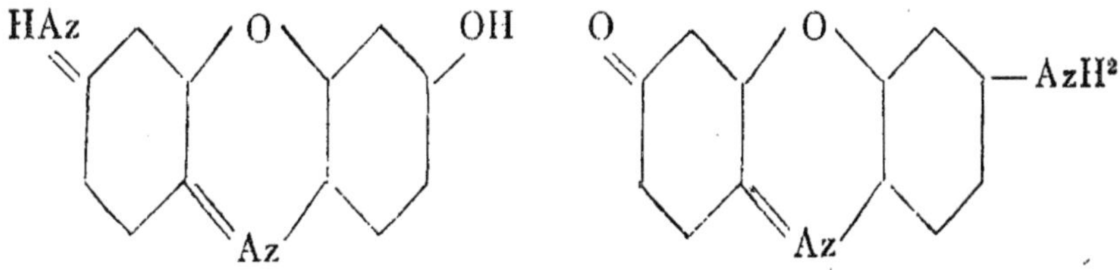

$$HAz\!=\!\!\!\!\!\!\diagdown\!\!\!O\!\!\diagup\!\!\!\!OH \qquad O\!=\!\!\!\!\!\!\diagdown\!\!\!O\!\!\diagup\!\!\!\!-AzH^2$$

Résorufamine.

qui permettent d'envisager la résorufamine comme une oxazime hydroxylée ou comme une oxazone amidée, mais cependant le caractère nettement basique de cette molécule et la faculté qu'elle présente de se laisser diazoter parlent plutôt en faveur de la formule d'une amidooxazone.

Résorufamine $C^{12}H^3Az^2O^2$. Action à chaud de la quinone chlorimide sur une solution alcoolique de résorcine.

Orcirufamine $C^{13}H^{10}Az^2O^2$. Action de la quinone dichlorimide sur une solution alcoolique d'orcine. Aiguilles brunes.

Dérivé acétylé $C^{13}H^9Az^2O^2C^2H^3O$. Aiguilles brunes.

La résorufamine et l'orcirufamine sont faiblement basiques. Les bases libres se dissolvent dans l'alcool avec une coloration violette. Les solutions des sels que forment ces bases avec les acides possèdent la nuance rouge et la fluorescence des solutions alcalines de résorufine. Ces sels sont facilement dissociables et se laissent diazoter.

La résorufamine diméthylée ou diméthylamidooxazone prend naissance dans l'action de la nitrosodiméthylaniline ou du nitrosodiméthylmétaamidophénol sur la résorcine. L'orcine donne également dans ces conditions un composé analogue.

Ces deux colorants présentent la fluorescence caractéristique de ce groupe de dérivés.

Diméthyldiamidooxazone asymétrique (38).

$$\overset{5}{H^2Az}\diagdown \overset{4}{\underset{O}{}}\!\!C^6H^2 \diagup\!\!\overset{1}{\underset{2}{\underset{O}{Az}}}\!\!\diagdown C^6H^3 - \overset{4}{Az}(CH^3)^2$$

Ce colorant s'obtient, d'après Möhlau, par oxydation
en milieu alcalin de l'oxydiméthylparaphénylène diamine (préparée par réduction du nitrosodiméthylmétaamidophénol). Deux molécules de cette base se condensent avec élimination de diméthylamine. La base libre
cristallise en paillettes jaunes fondant à 233°. Les solutions de ses sels possèdent une coloration bleue avec
fluorescence rouge. Par élimination du groupe amidé, ce
composé reproduit la diméthylrésorufamine décrite plus
haut. On a également préparé le dérivé diéthylé correspondant.

Gallocyanine (39, 26).

Ce colorant se dépose en aiguilles brillantes à reflets
verts lorsqu'on chauffe un mélange de nitrosodiméthylaniline et d'acide gallique en solution dans l'alcool ou
l'acide acétique cristallisable.

Les eaux mères d'où le colorant s'est précipité renferment toujours de la diméthylparaphénylène diamine.

La gallocyanine est difficilement soluble avec une
coloration bleu violacé dans l'eau bouillante, l'alcool et
l'acide acétique cristallisable. Elle possède à la fois des
propriétés acides et basiques et se dissout facilement dans
les alcalis en rouge violet ; les acides la précipitent de ses
solutions alcalines.

Elle se dissout difficilement dans un excès d'acide chlorhydrique en rouge violet ; sa solution dans l'acide sulfu-

rique concentré est bleue. Elle forme avec le bisulfite de sodium une combinaison cristalline peu colorée.

La gallocyanine possède la formule brute $C^{15}H^{12}Az^2O^5$ et prend naissance d'après l'équation :

$$3C^8H^{10}Az^2O + 2C^7H^6O^5 = 2C^{15}H^{12}Az^2O^5 + C^8H^{12}Az^2 + 3H^2O$$

Nitrosodimé-   Acide gallique.   Gallocyanine.   Diméthylparaphény-
thylaniline.   lène diamine.

On peut considérer la gallocyanine comme une diméthylamidooxyoxazone carboxylée et la représenter par la formule de constitution suivante :

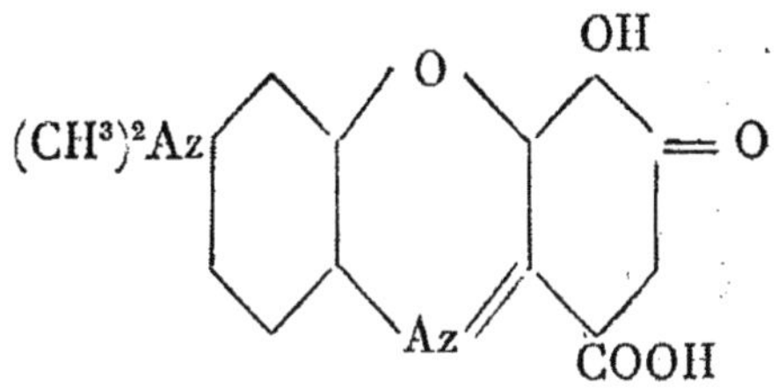

$$(CH^3)^2Az \diagdown \overset{\displaystyle O}{} \diagup \overset{\displaystyle OH}{} = O ,\quad Az = ,\quad COOH$$

Mais son éther méthylique donnant un dérivé diacétylé, fait qui semble indiquer la présence de deux groupes hydroxyles dans sa molécule, on peut également la considérer comme étant une oxazime. Dans cette hypothèse, la gallocyanine renfermerait un groupe diméthylammonium dont la basicité serait neutralisée par le groupe carboxylé.

La gallocyanine est un colorant pour mordants qui forme de belles laques très solides avec le fer, l'alumine, et notamment avec le chrome. Aussi ce colorant est-il très employé en impression sur coton. On l'imprime généralement mélangée avec du bisulfite de soude et de l'acétate de chrome et on vaporise. Dans ces conditions, la laque de chrome rendue insoluble se précipite d'une façon adhérente sur la fibre. La gallocyanine est également employée sur laine chromée. Ce colorant est généralement livré au commerce sous forme de pâte ou de poudre.

Chauffée avec de l'aniline, la gallocyanine perd une
molécule d'acide carbonique et fixe le reste de l'aniline
à la place du groupe carboxyle ainsi éliminé, en vertu
d'une réaction analogue à celle qui donne naissance aux
cyanamines avec le bleu de Meldola. Ici encore, il y a
départ de deux atomes d'hydrogène qui réduisent une
quantité équivalente de colorant.

Le composé ainsi obtenu possède la formule de constitution suivante :

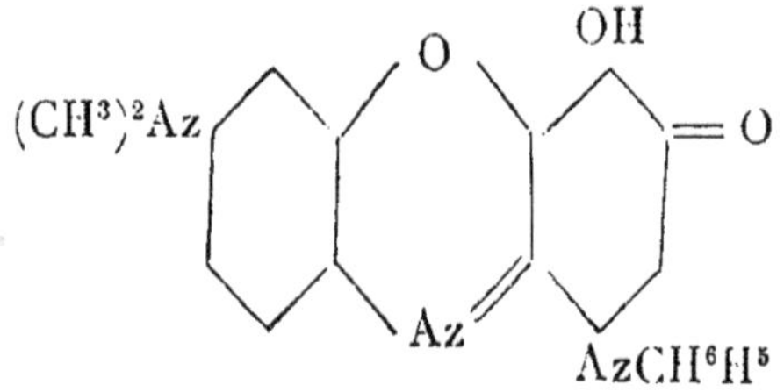

$$(CH^3)^2Az \quad \cdots \quad O \quad OH \quad = O \quad Az \quad AzCH^6H^5$$

Traité par de l'acide sulfurique concentré, il se sulfone
dans le reste de l'aniline ; le colorant sulfoné teint en
bleu pur la laine chromée ; il se trouve dans le commerce
sous le nom de « bleu Dauphin ».

Sous le nom de « prune », on trouve aussi dans le commerce l'éther méthylique de la gallocyanine, obtenu d'une
façon analogue par condensation de nitrosodiméthylaniline
avec l'éther méthylique de l'acide gallique.

Alors que la gallocyanine jouit de propriétés nettement
acides, son éther méthylique est franchement basique et
forme avec les acides des sels stables et solubles dans
l'eau. Il se fixe sur coton mordancé en tannin comme les
colorants basiques, mais se comporte cependant vis-à-vis
des mordants métalliques comme la gallocyanine et donne
sur mordant de chrome un beau violet bleuâtre.

Par condensation de la nitrosodiméthylaniline avec
l'acide gallamique, on obtient un colorant analogue à la
gallocyanine employé sous le nom de « bleu galla-
mine ».

Colorants phénoliques de Liebermann.

En traitant les phénols en solution dans l'acide sulfurique concentré vers 40-50° par de l'acide azoteux, on obtient des composés généralement violets ou bleus, possédant un caractère acide nettement accusé ; ils se dissolvent dans les alcalis et sont précipités par les acides de leurs solutions alcalines.

Il est possible que les colorants ainsi obtenus avec les phénols polyvalents possèdent une constitution analogue à celle de la résorufine et appartiennent à la classe des oxazones. Ainsi le composé obtenu par Liebermann au moyen de l'orcine a été identifié avec l'orcirufine (Nietzki et Mäckler) (41). Mais avec les phénols monovalents, la réaction semble se passer dans un autre sens. Peut-être les composés formés dans ce dernier cas ne sont-ils que de simples indophénols et convient-il d'assigner au colorant soluble en bleu dans les alcalis, préparé avec le phénol ordinaire, la formule de constitution suivante :

$$O = C^6H^4 = Az - C^6H^4 - OH ?$$

A l'appui de cette hypothèse, on peut faire valoir que ce composé prend également naissance par l'action de la quinone chlorimide ou du nitrosophénol sur le phénol ou par oxydation d'un mélange de para-amidophénol et de phénol en milieu sulfurique.

Un colorant qui présente de grandes analogies avec les oxazones a été obtenu par G. Fischer (42) par oxydation de l'orthoamidophénol. P. Seidel (43) le considère comme une triphènedioxazine et lui assigne la formule de constitution suivante :

Ce composé se présente en cristaux rouge-orangé, difficilement solubles dans la plupart des véhicules et partiellement sublimables sans décomposition. Ses solutions possèdent une fluorescence verte. L'acide sulfurique concentré le dissout avec une coloration bleue.

Bleus de nitroso.

La fabrique de Höchst a préconisé récemment un nouveau procédé de teinture et d'impression consistant à développer directement certaines oxazimes sur la fibre. On imprime un mélange des deux composants, la base nitrosée et le phénol, additionné de tannin et d'acide acétique, vaporise quelques minutes, puis passe en bain d'émétique. Comme amines nitrosées, on peut employer la nitrosodiméthylaniline, la nitrosodiéthylaniline, la nitrosoéthylorthotoluidine et la nitrosoéthylbenzylaniline et comme phénols : la résorcine, le β-naphtol et la dioxynaphtaline 2 : 7. Les bleus ainsi produits sur fibre sont appelés « bleus de nitroso ».

V. — AZINES

Dans l'état actuel de nos connaissances, nous pouvons comprendre sous la dénomination générale d' « azines » presque tous les composés désignés autrefois sous le nom de safranines et de colorants du groupe des safranines, c'est-à-dire les eurhodines, le rouge de toluylène, les colorants dits neutres, les safranines et leurs nombreux dérivés, les indulines, le rouge Magdala et les mauvéines.

La plupart de ces colorants sont connus depuis longtemps, mais les premières données relatives à leur constitution sont dues à Witt (44) ; ce savant montra que l'eurhodine, colorant de ce groupe obtenu en faisant agir l'α-napthylamine sur l'o.amidoazotoluène, donne, par élimination de son groupe amidé, de la tolunaphtazine ou naphtylènetoluylènequinoxaline. On peut de même faire dériver toutes les azines de la quinoxaline de Hinsberg.

Le représentant le plus simple des azines est la phénazine :

$$C^6H^4 \diamond \begin{matrix} Az \\ | \\ Az \end{matrix} \diamond C^6H^4$$

(Azophénylène de Claus et Rasenack.)

Le complexe tétravalent :

$$\diamond \begin{matrix} Az \\ | \\ Az \end{matrix} \diamond$$

qui relie les deux noyaux benzéniques de cette molécule, par substitution de deux atomes d'hydrogène en ortho dans chaque noyau, se retrouve dans tous les colorants de cette classe et doit être considéré comme étant le chromophore caractéristique des azines.

Les deux atomes d'azote de ce complexe forment, avec quatre atomes de carbone de deux noyaux benzéniques, un nouveau noyau hexagonal. Le schéma de la phénazine présentera donc trois noyaux hexagonaux, comme celui de l'anthracène :

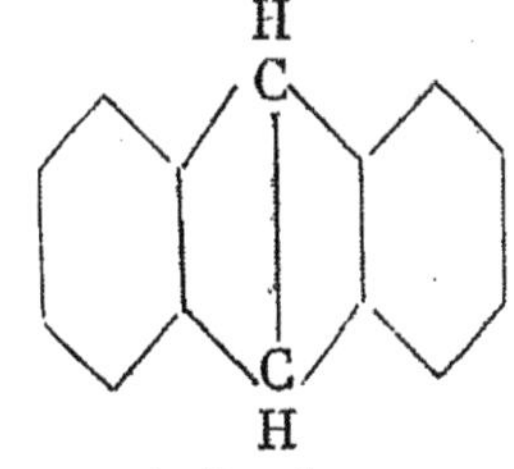

Phénazine.   Anthracène.

Les azines sont analogues, jusqu'à un certain point, avec les anilides des quinones. Tandis que, dans la condensation des paraquinones avec les monamines ou les

diamines, un seul atome d'oxygène quinonique entre en
réaction, les deux atomes d'oxygène des orthoquinones
réagissent avec les deux groupes amidés des orthodiamines; il y a élimination de deux molécules d'eau et
formation d'azines conformément à l'équation [1] :

$$R\!\!<\!\genfrac{}{}{0pt}{}{O}{O} \quad + \quad \genfrac{}{}{0pt}{}{H^2\!|Az}{H^2\!|Az}\!\!>\!\!R \;=\; R\!\!<\!\genfrac{}{}{0pt}{}{Az}{Az}\!\!>\!\!R \;+\; 2H^2O$$

Les azines les plus simples ne sont pas des colorants
mais des corps légèrement colorés et généralement
jaunes. Ils possèdent un caractère faiblement basique
et forment avec les acides des sels dissociables par l'eau.

L'introduction des groupes amidés en accentue la basicité et le pouvoir colorant; l'introduction des groupes
hydroxylés ne conduit au contraire qu'à des colorants
faiblement acides et sans intensité.

Les azines ne renfermant qu'un groupe amidé possèdent
déjà un certain pouvoir colorant, mais ce dernier ne présente toute son intensité que dans les composés renfermant
au moins deux groupes amidés.

On peut établir un certain rapprochement entre les
azines et les indamines ; les azines dérivent en effet de
l'orthoquinonediimide comme les indamines dérivent de
la paraquinonediimide. D'ailleurs, quelques indamines se
transforment en azines avec la plus grande facilité et ces

([1]) Ce dernier mode de formation conduit plutôt à assigner aux azines la
formule de constitution suivante :

$$R\!\!<\!\genfrac{}{}{0pt}{}{Az}{Az}\!\!>\!\!R$$

Nous conserverons néanmoins l'ancien mode de formuler en raison des
difficultés qui se présentent souvent avec la nouvelle formule pour déterminer la position des doubles liaisons.

deux classes de colorants présentent beaucoup d'analogie dans leurs modes de formation; on obtient en effet une azine lorsque, dans la préparation des indamines par oxydation d'une paradiamine avec une monamine, on emploie une monamine dont la position para est occupée.

La transformation des indamines en azines est particulièrement nette et intéressante avec les indamines amidées telles que le bleu de toluylène.

En chauffant longtemps une solution aqueuse de bleu de toluylène, ce colorant perd deux atomes d'hydrogène et se transforme en une azine amidée, le rouge de toluylène. L'hydrogène ainsi éliminé se porte sur une partie du bleu de toluylène qu'il ramène à l'état de leucodérivé (55).

On peut expliquer la formation du rouge de toluylène par l'équation suivante :

$$(CH^3)^2Az - \bigcirc - Az = \bigcirc - CH^3, H^2Az \bigcirc = AzH \quad = \quad (CH^3)^2Az - \bigcirc\bigcirc\underset{Az'}{\overset{Az}{|}}\bigcirc - CH^3 + AzH$$

Bleu de toluylène.   Rouge de toluylène.

Lorsqu'on effectue cette transformation en présence d'un oxydant, la réduction partielle du bleu de toluylène en leucobase n'a pas lieu.

Les indamines les plus simples ne donnent d'azines qu'en présence d'une amine primaire. On obtient alors des safranines, composés qui renferment probablement le groupement phénylazonium, c'est-à-dire le groupe azinique dont un des atomes d'azote, devenu pentavalent, est relié à un atome de chlore et à un radical phényle.

Plusieurs chimistes, guidés par l'analogie incontestable qui existe entre les azines amidées ou hydroxylées et les oxazines ou les oxazones, admettent d'autres formules de

constitution et représentent, par exemple, l'eurhodine la
plus simple par la formule suivante :

$$\text{HAz} = \quad \overset{\text{H}}{\underset{\text{Az}}{\text{Az}}}$$

qui est complètement analogue à celle de l'oxazime la
plus simple. Cette interprétation est certainement très
séduisante car elle permet de représenter par un même
schéma les oxazimes, les thiazimes, les eurhodines, les
safranines et les indulines, elle rend aussi mieux compte
des réactions de quelques colorants isolés, mais un grand
nombre de faits s'opposent à sa généralisation. C'est
ainsi que les eurhodines se comportent comme de véritables dérivés amidés et les eurhodols comme de véritables dérivés hydroxylés.

Les azines amidées éprouvent des changements de coloration très caractéristiques lorsqu'on les traite par des
acides plus ou moins concentrés.

Les sels monoacides des azines diamidées symétriques
ainsi, sont généralement rouges comme les safranines.
Ils se dissolvent dans l'acide sulfurique concentré
avec une coloration verte qui vire successivement au
bleu puis au rouge par addition d'eau. Comme les safranines présentent les mêmes réactions colorées, il est
probable que les sels des azines diamidées possèdent une
constitution analogue à celle des safranines et renferment, comme ces dernières, le radical acide fixé sur
un des atomes d'azote du groupe azinique.

Dans les azines moins amidées, les deux atomes d'azote
du chromophore semblent susceptibles de fixer chacun

une molécule d'acide ; les changements de coloration que subissent la plupart de ces dérivés au contact des acides concentrés rendent du moins cette supposition très vraisemblable.

Les azines se distinguent par la forte fluorescence qui se manifeste tantôt dans les solutions alcooliques de leurs sels, tantôt dans les solutions éthérées des bases libres.

On connaît actuellement un très grand nombre d'azines ; nous ne décrirons ici que celles qui présentent un certain intérêt théorique ou pratique.

A. — EURHODINES (44, 45) (Azines amidées.)

Ces colorants ont été découverts par Witt. Ils prennent naissance dans l'action des azoïques orthoamidés sur les monamines (orthoamidoazotoluène et α-naphtylamine), dans l'action des orthoquinones sur les triamines renfermant deux groupes amidés en position ortho et dans l'action de la nitrosodiméthylaniline ou de la quinone dichlordiimide sur certaines monamines dont la position para est occupée (46-47). Witt désignait sous le nom d'eurhodines uniquement les azines monoamidées mais il n'y a pas d'inconvénient à étendre cette dénomination aux azines polyamidées.

Les eurhodines les plus simples sont généralement des colorants faiblement basiques, jaunes à l'état libre, dont les sels monoacides sont rouges et les sels biacides verts. Ces deux catégories de sels sont décomposés par l'eau. Les sels monoacides teignent la soie en rouge, mais la fibre prend, par lavage, la teinte jaune de la base libre. La plupart des eurhodines se dissolvent dans l'acide sulfurique concentré avec une coloration rouge qui par dilution vire successivement au noir puis au vert et revient ensuite rouge. Leurs solutions éthérées possèdent une fluorescence jaune-vert.

Amidophénazine.

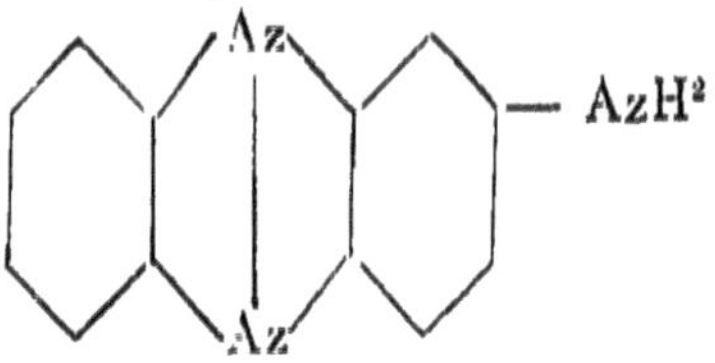

Ce composé, obtenu d'abord en chauffant la diamidophénazine non symétrique avec de la poudre de zinc, prend encore naissance par oxydation de l'orthooxydiamidodiphénylamine non symétrique :

$$\underset{2}{HO}.C^6H^4 - \underset{1}{AzH} - C^6H^3\underset{2}{AzH^2}.\underset{4}{AzH^2} \quad (48)$$

Base énergique qui cristallise en longues aiguilles rouges fondant à 265°. Soluble en rouge dans les acides étendus et en vert dans les acides concentrés.

Eurhodine, $C^{17}H^{13}Az^3$ (45).

Ce colorant s'obtient en chauffant l'orthoamidoazotoluène avec du chlorhydrate d'α-naphtylamine. La base cristallise en aiguilles jaune d'or, sublimables sans décomposition, difficilement solubles dans l'alcool et l'éther, facilement dans le phénol et l'aniline. Sa solution éthérée possède une forte fluorescence verte et sa solution dans l'acide sulfurique concentré une coloration rouge qui, par dilution, vire successivement au noir, puis au vert et redevient ensuite rouge. Traitée par l'acide azoteux, l'eurhodine donne un dérivé diazoïque qui se transforme en éther éthylique de l'eurhodol $C^{17}H^{11}Az^2OC^2H^5$ par ébullition avec l'alcool.

Le *chlorhydrate* $C^{17}H^{13}Az^3HCl$ se présente en aiguilles rouge grenat à reflets bronzés.

Cette eurhodine posséderait, d'après Witt (45), la formule de constitution suivante :

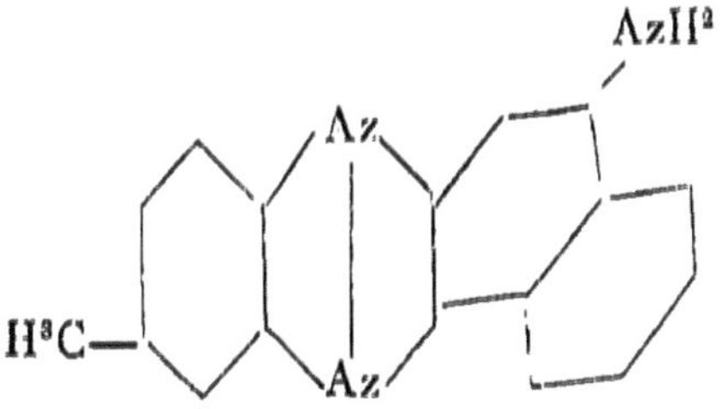

Eurhodine $H^2Az - C^6H^3 \left\langle {Az \atop | \atop Az} \right\rangle C^{10}H^6$ (49)

Action de la quinone dichlordiimide sur la β-naphtylamine :

$$ClAz = C^6H^4 = AzCl + C^{10}H^7AzH^2 = \underset{AzH^2}{\underset{|}{C^6H^3}} \left\langle {Az \atop | \atop Az} \right\rangle C^{10}H^6 + 2HCl$$

La base est jaune et fluorescente en solution éthérée. Les sels sont rouges, dissociables par l'eau et sans fluorescence.

Ils se dissolvent en brun dans l'acide sulfurique concentré.

Chauffés avec de l'alcool en présence d'acide nitreux, ils se transforment en naphtophénazine :

$$C^6H^4 \left\langle {Az \atop | \atop Az} \right\rangle C^{10}H^6$$

Dérivé diméthylé :

$$(CH^3)^2AzC^6H^3 \left\langle {Az \atop | \atop Az} \right\rangle C^{10}H^6$$

Action de la nitrosodiméthylaniline sur la β-naphtylamine.

La base est jaune et soluble en violet dans l'acide sulfurique concentré. Les sels sont bleus et dissociables par l'eau (47).

$$\textit{Eurhodine} \ C^6H^4 \overset{2}{\underset{1}{\overbrace{\underset{Az}{\overset{Az}{\diamond}}}}} C^{10}H^5 \overset{4}{—} AzH^2$$

S'obtient en chauffant l'orthophénylènediamine avec du chlorhydrate de benzène azo-α-naphtylamine, ou en faisant agir l'orthophénylènediamine sur l'oxynaphtoquinone imide (5o).

Tandis que la β-naphtylamine se condense très facilement avec la quinone dichlordiimide ou avec la nitrosodiméthylaniline pour donner des eurhodines correspondantes, les monamines de la série benzénique ne semblent pas se prêter à une réaction analogue.

Azines diamidées.

1. *Diamidophénazine non symétrique* (51,52).

La formule de constitution de ce colorant, obtenu autrefois par Griess (52) par oxydation de l'orthophénylènediamine, a été établie récemment par Fischer et

Hepp (51). On peut expliquer sa formation par le schéma
suivant :

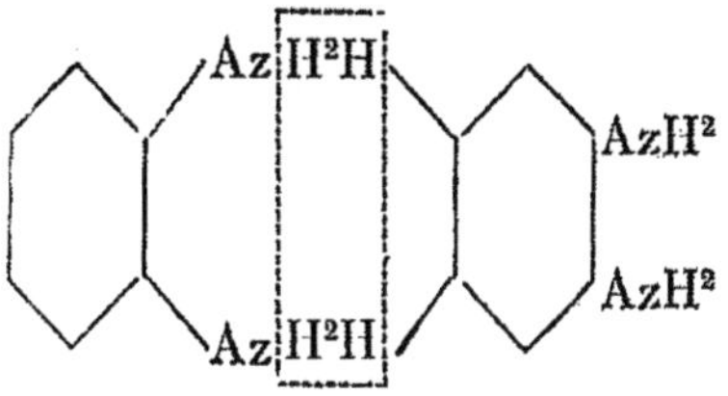

$$\text{Az H}^2\text{H} \quad \text{Az H}^2 \quad \text{Az H}^2 \quad \text{Az H}^2\text{H}$$

Ici encore, les deux molécules d'orthophénylènediamine se sont donc orientées de telle sorte que la condensation s'effectue en para vis-à-vis des deux groupes amidogènes.

Lorsque ces positions para sont occupées par des radicaux non éliminables comme dans la toluylènediamine :

$$\overset{1}{\text{AzH}^2}.\overset{2}{\text{AzH}^2}.\overset{4}{\text{CH}^3}$$

il n'y a pas formation d'azine. Mais lorsque ces positions sont occupées par des groupes amidés comme dans le triamidobenzène non symétrique et dans le tétramidobenzène symétrique, il y a élimination de ces groupes amidés et formation d'azine (53).

La diamidophénazine cristallise en longues aiguilles brunes, solubles en vert dans l'acide sulfurique concentré et en rouge-orangé dans les acides étendus.

2. *Diamidophénazine symétrique* (54).

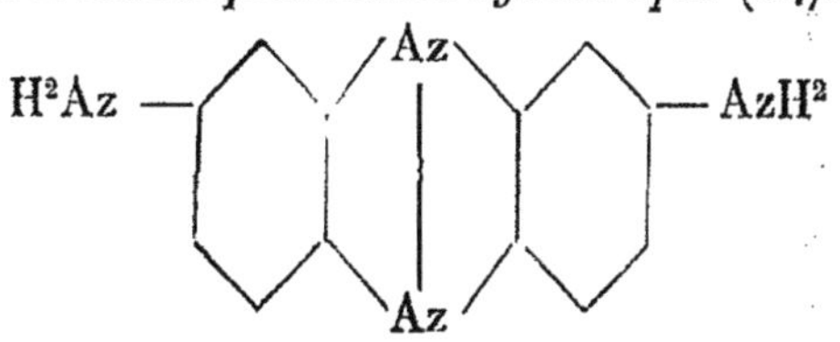

$$\text{H}^2\text{Az} - \quad \text{Az} \quad - \text{AzH}^2$$

Ce dérivé constitue le représentant le plus simple des

colorants du groupe du rouge de toluylène. Il s'obtient par oxydation à chaud de la triamidodiphénylamine :

$$\overset{4}{H^2Az}.H^2\overset{2}{Az}.C^6H^3 - \overset{1}{AzH} - C^6H'.\overset{4}{AzH^2}$$

ou par simple ébullition d'une solution aqueuse de l'indamine correspondante.

La base cristallise en aiguilles jaunes, fondant à 280°.

Les solutions de ses sels monoacides sont d'un beau rouge et teignent le coton mordancé en tannin en nuances rouge cochenille. Ils se dissolvent dans l'acide sulfurique concentré avec une coloration verte qui vire successivement au bleu, puis au rouge par dilution. Le nitrate monoacide est peu soluble.

La diamidophénazine se transforme en phénazine par diazotation et ébullition avec l'alcool du diazoïque ainsi obtenu.

On peut aussi préparer ce colorant par oxydation d'un mélange de molécules égales de para et de métaphénylène diamine, ou par condensation de cette dernière amine avec la quinone dichlordiimide, la réaction étant effectuée dans les deux cas dans le voisinage de 100°.

Rouge de toluylène (55).

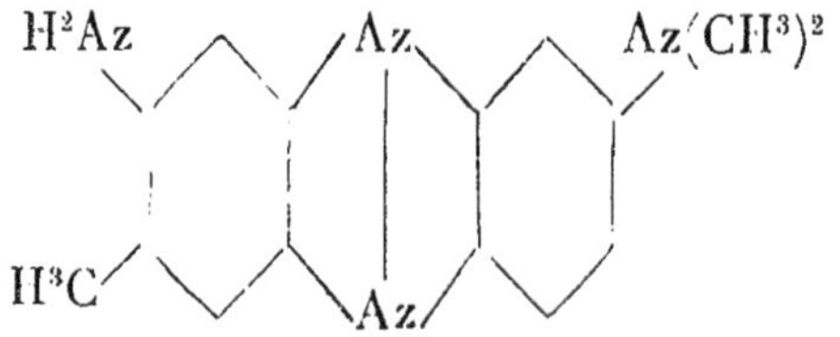

$$H^2Az \quad Az \quad Az'(CH^3)^2$$
$$H^3C \quad Az$$

Ce colorant, qui a été découvert par Witt, présente un certain intérêt comme étant le premier représentant des azines diamidées symétriques et, plus généralement, des eurhodines.

Le rouge de toluylène se forme, avec élimination de deux atomes d'hydrogène, par ébullition d'une solution aqueuse de bleu de toluylène (indamine amidée) et par oxydation à chaud d'un mélange de diméthylparaphénylène diamine et de métatoluylène diamine (55).

La base se présente en cristaux rouge-orangé renfermant quatre molécules d'eau de cristallisation ; chauffés à 150°, ils perdent leur eau de cristallisation et se transforment en un composé anhydre de couleur rouge sang (55). Ils se dissolvent dans l'alcool et l'éther avec une forte fluorescence.

Le monochlorhydrate est un beau colorant rouge, soluble en vert dans l'acide sulfurique concentré et en bleu céleste dans l'acide chlorhydrique concentré. Le chlorostannate se présente en cristaux à reflets métalliques (55).

Le rouge de toluylène est employé en teinture sous le nom de « rouge neutre ». Il se fixe, comme les colorants basiques, sur coton mordancé au tanin. Son emploi est cependant assez restreint en raison de sa sensibilité vis-à-vis des alcalis qui font virer la nuance du rouge au jaune.

Le rouge de toluylène renferme un groupe amidé diazotable.

Le dérivé diazoïque est bleu et donne, par ébullition avec l'alcool, l'eurhodine diméthylée $C^{16}H^{15}Az^3$ (56).

En oxydant un mélange de paraphénylène diamine et de métatoluylène diamine, on obtient un bleu de toluylène non méthylé qui se transforme à chaud en rouge de toluylène correspondant. Ce dernier forme avec l'acide azoteux un dérivé tétrazoïque qui, par ébullition avec l'alcool, donne la méthylphénazine (benzotolazine) (56).

$$C^6H^4 \diagdown \!\!\!\! \underset{Az}{\overset{Az}{\underset{|}{}}} \!\!\!\! \diagup C^6H^3CH^3$$

Traité par un excès de métatoluylène diamine, le bleu de toluylène se transforme en une matière colorante violette, appelée par Witt « violet de toluylène », dont la composition répond à la formule $C^{14}H^{14}Az^4$ (55).

Sous le nom de « violet neutre », on trouve dans le commerce un colorant analogue au rouge de toluylène, obtenu par oxydation d'un mélange de diméthylparaphénylène diamine et de métaphénylène diamine.

B. — **EURHODOLS** (Azines hydroxylées).

Ces composés s'obtiennent en fondant avec de la potasse les acides sulfoniques des azines (57) ou en chauffant à 180° les eurhodines avec de l'acide chlorhydrique concentré (45).

Ils possèdent la coloration et la fluorescence des eurhodines, leurs solutions dans l'acide sulfurique concentré présentent les mêmes particularités, mais ils se distinguent des eurhodines par leur caractère à la fois basique et phénolique.

Azines monohydroxylées.

Oxynaphtophénazine.

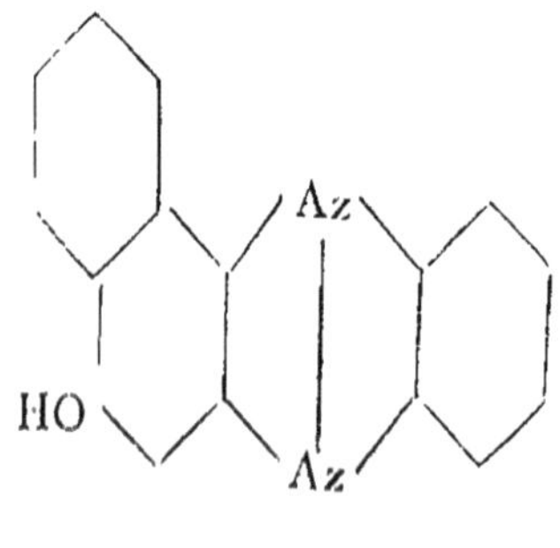

Ce composé s'obtient en chauffant avec de l'acide chlorhydrique le dérivé amidé correspondant (58) ou en

condensant l'o-phénylène diamine avec l'oxynaphtoquinone (59).

Traité par l'iodure de méthyle, il donne deux éthers
méthyliques isomères : dans l'un des éthers, le groupe
méthyle est uni à l'oxygène phénolique et, dans l'autre, à
l'un des atomes d'azote du chromophore.

Ce dernier isomère peut encore s'obtenir par condensation de l'oxynaphtoquinone avec la méthylorthophény-
lène diamine.

Kehrmann et Messinger (60), qui ont observé cette particularité intéressante, l'expliquent en admettant que l'oxynaphtophénazine existe sous les deux formes tautomères :

$$\mathrm{HOC^{10}H^5}\diamondsuit\!\!\!\begin{array}{c}\mathrm{Az}\\|\\\mathrm{Az}\end{array}\!\!\!\diamondsuit\mathrm{C^6H^4} \quad \text{et} \quad \mathrm{O}=\mathrm{C^{10}H^5}\diamondsuit\!\!\!\begin{array}{c}\mathrm{Az}\\\\\mathrm{Az}\end{array}\!\!\!\diamondsuit\mathrm{C^6H^4}$$

hypothèse certainement admissible, mais non nécessaire.

On peut en effet représenter l'isomère alcoylé à l'azote
par la formule de constitution suivante :

$$\mathrm{C^{10}H^5}\diamondsuit\!\!\!\begin{array}{c}\mathrm{Az}\\|\\\mathrm{Az}\end{array}\!\!\!\diamondsuit\mathrm{C^6H^4}$$
$$\mathrm{O}\qquad\mathrm{CH^3}$$

et rendre compte de sa formation en admettant la formation du composé intermédiaire :

$$\mathrm{HOC^{10}H^6}\diamondsuit\!\!\!\begin{array}{c}\mathrm{Az}\\|\\\mathrm{Az}\end{array}\!\!\!\diamondsuit\mathrm{C^6H^4}$$
$$\mathrm{HO}\qquad\mathrm{CH^3}$$

qui, renfermant un hydroxyle phénolique acide à côté
d'un hydroxyle ammonium fortement basique, éprouve-
rait une anhydrisation interne résultant de la neutralisation de ces deux groupes.

On peut d'ailleurs observer des phénomènes d'anhydrisation analogue avec l'acide sulfanilique et l'acide triméthylamidobenzoïque.

L'*eurhodol* $C^{17}H^{12}Az^2O$ s'obtient en chauffant l'eurhodine $C^{17}H^{13}Az^3$ avec de l'acide chlorhydrique ou de l'acide sulfurique étendu. Il se dissout en rouge dans l'acide sulfurique concentré ; l'eurhodol se précipite en flocons jaunes par dilution (45).

Azines dihydroxylées.

La dioxyphénazine non symétrique se prépare en chauffant à 200° la diamidophénazine non symétrique avec de l'acide chlorhydrique (58), ou en condensant l'orthophénylènediamine avec la dioxyquinone symétrique. Aiguilles orangées renfermant une demi-molécule d'eau de cristallisation (61).

Le dérivé diacétylé fond à 230°.

La *dioxyphényltolazine* $(OH)^2C^6H^2 = Az^2 = C^7H^6$ obtenue par condensation de la dioxyquinone avec l'o-toluylène diamine, se présente en aiguilles fondant à 265°. (61).

La *dioxynaphtophénazine* $(OH)^2C^6H^2 = Az^2 = C^{10}H^6$ résulte de la condensation de la dioxyquinone avec la naphtylène diamine 1 : 2.

Composé peu soluble ; sa solution dans l'acide sulfurique concentré est violette.

C. — SAFRANINES (62, 63, 64, 65).

Sous la dénomination de « safranines », on peut comprendre toute une série de matières colorantes qui renferment quatre atomes d'azote et trois noyaux aromatiques alors que les eurhodines n'en renferment que deux. Bien que se rattachant aux colorants aziniques par leurs caractères généraux, les safranines s'en différencient par un certain nombre de propriétés particulières, notamment par leur forte basicité qui rappelle celle des bases ammonium quaternaires dont elles possèdent aussi l'amertume caractéristique. Contrairement à ce que l'on observe avec les autres phénazines, les bases des safranines possèdent la même coloration que leurs sels monoacides.

La forte basicité des safranines est certainement due à la présence du chromophore azinique. Les safranines renferment en outre deux auxochromes amidés dont les atomes d'hydrogène peuvent être remplacés par des radicaux alcooliques ou acides ; les dérivés diacétylés étant encore des bases capables de fixer une molécule d'acide, on peut en conclure que le groupe azinique, fortement basique, est resté intact.

Les safranines forment avec les acides trois catégories de sels : les sels monoacides sont rouges, comme les bases libres, et très stables, les sels biacides sont bleus et dissociés par l'eau et les sels triacides sont verts ; ils sont également dissociés et ne peuvent exister qu'en milieu sulfurique ou chlorhydrique très concentré.

Les deux groupes amidés des safranines sont diazotables (62) : la combinaison diazoïque simple, obtenue par diazotation en milieu légèrement acide, forme des sels bleus renfermant deux molécules d'acide ; la combinaison tétrazoïque n'a pas été analysée, elle forme des sels verts qui renferment probablement trois molécules d'acide ; ces deux catégories de sels ne sont pas dissociés par l'eau.

On obtient des safranines : 1° en chauffant les indamines avec des monamines primaires, la réaction étant accompagnée d'une réduction partielle de l'indamine (62-64-65) ; 2° en oxydant la paradiamidodiphénylamine ou ses homologues en présence d'une amine aromatique primaire (62) ; 3° en oxydant un mélange de métaamidodiphényl-

amine ou de ses homologues avec une paradiamine ;
4° enfin, en oxydant un mélange renfermant une molécule d'une paradiamine et deux molécules de monamine,
ces deux molécules de monamine pouvant être différentes
pourvu que l'une des deux monamines soit primaire (64).

Ces différents modes d'obtention nous montrent que la
formation des safranines est toujours précédée de la formation d'une indamine comme produit intermédiaire.
Par conséquent, dans la préparation des safranines par
oxydation d'un mélange de monamines et de paradiamines, ces bases devront satisfaire aux conditions exi-
gées pour pouvoir donner des indamines, c'est-à-dire que
la paradiamine ne pourra être substituée que dans un seul
de ses groupes amidogènes et que la position para de
l'une des deux molécules de monamines devra être libre.

La seconde molécule de monamine, qui, en réagissant
ensuite sur l'indamine formée donne naissance à la
safranine, pourra être substituée dans la position para,
mais ne pourra être substituée dans son groupe amidé.

La safranine la plus simple est considérée depuis longtemps comme un dérivé diamidé du phénylazonium :

$$\text{Az}$$

Cependant quelques chimistes la faisaient dériver d'un
composé possédant une structure paraquinonique analogue à celle des oxazimes :

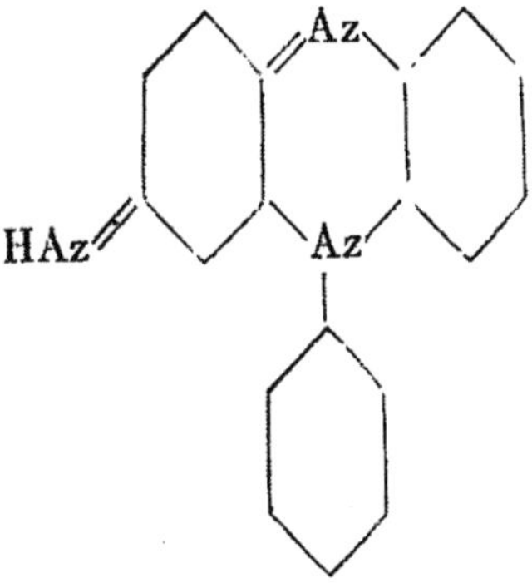

Mais cette hypothèse, qui d'ailleurs ne rend pas compte de la forte basicité des safranines, a dû être abandonnée, Kehrmann (65 *a*) ayant montré que l'on peut obtenir le phénylazonium par élimination du groupe amidé de l'aposafranine (voy. plus bas).

D'autre part, non seulement les arguments émis autrefois en faveur d'une formule dissymétrique de la phénosafranine ont été reconnus sans valeur [1], mais l'auteur (65 *b*) a même pu démontrer que les deux groupes amidés sont symétriquement distribués. La phénosafranine est donc bien le dérivé phénylammonium de la diamidophénazine symétrique et son chlorhydrate doit être représenté par la formule de constitution suivante :

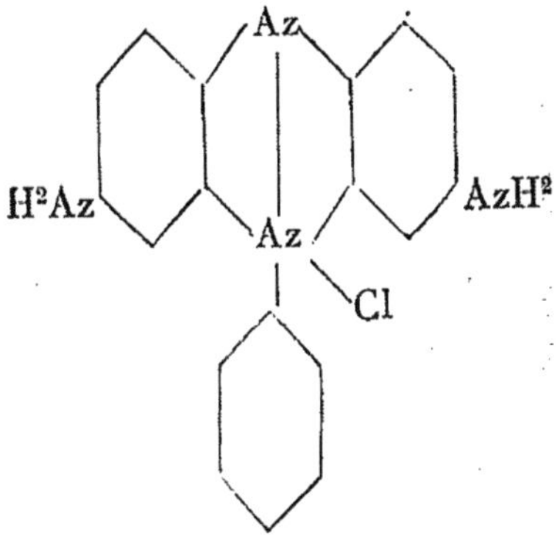

---

[1] Voir l'édition allemande de cet ouvrage de 1894.

La phénosafranine libre renferme un groupe hydroxyle de même nature que l'hydroxyle des bases ammonium. Chauffée vers 150°, elle perd de l'eau. Ce phénomène, qui s'observe surtout avec les représentants les moins basiques de la série, peut s'expliquer, soit en admettant une transposition moléculaire du produit en composé à structure paraquinonique, transposition souvent accompagnée d'un changement de coloration, soit en admettant une anhydrisation interne entre le groupe hydroxyle et un des groupes amidés.

Les sels monoacides des safranines sont généralement rouges. L'introduction de radicaux alcooliques dans les amidogènes fait virer la nuance vers le violet, tandis que l'introduction des radicaux éthoxylé et méthoxylé dans les noyaux benzéniques fait virer la nuance vers le jaune.

Les safranines teignent facilement les fibres animales et le coton mordancé au tanin avec la couleur de leurs sels monoacides. Le coton non mordancé fixe également une petite quantité de colorant.

Les sels biacides sont bleus et s'obtiennent avec de l'acide chlorhydrique de concentration moyenne. Les sels triacides sont verts et se forment en traitant le colorant par de l'acide sulfurique concentré. Ces deux catégories de sels ne sont stables qu'en présence d'un excès d'acide, l'eau les dissocie en sels monoacides et acides libres.

Les bases, que l'on peut obtenir en décomposant les sulfates par de l'hydrate de baryte, sont facilement solubles dans l'eau et possèdent généralement les colorations des sels monoacides. L'acide carbonique les transforme en carbonates.

Les safranines donnent des leucodérivés par réduction. Ces composés, assez stables en solution acide, s'oxydent presque instantanément au contact de l'air en milieu alcalin en régénérant le colorant primitif.

En employant comme réducteur une solution acide de

protochlorure d'étain, on constate qu'une molécule de protochlorure réduit une molécule de safranine. Ce colorant exige donc deux atomes d'hydrogène pour se transformer en leucobase.

Par ébullition prolongée avec de la poudre de zinc et de l'acide chlorhydrique, la phénosafranine se transforme en une base incolore et très stable, répondant à la formule $C^{18}H^{19}Az^3O$ (66).

Indépendamment des modes de formation cités plus haut, les safranines prennent encore naissance par l'action des amines sur les composés amidoazoïques (67), par oxydation de ces derniers et par oxydation des mauvéines (68).

La formation des safranines au moyen des composés amidoazoïques provient sans doute du dédoublement de ces derniers en paradiamines et monoamines et rentre par conséquent dans les modes généraux de formation déjà décrits.

Le seul procédé industriellement employé actuellement pour préparer les safranines consiste à oxyder un mélange renfermant deux molécules de monamines et une molécule d'une paradiamine. Ce mélange se prépare généralement en traitant l'orthotoluidine (autrefois on remplaçait l'orthotoluidine par le mélange d'aniline et d'orthotoluidine connu sous le nom d' « échappés de fuchsine ») par de l'acide chlorhydrique et une quantité insuffisante de nitrite de sodium et réduisant par le zinc ou le fer et l'acide chlorhydrique le mélange d'amidoazotoluène et d'orthotoluidine (ou d'aniline) ainsi formé. On obtient donc une liqueur qui renferme, pour une molécule de paratoluylène diamine, deux molécules d'orthotoluidine (ou une molécule d'aniline et une molécule d'orthotoluidine); cette liqueur, préalablement étendue et neutralisée avec de la craie, est ensuite oxydée par ébullition prolongée avec la quantité théorique de bichromate de potasse. On peut aussi remplacer le bichromate de

potasse par le bioxyde de manganèse (boues Weldon) et
un peu d'acide oxalique. Quel que soit le mode d'oxydation, il y a d'abord formation d'indamine qui, par ébullition prolongée en présence d'un excès de monamine et
d'oxydant, se transforme en safranine. On obtient également dans cette préparation des colorants violets ; mais
ces derniers possèdent un caractère moins basique que
les safranines et peuvent être éliminés par addition de
carbonate de soude ou de craie. Les safranines restent en
dissolution et sont ensuite précipitées par le sel marin.

La safranine a d'abord été préparée vers 1868 par Guinon, Marnas et Bonnet à Lyon en oxydant la mauvéine.
On l'obtint ensuite en chauffant le chlorhydrate d'aniline
(renfermant de la toluidine) avec du nitrite de plomb et
l'amidoazobenzène avec de l'acide arsénique. Dans l'action
du nitrite de plomb sur le chlorhydrate d'aniline, il se
forme probablement des composés amidoazoïques comme
produits intermédiaires.

Le colorant actuellement employé dans l'industrie est
généralement obtenu par oxydation d'un mélange renfermant une molécule d'aniline, une molécule d'orthotoluidine et une molécule de paratoluylènediamine. Allié à
des colorants jaunes tels que la chrysoïdine, l'auramine
ou le curcuma, il donne sur coton des teintures de nuance
écarlate, analogues à celles obtenues avec l'alizarine,
mais beaucoup moins solides.

La safranine est également employée dans la teinture
de la soie pour l'obtention de roses vifs.

Sous le nom d' « indoïne », on emploie depuis quelques années, sur coton mordancé au tannin, un colorant
bleu obtenu par copulation du dérivé diazoïque de la
safranine avec le β-naphtol [1].

---

[1] Depuis quelque temps, on trouve aussi dans le commerce sous le
nom de « vert mi-laine » un colorant obtenu par copulation de la dié-

Les safranines perdent facilement un groupe amidogène lorsqu'on fait bouillir avec de l'alcool leurs dérivés diazoïques primaires. On peut ainsi préparer au moyen de la phénosafranine le chlorure du phénylazonium monoamidé, connu sous le nom d' « aposafranine ». Cette aposafranine peut elle-même être diazotée, mais seulement en milieu très acide, et donner le chlorure de phénylazonium par décomposition de son diazoïque avec de l'alcool froid.

Le chlorure de phénylazonium se dissout dans l'eau avec une coloration jaune. Il est très altérable et réagit avec la plus grande facilité. Traité par les amines, il donne des produits de substitution amidés dans le noyau et reproduit l'aposafranine au contact de l'ammoniaque.

L'aposafranine est le type d'une classe de colorants assez nombreux que l'on rattachait autrefois aux indulines.

Phénosafranine, $C^{18}H^{14}Az^4$ (62, 69, 63, 64).

Ce colorant a d'abord été obtenu par Witt en oxydant une molécule de paraphénylènediamine en présence de deux molécules d'aniline (22). Il prend encore naissance par oxydation de molécules égales d'aniline et de paradiamidodiphénylamine (62).

La base libre se prépare par décomposition du sulfate avec la quantité théorique d'hydrate de baryte ; en évaporant dans le vide la solution ainsi obtenue, la base cristallise brusquement en petits feuillets verts, brillants, peu solubles dans l'eau.

Après dessiccation à 100°, ces cristaux répondent à la

---

thylsafranine diazotée avec la diméthylaniline. Le vert mi-laine jouit, avec l'indoïne et quelques polyazoïques dérivés du chlorure de triméthylphénylammonium méta amidé, de la propriété inattendue de *teindre directement le coton en bain acide*.

A. G.

formule : $C^{18}H^{16}Az^4O = C^{18}H^{14}Az^4 + H^2O$. Chauffés à 150°, ils perdent environ une demi-molécule d'eau. La base de la safranine n'est pas très stable et perd de l'ammoniaque par simple ébullition de ses solutions aqueuses.

Les solutions alcooliques de la base libre et de ses sels possèdent une forte fluorescence qui ne s'observe pas avec les solutions aqueuses.

Le chlorhydrate $C^{18}H^{14}Az^4HCl$ cristallise dans l'eau additionnée d'acide chlorhydrique en feuillets verts à reflets métalliques et dans l'eau pure en longues aiguilles bleu d'acier. Les solutions possèdent une belle couleur rouge et sont précipitées par le chlorure de sodium et l'acide chlorhydrique concentré.

Nitrate $C^{18}H^{14}Az^4HAzO^3$: cristaux verts, peu solubles dans l'eau, presque insolubles dans l'acide azotique étendu (62, 63).

Sulfate (62) $C^{18}H^{14}Az^4H^2SO^4$. Aiguilles bleu d'acier.

Chloroplatinate (62) $(C^{18}H^{14}Az^4HCl)^2PtCl^4$. Paillettes à reflets dorés, insolubles dans l'eau.

Chlorhydrate du dérivé diacétylé (62) $C^{18}H^{12}Az^4(C^2H^3O)^3HCl$. Ce composé, obtenu en faisant agir l'anhydride acétique en présence d'acétate de sodium sur le chlorhydrate de la phénosafranine, cristallise en paillettes brunes et chatoyantes, insolubles dans l'eau, solubles avec une coloration violette dans les solutions alcooliques de potasse ou de soude. L'acide sulfurique étendu le saponifie à l'ébullition en anhydride acétique et phénosafranine.

La basicité relativement forte dont jouit encore la safranine acétylée est un argument sérieux en faveur de la formule azonium attribuée à ce colorant.

Iodhydrate du dérivé acétylé (62) $C^{22}H^{19}Az^4O^2I$.

Dérivés diazoïques de la phénosafranine.

Chlorure : $C^{18}H^{12}Az^3HCl$

$\overset{\diagdown}{Az} = AzCl$. Ce dérivé résulte de l'action de l'acide azoteux sur les solutions acides de chlor-hydrate de phénosafranine. Il se dissout dans l'eau avec la coloration bleue des sels biacides de la phénosafranine et conserve cette coloration par dilution.

Chloroplatinate. Larges aiguilles bleues.

Sel d'or $C^{18}H^{13}Az^5Cl^2 (AuCl^3)^2$. Aiguilles gris verdâtre. Ce sel perd deux atomes d'azote par ébullition de ses solutions aqueuses.

Chauffé avec de l'alcool, ce dérivé diazoïque se trans-forme en aposafranine.

En traitant par de l'acide azoteux la solution verte de la phénosafranine dans l'acide sulfurique concentré, on obtient une solution qui conserve sa couleur verte lors-qu'on l'étend d'eau et qui renferme probablement le dérivé tétrazoïque de la phénosafranine (62).

Phénosafranine diméthylée (63) $C^{18}H^{12}Az^4(CH^3)^2$.

Ce composé se prépare par oxydation d'une molécule de diméthylparaphénylènediamine avec deux molécules d'aniline.

Chlorhydrate $C^{20}H^{18}Az^4HCl$. Colorant rouge fuchsine.

Nitrate $C^{20}H^{18}Az^4HAzO^3$. Aiguilles à reflets verts.

Chloroplatinate $(C^{20}H^{18}Az^4HCl)^2PtCl^4$.

Le chlorozincate est employé sous le nom de « fuchsia » dans la teinture et l'impression du coton.

Le « giroflé » du commerce est un homologue supé-rieur du colorant précédent obtenu en traitant la xylidine brute par la nitrosodiméthylaniline.

Safranine diéthylée (62) $C^{18}H^{12}Az^4(C^2H^5)^2$.

S'obtient comme le dérivé diméthylé avec lequel il présente beaucoup d'analogie.

La diméthyl et la diéthylphénosafranine sont facilement transformées en dérivés diazoïques bleus, donnant des colorants bleus par copulation avec les phénols.

Safranine tétraméthylée (63) $C^{18}H^{10}Az^4(C^2H^5)^4$.

Par oxydation d'un mélange renfermant une molécule de diméthylparaphénylènediamine, une molécule de diméthylaniline et une molécule d'aniline.

Chlorhydrate $C^{22}H^{22}Az^4HCl$.

Nitrate $C^{22}H^{22}Az^4HAzO^3$. Cristaux violet brun. Colorant violet fortement fluorescent.

Safranine tétraéthylée (62) $C^{18}H^{10}Az^4(C^2H^5)^4$.

S'obtient par oxydation de molécules égales de diéthylparaphénylène diamine, de diéthylaniline et d'aniline.

Le chlorozincate se présente en beaux cristaux à reflets dorés. Colorant bleu violet, très fugace ; les teintures sur soie possèdent une splendide fluorescence. Il est employé sous le nom de « violet améthyste ».

Chloroplatinate $(C^{26}H^{30}Az^4HCl)^2PtCl^4$.

L'acide azoteux et l'anhydride acétique sont sans action sur la phénosafranine tétraéthylée.

Tolusafranine (70) $C^{21}H^{20}Az^4$.

Chlorhydrate $C^{21}H^{20}Az^4HCl$. Fines aiguilles brun rougeâtre, solubles dans l'eau et l'alcool.

Chloroplatinate $(C^{21}H^{20}Az^4HCl)^2PtCl^4$. Poudre cristalline rouge jaunâtre.

Nitrate $C^{21}H^{20}Az^4HAzO^3$. Aiguilles rouge brun difficilement solubles dans l'eau froide.

Picrate $C^{21}H^{20}Az^4C^6H^2(AzO^2)^3OH$. Aiguilles rouge brun insolubles dans l'eau et l'alcool.

Indépendamment de la tolusafranine obtenue par oxydation d'une molécule de paratoluylène diamine avec deux molécules d'orthotoluidine, on connaît une tolusafranine isomère qui se distingue de la précédente par sa faible solubilité et qui s'obtient par oxydation d'un mélange équimoléculaire de paratoluylène diamine, d'ortho et de paratoluidine.

Ces deux isomères se rencontrent dans le produit commercial qui renferme aussi quelquefois l'homologue inférieur préparé avec un mélange d'aniline et d'orthotoluidine.

Actuellement, on prépare généralement la safranine en partant d'orthoamidoazotoluène pur. Ce composé est d'abord réduit, puis oxydé en présence d'aniline pure. Le colorant ainsi obtenu est donc un produit unique dont la base répond à la formule $C^{20}H^{18}Az^4$.

Mauvéines.

On a donné le nom de mauvéine à la première matière colorante industriellement préparée avec l'aniline et obtenue en 1856 par Perkin en traitant l'aniline impure par différents oxydants en milieu acide (71).

Après la découverte des safranines, l'analogie frappante qui existe entre ces colorants et les mauvéines ne pouvait passer inaperçue ; en effet, A.-W. Hoffmann et Geyer (70) proposèrent déjà à cette époque de considérer la mauvéine de Perkin comme étant un dérivé phénylé de la safranine, hypothèse qui a reçu ensuite une entière confirmation. Perkin a décrit deux mauvéines ; par oxydation de l'aniline pure, il obtint un premier colorant dont la composition répond à la formule $C^{24}H^{20}Az^4$ et qui est vraisemblablement identique à un produit de même composition obtenu par Fischer et Hepp (72) en faisant agir la paranitrosodiphénylamine sur l'aniline. Nietzki (72 *a*) a

également reproduit ce colorant, d'une part en oxydant
un mélange de métaamidodiphénylamine et de paraamidodiphénylamine et d'autre part en oxydant un mélange
de diphénylmétaphénylènediamine et de paraphénylène
diamine.

L'identité des produits obtenus dans ces deux derniers
modes de formation prouve que les deux groupes amidés
sont symétriquement placés dans la molécule de la pseudo-
mauvéine qui doit par conséquent être représentée par la
formule de constitution suivante :

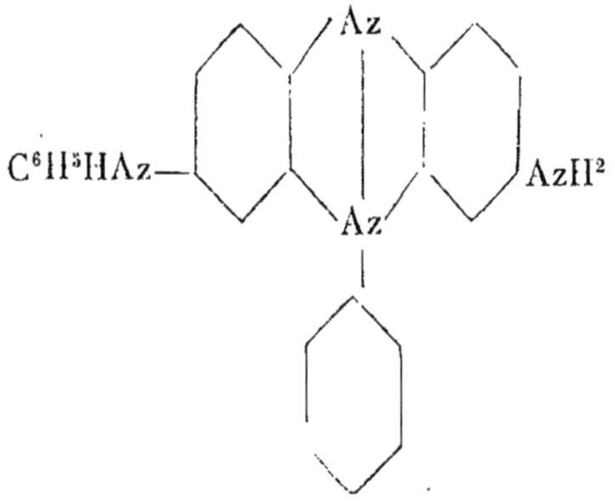

$$C^6H^5HAz - \quad Az \quad Az \quad - AzH^2$$

Le second colorant décrit par Perkin, qui constitue la
mauvéine proprement dite, répond à la formule $C^{27}H^{24}Az^4$; il
semble être l'homologue supérieur du précédent dérivant
des trois molécules de toluidine et d'une molécule d'aniline.

Il se présente à l'état libre sous forme d'une poudre
noire, insoluble dans l'eau, soluble dans l'alcool avec une
coloration bleu violacé. C'est une base énergique qui
attire l'acide carbonique de l'air et déplace l'ammoniaque
de ses sels. Elle forme avec les acides trois séries de sels
qui se comportent exactement comme les sels correspondants des safranines. Les sels triacides sont verts et prennent
naissance en présence d'acide sulfurique concentré, les
sels biacides sont bleus et les sels monoacides rouge violacé. Ces derniers sont stables et bien cristallisés, tandis

que les sels tri et biacides sont décomposés par l'eau.

Chlorhydrate $C^{27}H^{24}Az^4HCl$. Petits prismes verts et brillants groupés en houppes, difficilement solubles dans l'eau, très facilement solubles dans l'alcool.

Acétate $C^{27}H^{24}Az^4C^2H^4O^2$. Prismes verts et brillants.

Carbonate. Prismes verts, à reflets métalliques, décomposables par dessiccation ou par ébullition de leurs solutions aqueuses.

Ces différents sels ne teignent pas la laine avec la nuance rouge violacée de leurs solutions, mais avec la nuance beaucoup plus bleue de la base libre.

Chloroplatinate $(C^{27}H^{24}Az^4HCl)^2PtCl^4$. Grands cristaux à reflets dorés, difficilement solubles dans l'alcool.

$C^{27}H^{24}Az^4(HCl)^2PtCl^4$. Précipité bleu foncé.

$C^{27}H^{24}Az^4AuCl^3$. Poudre cristalline.

Dérivé éthylé $C^{27}H^{23}(C^2H^5)Az^4$. Action de l'iodure d'éthyle en solution alcoolique.

Chlorhydrate $C^{29}H^{28}Az^4HCl$. Poudre cristalline rouge brun, difficilement soluble dans l'eau, soluble dans l'alcool avec une coloration pourpre.

$(C^{29}H^{28}Az^4HCl)^2PtCl^4$. Précipité vert doré.

Iodure $C^{29}H^{23}Az^4HI.I^2$. Cristaux verts à reflets dorés.

La mauvéine symétrique jouit des mêmes propriétés. Les mauvéines sont moins basiques que les safranines; les alcalis précipitent les bases libres des solutions de leurs sels; les solutions des bases possèdent une nuance plus bleue que les solutions des sels. Les bases ne renferment pas d'oxygène : il semble donc qu'elles éprouvent une transposition moléculaire lors de leur mise en liberté et qu'elles possèdent une structure paraquinonique.

Sous le nom de « rosolane », les Farbwerke de Höchst livrent au commerce un colorant obtenu par oxydation d'un mélange de p. amidodiphénylamine et d'orthotoluidine, qui représente certainement un homologue du violet de Perkin.

Indazine (73, 74).

$$C^6H^5Az = C^6H^3 \underset{Az}{\overset{Az}{<}} > C^6H^3Az(CH^3)^2$$

$$\underset{C^6H^5}{\overset{|}{}}$$

L'indazine ou diméthylpseudomauvéine résulte de l'action de la nitrosodiméthylaniline sur la diphénylmétaphénylènediamine. C'est une belle matière colorante bleu violacé soluble en vert dans l'acide sulfurique concentré. La base est rouge, soluble dans l'eau et fond à 218° (73).

L'indazine du commerce renferme un autre colorant, d'un bleu plus verdâtre, résultant probablement de l'action ultérieure de la nitrosodiméthylaniline sur le premier composé.

On peut encore préparer la diméthylpseudomauvéine par oxydation d'un mélange d'aniline, de diphénylamine et de diméthylparaphénylènediamine.

Safranines de la série naphtalénique.

Sous les noms de « rose de Magdala » ou de « rouge de naphtaline », on connaît depuis longtemps un colorant qui appartient certainement au groupe des naphtosafranines. Ce colorant, obtenu en chauffant l'α-amidoazonaphtaline avec l'α-naphtylamine, ne semble pas être un produit unique. Hofmann (75) lui attribua, d'après ses analyses, une composition répondant à la formule $C^{30}H^{21}Az^3$ et le considéra comme appartenant au groupe des rosanilines, ce qui était bien conforme aux idées qui régnaient à cette époque. Julius (76) isola du produit commercial, sous forme de sulfate peu soluble, un colorant dont l'analyse le conduisit à assigner à la base libre et anhydre la formule $C^{30}H^{20}Az^4$.

Le colorant de Julius est certainement une safranine
de la série naphtalénique et doit être représenté par la
formule de constitution suivante :

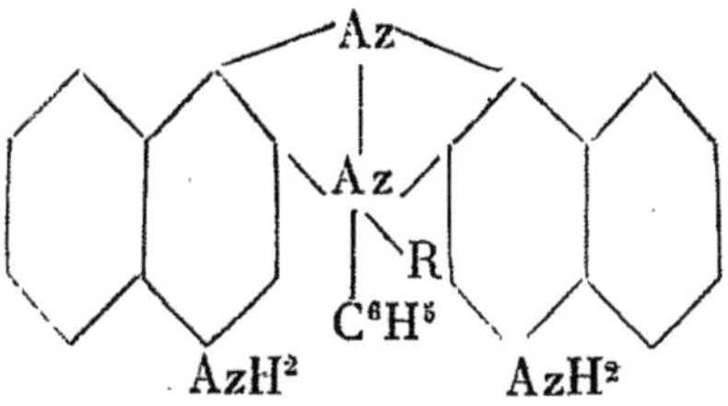

$$\text{Az} \quad \text{Az} \quad R \quad C^6H^5 \quad AzH^2 \quad AzH^2$$

Le rose de Magdala présente la forte basicité et la fluorescence des safranines ordinaires ; mais il possède une
nuance beaucoup plus bleue. Il donne sur soie, en nuances
très claires, un gris perle fluorescent caractéristique. Les
applications du rose de Magdala en teinture sont actuellement très restreintes. Les colorants résultant de l'action
de l'aniline et de la paratoluidine sur l'amidoazonaphtaline constituent probablement les dérivés benzéniques
correspondant au rose de Magdala.

Le violet et le bleu de naphtyle, classés par Fischer et
Hepp parmi les indulines de la série naphtalénique, sont
en réalité les dérivés mono et diphénylés du rose de Magdala (73, 74). Le dérivé monophénylé représente donc la
mauvéine correspondante.

$$\textit{Violet de naphtyle } C^6H^5AzH — C^{10}H^5 \begin{array}{c} Az \\ Az \end{array} C^{10}H^5 — AzHC^6H^5$$
$$C^6H^5 \qquad Cl$$

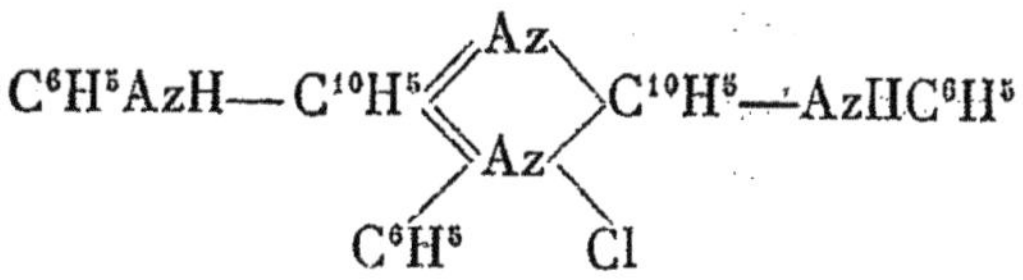

Ce colorant se forme, en même temps que le bleu de
naphtyle, en chauffant un mélange de nitroso β-naphtylamine, de chlorhydrate d'α-naphtylamine et d'aniline.

Les sels se dissolvent en vert dans l'acide sulfurique concentré et en bleu violacé, avec dichoïsme intense, dans l'alcool.

Bleu de naphtyle $H^2Az - C^{10}H^5$ ⟨ $\overset{Az}{\underset{Az}{}}$ ⟩ $C^{10}H^3 - AzHC^6H^5$
$\qquad\qquad\qquad\qquad C^6H^5 \qquad Cl$

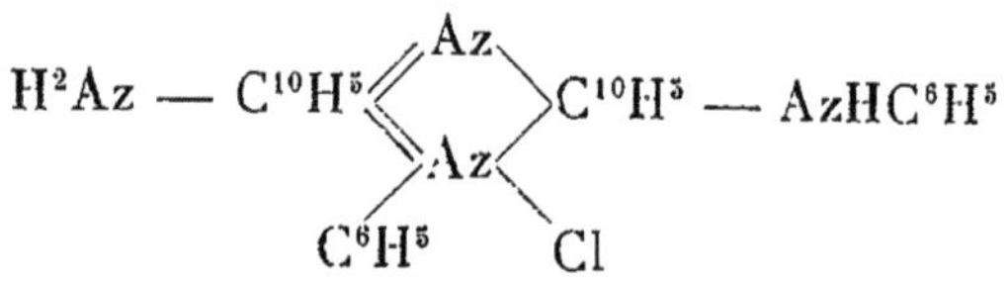

Ce composé, qui constitue le dérivé phénylé du précédent et prend naissance dans la même réaction, s'obtient encore en faisant agir le phénol sur la benzène azophényl α-naphtylamine. Il semble que le phénol n'intervienne pas dans la réaction et que le colorant résulte de la condensation de deux molécules de benzène azophényl-naphtylamine. Le violet et le bleu de naphtyle se laissent facilement sulfoner ; on obtient ainsi des colorants de valeur, teignant la soie avec une forte fluorescence (77). Chauffés avec des acides minéraux, ils se transforment d'abord en anilidonaphtindone puis, par une action plus profonde, en oxynaphtindone.

Sous le nom de « bleu de Bâle » (78), on emploie, sur coton mordancé au tannin, un beau colorant bleu obtenu par Armscheim par condensation de la nitrosodiméthyl-aniline avec la diphényl naphtylènediamine 2, 7.

Le bleu de Bâle doit être considéré comme un dérivé diméthylé et phénylé d'une naphtophénosafranine mixte et représenté par la formule de constitution suivante :

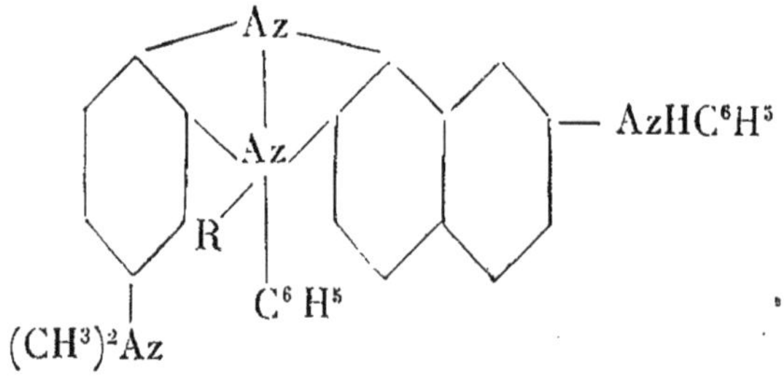

$$- AzHC^6H^5$$

Il se distingue des véritables safranines en ce qu'il ne renferme qu'un auxochrome amidé en para vis-à-vis de l'atome d'azote azinique.

En chauffant un mélange de nitroso β-naphtylamine, de paraphénylènediamine et de chlorhydrate d'aniline, Fischer et Hepp (79) ont obtenu le dérivé phénylé d'une safranine mixte :

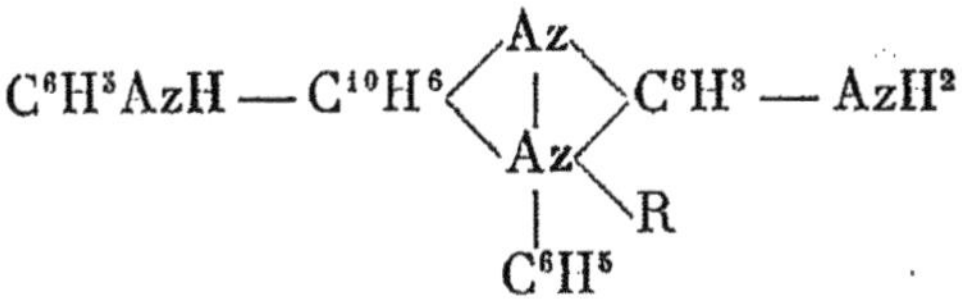
Az
C^6H^5AzH — $C^{10}H^6$
C^6H^3 — AzH^2
Az
R
C^6H^5

qu'ils ont décrit sous le nom d'amidophénylrosinduline.

Safranines renfermant un groupe azonium aliphatique.

Il est fait mention dans différentes publications de colorants dérivés du chlorure de méthyl ou éthyldiphénylazonium :

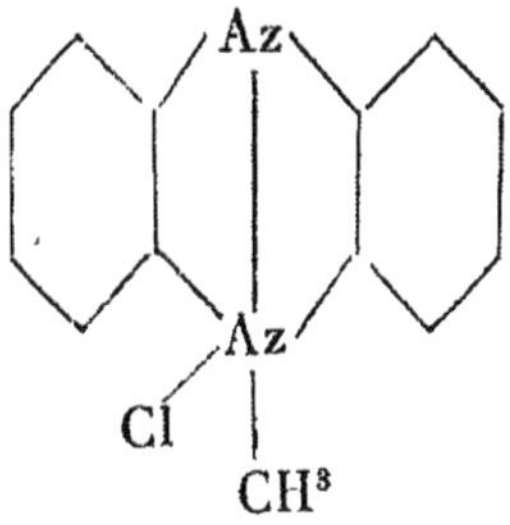
Az
Az
Cl
CH^3

Nous ne possédons aucune description détaillée de ces colorants; en général ils ressemblent beaucoup aux safranines et s'en distinguent seulement par une nuance un peu plus jaune.

On les obtient par oxydation d'une paradiamine avec

une métadiamine du type de la méthyltoluylène diamine suivante :

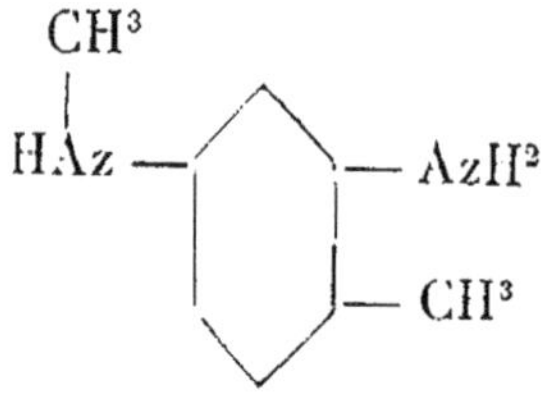

CH³
HAz
AzH²
CH³

ou par condensation à chaud de cette dernière base avec la quinone-chlorimide, l'amidoazobenzol, etc. La position para vis-à-vis de l'amidogène méthylé de la méthyltoluylène diamine étant occupée, la paradiamine se fixe en ortho vis-à-vis de cet amidogène et par suite en para vis-à-vis de l'amidogène non méthylé conformément au schéma :

CH³
H²Az
Az
HH
H³C
Az
AzH²
H²

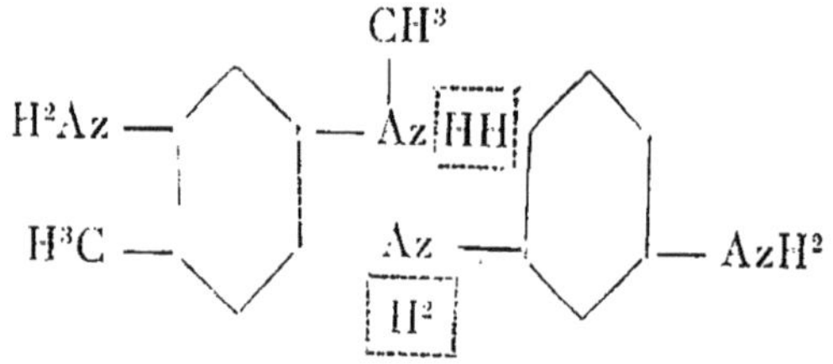

On obtient donc une safranine possédant la formule de constitution suivante :

R
CH³
Az
H²Az
AzH²
CH³
Az

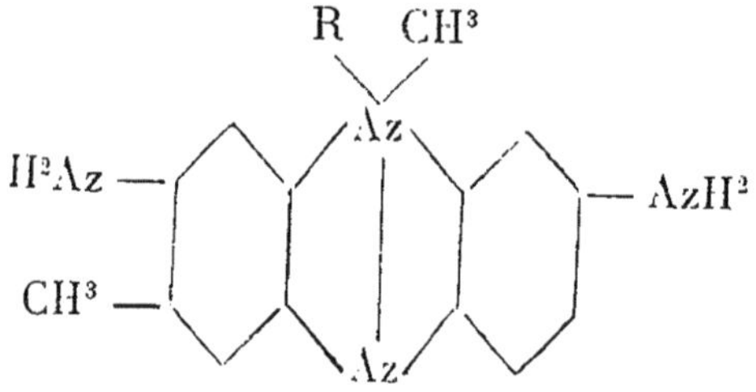

Aposafranines.

Fischer et Hepp ont donné le nom d' « aposafranine » à un composé obtenu par Nietzki et Otto en

éliminant un groupe amidé de la phénosafranine. Un grand nombre de colorants, notamment les rosindulines et les isorosindulines, classés autrefois dans le groupe des indulines, ont été reconnus depuis comme possédant une constitution analogue à celle de l'aposafranine. Il nous a donc semblé logique de réunir tous ces composés dans une classe spéciale, la classe des « aposafranines ».

Les aposafranines se distinguent des safranines en ce qu'elles ne renferment qu'un groupe amidé et possèdent par suite un caractère basique moins accentué. L'aposafranine la plus simple (80) :

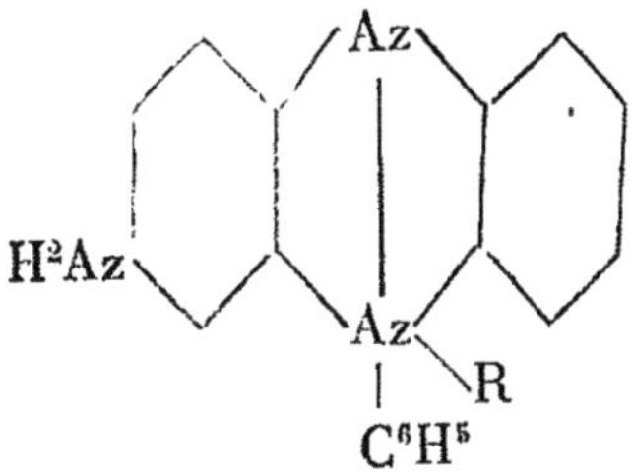

$$\text{Az} \quad \text{H}^2\text{Az} \quad \text{Az} \quad \text{R} \quad \text{C}^6\text{H}^5$$

s'obtient, comme nous l'avons vu plus haut, en faisant bouillir avec de l'alcool le dérivé diazoïque primaire de la phénosafranine.

Les sels sont rouge fuchsine et ne présentent pas de fluorescence en solution alcoolique. Ils se dissolvent en brun-jaune dans l'acide sulfurique concentré ; par dilution, la solution devient verte puis rouge sans passer par la coloration bleue intermédiaire qu'on observe avec les safranines.

Nitrate $C^{18}H^{13}Az^3HAzO^3$. Aiguilles brunes, difficilement solubles.

Chlorozincate. Aiguilles brunes, brillantes.

Le dérivé acétylé $C^{18}H^{12}Az^2C^3H^3O$ est violet à l'état libre et forme des sels monoacides jaunes.

L'o. anilidoaposafranine $C^6H^5AzHC^{18}H^{12}Az^3$ s'obtient en chauffant l'aposafranine avec de l'aniline. Ce composé présente un certain intérêt historique car il a été considéré pendant longtemps comme représentant l'induline la plus simple, isomère de l'aposafranine (81) ; mais il a été reconnu depuis qu'il ne possède aucune parenté avec les indulines (82).

On ne connaît pas d'homologue de l'aposafranine dans la série benzénique, mais on connaît un grand nombre de composés mixtes, analogues à l'aposafranine, renfermant un noyau benzénique et un noyau naphtalénique. Fischer et Hepp, qui considéraient ces composés comme des indulines, les ont désignés sous les noms de « rosindulines » et d' « isorosindulines » selon qu'ils renferment leur groupe amidogène dans le noyau naphtalénique ou dans le noyau benzénique.

Les colorants obtenus par Witt (47) et par Nietzki et Otto (46-26) en traitant la phényl-β-naphtylamine par la nitrosodiméthylaniline et la quinone-dichlorimide appartiennent très probablement au groupe des isorosindulines.

Dans l'action de la quinone dichlorimide sur la phényl-β-naphtylamine, il se forme un colorant dont la base est violette et les sels rouge fuschsine. Il se dissout en violet dans l'acide sulfurique concentré ; par dilution, la couleur de la solution passe au vert sale, puis au rouge. Les sels possèdent une composition qui répond à la formule : $C^{22}H^{15}Az^3R$.

Nitrate $C^{22}H^{15}Az^3HAzO^3$. Fines aiguilles ou prismes vert brillant.

Ce colorant doit certainement être représenté par la formule de constitution suivante (46) :

Le produit de l'action de la nitrosodiméthylaniline sur la phényl-β-naphtylamine est un colorant bleu-violet qui constitue très probablement le dérivé diméthylé du précédent (47).

Pour éviter toute confusion et parce que ce terme est passé dans le langage courant, nous conserverons le nom de « rosindulines » pour désigner certains colorants isomères des précédents, bien qu'ils ne présentent probablement aucune parenté avec les indulines dont ils se rapprochent seulement par leurs modes de formation.

Ces colorants prennent en effet naissance, comme les indulines, dans toutes les réactions où l'on chauffe avec de l'aniline et de l'acide chlorhydrique un composé du type de l'α-naphtoquinone, en particulier la benzène-azo-α-naphtylamine; ce dernier mode de formation rappelle la préparation de l'induline ordinaire au moyen de l'amidoazobenzène. On obtient encore des rosindulines en chauffant avec du chlorhydrate d'aniline les dérivés nitrosés de l'α-naphtol, la naphtoquinone diimide et la nitrosophényl-α-naphtylamine.

D'ailleurs, dans la deuxième édition allemande de ce livre (p. 224), nous avons déjà fait remarquer que les rosindulines se rapprochent plutôt des safranines que des indulines proprement dites.

Dans toutes les réactions qui donnent naissance aux rosindulines, il semble toujours se former, comme produit intermédiaire, de l'anilidonaphtoquinone anile :

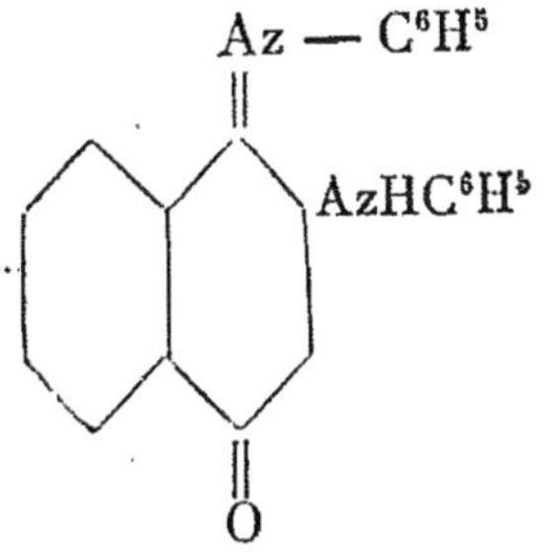

$$\text{Az} - \text{C}^6\text{H}^5$$
$$\text{AzHC}^6\text{H}^5$$
$$\text{O}$$

Rosinduline.

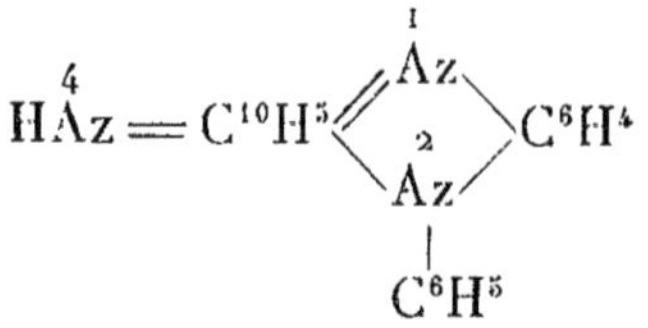

$$\mathrm{H\overset{4}{A}z = C^{10}H^5}\!\!\underset{\mathrm{Az}}{\overset{\overset{_1}{\mathrm{Az}}}{\diagdown}}_{_2}\!\!\diagup\mathrm{C^6H^4}$$
$$|$$
$$\mathrm{C^6H^5}$$

Ce colorant s'obtient en chauffant à 170° la benzène-azo-α-naphtylamine avec de l'aniline et de l'alcool (79), ou en condensant l'oxynaphtoquinone imide avec de l'orthoamidodiphénylamine. Le schéma suivant rend compte de ce dernier mode de formation.

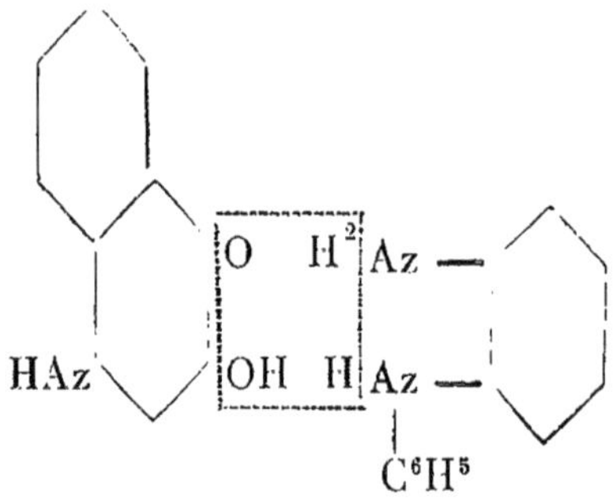

Base $\mathrm{C^{22}H^{15}Az^3}$. Paillettes brillantes rouge-brun, fondant à 199°.

Chlorhydrate. $\mathrm{C^{22}H^{16}Az^3Cl} + 3\ 1/2\ \mathrm{H^2O}$, beau colorant rouge, soluble en vert dans l'acide sulfurique concentré. Le dérivé disulfoné de ce colorant est employé en teinture sous le nom de « rosinduline ».

L'éthylrosinduline s'obtient par un procédé analogue au moyen de la benzène-azo-α-éthylnaphtylamine.

Phénylrosinduline (appelée primitivement rosinduline).

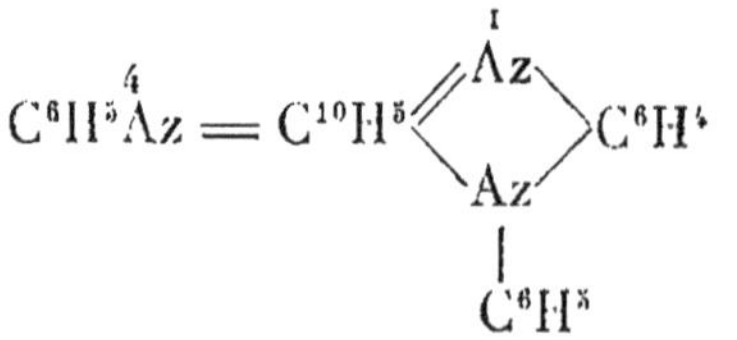

$$\mathrm{C^6H^5\overset{4}{A}z = C^{10}H^5}\!\!\underset{\mathrm{Az}}{\overset{\overset{_1}{\mathrm{Az}}}{\diagdown}}\!\!\diagup\mathrm{C^6H^4}$$
$$|$$
$$\mathrm{C^6H^5}$$

Ce colorant, appelé autrefois rosinduline, s'obtient en chauffant la nitrosophényl-α-naphtylamine ou la nitroso-éthyle-α-naphtylamine avec de l'aniline et du chlorhydrate d'aniline.

Il prend encore naissance en fondant de la benzène-azo-α-naphtylamine avec de l'aniline en présence d'acide chlorydrique (alors qu'en présence d'alcool il se forme surtout de la rosinduline).

La base libre fond à 235°.

Ses sels sont difficilement solubles dans l'eau avec une belle coloration rouge ; ils se dissolvent en vert dans l'acide sulfurique concentré.

Sous le nom d' « azocarmin », on emploie depuis long-temps en teinture le dérivé disulfoné de la phénylrosin-duline (84). L'azocarmin et le dérivé disulfoné de la rosinduline non phénylée sont des colorants acides qui jouissent de la propriété de très bien égaliser en teinture. Leur nuance est semblable à celle de la fuchsine acide, mais ils présentent sur cette dernière l'avantage d'être plus solides à la lumière et aux alcalis.

Chauffée avec de l'acide chlorhydrique, la phényl-rosinduline perd de l'aniline et donne de la rosindone.

On a préparé de nombreux homologues de la phényl-rosinduline.

Safranols, Safranones et Rosindones.

Les safranines, aposafranines et rosindulines, traitées par les alcalis ou les acides concentrés, échangent leurs groupes amidogènes contre des groupes hydroxyles. Les composés ainsi obtenus peuvent donc être considérés comme étant des dérivés hydroxylés du phénylazonium et de ses homologues.

Cependant, comme ces composés ne renferment pas à l'état libre de groupe hydroxylammonium, il faut admettre qu'il se produit, lors de leur formation, une anhydrisation interne entre un hydroxyle phénolique et l'hydroxyle ammonium ou une transposition moléculaire à la suite de laquelle ils acquièrent une structure paraquinonique.

$$Safranol, \ C^{18}H^{10}Az^2(OH)^2.$$

Ce composé s'obtient par ébullition prolongée de la phénosafranine avec de l'eau de baryte ou de la potasse alcoolique.

Il jouit de propriétés nettement acides et faiblement basiques ; il cristallise en paillettes couleur laiton, presque insolubles dans les véhicules neutres, solubles en rouge carmin dans l'ammoniaque aqueuse et les alcalis caustiques.

Le safranol libre peut être représenté par la formule de constitution suivante :

$$C^6H^3 \diagup^{\textstyle Az}_{\diagdown} \Big| {}^{\textstyle Az} \diagup^{\textstyle C^6H^3-OH}_{\diagdown C^6H^5} \quad O$$

Le safranol donne un dérivé diacétylé rouge qui forme avec les acides des sels jaunes difficilement solubles (66).

D'après Jaubert, on obtiendrait aussi le safranol par oxydation d'un mélange de paraamidophénol et de métaoxydiphénylamine. On obtiendrait de même une amidosafranone par oxydation d'un mélange de paraphénylène diamine et de métaoxydiphénylamine, mais ces composés ne sont pas suffisamment bien caractérisés dans le mémoire de Jaubert.

Rosindone.

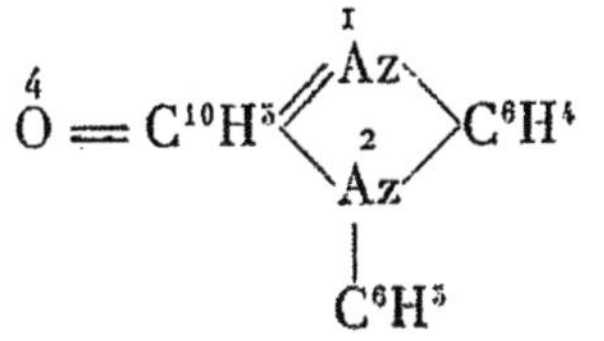

$$\overset{4}{O} = C^{10}H^5 \left\langle \begin{matrix} \overset{\text{\scriptsize I}}{Az} \\ {}_2 \\ Az \end{matrix} \right\rangle C^6H^4$$

$$C^6H^5$$

La rosindone se forme comme produit secondaire dans la préparation de la rosinduline. On l'obtient encore en chauffant la rosinduline ou son dérivé phénylé avec de l'acide chlorhydrique concentré ; enfin, on peut la préparer synthétiquement, par une réaction analogue à celle qui donne naissance à la rosinduline, en condensant l'orthoamidodiphénylamine avec l'oxynaphtoquinone (85).

Poudre cristalline rouge minium ou tablettes rouges fondant à 259°, soluble dans les acides concentrés, insoluble dans les alcalis.

La « rosinduline G » du commerce est un acide sulfonique de la rosindone ; c'est un beau colorant acide rouge ponceau (85).

Distillée avec de la poudre de zinc, la rosindone donne de l'α-β-naphtophénazine.

On a également préparé un grand nombre de composés analogues à la rosindone au moyen des colorants correspondants du groupe de l'aposafranine.

VI. — INDULINES

Les indulines sont connues depuis longtemps. Caro et Dale (86) d'une part, Griess (87) et Martius d'autre part, signalaient déjà leur formation en 1865-66. Leur étude au point de vue théorique a été faite par Hofmann et Geyer (88), v. Dechend et Wichelhaus (89), Witt, Fischer et Hepp (90, 91, 93).

Hofmann et Geyer ont décrit une induline qu'ils obtinrent en chauffant sous pression de l'amidoazobenzène avec une solution alcoolique de chlorhydrate d'aniline; ils lui attribuent la formule $C^{18}H^{13}Az^3$.

On observa bientôt après la formation de colorants analogues dans toutes les réactions où l'on chauffe du chlorhydrate d'aniline ou d'autres amines aromatiques en présence d'amidoazobenzène, d'azobenzène, d'azoxybenzène ou de nitrobenzène.

H. Caro (92) obtint une induline soluble dans l'eau en chauffant du chlorhydrate d'amidobenzène avec une solution aqueuse et rigoureusement neutre de chlorhydrate d'aniline.

En répétant l'expérience de Caro, Witt observa la formation d'un composé intermédiaire, identique avec l' « azophénine » de Kimmich. Witt et Kimmich ne reconnurent pas la véritable nature de l'azophénine, mais Witt la considéra avec raison comme représentant la substance mère des indulines. Witt a également décrit dans ce travail les indulines homologues en $C^{30}H^{23}Az^5$ et en $C^{36}H^{27}Az^5$.

Dans ces dernières années, O. Fischer et E. Hepp ont publié un long mémoire sur la constitution des indulines, et, dans la deuxième édition allemande de cet ouvrage, en 1894, nous considérions cette constitution comme définitivement établie. D'après Fischer et Hepp, toutes les indulines dérivent d'une substance isomère de l'aposafranine, qui peut être préparée par transposition moléculaire de cette dernière (81). Mais on a reconnu depuis l'inexactitude de cette interprétation. L'induline la plus simple en $C^{18}H^{13}Az^3$ n'est pas connue; le composé auquel on attribuait cette formule, obtenu par transposition moléculaire de l'aposafranine, est en réalité constitué par de l'anilidoaposafranine $C^{24}H^{18}Az^4$, ainsi que l'a démontré Kehrmann (82).

La constitution des indulines véritables reste donc inconnue et, puisque les relations admises par Fischer et Hepp entre les indulines et les safranines sont fausses, nous avons dû classer de nouveau parmi les safranines des colorants comme les mauvéines et les rosindulines que ces savants rattachaient aux indulines. Il existe d'ailleurs des différences assez grandes entre les indulines et les colorants dérivés de l'aposafranine, et l'on ne pourra admettre l'existence d'une certaine parenté entre ces deux classes de colorants que lorsqu'on sera parvenu à transformer l'aposafranine en une induline telle que l'induline 3B $C^{30}H^{23}Az^5$ ou 6B $C^{36}H^{27}Az^5$.

Le travail de Fischer et Hepp a cependant mis en lumière un certain nombre de faits nouveaux très importants.

Ces savants ont établi la formule de constitution de l'azophénine, qui joue un si grand rôle dans la formation des indulines, et lui ont assigné la formule d'une dianilidoquinone dianile.

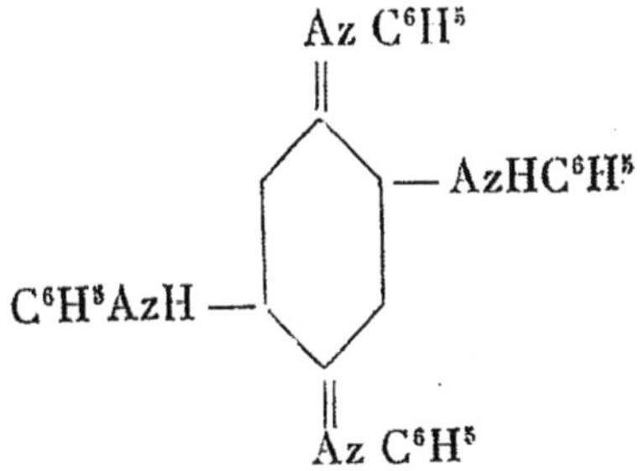

$$\text{Az } C^6H^5$$
$$C^6H^5AzH - \langle \; \rangle - AzHC^6H^5$$
$$\text{Az } C^6H^5$$

La formation de l'induline 3 B en partant d'azophénine rend aussi assez vraisemblable la formule de constitution proposée par Fischer et Hepp, d'après laquelle ce colorant serait une dianilidoaposafranine. Nous croyons cependant préférable de représenter simplement les indu-

lines par leurs formules brutes, tout en continuant à les
considérer comme appartenant au groupe des colorants
dérivés de la quinone-imide.

Indépendamment de la formation d'azophénine, on
observe encore dans la préparation des indulines la formation de quinone-dianile $C^9H^5Az = C^6H^4 = AzC^6H^5$,
de quinone-dianile anilidée :

$$C^6H^5Az = C^6H^3 = AzC^6H^5$$
$$\diagdown AzHC^6H^5$$

et d'autres composés analogues.

L'induline la plus simple serait le colorant $C^{18}H^{13}Az^3$,
décrit par Hofmann et Geyger ; mais son existence
semble douteuse, car on n'a pu la reproduire ; les analyses
de Hofmann et de Geyger ont probablement été faites
avec un produit impur.

Les indulines dont l'existence est certaine sont les
suivantes :

Induline $C^{24}H^{18}Az^4$ (93-94), obtenue en chauffant peu
de temps un mélange d'amidoazobenzène et de chlorhydrate d'aniline. La base libre est soluble en rouge dans
la benzine, les sels sont bleu violet [1] et le chlorhydrate
est facilement soluble dans l'eau ; il est employé en teinture et en impression sur mordant de tannin sous le nom
d' « indamine ».

En chauffant plus longtemps, à plus haute température et
en présence d'un excès d'aniline, on obtient des colorants
plus bleus et beaucoup moins solubles, qui sont employés
dans l'industrie sous forme de dérivés sulfonés ou en

---

[1] Ce colorant est peut-être identique avec l'induline en $C^{18}H^{15}Az^3$,
décrite par Hofmann et Geyger ; il possède approximativement la même
composition centésimale mais ses sels sont solubles dans l'eau alors que
les sels de l'induline en $C^{18}H^{15}Az^3$ y seraient insolubles. (L'auteur.)

dissolution dans l'acétine (voir plus bas). Ces colorants constituent l'induline 3 B et l'induline 6 B.

Induline 3 B. $C^{30}H^{23}Az^5$. Ce colorant représente probablement le dérivé amidé de l'induline précédente. Son chlorhydrate cristallise en paillettes brunes et brillantes, peu solubles dans l'alcool (91).

Induline 6 B. $C^{36}H^{27}Az^5$. L'induline 6 B semble être le dérivé phénylé de l'induline 3 B. Le chlorhydrate cristallise en feuillets verts et brillants, presque insolubles dans l'alcool (91).

Tous ces composés se laissent facilement sulfoner ; la sulfonation se fait d'autant plus facilement que leurs molécules renferment un plus grand nombre de radicaux phénylés.

L'induline en $C^{24}H^{18}Az^4$ est soluble dans l'eau et se fixe sur mordant de tannin comme les autres colorants basiques. Mais les indulines supérieures étant insolubles dans l'eau s'emploient en impression par un procédé spécial dit « procédé à l'acétine ».

Ce procédé consiste à imprimer un mélange de colorant en pâte, de tannin et d'acétine ou acétate de glycérine. Au vaporisage, le colorant se dissout d'abord dans l'acétine et forme avec le tannin une laque soluble ; mais bientôt, l'acétine est saponifiée en glycérine et acide acétique qui est entraîné par la vapeur d'eau. La laque devenue insoluble se précipite alors d'une façon adhérente sur la fibre.

On emploie aussi dans la teinture de la laine ces indulines solubilisées par sulfonation. Il n'est pas nécessaire pour cette sulfonation d'isoler les colorants à l'état pur ; on opère généralement sur le mélange brut de ces différentes indulines, tel qu'il s'obtient par fusion de l'amido-azobenzène avec le chlorhydrate d'aniline.

Bleu de paraphénylène (95).

Sous le nom de « bleu de paraphénylène », on trouve

dans le commerce des colorants obtenus en remplaçant dans la préparation des indulines l'aniline par la paraphénylène diamine. On obtient également des produits analogues en faisant agir la paraphénylène diamine sur les indulines les plus simples telles que l'induline en $C^{24}H^{18}Az^4$.

La paraphénylène diamine semble réagir comme l'aniline dans la préparation des indulines ordinaires ; les colorants résultants seraient donc les dérivés amidés des indulines 3 B et 6 B. Ces produits sont pour coton des colorants très appréciés, grâce à la présence de groupes amidogènes qui augmentent leur basicité et leur solubilité.

VII. — QUINOXALINES

Comme supplément aux colorants aziniques, nous décrirons ici quelques nouveaux dérivés de la quinoxaline.

Sous la dénomination générale de « quinoxalines », Hinsberg comprenait tous les composés qu'il obtint par condensation des dicétones avec les orthodiamines.

Mais on est convenu ensuite d'appeler « azines » les quinoxalines ne renfermant que des noyaux aromatiques, et de réserver le nom de quinoxalines aux composés mixtes dont le type est le produit résultant de la condensation du glyoxal avec l'orthophénylène diamine :

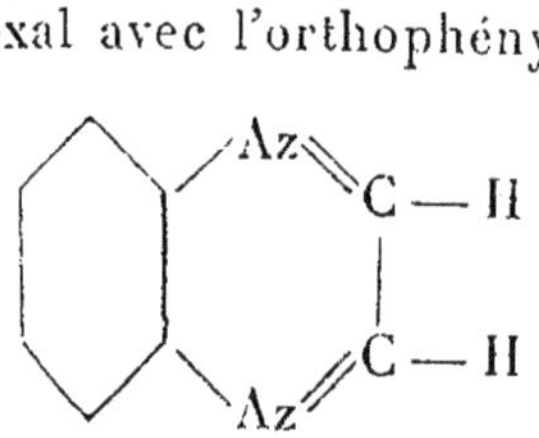

Quinoxaline.

En remplaçant dans cette réaction le glyoxal par le benzyle, on obtient la quinoxaline diphénylée correspondante. Chose remarquable, le dérivé hydrogéné de cette quinoxaline, préparé par condensation de la benzoïne avec l'orthophénylène diamine, est une matière colorante. C'est un jaune vif, fortement fluorescent, qui possède la formule de constitution suivante (96) :

$$\begin{array}{c} \text{H} \\ \text{Az} \diagdown \\ \hspace{2em}\text{CH} - \text{C}^6\text{H}^5 \\ \hspace{2em}| \\ \hspace{1.5em}\text{C} - \text{C}^6\text{H}^5 \\ \text{Az} \diagup \end{array}$$

En remplaçant dans cette condensation l'orthophénylène diamine par l'orthoamidodiphénylamine ou par la phénylnaphtylène diamine, on obtient des produits de substitution des composés précédents, transformables en bases azonium par oxydation au moyen du chlorure ferrique [1]. Le dérivé azonium le plus simple de cette classe résulte de l'action du benzile sur l'orthoamidodiphényla- mine ; il est jaune et fortement fluorescent.

VIII. — FLUORINDINES

Ces colorants ont été découverts presque simultané- ment par Caro (92) et par Witt ; leur étude a été reprise récemment par Fischer et Hepp (98).

Witt obtint la fluorindine en chauffant l'azophénine à haute température ; en traitant l'azophénine par de l'acide sulfurique bouillant, il obtint un dérivé sulfoné de la fluorindine.

---

[1] Il est à remarquer que lorsqu'on traite la phénosafranine par de la poudre de zinc et un acide, il se forme aussi, dans une des phases de la réduction, un produit intermédiaire dont les solutions sont jaunes et fortement fluorescentes. (L'Auteur.)

Caro prépara ce colorant en chauffant l'orthophénylène diamine avec le produit rouge résultant de l'oxydation de son chlorhydrate (Diamidophénazine, voir p. 265).

Les fluorindines prennent encore naissance lorsqu'on chauffe les sels des orthodiamines et en particulier les sels du tétramidobenzène symétrique. Enfin, on obtient encore des fluorindines comme produits secondaires dans la préparation des indulines.

Ces colorants sont très difficilement solubles et partiellement sublimables sans décomposition. Les solutions des bases libres sont rouge orangé ou rouge violacé, les solutions des sels sont bleu-vert, toutes ces solutions présentent une magnifique fluorescence rouge brique.

La fluorindine la plus simple s'obtient par condensation de l'o-phénylène diamine avec l'o-diamidophénazine.

Fischer et Hepp lui ont donné le nom de « homofluorindine » et lui attribuent la formule de constitution suivante :

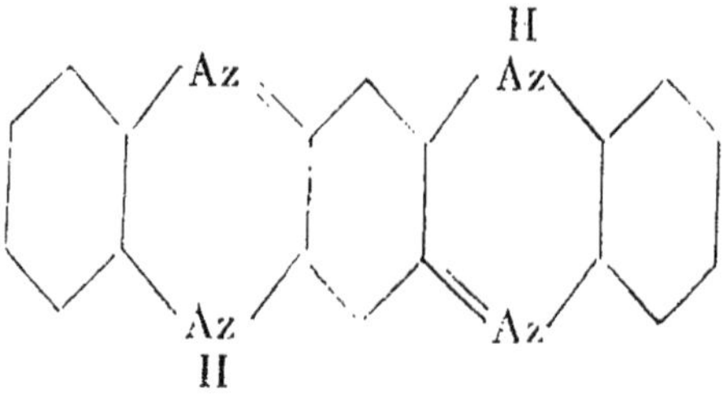

$$\text{H} - \text{Az} \cdots \text{Az} - \text{H}$$

La fluorindine préparée avec l'azophénine dérive de la précédente par substitution des deux atomes d'hydrogène des groupes imidés par des radicaux phényle.

Ces formules de constitution sont cependant contestables : en effet, si l'homofluorindine est bien le dérivé hydrogéné de la triphènediazine :

$$C^6H^4Az^2C^6H^2Az^2C^6H^4$$

elle devrait reproduire cette diazine par oxydation.

D'autre part, on connaît aujourd'hui des composés qui possèdent une constitution analogue à celle attribuée aux fluorindines et qui en diffèrent nettement dans toutes leurs propriétés ; ainsi, la quinoxaline :

$$H^5C^6 - C \underset{Az}{\overset{Az}{<}} \bigcirc \overset{Az}{\underset{Az}{>}} C - C^6H^5$$
$$H^5C^6 - C \qquad \qquad C - C^6H^5$$

obtenue par condensation du benzile avec le tétraamido-benzène symétrique, donne par réduction une matière colorante bleue ; mais cette dernière, contrairement à ce qu'on observe avec les fluorindines, s'oxyde avec la plus grande facilité en reproduisant la quinoxaline jaune.

Enfin, on n'est pas encore parvenu à transformer le tétraamidobenzène diphénylé symétrique :

$$\begin{array}{ccc} H & & H \\ | & & | \\ H^5C^6 - Az - \bigcirc - Az - C^6H^5 \\ H^2Az - \qquad - AzH^2 \end{array}$$

en homofluorindine, alors que cette amine semble être la plus apte à donner ce colorant.

Lorsqu'on chauffe les sels du tétraamidobenzène diphénylé, on obtient un colorant violet qui n'appartient pas à la classe des fluorindines tandis que, dans ces conditions, les sels des orthodiamines et du tétraamidobenzène se transforment avec une remarquable facilité en fluorindines.

On peut cependant citer, à l'appui de la formule de constitution proposée par Fischer et Hepp, un grand nombre de modes de formation des fluorindines.

VII

NOIR D'ANILINE

La plupart des oxydants réagissent en milieu acide sur les sels d'aniline en donnant naissance à un colorant spécial, caractérisé par sa couleur très foncée et par sa faible solubilité dans presque tous les dissolvants.

La formation de ce colorant a été observée dans l'action sur les sels d'aniline du bioxyde de manganèse (1), du peroxyde de plomb et de l'acide chromique (2), des sels ferriques (3), de l'acide ferricyanhydrique (3), de l'acide permanganique (4), de l'acide chlorique seul (5) ou des chlorates en présence de certains sels métalliques (6) parmi lesquels les composés du cuivre et du vanadium sont particulièrement actifs. Quel que soit l'agent oxydant employé, le colorant prend toujours naissance par déshydrogénation de l'aniline.

La formation du noir d'aniline au moyen des chlorates en présence des sels métalliques mentionnés plus haut, présente un intérêt spécial en raison de la faible quantité de sel métallique nécessaire pour oxyder une quantité d'aniline relativement grande. Le métal le plus actif à ce point de vue est le vanadium ; d'après Witz (7) une partie de vanadium suffit, en présence de la quantité nécessaire de chlorate de potasse, pour transformer 270 000 par-

ties de chlorhydrate d'aniline en noir d'aniline. Immédia-
tement après le vanadium viennent le césium (8) et le
cuivre ; le fer jouit également de cette propriété, mais
à un degré beaucoup moins élevé.

On peut en conclure que ces métaux ne jouent que le
rôle d'intermédiaires chargés de transporter sur l'aniline
l'oxygène fourni par l'oxydant. Si l'on remarque que
seuls, les métaux présentant plusieurs degrés d'oxydation
ou de chloruration, sont capables de faciliter la formation
du noir d'aniline, on pourra admettre que ce sont ces
oxydes métalliques supérieurs qui produisent l'oxydation
de l'aniline ; ils sont sans cesse régénérés par le chlorate
en présence.

On observe en effet la formation de chlorure cuivreux
dans la préparation du noir d'aniline au moyen du chlorure cuivrique et du chlorate de potasse lorsque ce chlorate a été employé en quantité insuffisante.

Le noir d'aniline ne se forme au sein d'une solution
que lorsque cette dernière est acide ; mais il se forme
encore, même en présence d'un excès d'aniline (en employant par exemple du chlorate de potasse et un sel de
cuivre), lorsqu'on évapore à sec la solution, réaction mise
à profit dans l'impression du noir d'aniline sur tissu.

De même, dans l'action de l'acide chlorique sur l'aniline, le noir ne prend naissance que par évaporation de la
liqueur. Le chlorate d'aniline est stable en solution et
constitue un sel bien cristallisé qui par simple dessiccation
se transforme en noir d'aniline. Ce noir conserve souvent la forme des cristaux de chlorate d'aniline qui lui a
donné naissance (9).

Enfin le noir d'aniline se forme encore au pôle positif
dans l'électrolyse de sels d'aniline (10).

Les noirs obtenus par ces différents procédés présentent sensiblement les mêmes propriétés. Le produit principal de la réaction est un composé possédant un carac-

tère nettement basique, quoique faiblement accusé, d'une couleur noir violacé à l'état libre, et vert foncé à l'état de sel.

Ces sels sont très peu stables et sont déjà partiellement décomposés par simple lavage à l'eau ; il est cependant difficile d'éliminer complètement tout l'acide qu'ils renferment.

La base est presque insoluble dans tous les véhicules ; elle se dissout difficilement dans l'aniline avec une coloration violette (11) qui devient brune au bout de quelque temps et plus facilement dans le phénol avec une coloration bleu-vert (12). L'acide sulfurique concentré dissout ce colorant en donnant une solution violette d'où l'eau précipite un sulfate de couleur vert foncé. L'acide sulfurique fumant donne naissance à différents dérivés sulfonés selon la concentration de l'acide et la durée de son action. Ces acides sulfoniques, verts à l'état libre, forment des sels alcalins facilement solubles dans l'eau en noir violacé (11).

Les sels du noir d'aniline ne sont pas stables et il est difficile de les obtenir avec une teneur constante en acide. Le chlorhydrate perd peu à peu de l'acide chlorhydrique en se séchant. Avec le chlorure de platine, on obtient un sel double de composition variable.

L'anhydride acétique transforme le noir d'aniline en un dérivé acétylé, faiblement coloré, insoluble dans l'acide sulfurique concentré (13).

L'iodure de méthyle et l'iodure d'éthyle semblent donner naissance à des produits de substitution, peu différents du produit primitif (13). Traité par le bichromate de potasse, le noir d'aniline se transforme en un dérivé noir violacé, renfermant de l'acide chromique. Ce dérivé, qui semble être le chromate de la base du noir, ne se colore plus en vert au contact des acides (noir au chrome) (13).

Les oxydants énergiques, tels que l'acide chromique en milieu fortement acide, transforment presque intégralement le noir d'aniline en quinone (13). Les réducteurs donnent d'abord naissance à une leucobase insoluble qui se réoxyde au contact de l'air en régénérant le noir primitif ; cette oxydation se fait lentement en milieu acide et rapidement en milieu alcalin (13).

Les réducteurs énergiques comme l'étain et l'acide chlorhydrique, le phosphore et l'acide iodhydrique, déterminent une scission complète du noir d'aniline. On obtient ainsi de la paraphénylènediamine, de la paradiamidodiphénylamine (13) et de petites quantités de diphénylamine.

Soumis à la distillation sèche, le noir d'aniline donne de l'aniline, de la paraphénylènediamine, de la diamidodiphénylamine et de la diphénylparaphénylènediamine (9).

Par une action prolongée de l'aniline sur le noir d'aniline, il se forme des composés du genre des indulines ; on a pu isoler ainsi un colorant $C^{35}H^{29}Az^5$ ou $C^{35}H^{31}Az^5$ (14), soluble en rouge dans l'alcool et l'éther et dont les sels sont bleus ; nous avons vu que cette particularité est commune aux indulines.

Il résulte des nombreuses analyses faites sur le noir d'aniline que ce colorant prend naissance par déshydrogénation de l'aniline ; elles correspondent toutes, d'une façon assez approchée, à la formule brute C^6H^5Az. La molécule véritable est naturellement un multiple de cette formule, mais le peu de stabilité de ses sels ne permet pas de déterminer avec précision son poids moléculaire.

Les formules suivantes ont été proposées par différents auteurs :

1. $C^{12}H^{10}Az^2$
2. $C^{18}H^{15}Az^3$
3. $C^{24}H^{20}Az^4$
4. $C^{30}H^{25}Az^5$

La formule 1 a été donnée par Kayser (12), la formule 3 par Goppelsröder (15) et les formules 2 et 4 par Nietzki. Le principal argument en faveur de la formule 4 était la formation du colorant bleu mentionné plus haut, ce colorant pouvant être considéré comme étant du noir d'aniline phénylé : $C^{36}H^{24}Az^5 — C^6H^5$. Mais Witz ayant démontré récemment (16) que les indulines traitées par l'aniline donnent naissance à des colorants renfermant cinq atomes d'azote par molécule, l'argument précédent est sans valeur.

Si l'on détermine la quantité d'hydrogène nécessaire pour transformer le noir d'aniline en leucodérivé, on trouve que cette quantité correspond sensiblement à deux atomes lorsqu'on adopte la formule $C^{18}H^{15}Az^3$; cette dernière semble donc représenter le mieux la molécule du colorant (17). On doit également considérer comme possible la formule $C^{18}H^{13}Az^3$ qui renferme deux atomes d'hydrogène en moins, car, on a souvent trouvé une teneur en hydrogène un peu faible dans les différentes analyses du noir d'aniline.

Le noir d'aniline donnant de la quinone par oxydation et un mélange de paraphénylènediamine, de diamidodiphénylamine, etc., par réduction, on peut en conclure que, lors de sa formation, deux molécules d'aniline se condensent par l'intermédiaire de l'atome d'azote d'un groupe amidogène, la condensation se faisant en para vis-à-vis de l'amidogène de l'autre molécule. Cette conclusion cadre jusqu'à un certain point avec une formule de constitution proposée par Goppelsröder (15) d'après laquelle les noyaux benzéniques, réunis entre eux par des groupes imidés, formeraient une chaîne fermée. Cependant la symétrie d'une telle formule n'explique pas d'une façon satisfaisante pourquoi ce composé est un colorant. Il est plus vraisemblable d'admettre l'existence d'une liaison particulière entre deux atomes d'azote de la molécule de ce colorant, ainsi que le laisse soupçonner la formation d'un leucodérivé stable.

Suida (9) et Lichti considèrent le noir obtenu au moyen du chlorate d'aniline comme étant un dérivé chloré. Cependant l'auteur a remarqué que ce noir, traité par l'acide sulfurique concentré, perd de l'acide chlorhydrique et donne un sulfate presque exempt de chlore ; cette expérience est en contradiction absolue avec l'hypothèse de Suida.

Oxydée dans les mêmes conditions que l'aniline, l'orthotoluidine donne un colorant C^7H^7Az qui semble être l'homologue du noir d'aniline (13) et qui possède des propriétés très voisines. La base libre est bleu-noir et ses sels vert foncé.

La base se distingue de la base du noir d'aniline par sa solubilité dans le chloroforme (13). La paratoluidine ne donne pas de composé analogue au noir d'aniline.

Quel que soit le procédé employé pour obtenir le noir d'aniline, il renferme toujours d'autres colorants. L'un d'eux résulte d'une oxydation moins profonde de l'aniline ; il se distingue du noir proprement dit par sa solubilité relativement grande dans l'alcool, l'acide acétique cristallisable, etc., par la belle coloration violette de la base libre, par la nuance franchement verte de ses sels et par la coloration rouge violacé de sa solution dans l'acide sulfurique concentré. Il est peut-être identique au produit obtenu par oxydation d'un mélange de diphénylamine et de paraphénylènediamine et constituait probablement la majeure partie du colorant employé autrefois sous le nom d' « éméraldine ».

Caro (18 *a*) a observé la formation de ce colorant dans des circonstances intéressantes.

En oxydant par le permanganate de potasse une solution aqueuse d'aniline libre et séparant par filtration le bioxyde de manganèse formé, on obtient une liqueur jau-

nâtre d'où on peut extraire par l'éther un composé
amorphe, de couleur jaune qui reproduit le colorant précédent par simple contact avec les acides. D'après les
récentes recherches de Caro, ce composé n'est autre que
de la phénylquinonediimide $C^6H^5 - Az = C^6H^4 = AzH'$
transformable en paraamidodiphénylamine par réduction avec le chlorure stanneux. Inversement, la paraamidodiphénylamine reproduit ce colorant par oxydation,
mais on observe en même temps la formation de quinone ; le rendement est plus élevé, et la formation de
quinone évitée, lorsqu'on effectue l'oxydation en présence
d'une molécule d'aniline (18). Par une oxydation plus
profonde, ce colorant vert se transforme en une substance
de couleur plus foncée, dont l'identité avec le noir d'aniline semble douteuse. Comme ce nouveau dérivé prend
encore naissance par oxydation d'un mélange de diphénylamine et de paraphénylènediamine, il est probable
qu'il appartient au groupe des indamines et qu'il possède
la formule de constitution suivante :

$$HAz = C^6H^4 \diagdown$$
$$\qquad\qquad\qquad\diagdown Az$$
$$C^6H^5 - Az - C^6H^4 \diagup$$
$$\qquad\quad |$$
$$\qquad\quad H$$

Chauffé avec de l'aniline, il donne la mauvéine la plus
simple ; cette réaction pourrait peut-être expliquer la
formation de mauvéine dans les circonstances observées
par Perkin.

Lorsqu'on le soumet à une oxydation énergique et en
particulier lorsqu'on le traite par des agents capables
de céder du chlore, le noir d'aniline se transforme
en un nouveau noir qui ne verdit plus au contact des
acides.

Par une ébullition prolongée de l'acétate ou simplement du chlorhydrate du noir d'aniline avec de l'aniline, on obtient, entre autres composés, un colorant répondant à la formule $C^{36}H^{29}Az^{6}$. Sa base se dissout dans l'éther en rouge fuchsine et forme avec les acides des sels insolubles dans l'eau et solubles en bleu dans l'alcool.

$C^{36}H^{29}Az^{5}HCl$ cristallise dans l'alcool en petites aiguilles à reflets cuivrés.

$(C^{36}H^{29}Az^{5}HCl)^{2}PtCl^{4}$. Précipité violet difficilement soluble dans l'alcool.

$C^{36}H^{29}Az^{5}HI$, ressemble au chlorhydrate.

$C^{36}H^{29}Az^{5}C^{6}H^{2}(AzO^{2})^{3}HO$. Précipité difficilement soluble.

NOIR D'ANILINE INDUSTRIEL

Le noir d'aniline n'est presque jamais préparé dans les fabriques de matières colorantes, il est formé directement sur fibre. Son emploi sur laine est très restreint, mais on en consomme de très grandes quantités dans la teinture et l'impression du coton. Pour l'impression du noir d'aniline, on a publié un très grand nombre de recettes et pris tout autant de brevets : ils reposent tous sur l'un ou l'autre des modes de formation indiqués plus haut.

L'oxydant le plus employé est le chlorate de soude en présence des sels de cuivre (6). On a substitué aux sels de cuivre solubles, qui présentaient l'inconvénient d'attaquer les racles de la machine à imprimer, le sulfure de cuivre insoluble (19). Après impression, le sulfure s'oxyde partiellement au contact de l'air et se transforme en sulfate qui provoque la formation du noir.

On imprime par exemple un mélange épaissi à l'amidon de chlorhydrate d'aniline, de chlorate de sodium et de sulfure de cuivre. Les tissus imprimés sont ensuite suspendus dans des étendages humides, chauffés vers 3o°. Le sulfure de cuivre s'oxyde d'abord et se transforme en sulfate qui provoque à son tour l'oxydation de l'aniline et la formation du noir.

On a proposé récemment de substituer au sulfate de cuivre des sels de vanadium tels que le chlorure de vanadium ou l'acide vanadique. On emploie aussi beaucoup les ferro et ferricyanures à la place du sulfure de cuivre. On imprime par exemple un mélange de ces sels avec du chlorhydrate d'aniline et du chlorate de soude et développe le noir à l'étendage chaud ; il est probable que l'aniline est oxydée par le ferricyanure qui est ramené à l'état de ferrocyanure ; mais ce dernier, oxydé par l'acide chlorique, régénère le ferricyanure. Ces cyanures joueraient donc le même rôle que les sels de cuivre et de vanadium.

Au dire des praticiens, le noir obtenu avec les ferricyanures présenterait de légères différences avec le noir obtenu au moyen des sels de cuivre, différences qui pourraient s'expliquer par la présence d'une petite quantité de bleu de Prusse dans le premier noir.

Depuis quelque temps, on emploie aussi du chlorate d'aniline, obtenu par double décomposition entre le sulfate d'aniline et le chlorate de baryum, à la place du mélange de chlorhydrate d'aniline et de chlorate de sodium utilisé jusqu'aujourd'hui.

L'oxydation de l'aniline et sa transformation en noir ne doivent évidemment pas pouvoir se produire au sein même de la couleur d'impression qui deviendrait alors rapidement inutilisable.

On ne peut donc pas employer comme oxydant l'acide chromique, le bioxyde de manganèse, etc., qui transformeraient directement l'aniline en noir.

Mais dans la teinture du coton, les conditions sont toutes différentes. On cherche au contraire à produire rapidement l'oxydation de l'aniline.

Dans ce but, on a souvent utilisé autrefois l'action du peroxyde de manganèse sur les sels d'aniline.

On fixait d'abord du bioxyde de manganèse sur la fibre en foulardant en chlorure de manganèse, passant en soude caustique puis oxydant le protoxyde de manganèse ainsi précipité sur la fibre par passage en chlorure de chaux ou par simple exposition à l'air. Il suffisait ensuite de passer le tissu, ainsi teint en bistre de manganèse, dans une solution acide d'un sel d'aniline, pour déterminer une précipitation de noir d'aniline sur la fibre.

Actuellement, on emploie presque exclusivement l'acide chromique comme oxydant dans la teinture en noir d'aniline. On manœuvre le coton dans une solution très concentrée de sulfate d'aniline et de bichromate de sodium ; en chauffant, le noir d'aniline se précipite sur la fibre. On termine toujours par un passage dans un bain légèrement alcalin (craie ou carbonate de soude) pour transformer en base libre le noir d'aniline qui existe sur fibre à l'état de sel.

Sur laine , on ne parvient à produire un beau noir qu'après avoir préalablement chloré cette fibre.

Le noir d'aniline développé sur fibre ne semble pas identique au noir décrit au commencement de ce chapitre.

En impression surtout, il se forme dans des conditions très différentes de celles qu'on observe pour sa préparation en substance. Ainsi que nous l'avons fait remarquer plus haut, dans la préparation du noir par l'action des chlorates et des sels métalliques sur une solution d'un sel d'aniline, ce colorant ne prend naissance qu'autant que cette solution renferme un grand excès d'acide. Or, en impression, il faut éviter tout excès d'acide minéral qui affaiblirait la fibre lors de son passage dans les étendages chauds et provoquerait la formation du noir au sein de la couleur épaissie destinée à l'impression.

Dans ce but, on emploie presque toujours un excès

d'aniline libre et on remplace souvent une partie du chlorhydrate d'aniline par le tartrate.

Dans un tel mélange, il n'y a pas formation de noir d'aniline, même après un repos prolongé. Le noir ne se développe qu'après impression, lorsque le mélange déposé sur la fibre acquiert par séchage un certain degré de concentration.

En général, l'oxydation sur fibre semble être plus profonde que lorsqu'on travaille en solution.

Au contact des acides, le noir d'aniline prend une couleur verte très foncée, par suite de la formation du sel correspondant. Ce « verdissage » est un grand inconvénient car les vapeurs acides qui peuvent se dégager dans les ateliers et en particulier l'acide sulfureux provenant de la combustion du gaz d'éclairage changent la nuance des tissus imprimés.

On a cherché à empêcher ou du moins à réduire à un minimum le verdissage du noir d'aniline en le soumettant à une oxydation plus énergique. Les nouveaux noirs ainsi obtenus sont certainement différents des noirs précédents ; ce sont peut-être des produits d'oxydation ou de chloruration plus avancés.

On peut aussi éviter le verdissage du noir d'aniline par passage ultérieur du tissu teint ou imprimé dans une solution de bichromate de potasse (formation de chromate de noir d'aniline) ou dans un bain faible de chlorure de chaux.

Le noir d'aniline produit sur fibre est un des colorants les plus solides. Il résiste complètement au savon, est très peu attaqué par l'air et la lumière et supporte un léger traitement en chlore. Un chlorage trop énergique le transforme en un brun rougeâtre.

VIII

COLORANTS DÉRIVÉS

DE LA

QUINOLÉINE ET DE L'ACRIDINE

La quinoléine, l'acridine et leurs homologues appar‑
tiennent au groupe des chromogènes. Mais le pouvoir
chromogène de ces composés est assez peu prononcé et
n'est que faiblement développé par l'introduction d'auxo‑
chromes amidés dans leurs molécules. Leurs dérivés
amidés simples forment bien des sels jaunes, mais ce ne
sont pas encore des véritables colorants.

Ces considérations s'appliquent surtout à la quinoléine
dont les propriétés tinctoriales n'apparaissent réellement
que par l'introduction de groupes phénylamidés, comme
dans la flavaniline.

La quinoléine et l'acridine présentent entre elles les
mêmes rapports que la naphtaline et l'anthracène :

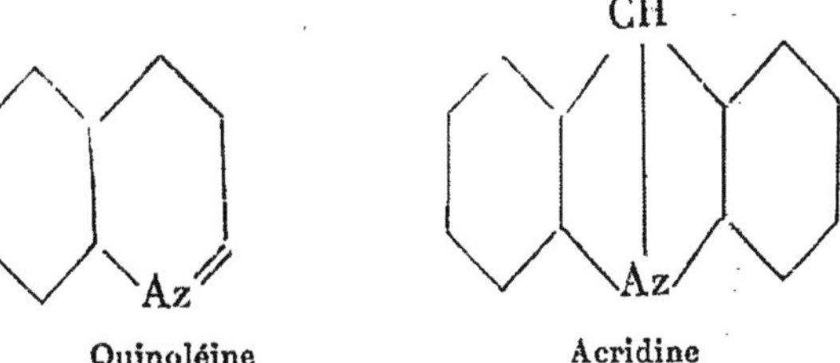

Quinoléine   Acridine

Toutes deux contiennent le complexe de la pyridine qui fonctionne évidemment comme chromophore. Ainsi que cela s'observe avec tous les chromophores faibles, l'introduction de groupes auxochromes donne d'abord naissance à des jaunes.

D'après Noelting, la quinoléine orthohydroxylée jouit de la propriété de teindre sur mordants métalliques. V. Kostanecki a également signalé cette propriété dans les oximes.

Il existe aussi tout un groupe de colorants dérivés de la quinoléine dans lesquels le complexe pyridique ne semble pas être le chromogène principal. Comme ces colorants ne peuvent pas être obtenus en partant de quinoléine pure, mais exigent pour leur préparation l'emploi d'un mélange de quinoléine avec ses homologues, on peut admettre qu'ils possèdent une constitution analogue à celle des colorants du triphénylméthane et qu'un carbone méthanique relie plusieurs noyaux quinoléiques. Les cyanines, le rouge de quinoléine et peut-être aussi le jaune de quinoléine appartiennent à cette catégorie.

I. — COLORANTS DE LA QUINOLÉINE

Cyanines (1,2,3,4).

En chauffant un mélange de quinoléine et de lépidine (3), ou paraméthylquinoléine, avec un iodure alcoolique en présence d'un alcali, on obtient des colorants bleus qui renferment une molécule de chacune des deux bases et deux radicaux alcooliques correspondants. Les mêmes colorants prennent encore naissance lorsqu'on traite par un alcali le mélange des combinaisons que forment la quinoléine et la lépidine avec les iodures alcooliques (3). Dans toutes ces réactions, il y a toujours élimination d'une molécule d'acide iodhydrique et formation de la cyanine correspondant à l'état de monoiodure.

Les cyanines sont des composés très basiques dont on ne peut éliminer l'iode que par des traitements à l'oxyde d'argent.

Les sels monoacides sont bleus et bien cristallisés. Ils forment avec la plus grande facilité des sels biacides incolores ; les acides faibles, et souvent même l'acide carbonique, suffisent pour produire cette décoloration (1, 4).

Les cyanines teignent les fibres en bleu, mais leur sensibilité aux acides et à la lumière les rend inutilisables comme colorants.

Diméthylcyanine (3). L'iodure $C^{21}H^{19}Az^2I$, obtenu par l'action de la potasse sur un mélange d'iodométhylates de quinoléine et de lépidine, se présente en aiguilles vertes, brillantes, fondant à 291°. La coloration bleue de ses solutions aqueuses disparaît déjà par l'acide carbonique.

Diéthylcyanine $C^{23}H^{22}Az^2I$.

On obtient une cyanine isomère en remplaçant dans la réaction précédente la lépidine par son isomère la quinaldine (3).

Le premier représentant de ce groupe de colorants est l'isoamylcyanine, découverte en 1856 par Williams (4) et reproduite plus tard par Hofmann (1). C'est aussi le colorant le mieux étudié du groupe. D'après Hofmann (1), cette cyanine s'obtient en partant de lépidine pure et possède une composition qui répond à la formule $C^{30}H^{39}Az^2I$.

Dans tous ces iodures, on peut substituer l'atome d'iode par d'autres radicaux acides.

Il est possible que les cyanines possèdent une constitution analogue à celle des colorants du triphénylméthane ; la lépidine fournirait l'atome de carbone méthanique.

Rouge de quinoléine.

Ce colorant résulte de l'action du phénylchloroforme sur la quinoléine du goudron de houille en présence de chlorure de zinc (5, 6).

Il existe, d'après Hofmann, deux rouges de quinoléine différents, selon qu'on emploie pour cette condensation un mélange de quinoléine et de quinaldine ou α-méthylquinoléine, ou un mélange de quinaldine et d'isoquinoléine.

Le colorant dérivé de l'isoquinoléine se forme plus facilement et avec de meilleurs rendements que son isomère. Sa composition répond à la formule $C^{26}H^{18}Az^2$. Il possède des propriétés basiques et forme un chlorhydrate $C^{26}H^{18}Az^2HCl$ cristallisé en minces paillettes ou en gros prismes. Ce chlorhydrate est peu soluble dans l'eau froide, assez facilement dans l'eau bouillante d'où l'acide chlorhydrique en excès le précipite presque complètement.

Chloroplatinate $(C^{26}H^{19}Az^2Cl)^2PtCl^4$.

Chauffé avec du sulfhydrate d'ammoniaque, le rouge de quinoléine se scinde en benzylmercaptan et en un composé répondant à la formule $C^{19}H^{14}Az^2$.

Par distillation sèche, il donne une base en $C^{17}H^{13}Az$.

Le rouge de quinoléine possède probablement une constitution analogue à celle des colorants du triphénylméthane : deux noyaux quinoléiques seraient fixés sur le carbone méthanique fourni par le phénylchloroforme.

Ce colorant teint la soie en un beau rouge d'éosine ; ces teintures possèdent une fluorescence qui dépasse celle obtenue avec presque tous les autres colorants artificiels, mais elles sont extrèmement fugaces.

Jaune de quinoléine (6,7) (Quinophtalone), $C^{18}H^{11}AzO^2$.

Le jaune de quinoléine s'obtient par condensation de l'anhydride phtalique avec la quinaldine ou avec une quinoléine du goudron renfermant de la quinaldine. Il cristallise dans l'alcool en fines aiguilles jaunes fondant à 233°.

Il est insoluble dans l'eau et l'éther, assez facilement soluble dans l'alcool chaud et l'acide acétique cristallisable et très facilement dans l'acide sulfurique concentré.

Ce colorant, ne possède pas de propriété basique ; il teint cependant la laine et la soie en jaune.

Traité par l'acide sulfurique fumant, il se transforme en un dérivé sulfoné qui teint la laine et la soie en un jaune pur semblable à celui obtenu avec l'acide picrique.

Chauffé sous pression avec de l'ammoniaque, il donne des colorants basiques qui résultent probablement de la substitution des atomes d'oxygène qu'il renferme par des groupes amidés ou imidés.

Les homologues de la quinaldine donnent aussi des colorants anologues par condensation avec l'anhydride phtalique (7).

La pyrophtalone $C^{14}H^9AzO^2$, obtenue par condensation de l'anhydride phtalique avec la picoline du goudron de houille, appartient encore à cette classe (7).

Dans toutes ces condensations, on peut aussi remplacer l'anhydride phtalique par les anhydrides chlorophtaliques.

Le jaune de quinoléine n'est utilisé que sous forme d'acide sulfonique et s'emploie en teinture comme tous les colorants acides. C'est un colorant de valeur, qui donne un jaune très pur et très solide et qui présenterait une grande importance si son prix élevé n'en restreignait l'emploi.

Flavaniline $C^{16}H^{14}Az^2$ (8, 9, 10).

Ce colorant s'obtient en chauffant de l'acétanilide avec du chlorure de zinc à 250°-270°. Le produit de la réaction est épuisé par l'acide chlorhydrique, et la solution chlorhydrique du colorant est additionnée d'acétate de soude et précipitée par le sel marin. Le rendement est très mauvais.

La flavaniline est une base énergique qui se présente à l'état libre en longues aiguilles incolores, fondant à 97° ; elle est légèrement soluble dans l'eau, se dissout facilement dans l'alcool et la benzine et distille sans décomposition.

Les sels monoacides de la flavaniline sont de beaux colorants jaunes qui teignent la laine et la soie en nuances assez pures.

Chlorhydrate $C^{16}H^{14}Az^2HCl$. Prismes orangés à reflets rouge bleuâtre, facilement solubles dans l'eau.

Dichlorhydrate $C^{16}H^{14}Az^2(HCl)^2$. Ce sel s'obtient par addition d'acide chlorhydrique concentré à la solution aqueuse du monochlorhydrate ; il est décomposé par l'eau et la chaleur.

Chloroplatinate $C^{16}H^{14}Az^2(HCl)^2PtCl^4$. Précipité jaune cristallin.

Ethylflavaniline. Action de l'iodure d'éthyle sur une solution alcoolique de flavaniline libre.

Iodure $C^{16}H^{13}Az^2(C^2H^5)HI$. Longues aiguilles rouge rubis.

La flavaniline renferme un groupe amidé, et forme un diazoïque qui donne le flavénol $C^{16}H^{13}AzO$ par ébullition avec l'eau.

Ce dérivé, qui jouit à la fois de propriétés acides et basiques, se présente en feuillets incolores, fondant à 128° et partiellement sublimables sans décomposition. Il forme avec les acides des sels incolores. Chauffé avec de la poudre de zinc, il se transforme en flavoline $C^{16}H^{13}Az$; cette base se présente en cristaux incolores, fondant à 65° ; elle forme avec les acides des sels monoacides.

La flavoline est un dérivé de la quinoléine, cela résulte de la nature des composés auxquels elle donne naissance par oxydation.

Oxydée par le permanganate, elle donne d'abord de l'acide lépidine carbonique :

$$C^9H^5Az\begin{cases} CH^3 \\ COOH \end{cases}$$

puis, par une oxydation plus profonde, de l'acide picoline tricarbonique :

$$CH^3 — C^5HAz(COOH)^3$$

et enfin de l'acide pyridine tétracarbonique :

$$C^5AzH(COOH)^4$$

On peut en conclure que la flavoline est une méthyl-phénylquinoléine :

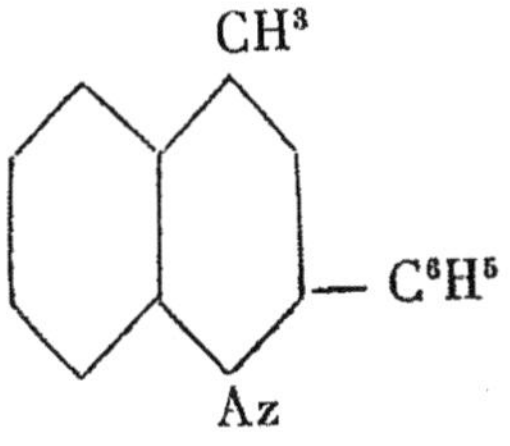

Le flavénol et la flavaniline constituent les dérivés hydroxylé et amidé du composé précédent.

La flavaniline possède donc la formule de constitution suivante :

$$CH^3 \quad - C^6H^4 - AzH^2$$
$$Az$$

O. Fischer a reproduit ce colorant par condensation de molécules égales d'ortho et de paraamidoacétophénone ; l'équation suivante rend compte de ce mode de formation :

$$-AzH^2 \quad CO- \qquad -CO + CH^3 \qquad -AzH^2 \qquad CH^3 \qquad == \qquad Az \qquad -AzH^2 + H^2O \qquad CH^3$$

Pour expliquer sa formation en partant de l'acétanilide, on peut admettre que l'acétanilide subit d'abord une transposition moléculaire sous l'influence du chlorure de zinc, et se transforme en ses deux isomères, l'ortho et la paraamidoacétophénone, qui donnent naissance à la flavaniline par condensation ultérieure.

Berbérine.

La berbérine est un alcaloïde contenu dans beaucoup de plantes ; sa constitution est encore mal connue, il est cependant certain que ce composé appartient au groupe des colorants dérivés de la quinoléine. C'est le seul colorant naturel actuellement connu qui dérive de la quinoléine ; c'est aussi le seul colorant naturel jouissant de propriétés basiques et se fixant sur la fibre comme les colorants basiques artificiels.

On rencontre la berbérine dans beaucoup de plantes ; elle est particulièrement abondante dans la racine de Colombo (du *coculus palmatus*) (11) (Déc.) et dans la racine de l'épine vinette (*berberis vulgaris*) (12, 4). Cette dernière provenance est seule importante.

La berbérine se présente en aiguilles jaunes, difficilement solubles dans l'eau et dans l'alcool, perdant à 100° de l'eau de cristallisation et fondant à 120°. C'est une base monovalente qui forme avec les acides des sels bien cristallisés et assez facilement solubles dans l'eau. Le nitrate $C^{20}H^{17}AzO^4HAzO^3$ se distingue par la facilité avec laquelle il cristallise et par sa faible solubilité dans un excès d'acide azotique. La berbérine peut aussi se combiner aux oxydes métalliques. Le chlore colore en rouge son chlorhydrate.

Fondue avec de la potasse, la berbérine donne de la quinoléine et deux acides dont l'un $C^8H^8O^4$ semble être l'homologue de l'acide protocatéchique (13). Oxydée avec de l'acide nitrique, elle donne de l'acide pyridinétricarbonique (14, 15).

Les réducteurs la transforment en hydroberbérine incolore $C^{20}H^{21}AzO^4$ (13).

D'après les recherches de Perkin, la berbérine semble être un dérivé de l'isoquinoléine (16).

Ce colorant, qui s'emploie en teinture sous forme de décoction de racines de l'épine vinette, se fixe comme les colorants basiques artificiels, c'est-à-dire en bain neutre sur fibres animales et sur coton préalablement mordancé en tannin. Il semble surtout être utilisé pour la teinture du cuir.

II. — COLORANTS DÉRIVÉS DE L'ACRIDINE

Les dérivés de l'acridine possèdent une coloration jaune plus accentuée que ceux de la quinoléine. L'acridine elle-même est légèrement jaune et les diamidoacridines sont de véritables colorants.

L'acridine présente d'étroites relations avec le diphénylméthane et la phénylacridine avec le triphénylméthane. Nous avons vu plus haut que les dérivés diorthohydroxylés du diphényl et du triphénylméthane (pyronine, rosamine, fluorescéine) sont susceptibles de perdre une molécule d'eau et de former des anhydrides renfermant un noyau hexagonal composé de cinq atomes de carbone et d'un atome d'oxygène. Or les dérivés diorthoamidés du diphényl et du triphénylméthane se comportent de même et donnent naissance, par élimination d'une molécule d'ammoniaque, à des dérivés de l'hydroacridine.

O. Diamidodiphénylméthane $=$ Hydroacridine $+$ ammoniaque

Les colorants amidés dérivés de l'acridine renfermant généralement leurs groupes amidés en para vis-à-vis du carbone méthanique, on serait tenté de leur attribuer une formule de constitution paraquinonique par analogie avec les colorants correspondants du diphénylméthane ; ils posséderaient alors la formule tautomère représentée par le schéma suivant :

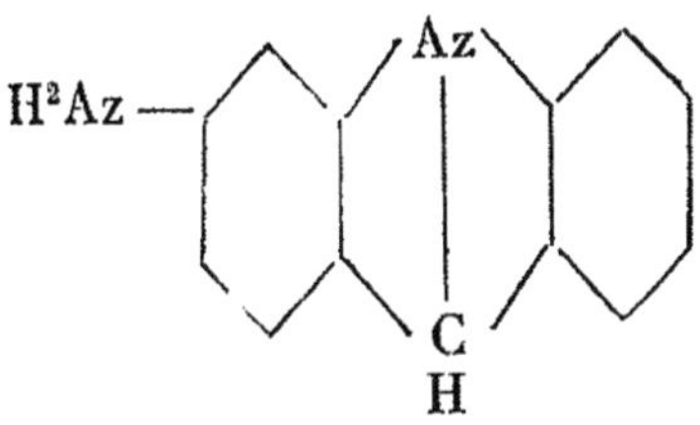

Amidoacridine.

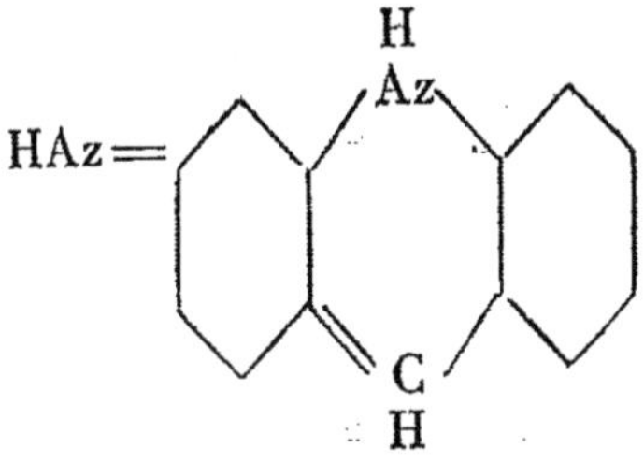

Formule tautomère.

Néanmoins, nous les considérons plutôt comme de simples dérivés de l'acridine. Ils possèdent en effet la coloration jaune et la fluorescence de cette base et sont ainsi comparables à la fluorescéine et aux xanthones ; d'ailleurs, ils se différencient nettement de la pyronine, de la rosamine et de la rhodamine, non seulement par leur couleur, mais aussi par la nature des bases correspondantes : tandis que les colorants précédents donnent des bases carbinoliques incolores, les bases des colorants acridiques sont jaunes, fluorescentes et ne renferment pas de groupes hydroxyles.

La fluorescence de ces bases est surtout accentuée en solution éthérée ; elle est caractéristique de tout ce groupe de colorants.

Diamidoacridines (17).

Les dérivés alcoylés du tétramidodiphénylméthane de la forme :

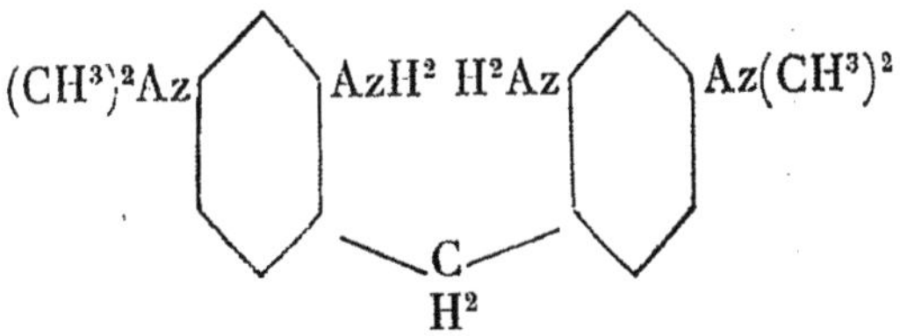

obtenus par condensation avec l'aldéhyde formique des
métadiamines alcoylées non symétriques telles que la
diméthylmétaphénylènediamine $C^6H^4\begin{cases} Az(CH^3)^2 \,(\mathrm{1}) \\ AzH^2 \,(3) \end{cases}$, perdent facilement une molécule d'ammoniaque et don-
nent naissance à des diamidohydroacridines alcoylées,
leucobases que les oxydants transforment en colorants
acridiques correspondants :

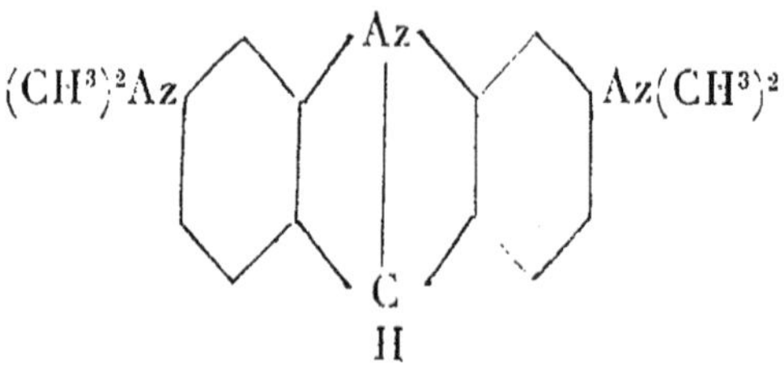

$$(CH^3)^2Az \quad \diagdown\diagup \quad Az \quad \diagdown\diagup \quad Az(CH^3)^2$$
$$C$$
$$H$$

La même réaction s'observe encore avec la métaphénylène diamine non alcoylée, mais elle semble moins nette ;
avec la métatoluylène diamine, on obtient des rendements
plus satisfaisants. Le « jaune d'acridine » et l' « orangé
d'acridine » sont les seuls représentants commerciaux
dérivés de la diamidoacridine.

Le jaune d'acridine semble être préparé au moyen de
la toluylène diamine et l'orangé au moyen de la di-
méthylmétaphylène diamine.

Ces colorants donnent sur soie de belles nuances fluorescentes, mais qui sont assez fugaces.

Les colorants suivants dérivent de la phénylacridine :

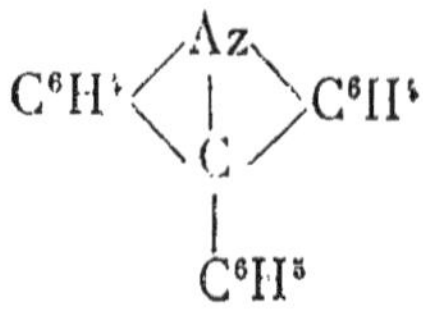

$$C^6H^4\begin{cases} Az \\ C \end{cases}C^6H^4$$
$$C^6H^5$$

Ils présentent, vis-à-vis du triphénylméthane, les

mêmes relations que les composés précédents vis-à-vis du diphénylméthane.

Diamidophénylacridines.

a) *Benzoflavine (Diamidophénylacridine symétrique)* (18).

Les différentes marques de benzoflavine se préparent par condensation de l'aldéhyde benzoïque avec la métaphénylène diamine et ses dérivés, réaction complètement analogue à celle qui donne naissance à la diamidoacridine par condensation de la métaphénylène diamine avec l'aldéhyde formique. On peut les considérer comme des acridines diamidées dans lesquelles l'hydrogène du carbone méthanique est remplacée par un radical phényle.

La benzoflavine la plus simple possédera donc la formule de constitution suivante.

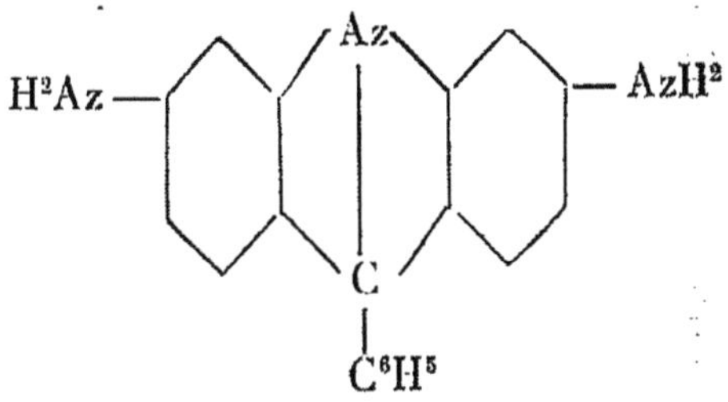

$$H^2Az - \underset{\displaystyle C^6H^5}{\overset{\displaystyle Az}{\underset{\displaystyle |}{\overset{\displaystyle |}{\bigcirc\bigcirc\bigcirc}}}} - AzH^2$$

Le produit commercial semble être obtenu au moyen de la métatoluylène diamine ; il dérive donc d'une phénylacridine diméthylée symétrique.

Il teint le coton mordancé au tannin, la laine et la soie en un beau jaune. Les acides concentrés font virer la nuance en jaune-orangé, réaction qui le différencie de l'auramine qui est détruite par les acides.

b) *Chrysaniline (Diamidophénylacridine non symétrique).*

Les chrysanilines ne diffèrent des benzoflavines que par la position des groupes amidés. Un seul groupe amidé se trouve dans le noyau acridique, le second appartient au groupe phényle et tous deux sont probablement en para vis-à-vis du carbone méthanique.

Les chrysanilines se forment en petite quantité et comme produits secondaires dans la fabrication de la fuchsine dans le procédé à l'acide arsénique ou au nitrobenzène. Elles semblent résulter d'une condensation de la paratoluidine avec deux molécules d'amines, condensation qui se distinguerait de celle qui donne naissance à la fuchsine par l'orientation différente de ces deux molécules d'amines. Comme dans la préparation de la fuchsine, le groupe méthyle de la paratoluidine fournirait encore l'atome de carbone méthanique destiné à relier les trois noyaux benzéniques du colorant, mais une molécule d'aniline se fixerait en ortho et l'autre en para sur cet atome de carbone; il en résulterait la formation d'o. diparatriamidotriphénylméthane qui se transformerait ultérieurement en chrysaniline.

Ce colorant est retiré des premières eaux mères de la fuchsine par précipitation fractionnée au carbonate de soude; on le purifie ensuite par cristallisation dans l'acide azotique de concentration moyenne. La chrysaniline étudiée par Hofmann possède une composition qui répond certainement à la formule $C^{20}H^{17}Az^3$ (20). Les recherches de Fischer et Kröner semblent cependant établir la présence, dans la chrysaniline brute, de deux bases homologues $C^{19}H^{15}Az^3$ et $C^{20}H^{17}Az^3$ (21). Quoi qu'il en soit, les analyses de Hofmann ne s'accordent pas avec la formule $C^{19}H^{15}Az^3$.

La chrysaniline $C^{20}H^{17}Az^3$ (20), précipitée de ses sels par les alcalis, se présente sous forme d'une poudre jaune clair, ressemblant au chromate de plomb. Elle est à peine soluble dans l'eau, mais se dissout facilement dans l'alcool, l'éther et la benzine. Sa solution éthérée possède une fluorescence jaune verdâtre. Cette base distille partiellement sans décomposition. Les acides forment avec la chrysaniline deux séries de sels dont la nuance varie du jaune au rouge jaunâtre. A l'exception de l'iodhydrate et du picrate, ils se dissolvent assez facilement dans l'eau pure, mais difficilement en présence d'un excès d'acide. Les sels biacides sont généralement dissociés par l'eau en sels monoacides et acide libre.

Nitrate $C^{20}H^{17}Az^3HAzO^3$. Aiguilles jaune-orangé, difficilement solubles dans l'eau froide, facilement dans l'eau bouillante. L'acide azotique précipite de cette solution le nitrate biacide $C^{20}H^{17}Az^3(HAzO^3)^2$ sous forme d'aiguilles jaune-orangé groupées en étoiles. La chrysaniline supporte sans altération un traitement par l'acide nitrique de concentration moyenne. La chrysaniline impure se dissout dans l'acide nitrique concentré et cette solution laisse déposer après un repos prolongé un précipité cristallin du nitrate. Cette propriété est mise à profit pour purifier le colorant.

Les chlorhydrates $C^{20}H^{17}Az^3HCl$ et $C^{20}H^{17}Az^3(HCl)^2$ sont plus solubles que les nitrates correspondants.

Picrate $C^{20}H^{17}Az^3 2C^6H^2(AzO^2)^3HO$. Aiguilles rouges, insolubles dans l'eau, difficilement solubles dans l'alcool.

D'après un brevet des fabriques de Hochst, la chrysaniline $C^{20}H^{17}Az^3$ peut s'obtenir en fondant de la paratoluidine avec de la métanitraniline. Dans cette réaction, une molécule de nitraniline et deux molécules de paratoluidine se condenseraient avec élimination d'ammoniaque.

Chrysaniline triméthylée $C^{20}H^{14}Az^3(CH^3)^3$.

Diiodhydrate $C^{20}H^{14}(CH^3)^3(HI)^2$. Ce composé s'obtient en chauffant à 100° un mélange de chrysaniline, d'iodure de méthyle et d'alcool méthylique. Aiguilles rouge-orangé, solubles dans l'eau bouillante. En traitant à chaud sa solution aqueuse par l'ammoniaque, on précipite des aiguilles jaunes du monoiodhydrate correspondant : $C^{20}H^{14}(CH^3)^3Az^3HI$. Ces deux iodhydrates traités par l'oxyde d'argent donnent la triméthylchrysaniline libre. En général, cette base forme avec les acides des sels facilement solubles dans l'eau.

$C^{20}H^{14}(CH^3)^3Az^3(HCl)^2PtCl^4$. Aiguilles jaunes, feutrées.

Les dérivés éthylés correspondants s'obtiennent de la même façon au moyen de l'iodure d'éthyle.

On a également préparé les dérivés amylés (20).

La chrysaniline $C^{19}H^{15}Az^3$ (21) a été retirée par Fischer et Körner de la chrysaniline commerciale.

La base libre cristallise dans le benzène en aiguilles jaunes d'or groupées en étoiles, renfermant une molécule de dissolvant de cristallisation qu'elles perdent par dessiccation. Elle fond au-dessus de 200° et distille partiellement sans décomposition.

Chrysophénol $C^{19}H^{13}Az^2OH$ (21). Ce dérivé s'obtient en chauffant sous pression à 180° la chrysaniline précédente avec de l'acide chlorhydrique concentré.

Le chrysophénol cristallise en petites aiguilles rouge-jaune ; il se comporte à la fois comme un acide et une base faible.

Il se dissout dans la soude caustique en donnant un liquide jaune clair d'où les acides le précipitent en flocons orangés.

Chauffée avec de l'anhydride acétique, la chrysaniline donne un dérivé diacétylé $C^{19}H^{13}Az^3(C^2H^3O^2)^2$ qui jouit encore de propriétés basiques et peut former avec les acides des sels renfermant une molécule d'acide.

$C^{19}H^{13}Az^3(C^2H^3O)^2HCl$, longues aiguilles jaunes, facilement solubles dans l'eau.

Le nitrate est difficilement soluble.

En traitant la chrysaniline $C^{19}H^{15}Az^3$, par de l'acide nitreux, on peut diazoter ses deux groupes amidés. Le dérivé diazoïque ainsi obtenu, bouilli avec de l'alcool, donne de la phénylacridine :

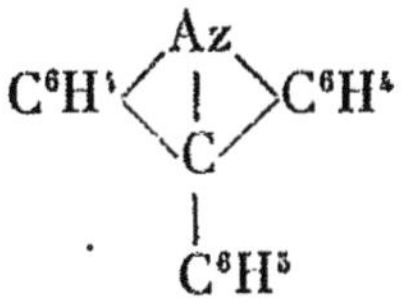

$$C^6H^4\diagdown\!\!\!\underset{\diagup}{\overset{Az}{\underset{C}{\big|}}}\!\!\!\diagup C^6H^4$$

$$\overset{|}{C^6H^5}$$

La chrysaniline est donc un dérivé diamidé de la phénylacridine.

La constitution complète de ce colorant a été établie par la synthèse suivante de Fischer et Körner :

L'orthodiparatriamidotriphénylméthane :

$$-AzH^2 \qquad -AzH^2$$

$$\underset{|}{\overset{C}{}}\diagdown H$$

$$AzH^2$$

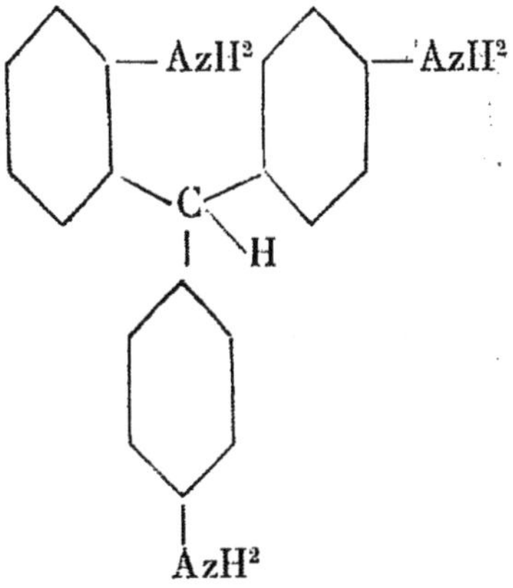

obtenu par condensation de l'orthonitrobenzaldéhyde avec l'aniline et réduction de l'orthonitroparadiamidotriphénylméthane ainsi formé, donne de la chrysaniline par oxydation.

Comme dans l'acridine les positions ortho des deux

noyaux benzéniques sont occupées par l'azote et carbone, la chrysaniline ne peut donc avoir que la constitution suivante :

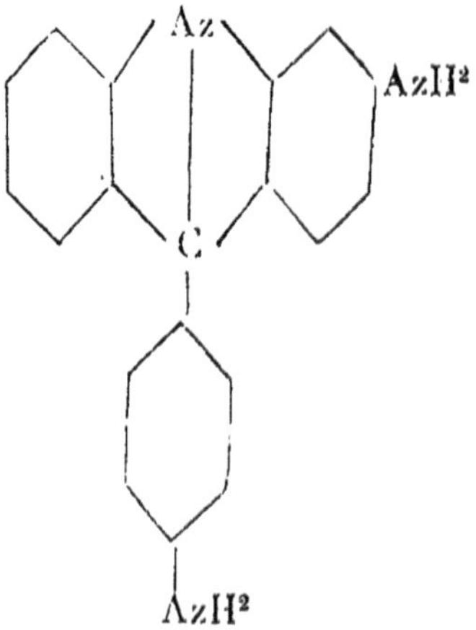

$$\text{Az} \qquad \text{AzH}^2$$
$$\text{C}$$
$$\text{AzH}^2$$

La chrysaniline était très appréciée autrefois car c'était le seul jaune basique connu, mais elle ne trouve plus actuellement que des applications assez restreintes dans la teinture de la soie. Elle teint directement la laine, la soie et le coton mordancé en tannin en jaune-orangé relativement solide à la lumière. On la trouve dans le commerce à l'état de chlorhydrate ou de nitrate sous le nom de « phosphine ».

Flavéosine (22 a).

La phtaléine suivante :

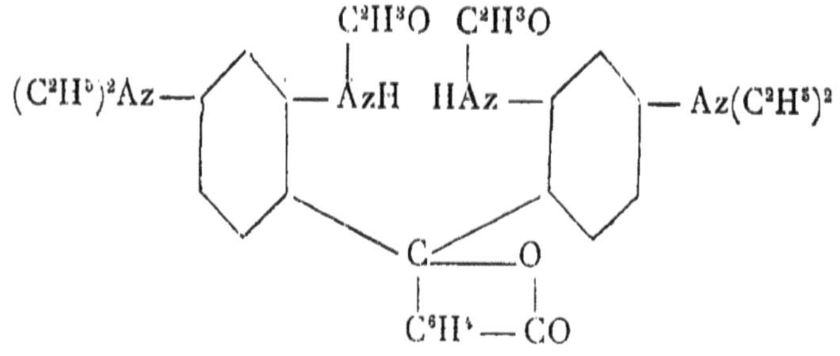

$$(C^2H^5)^2Az - \quad - AzH \quad HAz - \quad - Az(C^2H^5)^2$$
$$C^2H^3O \quad C^2H^3O$$
$$C \underline{\qquad} O$$
$$C^6H^4 - CO$$

obtenue en fondant la diéthylmétaphénylènediamine acétylée $(C^2H^5)^2AzC^6H^4AzHC^2H^3O$ avec de l'anhydride phtalique, perd de l'ammoniaque et de l'acide acétique lorsqu'on la saponifie par l'acide sulfurique concentré et se transforme en un beau colorant jaune fluorescent appelé « flavéosine ».

On peut considérer ce colorant, soit comme l'anhydride interne de l'acide tétraéthyldiamidohydroacridine carbonique :

$$(C^2H^5)^2Az - \quad AzH \quad - Az(C^2H^5)^2$$

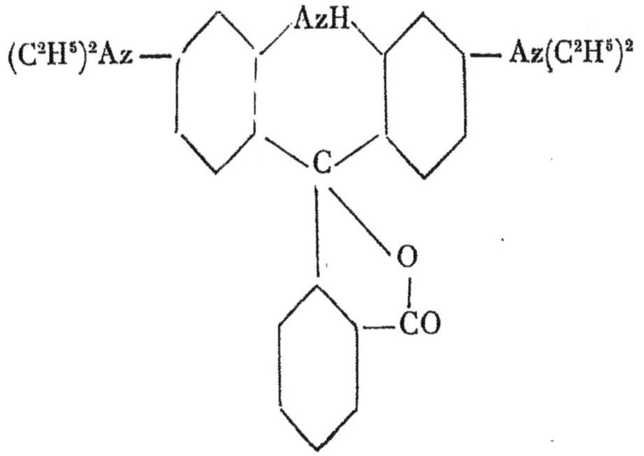

Soit comme un dérivé de l'acide diamidophénylacridine carbonique :

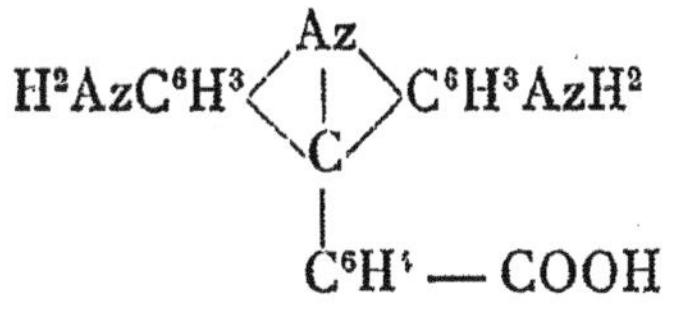

$$H^2AzC^6H^3 \diagup \!\! \begin{matrix} Az \\ | \\ C \end{matrix} \!\! \diagdown C^6H^3AzH^2$$

$$C^6H^4 - COOH$$

soit enfin comme un dérivé à structure quinoïdique de l'acide hydroacridine carbonique :

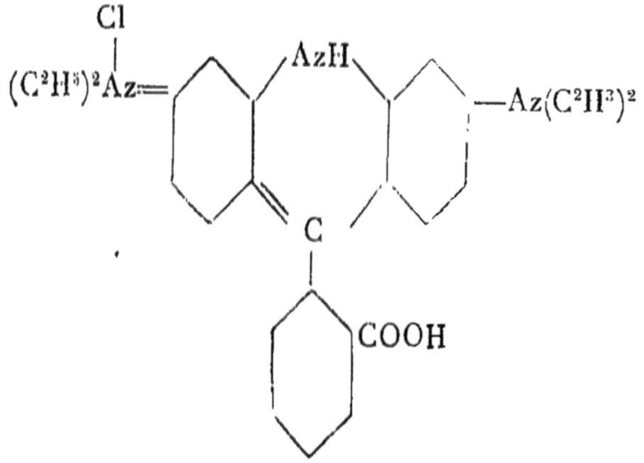
Cl
(C²H⁵)²Az=
AzH
—Az(C²H⁵)²
C
COOH

Dans l'état actuel de nos connaissances, cette dernière formule semble la plus vraisemblable ; la flavéosine serait donc une rhodamine dans laquelle l'atome d'oxygène reliant les deux noyaux benzéniques serait remplacé par le groupe imidé bivalent — AzH — .

IX

COLORANTS DU THIAZOL

Sous le nom de dérivés du thiazol, on comprend tout un groupe de composés caractérisés par la présence dans leurs molécules d'un noyau pentagonal sulfuré présentant la structure suivante :

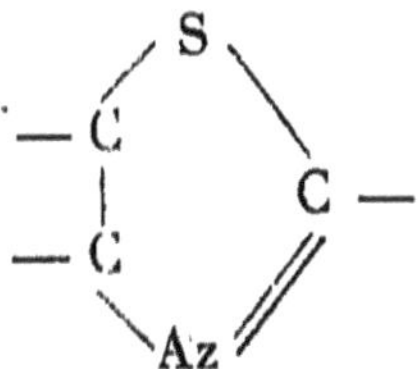

Les dérivés les plus simples du thiazol sont incolores ; la coloration n'apparaît que dans les composés renfermant, à côté du noyau du thiazol, un ou plusieurs noyaux benzéniques.

On peut considérer les dérivés du thiazol comme étant les anhydrobases des mercaptans orthoamidés. Le premier représentant de ce groupe est connu depuis longtemps ; il a été obtenu par A.-W. Hofmann en fondant la benzanilide avec du soufre ; c'est le benzanhydro-amido-phénylmercaptan ou benzénylamidomercaptan :

Tous les colorants du thiazol employés dans l'industrie résultent de l'action du soufre sur la paratoluidine et ses homologues. Cette réaction peut se passer dans deux sens différents. En présence de corps capables d'absorber de l'hydrogène sulfuré, comme l'oxyde de plomb, on obtient une thiotoluidine (sulfure de diamidoditolyle) homologue de la thioaniline. Mais lorsqu'on chauffe simplement à haute température le mélange de p. toluidine et de soufre, on obtient un composé appelé « déhydrothioparatoluidine », dont il est fait mention pour la première fois dans un brevet de Dahl et Cie (1). La constitution de ce composé fut établie par une série de travaux de Green, P. Jacobson, Gattermann, Anschütz et Schultz (2).

La déhydrothioparatoluidine est un amidobenzényl-toluylmercaptan et possède la formule de constitution suivante :

$$CH^3 \diagdown \underset{Az}{\bigcirc} \diagup \overset{S}{\diagdown} C - C^6H^4 - AzH^2$$

En chauffant plus longtemps et à température plus élevée le mélange de p. toluidine et de soufre, on obtient un produit qui diffère de la déhydrothioparatoluidine par sa coloration plus intense, sa solubilité moindre et sa basicité plus faible. Ce produit constitue la « primuline ». Il est probable que dans cette réaction, la déhydrothiotoluidine réagit sur une nouvelle molécule de p. toluidine et de soufre pour donner une molécule plus compliquée, renfermant deux noyaux thiazoliques :

$$C^7H^6 \underset{Az}{\overset{S}{\diagup\diagdown}} C - C^6H^3 \underset{Az}{\overset{S}{\diagup\diagdown}} C - C^6H^4 - AzH^2$$

Nietzki. Mat. colorantes   22

Enfin on obtient encore dans cette réaction un produit de condensation plus avancé, renfermant trois noyaux thiazoliques et résultant d'une action plus profonde du soufre et de la p. toluidine sur la primuline. Ce produit accompagne généralement la primuline commerciale.

Tous ces corps possèdent une coloration jaune comme les dérivés de la quinoléine et de l'acridine ; ils se sulfonent très facilement et leurs acides sulfoniques teignent directement en jaune le coton non mordancé.

Grâce au groupe amidé que renferment ces dérivés, on peut les diazoter et copuler les diazoïques ainsi obtenus avec les naphtols et autres phénols.

Cette propriété est utilisée principalement pour produire ces colorants sur fibre ; pour rappeler leur mode d'obtention, A. Green a donné le nom de couleurs « in grain » aux azoïques de la primuline ainsi développés sur fibre.

La primuline a été découverte et préparée pour la première fois industriellement par Green (février 1887) ; sa nature ayant été ensuite reconnue, plusieurs fabriques de couleurs déposèrent aussitôt des demandes de brevets.

Dans l'action du soufre sur la p. toluidine, il se forme toujours un mélange de déhydrothioparatoluidine et de primuline que l'on peut séparer, d'après un brevet de la maison Kalle et Cie (D. R. P. 92011. Friedl. IV, p. 824), en sulfonant le mélange et neutralisant les acides sulfoniques par de l'ammoniaque. Le sel ammoniacal de la déhydrothioparatoluidine est insoluble tandis que celui de la primuline est très soluble.

Les homologues de la déhydrothiotoluidine et de la primuline s'obtiennent en remplaçant dans la préparation de ces bases la p. toluidine par ses homologues : la métaxylidine non symétrique ou la ψ cumidine.

Les colorants dérivés du thiazol peuvent être divisés en deux classes : ceux qui ne renferment comme chromophore que le complexe thiazolique, ce sont tous des jaunes, et ceux qui renferment en outre un chromophore azoïque. Dans ces derniers, le groupe azoïque exerce une influence prépondérante sur la nuance.

A la première classe, qui comprend les colorants proprement dits dérivés du thiazol, appartiennent les thioflavines.

Thioflavines (3, 4).

Ces composés résultent de l'introduction de radicaux alcooliques dans la déhydrothiotoluidine et la primuline. On les obtient en chauffant ces bases avec des éthers halogénés ou plus simplement avec de l'acide chlorhydrique et l'alcool correspondant. Les thioflavines ainsi obtenues sont probablement des chlorures de bases ammonium quaternaires. Le produit commercial le plus employé, la « thioflavine T », semble être le chlorométhylate de la diméthyldéhydrothioparatoluidine :

$$CH^3 - C^6H^3 \diagup_{\diagdown Az}^{\diagup S} C - C^6H^4Az(CH^3)^3Cl$$

Tandis que la déhydrothioparatoluidine ne jouit que de faibles propriétés basiques, ses dérivés alcoylés sont des bases énergiques et plus solubles, qui teignent facilement le coton mordancé au tannin en nuances semblables à celles obtenues avec l'auramine.

Par méthylation de la déhydrothiotoluidine sulfonée, on obtient de même un colorant jaune acide connu sous le nom de « thioflavine S ».

La déhydrothioparatoluidine sulfonée, oxydée en solution alcaline par l'hypochlorite de chaux, le bioxyde de plomb, etc., se transforme en un colorant qui teint le coton non mordancé en jaune pur. Ce colorant, qui est extrêmement solide à la lumière, se trouve dans le commerce sous le nom de « jaune de chloramine ».

Colorants azoïques dérivés du thiazol.

La déhydrothiotoluidine, la primuline et leurs acides sulfoniques se laissent facilement diazoter ; par copulation des diazoïques ainsi obtenus avec les amines ou les phénols, on peut préparer toute une série de colorants azoïques.

D'autre part, la déhydrothiotoluidine elle-même peut se combiner avec les diazoïques et en particulier avec son propre diazoïque. On obtient ainsi des colorants qui ne semblent cependant pas être de véritables azoïques, mais plutôt des dérivés diazoamidés, car ils ne se laissent plus diazoter.

Sous les noms de « jaune Clayton » ou « jaune de thiazol S », on trouve dans le commerce un colorant obtenu en combinant la déhydrothiotoluidine sulfonée avec son propre diazoïque. Il teint le coton non mordancé sur bain alcalin en un beau jaune verdâtre.

La déhydrothiométaxylidine, diazotée et copulée avec l'acide ε-α naphtoldisulfonique, donne un colorant teignant directement le coton non mordancé en rouge, qui se trouve dans le commerce sous le nom d' « Erica ».

X

OXYCÉTONES, XANTHONES, FLAVONES
ET COUMARINES

Tous, ces colorants renferment comme chromophore le groupe CO, appelé groupe cétonique ou carbonyle. Ce chromophore est particulièrement actif lorsqu'il fait partie d'une chaîne fermée, surtout lorsqu'un des anneaux de cette chaîne est formée par un atome d'oxygène comme dans la xanthone et la flavone :

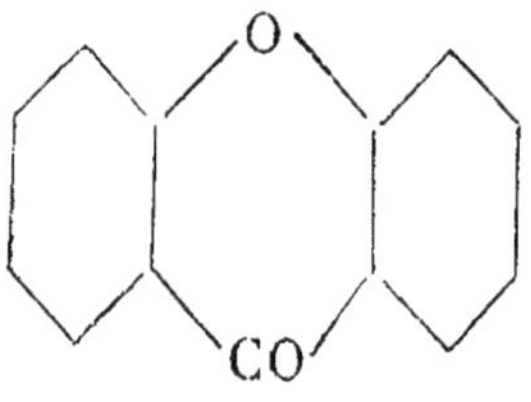

Xanthone. 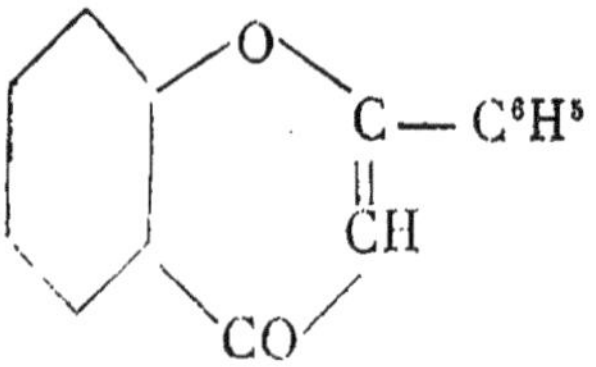   Flavone.

Cependant, le groupe cétonique agit aussi comme chromophore lorsqu'il fait partie d'une chaîne ouverte ; ainsi les cétones mixtes ou aromatiques à chaîne ouverte sont des colorants pour mordants lorsqu'elles renferment dans le noyau benzénique deux ou plusieurs groupes hydroxylés en ortho ; mais alors la coloration de ces composés n'apparaît que dans les laques qu'ils forment avec les oxydes métalliques.

Le groupe des xanthones et des flavones comprend toute une série de colorants naturels et présente à ce titre un intérêt particulier.

I. — COLORANTS OXYCÉTONIQUES

Gallacétophénone $CH^3 — CO — C^6H^3(OH)^2$ 1 : 2 : 3.
« Jaune d'alizarine C. »

Cette trioxyacétophénone, qui résulte de l'action de l'acide acétique sur le pyrogallol en présence de chlorure de zinc, cristallise en paillettes nacrées, presque incolores, fondant à 168°.

Elle donne sur mordant d'alumine un beau jaune très solide.

La trioxybenzophénone ou « jaune d'alizarine A » s'obtient par une réaction analogue en traitant le pyrogallol par l'acide benzoïque en présence de chlorure de zinc (2, 3).

On obtient encore des colorants cétoniques pour mordants en condensant les acides salicylique et gallique avec le pyrogallol.

La maclurine appartient aussi au groupe des colorants oxycétoniques. Ce composé, qui paraît être une penta-oxybenzophénone, accompagne le Morin dans le « bois jaune » (4).

II. — XANTHONES

Euxanthone.

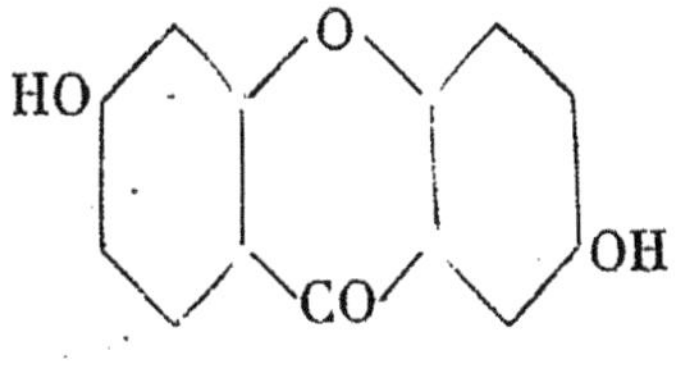

$$HO\!-\!\underset{}{\overset{O}{\bigcirc}}\!-\!\underset{CO}{\bigcirc}\!-\!OH$$

Ce composé se retire d'un colorant naturel : la

« purrée » ou « jaune indien » où il existe à l'état d'éther glucoronique appelé acide euxanthique.

L'euxanthone a été préparée synthétiquement par Græbe en condensant l'acide hydroquinone carbonique avec l'acide β résorcylique (5), puis par V. Kostanecki et Nessler en condensant l'acide hydroquinone carbonique avec la résorcine (6). L'euxanthone cristallise en larges aiguilles, jaune pâle, sublimables sans décomposition. Elle est insoluble dans l'eau, légèrement soluble dans l'éther et facilement soluble dans l'alcool bouillant. Comme nous l'avons vu plus haut, elle se retire de l'acide euxanthique, mais elle existe aussi à l'état libre dans le jaune indien, principalement dans les marques de qualité inférieure. Elle est soluble dans les alcalis. Sa solution alcoolique est précipitée par l'acétate de plomb.

Fondue avec de la potasse, l'euxanthone donne de l'acide euxanthonique $C^{13}H^{10}O^5$ (7) ou tétraoxybenzophénone et un peu d'hydroquinone. Chauffée avec de la poudre de zinc, elle donne de la benzine, du phénol et un composé $CH^2(C^6H^4)^2O$ qui n'est autre que l'anhydride interne de l'orthodioxydiphénylméthane, et que les oxydants transforment en xanthone ou oxyde de diphénylène cétone (8).

L'euxanthone diacétylée se forme par ébullition de l'euxanthone avec l'anhydride acétique. P. F 185°. Les euxanthones dichlorées et dibromées s'obtiennent par saponification des dérivés correspondants de l'acide euxanthique.

Euxanthone trinitrée. Aiguilles jaunes. Acide monobasique (9).

D'après les recherches de Græbe, l'acide euxanthonique de Bæyer n'est autre que de la tétraoxybenzophénone :

$$(OH)^2C^6H^3 - CO - C^6H^3(OH)^2$$

Toutes les benzophénones hydroxylées qui renferment comme l'acide euxanthonique :

$$HO \quad OH \quad OH \quad OH$$
$$CO$$

deux groupes hydroxyles en ortho vis-à-vis du groupe cétonique sont capables de donner des xanthones par anhydrisation. Nous avons déjà signalé plus haut des réactions analogues avec la résorcine phtaléine, le o-dioxy-diphénylméthane, etc.

On a préparé un grand nombre de dérivés de la xan-thone par condensation d'oxyacides avec des phénols polyvalents, mais comme tous ces colorants ne présentent aucune importance pratique, nous croyons que l'exemple typique de l'euxanthone suffit à caractériser cette classe de composés.

Acide euxanthique.
$$C^{19}H^{18}O^{11}$$

Le sel de magnésium de cet acide constitue la majeure partie du colorant connu dans le commerce sous le nom de « purrée » ou « jaune indien ». L'origine de ce produit est encore assez douteuse ; d'après certains auteurs, il se retirerait des bézoards orientaux, et d'après d'autres de l'urine des éléphants ou des buffles.

V. Kostanecki a observé que l'euxanthone, en traver-sant le corps des animaux, se retrouve dans l'urine sous forme d'acide euxanthique (10), fait qui semble confirmer cette dernière provenance. Certaines plantes servant à la nourriture de ces animaux renferment probablement de l'euxanthone qui fixe dans l'organisme une molécule d'acide glycuronique et passe dans l'urine sous forme d'acide euxanthique.

Pour extraire l'acide euxanthique, on traite par de l'acide chlorhydrique dilué le jaune indien préalablement épuisé par l'eau bouillante; le résidu de ce traitement est repris par une solution de carbonate d'ammoniaque qui dissout l'acide euxanthique à l'état de sel ammoniacal; par addition d'acide chlorhydrique à la liqueur, on en précipite l'acide libre qu'on purifie par cristallisation dans l'alcool.

Il se présente en aiguilles brillantes, jaune paille, insolubles dans l'éther, peu solubles dans l'eau froide, facilement solubles dans l'eau bouillante et l'alcool.

Chauffé à 130°, il perd une molécule d'eau et donne un anhydride $C^{19}H^{16}O^{10}$ (11), considéré autrefois comme constituant l'acide euxantique lui-même. L'acide euxanthique est un acide monobasique; ses sels alcalins sont très solubles; les sels de magnésium et de plomb le sont peu. Ses sels alcalins sont précipités par un excès d'alcali. Chauffé à 140° avec de l'eau ou de l'acide sulfurique étendu, il se scinde en euxanthone $C^{13}H^8O^4$ (12) et acide glycuronique (11).

Chauffé à 160°-180°, seul ou en présence d'acide sulfurique concentré, il se décompose avec formation d'euxanthone. Le chlore et le brome donnent naissance à des dérivés bisubstitués. L'acide nitrique forme à froid de l'acide nitro-euxanthique; à chaud, on obtient d'abord de l'euxanthone trinitrée, puis de l'acide styphnique (12).

L'acide euxanthique doit être considéré comme un éther de l'acide glycuronique avec l'euxanthone (ou l'acide euxanthonique).

$$C^{13}H^8O^4 + C^6H^{10}O^7 = C^{19}H^{18}O^{11}$$

Euxanthone.	Acide glycuronique.	Acide euxanthique.

Le pouvoir colorant de l'acide euxanthique est beaucoup

plus fort que celui de l'euxanthone. L'acide euxanthique se fixe sur mordants métalliques, mais ne trouve cependant pas d'application en teinture. Son sel de magnésie constitue le « jaune indien » utilisé en peinture.

III. — DÉRIVÉS DE LA FLAVONE

D'après V. Kostanecki (13), il existe toute une série de colorants naturels comme la chrysine, la fisétine, la quercétine et la lutéoline qui doivent être considérés comme les dérivés hydroxylés d'une substance encore hypothétique à laquelle il a donné le nom de « flavone ». La flavone serait une phénopyrone phénylée :

$$\text{C} - \text{C}^6\text{H}^5$$

Et les colorants naturels qui en dérivent seraient représentés par les formules de constitutions suivantes :

Chrysine.

Lutéoline (14).

Fisétine.

Quercétine.

Rhamnétine.

Ces formules sont certainement hypothétiques, mais elles ont l'avantage d'expliquer facilement les propriétés de ces différents colorants et la nature de leurs produits de dédoublement[1]. Ces colorants se rencontrent dans différentes plantes, rarement à l'état libre, mais généralement combinés avec certains sucres et en particulier avec l'isodulcite, sous forme de glucosides. En général ces glucosides se comportent aussi comme de véritables colo-

---

[1] Fenerstein et V. Kostanecki (Ber., t. 31, p. 1757) viennent de réaliser la synthèse de la flavone dont la formule de constitution, jusqu'alors hypothétique, se trouve ainsi établie avec certitude.

L'o. oxyacétophénone condensée avec l'aldéhyde benzoïque en présence de soude caustique donne l'o. oxybenzalacétophénone

$$C^6H^4 \begin{cases} OH \\ CO-CH=CH-C^6H^5 \end{cases}$$

dont le dérivé acétylé forme avec le brome un produit d'addition bibromé :

$$C^6H^4 \begin{cases} OH \\ CO-CHBr-CHBr-C^6H^5 \end{cases}$$

Ce dernier, traité par une solution alcoolique de potasse, se transforme d'abord par saponification en ortho-oxybenzalacétophénone bibromée qui perd aussitôt formée deux molécules d'acide bromhydrique et se condense en flavone :

$$+ 2\,HBr.$$

A. G.

rants ; cependant on emploie presque toujours en teinture les colorants libres.

Tous les dérivés de la flavone sont jaunes ; ceux qui présentent un intérêt pratique comme la quercétine, la fisétine, la lutéoline et la rhamnétine sont exclusivement des colorants pour mordants et doivent cette propriété à la présence de deux groupes hydroxyles en ortho dans leur molécule.

Sous l'influence des alcalis, ces composés se scindent et donnent, d'une part de l'acide protocatéchique :

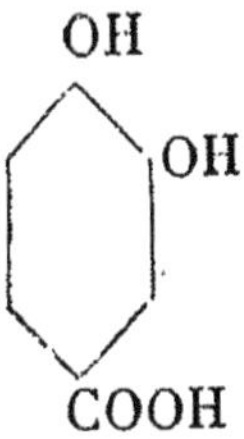

$$OH$$
$$OH$$
$$COOH$$

provenant du complexe :

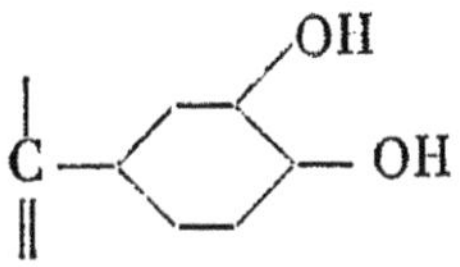

$$C - \quad OH \quad OH$$

qui existe dans leurs molécules, et d'autre part un composé phénolique, généralement de la phloroglucine, provenant du noyau flavonique restant.

Chrysine (14*a*).
$C^{15}H^{10}O^4$

Ce colorant se rencontre dans les bourgeons de différentes sortes de peupliers : *populus balsamifera* et *populus monilifera*. Aiguilles jaune clair, insolubles dans l'eau, peu solubles dans le benzène, la ligroïne et l'alcool froid, facilement solubles dans l'alcool bouillant, l'aniline et l'acide acétique cristallisable. La chrysine se dissout facilement en jaune dans les alcalis. Le perchlorure de fer colore sa solution alcoolique en violet sale et l'acétate de plomb y détermine la formation d'un précipité jaune[1].

Traitée par l'acide nitrique, la chrysine se transforme en un dérivé dinitré $C^{15}H^8(AzO^2)^2O^4$. Par ébullition avec une solution concentrée de potasse caustique, la chrysine se scinde en acétophénone, acide acétique, acide benzoïque et phloroglucine. Traitée par l'iodure de méthyle, elle donne un éther monométhylique, la « tectochrysine » $C^{15}H^9O^3OCH^3$ qui se trouve également dans les bourgeons de peupliers. La tectochrysine cristallise en gros prismes, jaune soufre, fondant à 160°, insolubles dans les alcalis, difficilement solubles dans l'alcool et facilement solubles dans la benzine.

Dibromochrysine $C^{15}H^8Br^2O^4$.

Diiodochrysine $C^{15}H^8I^2O^4$.

Lutéoline (15, 16, 17, 18).

$C^{15}H^{10}O^6 + 2H^2O$

La lutéoline est le principe colorant de la gaude ou *reseda luteola*. Elle cristallise dans l'alcool dilué en

---

[1] Emilewiez, V. Kostanecki et Tambor (Ber., t. 32, p. 2448) ont pu reproduire symétriquement la chrysine en chauffant avec de l'acide iodhydrique concentré l'éther triméthylique de la benzoylphloracétophénone : $(CH^3O)^3C^6H^2 - C^6H^2 - CO - CH^2 - CO - C^6H^5$, obtenu par condensation de l'éther benzoïque avec l'éther triméthylique de la phloracétophénone :

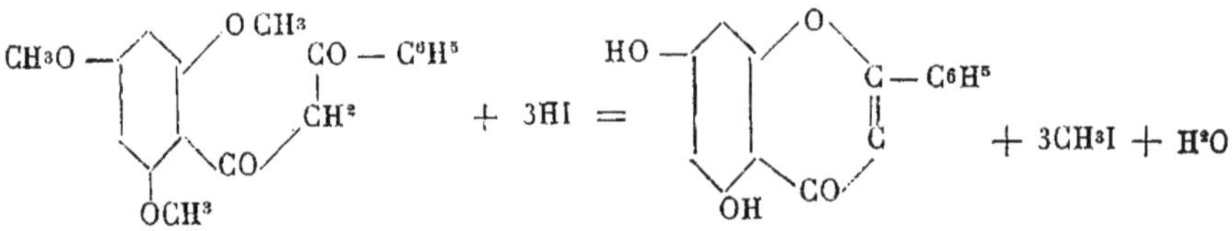

Cette synthèse confirme bien l'exactitude de la formule de constitution attribuée à la chrysine.   A. G.

petites aiguilles jaunes, renfermant une demi-molécule d'eau de cristallisation ne s'éliminant complètement qu'à 150°. Elle fond à 320° en se décomposant et se sublime partiellement sans décomposition. Elle est très difficilement soluble dans l'eau et l'éther, assez facilement dans l'alcool.

Elle se dissout en jaune dans les alcalis et forme des laques jaunes avec l'alumine et le plomb.

Le chlorure ferrique la colore d'abord en vert, puis en brun lorsqu'il est employé en excès. Fondue avec de la potasse caustique, elle se scinde en phloroglucine et acide protocatéchique.

On retire la lutéoline de la gaude en épuisant cette plante par l'alcool dilué puis faisant cristalliser le résidu obtenu par évaporisation de l'extrait.

On ne l'emploie en teinture que sous forme de décoction. Elle donne sur mordant d'alumine un beau jaune très solide et très apprécié dans la teinture de la soie.

Fisétine (19).
$C^{15}H^{10}O^{6}$

Cet isomère de la lutéoline s'obtient par dédoublement de la « fustine », glucoside contenu dans le bois de fustet (*Rhus cotinus*). Elle est employée en teinture sous forme d'extrait de bois de fustet comme colorant jaune pour mordants (peu solide).

Quercitrin (20,21,21*a*,22,26).
$C^{21}H^{22}O^{12}$

Le quercitrin est le colorant principal de l'écorce de quercitron (*Quercus tinctoria*).

Pour isoler le quercitrin, on épuise cette écorce par de l'alcool à 85°, précipite dans l'extrait ainsi obtenu les

matières étrangères par de l'acétate de plomb additionné
d'acide acétique, fait passer dans la liqueur filtrée un courant d'hydrogène sulfuré pour éliminer le plomb, et évapore à sec la solution séparée par filtration du sulfure de
plomb. Le résidu est enfin purifié par des cristallisations
répétées dans l'eau. Le quercitrin cristallise en petites
aiguilles jaune clair à reflets argentés, renfermant une
molécule d'eau qu'elles perdent par un chauffage prolongé à 130°. Elles fondent à 168°, se dissolvent difficilement dans l'eau bouillante et facilement dans l'alcool
Ses solutions sont colorées en vert par le chlorure ferrique
et réduisent les sels d'argent et la liqueur de Fehling,
cette dernière seulement par une ébullition prolongée.

Le quercitrin forme avec les bases des sels bimétalli-
ques ; les sels alcalins sont facilement solubles, ceux d'alumine et de plomb sont peu solubles ; ce dernier est facilement décomposé par l'acide sulfurique dilué.

Le quercitrin est un glucoside qui se scinde en isodulcite $C^6H^{14}O^6$ et quercétine $C^{15}H^{10}O^7$, par ébullition avec
les acides dilués.

On trouve aussi du quercitrin dans le houblon, le thé,
le marron d'Inde ; il est probable qu'on pourrait encore
le rencontrer dans beaucoup d'autres plantes.

Le quercitrin dibromé résulte de l'action du brome sur
une solution acétique de quercitrin ; il se présente en amas
cristallins, d'un jaune clair.

Quercétine (22,23,24,25,26a).
$C^{15}H^{10}O^7$

Ce colorant, qui s'obtient par dédoublement du quercitrin d'après l'équation :

$$C^{21}H^{22}O^{12} + H^2O = C^{15}H^{10}O^7 + C^6H^{14}O^6$$

existe aussi à l'état libre dans beaucoup de plantes.

La quercétine se présente en cristaux fins, jaune citron, fondant au-dessus de 250°, difficilement solubles dans l'eau et facilement dans l'alcool. Elle se sublime partiellement sans décomposition et donne avec le chlorure ferrique une coloration verte qui devient rouge à chaud. Les solutions de quercétine sont précipitées en rouge brique par l'acétate de plomb. Ce colorant réduit à froid les sels d'argent et à chaud la liqueur de Fehling.

Traitée par l'acide nitrique, la quercétine s'oxyde et donne de l'acide oxalique. Fondue avec les alcalis, elle se scinde d'abord en querciglucine $C^6H^6O^3$ (phloroglucine ?) et acide quercétique $C^{15}H^{10}O^7$. A température plus élevée, il se forme de l'acide protocatéchique. Par réduction, la quercétine se transforme en phloroglucine.

Le quercitrin et la quercétine donnent sur mordant d'alumine un beau jaune et sur mordant d'étain un beau jaune-orangé. Ils sont très employés en teinture, généralement sous forme d'extrait de quercitron.

Il est probable qu'il y a scission du quercitrin en quercétine pendant la teinture, de sorte que les colorations obtenues proviennent, du moins en partie, des laques formées par ce dernier colorant. Sous le nom de « flavine », on trouve dans le commerce une quercétine presque pure qui sert principalement à nuancer les teintures à la cochenille sur mordant d'étain.

Les applications de la quercétine sont analogues à celles du bois jaune, ces deux produits donnent des nuances semblables. La quercétine se fixe sur laine chromée et sur coton mordancé à l'alumine ou au fer.

La « rutine » est un glucoside contenu dans le « bois jaune de Chine » (bourgeons du *sophora japonica*) (27). C'est un colorant très semblable et peut-être même identique au quercitrin qui se scinde comme ce dernier en quercétine et sucre lorsqu'on le traite par les acides étendus.

Xanthorhamnine et Rhamnétine (28,29,30,31,32).

Sous les noms de « graines de Perse », « graines d'Avignon » ou « baies jaunes », on emploie beaucoup en teinture les fruits du *rhamnus infectorius* et du *rhamnus oléoïdes*. Ces fruits renferment un glucoside spécial, la « xanthorhamnine » ou rhamnégine » qu'on peut isoler en les épuisant à chaud par de l'alcool à 85°. Par refroidissement, l'extrait ainsi obtenu laisse d'abord déposer des résines, puis des cristaux de xanthorhamnine qu'on purifie par de nouvelles cristallisations dans l'alcool.

La xanthorhamnine se présente en aiguilles jaunes renfermant deux molécules d'alcool de cristallisation qu'elles perdent complètement à 120°. Elle est très soluble dans l'eau, plus difficilement dans l'alcool, et est complètement insoluble dans l'éther et le chloroforme.

Elle réduit les sels d'argent et la liqueur de Fehling et se colore en brun foncé par le perchlorure de fer. L'acétate de plomb forme un précipité jaune dans ses solutions ammoniacales.

Par ébullition avec les acides étendus, elle se scinde en « rhamnétine » et isodulcite. Elle subit aussi le même dédoublement, mais d'une façon incomplète, lorsqu'on la chauffe à 150°.

La rhamnétine se présente sous forme d'une poudre jaune citron, très difficilement soluble dans l'eau, l'alcool, l'éther et la plupart des dissolvants neutres; elle réduit les sels d'argent et la liqueur de Fehling. Elle donne avec l'acétate de plomb et les sels d'alumine, de calcium ou de baryum des précipités dont la nuance varie du jaune pur au jaune brun.

Fondue avec de la potasse caustique ou traitée par l'amalgame de sodium, elle se décompose et donne de la phloroglucine et de la pyrocatéchine.

La rhamnétine diméthylée s'obtient en chauffant à 120° le sel de potassium de la rhamnétine avec de l'alcool méthylique et du méthylsulfate de potassium. P. F 157°.

Herzig (32) ayant constaté, d'une part, que les produits de méthylation les plus élevés de la quercétine et de la rhamnétine sont identiques, et d'autre part, que la rhamnétine chauffée avec de l'acide iodhydrique se transforme en quercétine avec élimination d'iodure de méthyle, en conclut que la rhamnétine est une méthylquercétine et lui assigne la formule : $C^{15}H^9O^7CH^3$. On ne connaît pas exactement la position occupée par le groupe méthoxyle dans la molécule de la rhamnétine, cependant il semble fixé sur le noyau de la phloroglucine; cela résulte de la nature des produits de dédoublement de ce colorant; la formule de constitution de la rhamnétine donnée plus haut est établie dans cette hypothèse.

La xanthorhamnine ne possède aucun pouvoir tinctorial tandis que la rhamnétine se fixe en un beau jaune sur mordants d'alumine et d'étain. Lorsqu'on emploie les graines de Perse en teinture, il est donc nécessaire que la xanthorhamnine qu'elles contiennent soit préalablement scindée en rhamnétine et sucre.

La rhamnétine est un des colorants jaunes les plus importants; aucun colorant artificiel n'a pu encore la remplacer complètement dans l'impression du coton.

La laque d'étain possède une nuance particulièrement belle et brillante. Celle de chrome est un jaune brun très apprécié.

IV. — COUMARINES

Les coumarines sont les γ lactones d'ortho oxyacides non saturés.

La coumarine la plus simple dérive de l'acide orthooxycinnamique et possède la formule de constitution suivante :

$$\text{CH}=\text{CH}-\text{CO}-\text{O}$$

Comme les flavones, avec lesquelles elles présentent une grande analogie de constitution, les coumarines sont des colorants pour mordants lorsqu'elles renferment deux groupes hydroxyles en ortho.

Ces propriétés tinctoriales sont particulièrement développées dans la dioxy-3-méthylcoumarine dibromée. La coumarine correspondante s'obtient par condensation de l'éther acétylacétique avec le pyrogallol, et possède déjà un certain pouvoir tinctorial qui atteint son maximum d'intensité par bromuration. Son dérivé dibromé est employé en teinture sur laine chromée sous le nom de « jaune d'anthracène » (33).

Le styrogallol, obtenu par condensation de l'acide gallique avec l'acide cinnamique, appartient encore à ce groupe de colorants.

D'après les travaux de V. Kostanecki, ce composé est une dioxyanthracoumarine (34-35). Il teint sur mordants d'alumine en jaune-orangé, mais il n'a pas reçu d'application industrielle.

Les formules de constitution des colorants suivants ne sont pas encore bien connues ; cependant, comme ces composés présentent de grandes analogies avec les cétones, nous les étudierons dans ce chapitre.

Galloflavine (36).

Ce colorant, qui résulte de l'action de l'oxygène de l'air sur une solution d'acide gallique additionnée de deux molécules de potasse, possède probablement d'étroites relations avec les xanthones.

Pour le préparer, on dissout de l'acide gallique dans une solution alcoolique de potasse et fait passer un courant d'air dans la liqueur. Le sel de potassium du colorant étant peu soluble dans l'alcool se précipite.

La galloflavine cristallise en feuillets jaune-vert, difficilement solubles dans l'alcool et l'éther, assez facilement dans l'acide acétique glacial et très facilement dans l'aniline. Elle se dissout aussi dans les alcalis d'où les acides la précipitent.

La composition centésimale de la galloflavine n'est pas encore connue avec certitude ; elle semble répondre à la formule $C^{13}H^6O^9$.

C'est un acide bibasique qui forme avec les alcalis des sels facilement solubles dans l'eau.

Traitée par l'anhydride acétique, elle donne un dérivé acétylé incolore, fondant à 230° dont la composition répond à la formule :

$$C^{13}H^2O^9(C^2H^3O)^4$$

La galloflavine est un colorant pour mordants qui n'est employé que pour la teinture de la laine chromée. Elle donne sur alumine un jaune verdâtre, sur oxyde d'étain un jaune pur et sur oxyde de chrome un vert olive.

Acide ellagique (37, 38, 38 a).

L'acide ellagique résulte de l'oxydation en milieu alcalin de l'éther méthylique de l'acide gallique ; on peut aussi l'obtenir par scission de l'acide ellagotannique, matière astringente qu'on rencontre dans beaucoup de plantes.

C'est un colorant jaune pour mordants, employé dans la teinture de la laine chromée. Il se dépose de ses solutions dans les dissolvants neutres en cristaux presque incolores et très peu solubles. Les alcalis le dissolvent en jaune.

L'acide ellagique est un dérivé de la diphénylène cétone ; c'est peut-être une lactone de la pentaoxydiphénylène cétone.

XI

COLORANTS DU GROUPE DE L'INDIGO

Les colorants de ce groupe, dont le principal représentant est le bleu d'indigo, dérivent tous de l'indol C^8H^7Az. Par sa constitution et ses propriétés, l'indol présente une étroite parenté avec le pyrrol.

Il existe entre ces deux composés les mêmes rapports qu'entre la benzine et la naphtaline ou entre la pyridine et la quinoléine ; les formules suivantes font ressortir cette analogie :

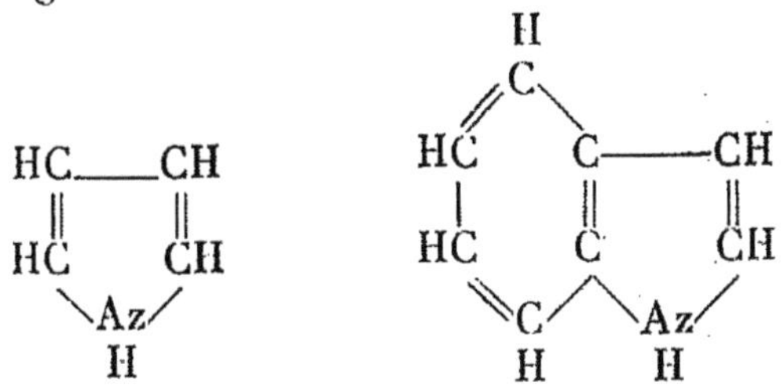

$$
\begin{array}{ccc}
\text{HC} \!\!=\!\! \text{CH} & & \\
\| \qquad \| & & \\
\text{HC} \qquad \text{CH} & & \\
\diagdown \text{Az} \diagup & & \\
\text{H} & & \\
\text{Pyrrol} & & \text{Indol}
\end{array}
$$

Le pyrrol et l'indol jouissent de propriétés légèrement basiques et possèdent en même temps un caractère phénolique faiblement accusé ; tous deux colorent en effet en rouge les copeaux de pin traités par un acide.

L'indol cristallise en feuillets incolores, d'une odeur particulière et désagréable ; il fond à 52° et bout à 245°

en se décomposant partiellement. Traité par l'acide nitreux, il donne un dérivé nitrosé ; de tous ses sels, le picrate seul est stable. Il forme avec l'anhydride acétique un dérivé acétylé, l'acétylindol.

L'indol a d'abord été obtenu par réduction de l'indigo. On observe également sa formation dans la décomposition pancréatique des matières albuminoïdiques (2) et par fusion de ces dernières avec la potasse.

On l'obtient synthétiquement en chauffant l'acide orthonitrocinnamique avec de la potasse et de la limaille de fer (3) ou en faisant passer dans un tube chauffé au rouge des vapeurs de diéthylorthotoluidine (4).

Il prend encore naissance en fondant le carbostyrile avec de la potasse (5), en distillant l'acide propénylbenzoïque avec de la chaux, en chauffant l'orthoamidostyrol avec de l'alcoolate de sodium, en faisant passer dans un tube chauffé au rouge de la tétrahydroquinoléine et enfin en traitant l'orthonitroacétaldéhyde par la poudre de zinc et l'ammoniaque.

On doit à E. Fischer une réaction générale qui permet de préparer les indols alcoylés (6) :

Les hydrazones, obtenues par condensation de la phénylhydrazine avec les cétones :

$$C^6H^5.AzH.AzH^2 + CO{<}^{CH^3}_{CH^3} = C^6H^5.AzH.Az = C{<}^{CH^3}_{CH^3} + H^2O.$$

chauffées avec du chlorure de zinc, perdent une molécule d'ammoniaque et donnent des indols substitués :

$$C^6H^5{-}AzH{-}Az = C{<}^{CH^3}_{CH^3} = C^6H^4{<}^{CH\,}_{AzH}{>}C{-}CH^3 + AzH^3$$

En remplaçant dans cette préparation la phénylhydrazine par des hydrazines substituées, on obtient encore

des indols substitués, mais dans lesquels le radical substituant est fixé sur l'atome d'azote du noyau.

Avec la diphénylhydrazine, par exemple :

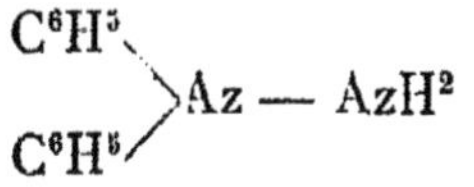

$$C^6H^5\text{\textbackslash} \quad$$
$$\qquad >Az - AzH^2$$
$$C^6H^5\text{/}$$

on obtient le phénylindol :

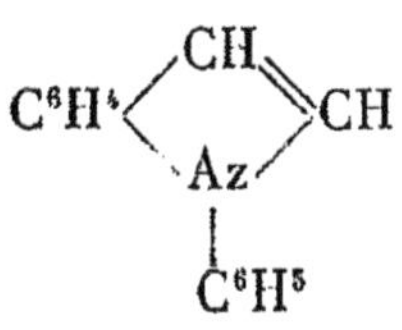

$$\qquad\quad CH$$
$$C^6H^4< \quad\ >CH$$
$$\qquad\ Az$$
$$\qquad\ |$$
$$\qquad\ C^6H^5$$

Les dérivés de l'indol sont extrêmement nombreux ;
nous ne décrirons ici que ceux qui nous sont utiles pour
la clarté de l'exposition.

DÉRIVÉS DE L'INDOL [1]

Indoxyle.

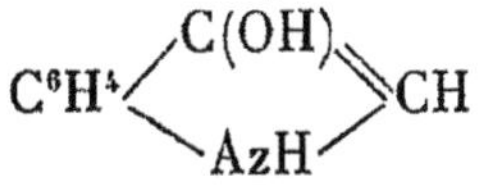

$$\qquad\quad C(OH)$$
$$C^6H^4< \qquad\quad >CH$$
$$\qquad\quad AzH$$

L'indol hydroxylé se rencontre à l'état de dérivé sulfoné dans l'urine des herbivores. L'indol se transforme
dans l'organisme animal en acide indoxylsulfonique (7).

---

[1] Pour simplifier cet exposé, nous classerons dans le groupe de l'indol les lactimes (ex. : l'isatine) que l'on fait généralement dériver du
pseudo-indol :

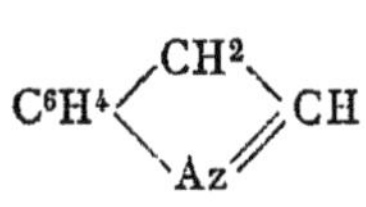

$$\qquad\quad CH^2$$
$$C^6H^4< \qquad >CH$$
$$\qquad\quad Az$$

Nous sommes d'autant plus autorisés à adopter cette manière de formuler qu'elle est admise dans certains cas pour expliquer des phénomènes de tautomérie observés sur ces composés.

Pour obtenir l'indoxyle, il suffit de chauffer ce dernier avec de l'acide chlorhydrique concentré.

On peut encore l'obtenir en décomposant par la chaleur l'acide indoxylique (12 *a*) :

$$C^9H^7AzO^3 = C^8H^7AzO + CO^2$$

L'indoxyle est une huile non volatile avec la vapeur d'eau. Les oxydants le transforment en indigo.

L'acide indoxyle sulfonique $C^8H^6AzOSO^3H$ se prépare synthétiquement en chauffant l'indoxyle avec du pyrosulfate de potasse.

Cet acide n'est connu qu'à l'état de sels ; ces derniers donnent de l'indigo par oxydation ou par calcination.

Acide indoxylique.

$$C^6H^4 \diagdown\diagup \begin{matrix} C(OH) \\ AzH \end{matrix} \diagdown\diagup C - COOH$$

L'indoxylate d'éthyle s'obtient par réduction au moyen du sulfhydrate d'ammoniaque de l'éther de l'acide orthonitrophénylpropiolique (12 *a*). On en retire l'acide libre par saponification. Précipité cristallin, insoluble dans l'eau, décomposable par la chaleur en indoxyle et acide carbonique. Traité par les oxydants, il donne de l'indigo. Chauffé avec de l'acide sulfurique concentré, il se transforme en indigo sulfoné.

Oxindol.

$$C^6H^4 \diagdown\diagup \begin{matrix} CH^2 \\ AzH \end{matrix} \diagdown\diagup CO.$$

L'oxindol est un isomère de l'indoxyle ; il doit être considéré comme étant l'anhydride interne ou lactame de l'acide ortho-amidophénylacétique. Ce composé prend naissance par réduction de l'acide orthonitrophénylacé-

tique avec le protochlorure d'étain, de l'isatine avec
l'amalgame de sodium (9) ou de l'acide ortho-amidophénylglycolique acétylé avec l'acide iodhydrique (8).

Aiguilles incolores, fondant à 120°. Il jouit à la fois de
propriétés acides et basiques. Traité par l'acide azoteux,
il se transforme en isatoxime.

Dioxindol.

$$C^6H^4 \diagdown \genfrac{}{}{0pt}{}{CH(OH)}{AzH} \diagup CO$$

Ce dérivé, qui constitue l'anhydride interne de l'acide
ortho-amidophénylglycolique, s'obtient par réduction
ménagée de l'isatine avec la poudre de zinc (9). Prismes
incolores, fondant à 180°. Chauffé au delà de son point
de fusion, il donne de l'aniline. Il s'oxyde en solution
aqueuse et se transforme d'abord en isatide, puis en isatine. Avec les réducteurs il donne de l'oxindol.

C'est un acide bivalent qui possède en même temps un
caractère faiblement basique. Son dérivé acétylé, traité
par l'eau de baryte, donne de l'acide acétylamido-phényl-
glycolique. Le dioxindol forme avec l'acide nitreux un
dérivé nitrosé.

Isatine.

$$C^6H^4 \diagdown \genfrac{}{}{0pt}{}{CO}{Az} \diagup COH$$

L'isatine est l'anhydride interne ou lactime de l'acide
ortho-amidophénylglyoxylique :

$$C^6H^4 \diagdown \genfrac{}{}{0pt}{}{CO - COOH}{AzH^2}$$

On obtient l'isatine par oxydation de l'indigo avec de

l'acide nitrique ou de l'acide chromique (10), par oxydation de l'amidooxindol (11), du carbostyrile (12) et par ébullition de l'acide ortho-nitrophénylpropiolique avec une lessive de potasse (11).

L'isatine cristallise en prismes orangés, fondant vers 200°, peu solubles dans l'eau, très facilement dans l'alcool et l'éther. L'isatine se comporte comme un acide monobasique faible ; d'autre part elle forme avec les bisulfites alcalins des combinaisons analogues à celles des cétones et des aldéhydes.

L'acide nitrique dilué transforme l'isatine en acide nitrososalicylique. Fondue avec de la potasse, l'isatine donne de l'aniline. Oxydée en solution acétique par de l'acide chromique, elle donne de l'acide anthranilcarboxylique :

$$C^6H^4 \Big\langle \begin{matrix} CO \\ | \\ Az - COOH \end{matrix}$$

Traitée par le pentachlorure de phosphore, elle se transforme en chlorure d'isatine :

$$C^6H^4 \Big\langle \begin{matrix} CO \\ Az \end{matrix} \Big\rangle CCl.$$

L'isatine se condense avec le thiophène pour former un colorant bleu, appelé « indophénine ». Le sulfhydrate d'ammoniaque réduit l'isatine en isatide $C^{16}H^{12}Az^2O^4$ (10) ; la poudre de zinc et l'acide acétique donnent naissance à l'hydroïsatine et les réducteurs énergiques à l'oxindol et au dioxindol. Traitée par le chlore et le brome, l'isatine forme des produits de substitution chlorés ou bromés. Avec l'anhydride acétique, on obtient une acétylisatine (8) qui constitue peut-être le dérivé acétylé de la pseudoïsatine. Par réduction du chlorure d'isatine, on obtient de l'indigo et, dans certains cas, du pourpre d'indigo (14 a).

L'isatine forme des éthers avec les radicaux alcooliques. Son éther méthylique se transforme facilement en un produit de condensation, la méthylisatide $C^{17}H^{12}Az^2O^4$. L'isatine se combine avec l'hydroxylamine et donne une oxime $C^8H^6Az^2O^2$ qui est identique avec le nitrosooxindol de Baeyer et Knop (9) (13). '

L'isatine forme avec les hydrocarbures des produits de condensation qui résultent de la substitution d'un atome d'oxygène de l'isatine par deux radicaux monovalents. D'après leurs réactions, on devrait classer ces composés parmi les dérivés de la pseudoïsatine. Le produit de condensation de l'isatine avec le toluène aurait donc la formule de constitution suivante :

$$C^6H^4\!\!-\!\!\overset{\overset{\textstyle (C^7H^7)^2}{\|}}{C}\!\!-\!\!CO$$
$$\diagdown_{AzH}\diagup$$

Avec les phénols et les bases tertiaires, l'isatine donne également des produits de condensation qui se transforment en colorants par oxydation ; il est probable que ces derniers appartiennent à la classe des colorants du triphénylméthane.

L'indophénine, obtenue par condensation de l'isatine avec le thiophène, possède une composition qui répond à la formule $C^{12}H^7AzOS$.

Acide isatique.

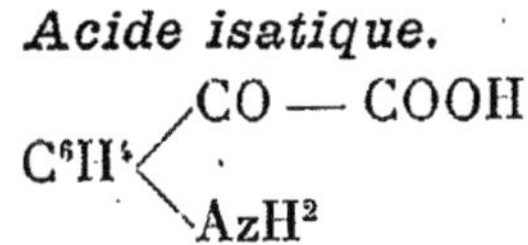

$$C^6H^4\diagup^{\textstyle CO-COOH}_{\diagdown AzH^2}$$

(Acide o-amidophénylglyoxylique. Acide o-amidobenzoylformique.)

Le sel de potassium de cet acide s'obtient en chauffant l'isatine avec une lessive concentrée de potasse.

On peut isoler l'acide libre en décomposant son sel de plomb par l'hydrogène sulfuré (26). On le prépare synthétiquement en réduisant l'acide orthonitrophényl-glyoxylique par la soude et le sulfate ferreux. L'acide libre n'est pas stable; il s'altère par simple ébullition de ses solutions et donne de l'isatine et de l'eau.

Son dérivé acétylé s'obtient en faisant agir à froid la soude caustique sur l'acétylisatine (8).

Éther de l'acide isatogénique (12 *a*, 15).

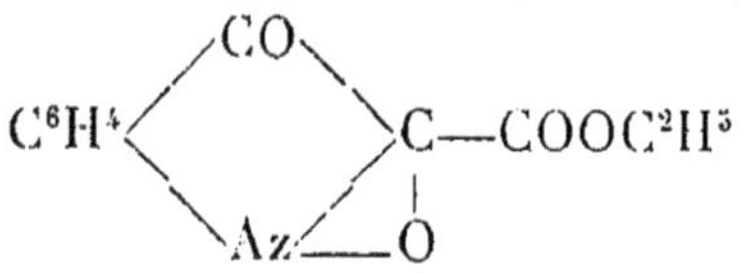

$$C^6H^4 \diagdown \overset{\textstyle CO}{\underset{\textstyle Az-O}{\diamond}} \diagup C-COOC^2H^5$$

Ce composé, qui est isomère avec l'éther de l'acide orthonitrophénylpropiolique, s'obtient en traitant ce dernier par l'acide sulfurique concentré. Aiguilles jaunes fondant à 115°.

Diisatogène (15).

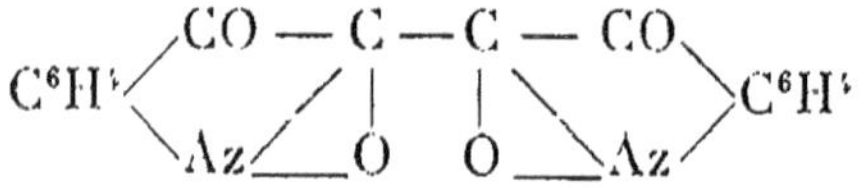

$$C^6H^4 \diagdown \overset{\textstyle CO-C-C-CO}{\underset{\textstyle Az-O \quad O-Az}{}} \diagup C^6H^4$$

Le diisatogène résulte de l'action de l'acide sulfurique concentré sur le dinitrodiphényldiacétylène. Aiguilles rouges, solubles dans le chloroforme, la nitrobenzine et l'acide sulfurique concentré. Les réducteurs le transforment facilement en indigo.

Éther de l'acide indoxantique (18).

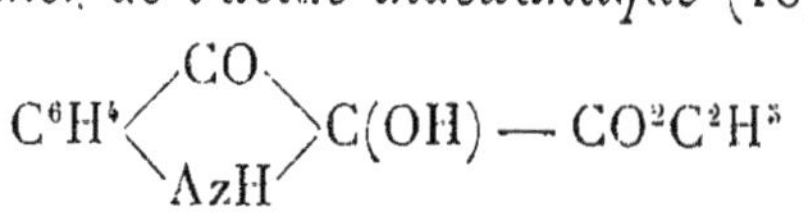

$$C^6H^4 \diagdown \overset{\textstyle CO}{\underset{\textstyle AzH}{}} \diagup C(OH)-CO^2C^2H^5$$

Ce composé s'obtient par oxydation de l'éther de l'acide

indoxylique au moyen du perchlorure de fer. Il cristallise en aiguilles jaune paille, fondant à 107°. Les alcalis le transforment en acide anthranilique. Il forme avec l'acide nitreux un dérivé nitrosé. Par réduction, il régénère l'éther de l'acide indoxylique.

Bleu d'indigo ou Indigo.

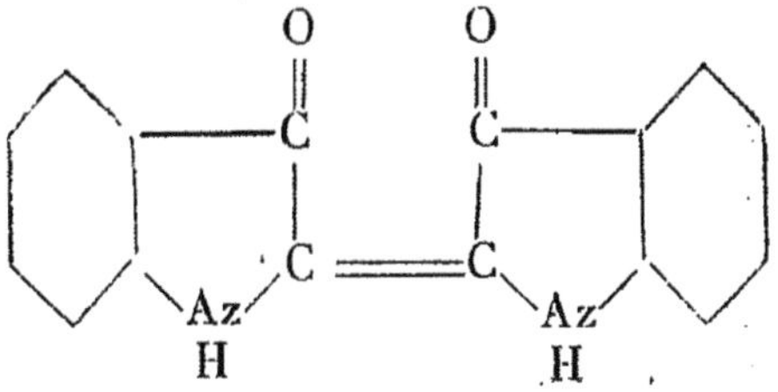

Le bleu d'indigo est le plus important de tous les dérivés de l'indol, c'est le seul intéressant au point de vue tinctorial.

On le rencontre dans différentes plantes sous forme d'un glucoside particulier, appelé « indican ». (*Indigofera tinctoria*, *I. anil*, *Polygonum tinctorium*, *Isatis tinctoria*.) L'indican retiré de l'isatis tinctoria possède, d'après Schunck (18), la composition $C^{26}H^{31}AzO^{17}$; il se scinde en indigo et indiglucine d'après l'équation :

$$2C^{26}H^{31}AzO^{17} + 4H^2O = C^{16}H^{10}Az^2O^2 + 6C^6H^{10}O^6$$

Indican. Indigo. Indiglucine.

On retire généralement l'indigo des différentes sortes d'indigofera ; dans ce but, on épuise ces plantes par de l'eau et on abandonne à la fermentation l'extrait aqueux ainsi obtenu. Le bleu d'indigo, d'abord formé, est probablement réduit lors de la fermentation par le sucre provenant du glucoside et transformé en un produit de réduction soluble, l'indigo blanc, qui au contact de l'air se réoxyde et régénère l'indigo : ce dernier étant insoluble, se précipite mélangé de différentes impuretés. Ce produit brut constitue le colorant commercial si apprécié sous le nom d'indigo.

L'indigo commercial présente une teneur très variable en colorant pur, comprise entre 20 et 80 p. 100 de son poids ; il renferme en outre diverses substances peu étudiées : le rouge d'indigo, le brun d'indigo, le jaune d'indigo et le gluten d'indigo.

Dans certains cas pathologiques, on trouve aussi de l'indigo dans l'urine. (Voy. *Synthèses de l'indigo*.)

Un des procédés les plus pratiques pour retirer le colorant pur de l'indigo commercial consiste à réduire ce dernier en « indigo blanc » soluble, dont on laisse ensuite la solution s'oxyder à l'air (19) (cuve d'indigo). On peut aussi épuiser le produit brut par l'aniline ou le chloroforme ; le colorant est soluble dans ces véhicules et peut y être purifié par cristallisation.

Selon son mode d'obtention, l'indigo se présente sous forme d'une poudre bleu foncé ou de cristaux à reflets cuivrés. Il ne fond pas ; chauffé avec précaution, il se sublime en se décomposant partiellement et donne des aiguilles cuivrées. Sa vapeur possède une couleur rouge pourpre.

L'indigo est insoluble dans la plupart des dissolvants neutres. Il est soluble dans l'aniline, le chloroforme, la nitrobenzine, le phénol, l'acide acétique concentré, la paraffine, le pétrole et dans quelques huiles grasses. Ces solutions ne possèdent pas toutes la même couleur. Ainsi, tandis que ses solutions dans le chloroforme et dans l'aniline sont bleues, sa solution dans la paraffine possède la couleur rouge pourpre des vapeurs d'indigo. Cette particularité rappelle dans une certaine mesure le phénomène présenté par les solutions d'iode.

La composition de l'indigo répond à la formule simple

C^8H^5AzO, mais il résulte de la détermination de sa densité de vapeur qu'il faut donner à ce colorant la formule double $C^{16}H^{10}Az^2O^2$ (20).

L'indigo se dissout à froid sans altération dans l'acide sulfurique concentré en donnant une solution verte ; mais en chauffant, la liqueur prend une coloration bleue due à la formation d'acides sulfonés.

Soumis à la distillation sèche, l'indigo donne de l'aniline ; fondu avec de la potasse, il donne de l'aniline, de l'acide anthranilique et de l'acide salicylique (10).

Les oxydants transforment l'indigo en isatine (10). Le chlore donne d'abord naissance à des dérivés chlorés de l'isatine, puis, par une action plus profonde, à des phénols chlorés et enfin au chloranile (10). Le brome agit comme le chlore.

L'indigo se dissout en jaune-orangé dans une lessive concentrée et bouillante de soude caustique ; il se forme probablement de l'indigo blanc et de l'acide isatique.

Traité par les réducteurs alcalins, le bleu d'indigo fixe deux atomes d'hydrogène et se transforme en « indigo blanc ». Ce leucodérivé jouit de propriétés phénoliques et se dissout dans les alcalis.

Les solutions alcalines d'indigo blanc se réoxydent presque instantanément au contact de l'air, et régénèrent l'indigo bleu qui se précipite. C'est sur cette propriété qu'est fondé l'emploi de l'indigo en teinture ; c'est également cette propriété qui est mise à profit pour isoler le colorant pur du produit commercial. On emploie comme réducteurs l'oxyde ferreux, l'oxyde stanneux, l'acide arsénieux, l'acide hydrosulfureux, la poudre de zinc et la glucose.

Indigo dibenzoylé (25) $C^{16}H^7Az^2O^2(C^7H^5O)^2$. Action à chaud du chlorure de benzoyle sur l'indigo.

L'indigo diacétylé s'obtient par oxydation de l'indigo

blanc diacétylé. Il se dissout en rouge dans le benzène. Saponifié par la potasse, il régénère l'indigo bleu.

Les dérivés chlorés et bromés de l'indigo se préparent au moyen des dérivés chlorés et bromés correspondants de l'isatine et de l'orthonitrobenzaldéhyde (26).

On a aussi préparé les indigos dinitré et diamidé au moyen de la dinitro-isatine (26).

Indigo blanc $C^{16}H^{12}Az^2O^2$.

Ce leucodérivé s'obtient par réduction du bleu d'indigo, il renferme deux atomes d'hydrogène de plus que le colorant. Tandis que l'indigo bleu se comporte comme un corps neutre, l'indigo blanc jouit comme les phénols d'un caractère légèrement acide. Il est soluble dans les alcalis d'où les acides le précipitent. Lorsqu'on traite l'indigo par un réducteur alcalin, l'indigo blanc formé reste donc en dissolution. En faisant passer un courant d'acide carbonique dans cette solution, l'indigo blanc se précipite en flocons d'un blanc grisâtre à éclat soyeux (28). Ce précipité ne peut être séché et conservé que dans une atmosphère d'acide carbonique ou d'hydrogène. Au contact de l'air, il s'oxyde très rapidement en régénérant le bleu d'indigo. On peut admettre que dans la réduction de l'indigo bleu en indigo blanc, les deux groupes cétoniques de cette molécule sont transformés en groupes phénoliques ; c'est du moins ce qui semble résulter des propriétés de l'indigo blanc. Les dérivés de l'indigo, tels que ses acides sulfonés, donnent également naissance par réduction à des indigos blancs substitués.

Réduit par la poudre de zinc en présence d'anhydride acétique, l'indigo bleu se transforme en indigo blanc diacétylé qui par oxydation donne l'indigo bleu diacétylé. Par une réduction plus profonde, on peut aussi obtenir un indigo blanc triacétylé.

NIETZKI. Mat. colorantes.

24

Indigos sulfonés.

Acide monosulfonique (27) $C^{16}H^9Az^2O^2SO^3H$.
Acide sulfopurpurique.

Ce dérivé, qui s'obtient en chauffant l'indigo avec de l'acide sulfurique monohydraté, s'isole sous forme de flocons rouge pourpre, solubles en bleu dans l'eau pure, insolubles dans l'acide sulfurique étendu. Il forme des sels difficilement solubles dans l'eau, insolubles dans l'eau additionnée de chlorure de sodium.

Acide disulfonique (27) $C^{16}H^8Az^2O^2 (SO^3H)^2$.

Ce composé résulte de l'action de l'acide sulfurique fumant sur l'indigo ; il se présente sous forme d'une masse bleue, amorphe, facilement soluble dans l'eau. Ses sels, qui sont également très solubles dans l'eau, sont cependant complètement précipités par le chlorure de sodium.

Le sel de sodium est très employé en teinture, principalement sur laine, sous le nom de « carmin d'indigo » ; il se fixe sur fibre animale par les procédés communs à tous les colorants acides.

Emploi de l'indigo en teinture.

L'indigo doit sa coloration à la présence du chromophore :

$$\underset{AzH}{\overset{CO}{>}}C=C\underset{AzH}{\overset{CO}{<}}$$

Cependant, comme l'indigo ne renferme pas de groupes salifiables, ce n'est pas un colorant proprement dit ; il ne présente d'ailleurs aucune affinité pour la fibre puisqu'il est insoluble dans l'eau. On peut, il est vrai, faire apparaître cette affinité en introduisant dans sa molécule des groupes sulfonés qui lui impriment le caractère d'un colorant acide. Mais le procédé le plus généralement utilisé pour employer l'indigo en teinture est basé sur sa transformation, par réduction, en indigo blanc soluble dans les alcalis. La teinture en cuve (c'est le nom que l'on donne à ce procédé de teinture), se pratique depuis les temps les plus reculés et on utilisait déjà la plupart des réducteurs alcalins encore employés de nos jours. En pratique, on se sert de sulfate ferreux, de chlorure stanneux, de glucose, de poudre de zinc ou d'hydrosulfite de soude.

L'indigo, pulvérisé aussi finement que possible, est mis en suspension dans l'eau et traité par un mélange de l'un de ces réducteurs avec un lait de chaux ou une solution de soude; dans ces conditions, le sulfate ferreux et le chlorure stanneux passent à l'état d'oxydes correspondants. Au bout de quelque temps, l'indigo se transforme en indigo blanc qui reste en solution dans le bain alcalin. On obtient ainsi une cuve d'indigo qui peut également servir pour la teinture du coton et de la laine.

Ces deux fibres semblent posséder une certaine affinité pour l'indigo blanc, et s'en emparent lorsqu'on les plonge dans la cuve. Il suffit ensuite d'une exposition à l'air pour déterminer la réoxydation en indigo bleu de l'indigo blanc dont les fibres se sont saturées, et la teinture est terminée. L'impression directe de l'indigo sur coton était, jusque dans ces derniers temps, une opération relativement très délicate; aussi on se contentait généralement d'imprimer des rongeants (enlevages) sur le tissu déjà teint en cuve, ou des réserves sur le tissu avant teinture. C'est seulement depuis quelques années qu'on a trouvé un procédé pratique pour l'impression directe de l'indigo.

On imprime sur le tissu foulardé en glucose de l'indigo préalablement broyé avec une solution concentrée de soude caustique et on vaporise. Dans ces conditions, il y a formation d'indigo blanc qui pénètre dans la fibre et se transforme par oxydation ultérieure en indigo bleu.

En raison des difficultés que présente l'impression directe en indigo, on a cherché à produire synthétiquement ce colorant sur fibre en imprimant un mélange d'acide o-nitrophénylpropiolique, de soude et de glucose ou mieux de xanthate de soude, mélange qui donne de l'indigo par simple vaporisage. Mais cette synthèse, extrêmement intéressante au point de vue scientifique, ne semble pas appelée à jouer un grand rôle dans l'industrie.

Depuis quelque temps, on emploie avec succès, pour produire directement l'indigo sur fibre, un composé appelé « sel d'indigo ».

Le sel d'indigo n'est autre que la combinaison bisulfitique de l'orthonitrophényllactyle-méthylcétone obtenue par condensation de l'o-nitrobenzaldéhyde avec l'acétone. Ce composé étant capable de donner naissance à de l'indigo lorsqu'on le traite par la soude caustique, il suffit de l'imprimer sur tissu et de passer ensuite en soude caustique à 25° B., pour obtenir une impression directe en indigo.

On a aussi proposé d'imprimer sur fibre un mélange d'indoxyle et d'acide indoxylique. Ce mélange, connu sous le nom d' « indophore », se transforme en indigo par oxydation.

Le carmin d'indigo est employé presque exclusivement dans la teinture de la laine. On mordance à l'alun et teint en bain additionné d'acide sulfurique. Il donne un bleu plus beau, mais moins solide que le bleu de cuve ; il sert généralement de fond pour couleurs mélangées.

Acide indigodicarbonique (29) $C^{16}H^8Az^2O^2(COOH)^2$.

Ce colorant résulte de l'action de l'acétone sur l'aldéhyde nitrotéréphtalique :

$$C^6H^4\Big\langle\begin{array}{ll}COH & (1)\\ COOH & (4)\\ AzO^2 & (2)\end{array}$$

en présence de soude caustique ; on l'obtient encore en traitant l'acide orthonitrophénylpropiolique carboxylé par la glucose et un alcali.

Poudre bleue, insoluble dans le chloroforme, soluble en vert dans les alcalis.

Indoïne (12 a) $C^{20}H^{20}Az^4O^5$.

Ce composé s'obtient par réduction de l'acide orthonitrophénylpropiolique en solution sulfurique avec le sulfate ferreux. L'indoïne présente de grandes analogies avec l'indigo, et s'en distingue par les réactions suivantes :

Elle se dissout à froid dans l'acide sulfurique concentré avec une coloration bleue et se laisse difficilement sulfoner ; elle est soluble à froid avec une coloration bleue dans l'aniline et dans une solution aqueuse d'acide sulfureux.

Indigo purpurine $C^{16}H^{10}Az^2O^2$.

L'indigo purpurine est un isomère de l'indigo qui se forme comme produit secondaire dans la préparation de ce dernier au moyen du chlorure d'isatine (14 a, 38).

Ce colorant ressemble à l'indigo, mais il se sublime plus facilement en donnant de fines aiguilles rouges,

solubles en rouge dans l'alcool. En étendant d'eau sa
solution dans l'acide sulfurique concentré, on obtient
une liqueur rouge.

Indirubine (13, 60)

$$C^6H^4\Big\langle{}^{CO}_{AzH}\Big\rangle C = C\Big\langle{}^{C(OH)}_{C^6H^4}\Big\rangle Az$$

Ce composé, qui est également un isomère de l'indigo,
s'obtient en condensant molécules égales d'indoxyle et
d'isatine en solution aqueuse en présence d'un peu de
soude caustique. Poudre brune, soluble en violet dans
l'alcool et en gris noir dans l'acide sulfurique concentré.
En chauffant cette dernière solution, elle se colore en
violet à la suite de la formation d'un dérivé sulfoné. Par
réduction, l'indirubine donne d'abord une cuve analogue
à la cuve d'indigo, puis se transforme en indileucine
$C^{16}H^{12}Az^2O$.

L'indirubine est peut être identique à l'indigopurpurine,
mais les descriptions que nous possédons de ces deux
colorants sont trop vagues pour pouvoir conclure à cette
identité.

Rouge d'indigo.

Ce troisième isomère du bleu d'indigo se rencontre
dans l'indigo naturel. On n'est pas encore fixé sur les
relations qu'il peut avoir avec les deux colorants précédents. D'après Baeyer, il serait différent de l'indigo purpurine.

Schunck décrit, sous le nom d'indirubine, un colorant
qu'il a retiré de l'indican et qu'il considère comme identique avec l'indigo purpurine (61).

SYNTHÈSES DE L'INDIGO

En 1865-1866, Baeyer et Knop (9) transforment successivement l'indigo en dioxindol, oxindol et indol et en 1869, Baeyer et Emmerling (3) reproduisent synthétiquement l'indol en fondant l'acide nitrocinnamique avec de la potasse et de la limaille de fer. Ils employaient alors un mélange d'acides ortho et paranitrocinnamique sans savoir que seul, l'acide ortho donne de l'indol (38). En 1870, ces mêmes chimistes observent la formation d'indigo en traitant l'isatine par un mélange de trichlorure de phosphore et de chlorure d'acétyle.

En 1870 également, Engler (39) et Emmerling obtiennent de petites quantités d'indigo en chauffant la nitroacétophénone avec de la chaux sodée et de la poudre de zinc, mais ils ne peuvent retrouver plus tard les conditions dans lesquelles ils avaient obtenu ce colorant [1].

C'est à Nencki que l'on doit le premier procédé permettant d'obtenir avec certitude l'indigo synthétique, procédé basé sur l'oxydation de l'indol au moyen de l'ozone (40). Nencki avait déjà préparé autrefois l'indol en soumettant les matières albuminoïdiques à la fermentation pancréatique (2, 40).

En 1877, Baeyer et Caro (45) reproduisent l'indol en faisant passer dans un tube chauffé au rouge les vapeurs de différentes amines aromatiques, et notamment de la méthylorthotoluidine.

L'année suivante, Baeyer (4 a) et Suida (8) caractérisent l'oxindol comme étant l'anhydride interne de l'acide orthoamidophénylacétique et le préparent synthétiquement au moyen de ce dernier acide.

---

[1] Engler, dans un mémoire récent (B. 28, 309), a fixé les conditions exactes dans lesquelles il faut opérer pour transformer la nitroacétophénone en indigo.   A. G.

Dans le courant de cette même année, Baeyer parvient à transformer l'oxindol en isatine (4 *a*, 8) en oxydant le produit de réduction du nitroso-oxindol et réalise ainsi la synthèse totale de l'indigo au moyen de l'acide o-amidophénylacétique, puisqu'on savait depuis longtemps remonter de l'isatine à l'indigo. Baeyer transforme ensuite l'isatine en indigo avec de meilleurs rendements, en traitant par un réducteur le chlorure d'isatine obtenu en faisant agir le pentachlorure de phosphore sur l'isatine. Ce savant observe en même temps la formation d'indigo-purpurine.

En 1879, Claisen (14) et Schadwell reproduisent synthétiquement l'isatine. En traitant le chlorure de benzoyle orthonitré par le cyanure d'argent, ils obtiennent du cyanure de benzoylorthonitré qui, traité successivement par un acide puis par un alcali, se transforme en acide orthonitrophénylglyoxylique.

Or ce nitré, réduit en solution alcaline, donne naissance à un sel de l'acide isatique ou acide orthoamidophénylglyoxylique que les acides minéraux transforment en isatine.

Enfin en 1880, Baeyer (11, 53) parvient à réaliser la synthèse de l'indigo par différents procédés en partant de l'acide cinnamique.

I. L'acide orthonitrocinnamique (53,55) :

$$C^6H^4\begin{cases} \overset{1}{CH} = CH - COOH, \\ \overset{2}{AzO^2} \end{cases}$$

donne avec le brome un produit d'addition, l'acide orthonitrodibromohydrocinnamique :

$$C^6H^4\begin{cases} CHBr - CHBr - COOH \\ AzO^2 \end{cases}$$

Ce dernier, traité avec précaution par les alcalis, perd deux molécules d'acide bromhydrique et se transforme en acide orthonitrophénylpropiolique (54) :

$$C^6H^4 \underset{AzO^2}{\overset{C \equiv C - COOH}{<}}$$

qui perd une molécule d'acide carbonique lorsqu'on le chauffe avec les alcalis et donne de l'isatine. Le même acide, traité par les réducteurs alcalins (solution alcaline de glucose, xanthates), donne de l'indigo.

II. En faisant agir une solution alcaline de chlore sur l'acide nitrocinnamique, on obtient l'acide orthonitrophénylchlorolactique (53) :

$$C^6H^4 \underset{AzO^2}{\overset{CH = CH - COOH}{<}} + HClO = C^6H^4 \underset{AzO^2}{\overset{CHOH - CHCl - COOH}{<}}$$

qui, au contact des alcalis, se transforme en acide ortho nitrophényloxyacrylique :

$$C^6H^4 \underset{AzO^2}{\overset{\overset{O}{\overset{/\backslash}{CH - CH}} - COOH}{<}}$$

Ce dérivé, chauffé seul ou en solution dans le phénol ou l'acide acétique cristallisable, se décompose et donne de l'indigo.

III. L'acide orthonitrophénylpropiolique perd une molécule d'acide carbonique par ébullition de ses solutions aqueuses et se transforme en orthonitrophénylacétylène :

$$C^6H^4 \underset{AzO^2}{\overset{C \equiv CH}{<}}$$

Ce composé forme un dérivé cuivrique qui, oxydé avec le ferricyanure de potassium, donne du dinitrodiphényldiacétylène :

$$C^6H^4 \diagdown\!\!\!\!\diagup\,{\substack{C \equiv C - C \equiv C \\ AzO^2 \qquad AzO^2}}\,\diagdown\!\!\!\!\diagup C^6H^4$$

Au contact de l'acide sulfurique fumant, ce dernier se transpose en son isomère, le diisatogène, qui, par réduction, donne naissance à l'indigo.

IV. En 1882, Baeyer réalisa la synthèse de l'indigo en partant de l'orthonitrobenzaldéhyde. (56, 57, 58).

Si l'on dissout cette aldéhyde dans un excès d'acétone et si l'on ajoute une solution diluée de soude caustique, également en grand excès, on observe au bout de quelque temps une abondante précipitation d'indigo ([1]).

On peut remplacer dans cette réaction l'acétone ordinaire par l'aldéhyde acétique ou par l'acide pyruvique.

Baeyer a soumis cette réaction à une étude approfondie; il a constaté que dans l'action de l'acétone sur l'orthonitrobenzaldéhyde, il y a d'abord formation d'un produit intermédiaire répondant à la formule $C^{11}H^{10}AzO^4$ qui est probablement de l'orthonitrophényllactylcétone. En présence des alcalis, ce composé se scinde en indigo et acide acétique d'après l'équation suivante :

$$2C^{10}H^{11}AzO^4 + 2H^2O = C^{16}H^{10}Az^2O^2 + 2C^2H^4O^2 + 4H^2O$$

Avec l'acétaldéhyde, on obtient de même, comme pro-

---

duit intermédiaire, l'aldéhyde de l'acide orthonitrophényllactique :

$$C^6H^4\begin{cases} CHOH - CH^2 - COH \\ AzO^2 \end{cases}$$

qui, traitée par les alcalis, se scinde en indigo et acide formique.

Enfin, dans la condensation de l'acide pyruvique avec l'aldéhyde orthonitrée, condensation qui se produit très facilement lorsqu'on fait agir du gaz chlorhydrique sur le mélange des deux composants (56, 57), il se forme d'abord de l'acide orthonitrocinnamylformique.

$$C^6H^4\begin{cases} CH = CH - CO - COOH \\ AzO^2 \end{cases}$$

En présence des alcalis, ce composé donne de l'indigo et de l'acide oxalique.

Les Fabriques de Höchst (58) préparent l'indigo par un procédé analogue. La benzilidène acétone ou cinnamylméthylcétone : $C^6H^5-CH = CH-CO-CH^3$, obtenue par Claisen (59) en condensant l'aldéhyde benzoïque avec l'acétone, donne par nitration un mélange de dérivés para et orthonitrés ; le dérivé ortho donne de l'indigo lorsqu'on le traite par un alcali.

Les indigos chlorés ou méthylés ont été obtenus par des réactions analogues en partant des orthonitrobenzaldéhydes chlorées et de l'orthonitrométatolualdéhyde (60).

On peut aussi préparer de l'indigo au moyen de l'orthoamidoacétophénone. Le dérivé monoacétylé de cette cétone se combine déjà à froid avec le brome ; le produit de substitution bromé ainsi obtenu se dissout dans l'acide sulfurique concentré en perdant de l'acide bromhydrique et donnant un composé cristallin que les alcalis transforment en indigo au contact de l'air.

On peut encore obtenir de l'indigo en soumettant aux mêmes traitements l'orthoamidophénylacétylène.

Gevekoht (60) a observé la formation d'indigo dans l'action du sulfhydrate d'ammoniaque sur l'orthonitro acétophénone bromée dans le groupe méthyle.

D'après les recherches de Baeyer (63) et Bloem, lorsqu'on traite par le brome l'orthoamidoacétophénone acétylée, cet élément se fixe dans le groupe méthyle. Les dérivés qui renferment en outre du brome dans le noyau benzénique donnent aussi de l'indigo ; mais ce colorant ne peut être obtenu avec les dérivés bromés uniquement dans le noyau. Dans toutes ces réactions, il semble se former de l'indoxyle comme produit intermédiaire.

En appliquant aux isatines substituées dans le noyau le procédé qui a permis à Baeyer de passer de l'isatine à l'indigo, P. Meyer (64) a préparé des indigos substitués. Il obtient ces isatines substituées en faisant agir l'acide dichloracétique sur les monamines aromatiques ayant la position para occupée. En traitant par exemple la paratoluidine par l'acide dichloracétique, on obtient un produit de condensation, la p. méthylisatine p. toluylimide : $C^{16}H^{16}Az^2O$ qui se scinde en paratoluidine et méthylisatine $C^9H^7AzO^2$ par ébullition avec les acides.

D'après Heumann (65), l'indigo prend naissance avec un bon rendement lorsqu'on fond avec les alcalis le phénylglycocolle (67) $C^6H^5 — AzHCH^2COOH$ ou son dérivé orthocarboxylé.

Le phénylglycocolle lui-même, traité par de l'acide sulfurique riche en anhydride, donne de l'acide disulfoindigotique.

On obtient facilement le phénylglycocolle en condensant l'aniline avec l'acide monochloracétique. Si l'on remplace dans cette condensation l'aniline par son dérivé orthocarboxylé, l'acide anthranilique, on obtient de même le phénylglycocolle orthocarboxylé.

Dans la fusion avec les alcalis du phénylglycocolle et de son dérivé orthocarboxylé, il se forme d'abord de l'indoxyle et de l'acide indoxylique dont les solutions alcalines s'oxydent rapidement au contact de l'air et donnent de l'indigo [1].

Flimm a obtenu de l'indigo en fondant de l'acétanilide bromée avec un alcali [2].

---

[1] La Badische-Anilin und Soda-Fabrik livre actuellement de l'indigo synthétique préparé par le procédé Heumann au phénylglycolle orthocarboxylé à un prix qui fait une concurrence très sérieuse à l'indigo naturel.

La difficulté qui s'est opposée au début à l'exploitation industrielle du procédé Heumann était le prix trop élevé de l'acide anthranilique employé pour cette synthèse. Voici comment la Badische Fabrik a tourné cette difficulté :

En chauffant la naphtaline, carbure dont la production est énorme et le prix très minime, avec de l'acide sulfurique fumant et du sulfate de mercure, elle obtient avec un bon rendement de l'anhydride phtalique. Cet anhydride forme avec l'ammoniaque de la phtalimide qui, traitée en solution alcaline par un hypochlorite, se transforme facilement en acide anthranilique.   A. G.

[2] On doit à Blank (B. 31, 1812) une nouvelle synthèse de l'indigo au moyen de l'éther monochloromalonique.

En condensant ce composé avec de l'aniline, on obtient de l'éther anilidomalonique :

$$C^6H^5 - AzH - CH \Big\langle {{COOR} \atop {COOR}}$$

qui, chauffé vers 200°, perd une molécule d'alcool et donne presque intégralement l'éther de l'acide indoxylique :

$$C^6H^5 - AzH - CH \Big\langle {{COOR} \atop {COOR}} = C^6H^4 \Big\langle {{CO} \atop {AzH}} \Big\rangle CH - COOR + ROH$$

On sait que les solutions alcalines de cet acide s'oxydent rapidement au contact de l'air avec formation d'indigo.

En remplaçant dans cette préparation l'aniline par la paratoluidine et la β naphtylamine, Blank a également obtenu les méthyl et naphtylindigos correspondants.   A. G.

CONSTITUTION DE L'INDIGO
ET DE SES DÉRIVÉS

Baeyer, se basant sur son mode de formation au moyen de l'acide orthonitrocinnamique, attribue à l'indol la formule de constitution suivante qui est généralement admise aujourd'hui :

$$H^4C^6 \diagdown \begin{matrix} CH \\ \diagup \diagdown \\ AzH \end{matrix} CH$$

Dès 1869, Kékulé (70) considérait l'isatine comme étant l'anhydride interne de l'acide orthoamidophénylglyoxylique, et lui donnait la formule de constitution suivante :

$$C^6H^4 \diagdown \begin{matrix} CO \\ \diagup \diagdown \\ AzH \end{matrix} CO$$

Claisen et Shadwell (71) confirmèrent l'hypothèse de Kékulé par une synthèse directe de l'isatine et montrèrent que l'acide isatique n'est autre que l'acide phénylglyoxylique lui-même. Certaines réactions observées par Baeyer semblent cependant indiquer la présence d'un groupe hydroxyle dans la molécule de l'isatine qui devrait alors être représentée par la formule :

$$C^6H^4 \diagdown \begin{matrix} CO \\ \diagup \diagdown \\ Az \end{matrix} COH$$

On peut faire la même remarque sur la constitution de l'oxindol. Tandis que les synthèses de l'oxindol faites par Baeyer caractérisent ce composé comme étant l'anhydride interne de l'acide orthoamidophénylacétique :

$$C^6H^4 \diagdown \begin{matrix} CH^2 \\ \diagup \diagdown \\ AzH \end{matrix} CO$$

sa formation par réduction de l'isatine et du dioxindol
conduit à lui assigner la formule de constitution ·

$$C^6H^4\diagdown^{\displaystyle CH(OH)}_{\displaystyle Az}\diagup C(OH) \qquad C^6H^4\diagdown^{\displaystyle CH^2}_{\displaystyle Az}\diagup C(OH)$$

Dioxindol.   Oxindol.

La préparation de l'indoxyle au moyen de l'acide indoxylique :

$$C^6H^4\diagdown^{\displaystyle C(OH)}_{\displaystyle AzH}\diagup C-COOH$$

démontre que dans ce composé, le groupe hydroxyle est
fixé sur l'atome de carbone directement relié au noyau
benzénique. L'indoxyle posséderait donc la formule de
constitution suivante :

$$C^6H^4\diagdown^{\displaystyle C(OH)}_{\displaystyle AzH}\diagup CH$$

Tout un ensemble de faits semblent indiquer que l'isatine, l'acide indoxylique et l'indoxyle peuvent se présenter
sous deux modifications isomères dont l'une, instable à
l'état libre, n'existe que dans les produits de substitution
tels que les éthers. Baeyer appelle ces formes « labiles »
ou « pseudoformes » et représente ces composés par les
doubles formules suivantes :

$$C^6H^4\diagdown^{\displaystyle CO}_{\displaystyle Az}\diagup COH \qquad C^6H^4\diagdown^{\displaystyle CO}_{\displaystyle AzH}\diagup CO$$

Isatine.   Pseudoisatine.

$$C^6H^4\diagdown^{\displaystyle C(OH)}_{\displaystyle AzH}\diagup CH \qquad C^6H^4\diagdown^{\displaystyle CO}_{\displaystyle AzH}\diagup CH^2$$

Indoxyle.   Pseudoindoxyle.

$$C^6H^4\underset{AzH}{\overset{C(OH)}{<\quad>}}C-COOH \qquad C^6H^4\underset{AzH}{\overset{CO}{<\quad>}}CH-COOH$$

Acide indoxylique.　　　　　　Acide pseudoindoxylique.

Ces pseudoformes deviennent stables lorsqu'on y remplace l'atome d'hydrogène labile par certains radicaux. Pour la pseudoisatine, il suffit d'un radical monovalent tandis que dans le pseudoindoxyle, les deux atomes d'hydrogène liés au carbone méthénique doivent être substitués par un radical bivalent. Les dérivés suivants satisfont à cette condition :

$$C^6H^4\underset{Az}{\overset{CO}{<\quad>}}CO \qquad\qquad C^6H^4\underset{AzH}{\overset{CO}{<\quad>}}C=CHC^6H^5$$
$$\qquad\quad |$$
$$\qquad\quad C^2H^5$$

Ethylpseudoisatine.　　　　　　Benzylidène pseudoindoxyle.

C'est avec ces composés que Baeyer a observé pour la première fois le phénomène qu'on désigne actuellement sous le nom de « tautomérie ». On a relevé depuis de nombreux cas de tautomérie, notamment parmi les composés à structure quinonique.

Le radical bivalent :

$$C^6H^4\underset{AzH}{\overset{CO}{<\quad>}}C=$$

contenu dans le pseudoindoxyle, présente un intérêt tout particulier, car il doit faire partie de la molécule de l'indigo : cela résulte de tous les faits actuellement acquis.

Baeyer a donné à ce radical le nom de « groupe indogène » et appelle « indogénides » les composés dans lesquels il tient la place d'un atome d'oxygène.

Avec cette nomenclature, le benzylidène pseudoindoxyle

cité plus haut doit être considéré comme l'indogénide de l'essence d'amandes amères.

L'indigo lui-même :

$$C^6H^4 \diagdown\begin{matrix}CO\\ AzH\end{matrix}\diagup C = C \diagdown\begin{matrix}CO\\ AzH\end{matrix}\diagup C^6H^4$$

Indigo.

doit être envisagé ou bien comme résultant de la soudure de deux groupes indogènes, ou comme représentant l'indogénide de la pseudoisatine :

$$C^6H^4 \diagdown\begin{matrix}CO\\ AzH\end{matrix}\diagup CO$$

c'est-à-dire de la pseudoisatine dans laquelle un atome d'oxygène est substitué par le groupe indogène.

L'indirubine, isomère de l'indigo, représente de même l'indogénide de l'isatine :

$$C^6H^4 \diagdown\begin{matrix}CO\\ AzH\end{matrix}\diagup C = C \diagdown\begin{matrix}C(OH)\\ C^6H^4\end{matrix}\diagup Az$$

L'indirubine résultant de la condensation de l'isatine avec l'indoxyle, il faut admettre dans cette réaction une transposition de l'indoxyle en pseudoindoxyle.

Baeyer a été conduit à ces conclusions par les observations suivantes (72) :

En faisant agir l'acide nitreux sur l'indoxyle, on obtient un composé qui doit être considéré comme la nitrosamine de l'indoxyle :

$$C^6H^4 \diagdown\begin{matrix}COH\\ Az\\ |\\ AzO\end{matrix}\diagup CH$$

Par réduction, on régénère d'abord l'indoxyle qui s'oxyde ensuite et donne de l'indigo. On obtient au contraire un dérivé isomère du précédent, qui présente le caractère des combinaisons isonitrosées, en traitant l'acide éthylindoxylique par l'acide nitreux. Ce dérivé donne de l'isatine par réduction et oxydation ultérieure.

Dans la formation de ce composé isonitrosé au moyen de l'acide éthylindoxylique :

$$C^6H^4 \diagdown \genfrac{}{}{0pt}{}{C(OC^2H^5)}{AzH} \diagup C - COOH$$

il doit nécessairement se produire une transposition moléculaire dans une des phases de la réaction, car il y a élimination de deux radicaux monovalents liés à des atomes de carbone différents alors que le radical isonitrosé bivalent qui s'y substitue, est toujours relié à un seul atome de carbone.

La transformation de ce dérivé isonitrosé en isatine permet de le considérer comme une pseudoisatoxime ou isonitrosopseudoindoxyle :

$$C^6H^4 \diagdown \genfrac{}{}{0pt}{}{CO}{AzH} \diagup C = AzOH$$

La manière dont se comporte son éther éthylique vient en effet à l'appui de cette formule de constitution. Ce dérivé isonitrosé forme d'abord par éthylation un éther monoéthylique qui peut encore donner de l'isatine. Il n'y a donc pas eu substitution dans le groupe imidé. D'autre part, le radical éthyle n'est pas relié directement au carbone car on n'obtiendrait pas d'isatine. On doit donc lui assigner la formule de constitution suivante :

$$C^6H^4 \diagdown \genfrac{}{}{0pt}{}{CO}{AzH} \diagup C = AzOC^2H^5$$

qui en fait une pseudoisatine-éthyle-α-oxime. En poussant plus loin l'éthylation, on obtient un éther diéthylique :

$$C^6H^4\underset{\underset{\displaystyle C^2H^5}{|}}{\overset{\displaystyle CO}{\underset{\displaystyle Az}{\diagup\diagdown}}}C = AzOC^2H^5$$

qui ne donne plus d'isatine par réduction, puis oxydation ultérieure, mais un isomère de l'éthylisatine, l'éthylpseudoisatine :

$$C^6H^4\underset{\underset{\displaystyle C^2H^5}{|}}{\overset{\displaystyle CO}{\underset{\displaystyle Az}{\diagup\diagdown}}}CO$$

Ce dérivé éthylé se distingue de l'éthylisatine par la difficulté avec laquelle il se saponifie. Les alcalis le transforment en acide éthylisatique :

$$C^6H^4\overset{\displaystyle CO - COOH}{\underset{\displaystyle AzHC^2H^5}{\diagup\diagdown}}$$

L'éthylpseudoisatine forme avec l'hydroxylamine une β-oxime :

$$C^6H^4\underset{\underset{\displaystyle C^2H^5}{|}}{\overset{\displaystyle C(AzOH)}{\underset{\displaystyle Az}{\diagup\diagdown}}}CO$$

et avec l'indoxyle, l'indogénide :

$$C^6H^4\overset{\displaystyle CO}{\underset{\displaystyle AzH}{\diagup\diagdown}}C = C\overset{\displaystyle CO}{\underset{\displaystyle C^6H^4}{\diagup\diagdown}}AzC^2H^5$$

. L'éther diéthylique de la pseudoisatine-α-oxime peut être transformé par les réducteurs faibles en diéthyl-indigo par une réaction absolument analogue à celle qui permet de transformer la pseudoisatoxime en indigo. Dans cette transformation, le groupe isonitrosoéthylé est complètement éliminé, tandis que le radical éthylé lié à l'atome d'azote reste dans la combinaison. Si donc la formule de constitution attribuée à l'éthylpseudoisatine-α-éthyloxime est exacte, on doit représenter le diéthyl-indigo par la formule de constitution suivante :

$$C^6H^4 \diagdown\!\!\!\diagup \begin{array}{c} CO \\ Az \end{array} \diagup\!\!\!\diagdown C = C \diagdown\!\!\!\diagup \begin{array}{c} CO \\ Az \end{array} \diagup\!\!\!\diagdown C^6H^4$$

$$\underset{C^2H^5}{\mid} \qquad\qquad \underset{C^2H^5}{\mid}$$

et par conséquent l'indigo lui-même par la formule :

$$C^6H^4 \diagdown\!\!\!\diagup \begin{array}{c} CO \\ AzH \end{array} \diagup\!\!\!\diagdown C = C \diagdown\!\!\!\diagup \begin{array}{c} CO \\ AzH \end{array} \diagup\!\!\!\diagdown C^6H^4$$

Baeyer résume les considérations qui l'ont conduit à assigner à l'indigo cette formule de constitution de la manière suivante :

I. L'indigo renferme le groupe imidé — AzH — ;

II. Les atomes de carbone y sont rangés dans l'ordre suivant :

$$C^6H^5 - C - C - C - C - C^6H^5$$

Cela résulte de sa formation au moyen du diphényldi-acétylène.

III. Seuls, les dérivés dans lesquels l'atome de carbone

voisin du noyau benzénique est lié à de l'oxygène sont susceptibles de donner de l'indigo.

IV. Par son mode de formation et ses propriétés, l'indigo présente certainement une étroite parenté avec l'indirubine et avec l'indogénide de l'éthylpseudoisatine. Or ce dernier composé résulte de la combinaison de l'atome de carbone α d'un pseudoindoxyle avec l'atome de carbone β de la pseudoisatine.

XII

MATIÈRES COLORANTES

A CONSTITUTION INCONNUE

Ce chapitre comprend les matières colorantes qui ne peuvent être classées dans aucun des groupes précédents.

Parmi les colorants que nous avons décrits, il en existe encore beaucoup dont la constitution reste très obscure, mais ces composés, obtenus presque tous par voie synthétique, présentent du moins certaines relations avec des produits à constitution déjà connue.

Malheureusement le chapitre des matières colorantes dont la constitution n'a pu être établie est encore très vaste et comprend la plupart des colorants naturels retirés des plantes ou des animaux.

Le nombre de ces colorants étant extrêmement grand, nous ne décrirons ici que ceux qui sont intéressants au point de vue de leurs applications.

Les colorants artificiels tendent de plus en plus à se substituer aux colorants naturels ; cependant un certain nombre de ces derniers sont encore employés et n'ont pu être remplacés jusqu'aujourd'hui par des produits synthétiques. Ils doivent leur importance à la propriété qu'ils possèdent de former des laques solides avec les oxydes métalliques. Ce sont donc des colorants pour mordants métalliques, analogues à l'alizarine.

Quelques-uns, comme l'hématoxyline, la brésiline et la brésiléine présentent beaucoup d'analogie avec les quinones, tandis que d'autres, comme le morin, semblent appartenir au groupes des xanthones. Beaucoup d'entre eux sont constitués par des glucosides et sont scindés, par les acides dilués, en sucres et en nouveaux dérivés jouissant également de propriétés tinctoriales.

Quelques colorants naturels tels que la curcumine, la bixine et la carthamine teignent directement le coton non mordancé comme les colorants tétrazoïques.

Canarine (1, 2, 3).

Ce colorant, obtenu par Prochoroff et Müller (1) en traitant le sulfocyanure de potassium par le chlorate de potasse et l'acide chlorhydrique, semble identique au pseudo ou persulfocyanogène $C^3Az^3HS^3$ découvert par Liebig; Müller conteste cependant cette identité.

La canarine est une poudre jaune, insoluble dans les dissolvants neutres, soluble dans les alcalis, les carbonates alcalins et les solutions de borax.

Elle teint directement le coton non mordancé en bain alcalin en nuances qui vont du jaune clair au jaune-orangé, selon la concentration du bain. Ces teintures sont très solides au savon et à la lumière. Le pouvoir colorant de la canarine est très faible, comparé à celui des autres colorants artificiels.

La canarine fixée sur fibre végétale fonctionne comme mordant vis-à-vis des colorants basiques et se comporte à ce point de vue comme les colorants azoïques directs et le cachou de Laval.

Muréxide (4, 5, 6, 7).

Ce composé, qui est constitué par le sel ammoniacal d'un acide inconnu à l'état libre, l'acide purpurique, présente un certain intérêt historique ; il forme, en effet, avec l'acide picrique, les deux premiers représentants des colorants artificiels industriellement exploités. Son emploi date de 1853 et sa formation avait déjà été observée au siècle dernier par Scheele.

La muréxide résulte de l'action de l'ammoniaque sur le mélange d'alloxane et d'alloxanthine obtenu en évaporant à sec une solution d'acide urique dans l'acide azotique concentré. On obtient encore de la muréxide en chauffant l'alloxanthine dans un courant de gaz ammoniac ou en faisant bouillir l'uranile avec de l'oxyde de mercure.

Ce colorant cristallise en prismes quadrangulaires à reflets verdâtres paraissant rouges par transparence. Sa composition répond à la formule : $C^8H^4Az^5O^6AzH^4$. Par double décomposition avec le nitrate de potasse, il forme un sel de potassium : $C^8H^4Az^5O^6K$. Les sels de calcium, baryum, étain et mercure sont des précipités rouges, plus ou moins solubles.

La muréxide se dissout dans l'eau avec une belle couleur rouge pourpre qui vire au bleu violacé en présence d'un excès de potasse caustique. L'acide purpurique, mis en liberté de ses sels par les acides minéraux, se décompose aussitôt en uranyle et alloxane.

L'emploi de la muréxide en teinture repose sur la propriété qu'elle possède de former de belles laques colorées avec les oxydes d'étain, de plomb et de mercure. La laque mercurique est particulièrement brillante.

La muréxide n'est plus employée en teinture.

Hématoxyline (8, 9, 10, 10 *a*).
$$C^{16}H^{14}O^6$$

L'hématoxyline est le principe colorable du bois de campêche (bois décortiqué de l'*Hématoxylum campechianum*).

Bien que ne possédant qu'un faible pouvoir colorant, l'hématoxyline est cependant le seul composé utile contenu dans ce bois dont les propriétés tinctoriales sont dues à une transformation par oxydation de l'hématoxyline en un colorant intense, l'hématéine (9). On obtient l'hématoxyline en épuisant le bois de campêche par de l'éther aqueux et reprenant par l'eau le résidu de l'évaporation (10). L'hématoxyline se dépose en cristaux qu'on purifie par de nouvelles cristallisations dans de l'eau additionnée d'un peu de bisulfite d'ammoniaque.

On obtient ainsi des prismes incolores, quadratiques, renfermant trois molécules d'eau (11) ou des tables rhombiques renfermant une molécule d'eau de cristallisation. L'hématoxyline est peu soluble dans l'eau froide mais se dissout facilement dans l'eau bouillante, l'alcool et l'éther ; elle possède une saveur sucrée et fond un peu au-dessus de 100° dans son eau de cristallisation. Ses solutions dévient à droite le plan de la lumière polarisée (10).

Elle se dissout dans les alcalis avec une coloration rouge pourpre qui vire rapidement au bleu violet, puis au brun par suite de la formation d'hématéine. L'acide chromique, le chlorure ferrique et l'acide vanadique l'oxydent profondément et la transforment en de nouveaux produits dont les laques métalliques possèdent une coloration noire. Fondue avec de la potasse, elle donne du pyrogallol ; soumise à la distillation sèche elle donne du pyrogallol et de la résorcine.

Traitée par le brome en solution acétique, elle se transforme en dibromohématoxyline. Elle forme avec l'anhydride acétique un dérivé hexaacétylé qui peut encore fixer quatre atomes de brome (12). On peut aussi obtenir un dérivé monobromé en faisant agir le brome avec ménagement (13. Voy. aussi 10 *a*). Oxydée par l'acide nitrique, l'hématoxyline se transforme d'abord en hématéine, puis, en acide oxalique.

Hématéine (9, 10, 12, 14).

$C^{16}H^{12}O^6$

On peut obtenir l'hématéine par oxydation ménagée de l'hématoxyline au moyen de l'acide azotique (12) ; on peut aussi laisser agir l'oxygène de l'air sur une solution alcaline d'hématoxyline (9, 10) ou mieux abandonner au contact de l'air une solution éthérée d'hématoxyline additionnée de quelques gouttes d'acide azotique.

L'hématéine se présente sous forme de petits cristaux rouges ou d'une masse verdâtre, à reflets métalliques, paraissant rouge par transparence et donnant par pulvérisation une poudre violette (12). Elle est difficilement soluble dans l'eau bouillante, l'alcool et l'éther avec une coloration jaune et se dissout dans les alcalis avec une coloration violette. La combinaison ammoniacale $C^{16}H^{12}O^4 2AzH^3$ est peu soluble et perd de l'ammoniaque lorsqu'on la chauffe (10). L'hématéine reproduit l'hématoxyline par ébullition avec une solution aqueuse d'acide sulfureux. Elle se combine directement avec l'acide sulfurique, l'acide chlorhydrique et l'acide bromhydrique, mais ces combinaisons sont déjà décomposées par l'eau à chaud.

L'hématoxyline et l'hématéine sont employées en teinture sous forme d'extraits ou de décoctions de bois de campêche. L'hématoxyline donne sur mordants d'alumine un gris violacé qui provient sans doute d'une oxydation partielle en hématéine. Sur cuivre, on obtient un bleu foncé, sur fer et sur chrome un noir intense. On emploie souvent un mélange de ces différents mordants, dans la teinture et l'impression au campêche. On teint par exemple sur mordant d'alumine et on passe ensuite en bichromate de potasse ou sulfate de cuivre.

Les laques obtenues sur fer et sur chrome ne sont probablement pas constituées par des combinaisons de ces oxydes avec l'hématéine mais bien avec des produits d'oxydation plus avancés et peu connus.

Le bois de campêche est encore très employé. On obtient un noir sur laine en teignant cette fibre, préalablement mordancée en bichromate de potasse et acide sulfurique, dans une décoction de bois ou une solution d'extrait de campêche. Sur coton, on développe le noir en passant alternativement le tissu dans un bain de colorant et dans un bain de bichromate de potasse. Pour obtenir un beau noir exempt de reflets violacés, il est nécessaire d'ajouter un bain de teinture du bois jaune ou d'autres colorants jaunes.

Sous le nom de « substitut d'indigo », on trouve dans le commerce un produit constitué par un mélange de campêche oxydé et d'acétate de chrome. Ce produit est employé dans la teinture de la laine et l'impression du coton.

Brésiline (15, 16, 17, 17a, 18, 19).
$$C^{16}H^{14}O^5$$

La brésiline et son produit d'oxydation la brésiléine forment les deux principes colorent du bois de Fernambouc (*Cæsalpinia echinata*. Lam.) et du bois de Sappan *Cæsalpinia Sappan*. L.).

Les extraits commerciaux de ces bois laissent souvent déposer des croûtes cristallines formées par un mélange

de brésiline libre et de ses sels calciques (15). Pour isoler
la brésiline pure, il suffit de reprendre ce produit brut
par de l'alcool très dilué et bouillant en présence d'acide
chlorhydrique et de zinc en poudre. Par refroidissement
de la liqueur filtrée, la brésiline se dépose en prismes
transparents, d'un jaune ambré, renfermant une molécule
d'eau de cristallisation ou en aiguilles incolores (16) renfermant une molécule et demie d'eau selon la concentration de la solution. Elle se dissout facilement dans
l'eau, l'alcool et l'éther. Les solutions alcalines, qui sont
d'un beau rouge carmin, sont décolorées par la poudre
de zinc, mais reprennent au contact de l'air leur couleur
primitive. Soumise à la distillation sèche, la brésiline
donne beaucoup de résorcine (15) ; traitée par l'acide
nitrique, elle donne de l'acide styphnique (trinitrorésor-
cine) ; oxydée par le chlorate de potasse et l'acide chlorhydrique, elle se transforme en acide isotrichloroglycéri-
nique. Par addition d'acétate de plomb à ses solutions
aqueuses, on obtient un précipité formé de fines aiguilles
incolores, répondant à la formule $C^{16}H^{12}PbO^5 + H^2O$, qui
rougissent peu à peu.

Le phosphore et l'acide iodhydrique transforment successivement la brésiline en brésinol $C^{16}H^{14}O^4$, puis en un
composé $C^{16}H^{20}O^3$. Ces deux produits sont amorphes (19).
Distillé avec la poudre de zinc, le brésinol donne un
carbure en $C^{16}H^{14}$ ou en $C^{16}H^{16}$ (19).

L'anhydride acétique forme avec la brésiline des dérivés
tri et tétraacétylés $C^{16}H^{10}(C^2H^3O)^4O^5$ (17 a). Traitée avec
précaution par le chlore ou le brome, la brésiline donne
des produits de substitution dichlorés ou dibromés qui
cristallisent en aiguilles incolores fondant vers 150° (18,
10 a).

La brésiline est encore très employée dans la teinture
de la laine et du coton sous forme d'extraits ou de décoctions de bois rouge ; elle ne se fixe que sur mordant.

Elle donne sur alumine un rouge analogue au rouge d'alizarine, mais moins beau et moins solide, sur étain un rouge plus vif et sur laine mordancée en bichromate un beau brun.

Brésiléine (16a, 17, 18).

La brésiléine présente vis-à-vis de la brésiline les mêmes rapports que l'hématéine vis-à-vis de l'hématoxyline, et s'obtient par des procédés analogues : action de l'air sur une solution alcaline de brésiline ou oxydation de ce composé par l'acide nitreux ou par l'iode en solution alcoolique (16). La brésiléine cristallise en feuillets d'un gris argenté, difficilement solubles dans l'eau, facilement solubles dans les alcalis avec une coloration rouge pourpre. Comme l'hématéine, la brésiléine forme aussi avec les acides sulfurique, chlorhydrique et bromhydrique des combinaisons d'une nature spéciale et peu stables (17). Elle s'emploie en teinture comme la brésiline dont elle se distingue surtout par son plus grand pouvoir colorant.

Morin (8, 19, 20). $C^{12}H^{10}O^6 = C^{12}H^8O^5 + H^2O$.

Sous le nom commercial de « bois jaune », on emploie en teinture la partie ligneuse du *Morus tinctoria*, Jacq. ou *Maclura tinctoria*, Nettel.

Le principe colorant du bois jaune est le morin. On peut facilement l'isoler en épuisant ce bois par l'eau bouillante et décomposant par l'acide chlorhydrique la combinaison calcique qui a cristallisé par refroidissement (21).

Le morin se dépose de ses solutions alcooliques en longues aiguilles d'un jaune pâle, insolubles dans le sulfure de carbone, difficilement solubles dans l'eau et l'éther, facilement solubles dans l'alcool. Il se dissout facilement dans les alcalis avec une couleur jaune foncé.

Soumis à la distillation sèche, il donne de la résorcine et du paramorin.

Fondu avec de la potasse, ou réduit par l'amalgame de sodium, il se scinde et donne de la phloroglucine; dans la première réaction, on observe aussi la formation d'acide oxalique (22).

D'après Löwe (20), la composition du morin répondrait à la formule $C^{15}H^{10}O^2 + 7H^2O$.

Ce colorant forme avec les métaux des sels monovalents; les sels alcalins sont facilement solubles ; les sels de calcium, d'aluminium, de zinc et de plomb sont peu solubles.

Broyé avec du brome, le morin donne un dérivé tribromé $C^{12}H^7Br^3O^6$ (12).

Le *para morin* $C^{12}H^8O^4$, obtenu par distillation sèche du morin, cristallise en aiguilles jaunes, feutrées, facilement solubles dans l'eau bouillante et sublimables sans décomposition (23).

L'*isomorin* résulte de l'action ménagée de l'amalgame de sodium sur le morin. Il cristallise en prismes rouge pourpre et reproduit le morin sous l'action de la chaleur ou des alcalis.

La *Maclurine* $C^{13}H^{10}O^6$, qui accompagne le morin dans le bois jaune, ne possède qu'un très faible pouvoir colorant; elle donne sur mordant de chrome un vert olive assez pâle.

Sous le nom de « fustine brevetée », on trouve depuis quelque temps dans le commerce des colorants obtenus par copulation de l'extrait de bois jaune (du morin ?) avec différents diazoïques. Ces composés teignent la laine chromée en jaune brun foncé. Le bois jaune se fixe généralement sur laine mordancée en bichromate de potasse et acide sulfurique ou crème de tartre; on obtient ainsi un jaune brun très solide.

Bixine $C^{28}H^{34}O^5$ (24, 25, 26, 27, 28).

La bixine constitue la matière colorante du rocou ; ce produit tinctorial qui se rencontre dans le commerce sous forme de pâte, est obtenu par fermentation des fruits du *Bixa orellana*. Pour extraire la bixine, on épuise à chaud le rocou par de l'alcool additionné de carbonate de soude, étend la liqueur filtrée d'une solution aqueuse de carbonate de soude, fait recristalliser dans l'alcool la combinaison sodique qui s'est précipitée et la décompose par de l'acide chlorhydrique (27).

La bixine cristallise en paillettes rouge foncé, à reflets métalliques, fondant vers 176° (27). Elle est presque insoluble dans l'eau, difficilement soluble dans l'alcool froid, la benzine, l'éther et l'acide acétique cristallisable, et facilement soluble dans l'alcool chaud et le chloroforme. C'est un acide bibasique qui réduit à froid la liqueur de Fehling. La bixine se dissout dans l'acide sulfurique concentré avec une coloration bleue ; il se forme un précipité vert sale par addition d'eau. Réduite par l'amalgame de sodium, la bixine se transforme en une combinaison incolore $C^{28}H^{40}O^5$ (32). Oxydée par l'acide nitrique, elle donne de l'acide oxalique. Distillée avec de la poudre de zinc, elle donne du métaxylène, du métaéthyltoluène et un hydrocarbure $C^{14}H^{14}$ (?) (27).

$NaC^{28}H^{33}O^5 + H^2O$, cristaux rouges cuivrés ; $Na^2C^{28}H^{32}O^5$, poudre rouge amorphe. Outre la bixine, on trouve aussi dans le rocou un autre colorant incristallisable, dont la composition n'est pas connue, appelé « bixine amorphe ».

La bixine teint directement les fibres animales et végétales non mordancées ; elle est utilisée sous forme de rocou, dans la teinture du coton et de la soie. Bien que teignant directement le coton sans l'intervention d'un mordant, on fixe aussi quelquefois ce colorant à l'état de laque stannique ; on obtient ainsi un beau jaune-orangé.

Le rocou est encore employé pour colorer le beurre, le fromage et autres produits alimentaires.

Curcumine $C^{14}H^{14}O^4$ (?) (29, 30, 31, 32).

Les racines du *Curcuma longa* et du *Curcuma viridiflora*, employées en teinture sous le nom de « curcuma », renferment une matière colorante jaune, légèrement acide, appelée « curcumine ». Pour isoler cette matière colorante, il suffit d'épuiser à l'éther ces racines préalablement débarrassées de l'huile essentielle qu'elles renferment par distillation avec de l'eau ou par extraction au sulfure de carbone.

Le colorant ainsi obtenu, purifié par de nouvelles cristallisations dans l'éther ou la benzine, se présente en prismes jaune-orangé, fondant à 178° (32), presque insolubles dans l'eau bouillante, légèrement solubles dans la benzine, facilement solubles dans l'alcool, l'éther, les graisses et les huiles. Il se dissout en brun dans les alcalis ; il se dissout également en brun dans l'acide borique et la solution ainsi obtenue vire au bleu (29) par addition d'une solution étendue de soude ou de potasse (réaction de l'acide borique).

La curcumine forme avec le plomb, le calcium et le baryum des laques brunes insolubles. L'acide sulfurique concentré la dissout en rouge cramoisi. Oxydée par l'acide nitrique, elle donne de l'acide oxalique et par le mélange chromique, de l'acide téréphtalique (30).

Malgré son peu de solidité à la lumière, le curcuma est encore très employé, notamment pour nuancer les teintures sur coton obtenues avec certains colorants rouges comme la safranine. La curcumine teint directement le coton non mordancé ; on l'emploie généralement sous forme de racine de curcuma pulvérisée et quelquefois aussi sous forme d'extrait alcoolique.

Le curcuma sert aussi à colorer le beurre, la cire et les huiles grasses.

Orseille et Tournesol

On obtient des matières colorantes violettes ou bleues, par l'action simultanée de l'air et de l'ammoniaque sur certains lichens incolores tels que le *Lecanora tinctoria* et le *Roccella tinctoria*. Ces lichens renferment un certain nombre d'acides particuliers (acide lécanorique, acide érythique, acide roccellique) qui se scindent tous, par les alcalis, d'abord en acide orsellique ou acide orcine carboxylique, puis en orcine $C^6H^3CH^3(OH)^2$ et en érythite $C^4H^{10}O^4$.

L'orcine seule joue un rôle utile dans la préparation des produits tinctoriaux dérivés des lichens ; elle se transforme en effet, sous l'action simultanée de l'air et de l'ammoniaque, en un produit coloré, l'orcéine $C^7H^7AzO^3$, qui peut être considéré comme le principe colorant de l'orseille (33, 34, 35, 36).

L'orcéine est une poudre brune, amorphe, possédant un caractère faiblement acide, soluble en violet dans les alcalis d'où les acides la précipitent.

Bien que formant des laques insolubles avec le calcium et les métaux lourds, l'orcéine n'est cependant pas un colorant pour mordants métalliques.

Pour préparer le produit tinctorial employé sous le nom d' « orseille », on humecte avec de l'ammoniaque les lichens mentionnés plus haut et on abandonne le tout à l'action de l'air. Au lieu d'ammoniaque, on se servait autrefois d'urine putréfiée. La masse obtenue est ensuite séchée, pulvérisée et employée dans cet état ou sous forme d'extrait.

Ces deux produits renferment comme matière colorante le sel ammoniacal de l'orcéine.

Sous le nom de « persio », on trouve dans le commerce un produit qui par sa composition et sa provenance ressemble à l'orseille en poudre.

L'orseille brute paraît encore contenir deux autres colorants : l'azoérythrine et l'acide érythroléique; on n'en connaît pas la composition (33).

L'orseille est presque exclusivement employée pour la teinture de la laine, rarement pour l'impression du coton. Elle se fixe sur laine et sur soie en bain légèrement acide, mais elle peut aussi teindre ces deux fibres en bain neutre ou légèrement alcalin ; on ajoute généralement au bain de teinture de l'alun, du chlorure d'étain, de l'acide oxalique ou de l'acide tartrique. On obtient ainsi des rouges plus ou moins bleuâtres et qui peuvent être nuancés à volonté par l'indigo ou la cochenille.

Malgré la grande concurrence que lui font les colorants azoïques, l'orseille est encore très employée. Cela tient sans doute à ce qu'elle peut teindre dans les conditions les plus différentes en égalisant bien, ce qui permet de la nuancer avec des colorants quelconques. Les teintures obtenues sont cependant peu solides à la lumière.

Tournesol.

En abandonnant à une fermentation prolongée en présence de chaux ou de potasse et d'ammoniaque les lichens qui servent à la fabrication de l'orseille, l'orcine qu'ils renferment donne naissance au tournesol, matière colorante rouge qui forme des sels bleus. On peut aussi transformer directement l'orcine en tournesol en laissant digérer ce produit pendant plusieurs jours avec un mélange d'ammoniaque et de carbonate de soude (36 *a*).

Le tournesol du commerce est mélangé de plâtre et de craie ; il se présente en tablettes généralement très pauvres en colorant. Outre son emploi bien connu comme indicateur dans les titrages alcalimétriques, le tournesol est encore utilisé pour colorer les vins et pour bleuter le linge.

Le tournesol renfermerait, d'après Kané (33), quatre matières colorantes différentes : l'érythroléine, l'azolithmine, l'érythrolithmine, et la spaniolithmine ; l'érythroléine et l'azolithmine domineraient dans ce mélange ; ces différents colorants ne semblent cependant pas être des individualités chimiques bien définies.

D'après Wartha (37), quelques variétés de tournesol renfermeraient aussi de l'indigo.

Carthamine $C^{16}H^{14}O^7$ (38).

Sous les noms de « carthame », « saflor » ou « safran », on trouve dans le commerce un produit tinctorial constitué par les pétales desséchées du *Carthamus tinctorius L.* Ce produit renferme, à côté d'un colorant jaune sans intérêt, un colorant rouge, la carthamine, qui jouait un grand rôle dans la teinture du coton et de la soie avant l'apparition des colorants artificiels.

Pour isoler la carthamine, on épuise par une solution de carbonate de soude le carthame préalablement débarrassé par des lavages à l'eau du colorant jaune qu'il renferme ; on plonge ensuite des écheveaux de coton dans la solution sodique ; par addition d'acide citrique, la carthamine mise en liberté se précipite sur le coton en vertu d'une attraction spéciale exercée par la cellulose. Les écheveaux sont épuisés à leur tour par une solution de carbonate de soude qui reprend au coton le colorant dont il s'était saturé et la solution sodique ainsi obtenue, additionnée d'acide citrique, laisse déposer la carthamine sous forme d'une poudre à reflets chatoyants.

La carthamine est presque insoluble dans l'eau et l'éther, et facilement soluble dans l'alcool. Elle se dissout dans les alcalis avec une couleur rouge-orangé. Fondue avec la potasse, elle donne de l'acide oxalique et de l'acide paraoxybenzoïque. La carthamine teint directement en bain légèrement acide les fibres animales et le coton non mordancé ; sur soie en particulier, on obtient un très beau rose.

Sous le nom de « carmin de saflor », on trouve dans le commerce de la carthamine presque pure. On l'emploie en solution dans le carbonate de soude et la fixe sur fibre par addition d'acide citrique au bain de teinture ; on utilise de la même façon l'extrait obtenu en épuisant au carbonate de soude le safran préalablement lavé à l'eau.

La matière colorante jaune qui accompagne la carthamine dans le safran, posséderait, d'après Malin (39), une composition répondant à la formule $C^{24}H^{30}O^{15}$; elle ne présente aucun intérêt en teinture.

Santaline $C^{15}H^{14}O^{5}$ (39*a*).

Le bois de santal rouge (*Petrocarpus Santalinus*) renferme une matière colorante rouge, la santaline, qui jouit de propriétés légèrement acides et présente certaines analogies avec les résines. On peut isoler ce colorant à l'état pur en précipitant par l'acétate de plomb l'extrait alcoolique du bois de santal et décomposant par l'acide sulfurique dilué la laque plombique ainsi obtenue. La santaline cristallise dans l'alcool en prismes rouges, fondant vers 104°, peu solubles dans l'alcool et l'éther en rouge sang et dans les alcalis en violet.

Franchimont (40), qui n'a obtenu la santaline qu'à l'état amorphe, lui attribue la formule $C^{17}H^{16}O^{9}$. En la chauffant à 200° avec de l'acide chlorhydrique, cet auteur a observé la formation de chlorure de méthyle et d'une substance noire, également amorphe ($C^8H^{19}O^3$?), soluble en noir violacé dans les alcalis. Malgré sa sensibilité à la lumière, la santaline est encore employée en teinture ; elle donne un beau rouge brun sur laine chromée ; on l'emploie sous forme de bois de santal rapé qui est ajouté directement au bain de teinture. On utilise aussi l'extrait alcoolique de bois de santal pour colorer les vernis, les bois, etc.

Alcannine $C^{13}H^{14}O^4$ (41).

La racine d'orcannette (*Anchusa tinctoria*) renferme un colorant rouge, à caractère légèrement acide, qui n'a pu encore être obtenu à l'état cristallisé. Ce composé, appelé « alcannine », est insoluble dans l'eau, soluble en rouge sang dans l'éther, l'alcool, la ligroïne et les huiles grasses. Il se dissout en bleu dans les alcalis d'où les acides le précipitent en flocons rouges. Il forme avec la baryte une laque insoluble.

Traité par l'anhydride acétique et l'acétate de soude, il donne un dérivé diacétylé : $C^{13}H^{12}(C^2H^3O)^2O^4$ (41).

L'alcannine se dissout en bleu dans l'acide sulfurique concentré ; oxydée par l'acide nitrique, elle donne de l'acide oxalique et de l'acide succinique. Distillée avec de la poudre de zinc, elle donne du méthylanthracène (42).

L'alcannine est presque exclusivement employée sous forme d'extrait pour colorer les huiles grasses, les pommades, etc.

Lo Kao (Vert de Chine).

Sous cette dénomination, on trouve dans le commerce une matière colorante verte, préparée avec l'écorce de différentes sortes de Rhamnus (*Rh. utilis*, *Rh. chlorophorus*) et constituée en majeure partie par une laque double d'alumine et de chaux d'un glucoside acide.

Cloez et Guignet ont donné à ce glucoside le nom de
« locaïne » et Kayser celui d' « acide locaonique » (43,
43 *a*).

Cloez et Guignet assignent à ce colorant la formule
$C^{28}H^{34}O^{17}$ (43) ; chauffée avec les acides, la locaïne se
scinde en glucose et « locaëtine ».

Kayser attribue par contre à la locaïne ou acide locaonique la formule $C^{42}H^{48}O^{27}$ et à la locaëtine ou « acide
locanique » la formule $C^{36}H^{36}O^{21}$. D'après Kayser, on
n'obtiendrait pas de glucose dans la scission de la locaïne
en locaëtine, mais un sucre inactif, isomère du glucose,
auquel il a donné le nom de « locaose ».

La locaïne se présente sous forme d'une masse d'un
noir bleu foncé, susceptible d'acquérir par frottement un
reflet métallique, insoluble dans l'eau, l'alcool, l'éther,
le chloroforme et la benzine. Elle se dissout facilement
dans les alcalis avec une coloration bleue qui vire au rouge
lorsqu'on ajoute un réducteur. Son sel ammonical forme
des cristaux bronzés ; les autres sels sont amorphes ; les
sels alcalins sont seuls solubles.

La locaétine ou acide locanique est une poudre noire
violacée qui ne se dissout que dans les alcalis, mais avec
une coloration violette. Tous ses sels sont amorphes et
ressemblent à ceux de la locaïne. Traitée par l'hydrogène
sulfuré, elle donnerait, d'après Kayser, une substance
cristalline renfermant du soufre. L'acide sulfurique concentré la transforme en un produit brun, amorphe, possédant d'après Cloez et Guignet la formule $C^{7}H^{6}O^{4}$ et
d'après Kayser la formule $C^{36}H^{26}O^{16}$.

On peut d'ailleurs considérer toutes ces formules comme
douteuses, car tous ces composés sont amorphes et dans
ces conditions il est bien difficile de déterminer leurs
poids moléculaires véritables par de simples analyses.

Le Lo-Kao est employé dans la teinture de la soie et
du coton, notamment par les Chinois. Il semble teindre

directement le coton en bain alcalin, mais il est surtout
employé à l'état réduit sous forme de cuve. Comme réducteurs, on peut se servir de protochlorure d'étain ou de
sulfhydrate d'ammoniaque. On obtient ainsi un beau vert
bleuâtre, très solide à la lumière.

Cochenille.

Sous le nom de « cochenille », on trouve dans le commerce un produit tinctorial très apprécié, formé par les
femelles desséchées d'un insecte, le *coccus cacti coccinel-
lifera*, qui vit sur différentes espèces de cactus. La cochenille doit ses propriétés colorantes à l'acide carminique,
glucoside répondant à la formule $C^{17}H^{16}O^{10}$ (44).

L'acide carminique s'obtient par précipitation de l'extrait aqueux de cochenille avec l'acétate de plomb et
décomposition par l'hydrogène sulfuré de la laque de
plomb ainsi obtenue. Recristallisé dans l'alcool, il se présente sous forme d'une masse d'un brun pourpre, devenant rouge par pulvérisation, facilement soluble dans l'eau
et l'alcool, difficilement soluble dans l'éther. C'est un
acide bibasique faible, qui forme avec les alcalis des sels
facilement solubles, et avec les bases alcalino-terreuses
et les oxydes des métaux lourds des sels violets, complètement insolubles. Ces différents sels n'ont pu être obtenus
jusqu'aujourd'hui à l'état cristallisé.

Chauffé avec les acides dilués, l'acide carminique se
scinde en rouge de carmin $C^{11}H^{12}O^7$ et en un sucre $C^6H^{10}O^5$.
Il fournit d'ailleurs les mêmes produits de décomposition
que le rouge de carmin que nous allons décrire.

En laissant reposer quelque temps une solution ammoniacale d'acide carminique, il paraît se former un composé azoté, jouissant de propriétés tinctoriales toutes différentes de celles de la cochenille et qui est employé
sous le nom de « cochenille ammoniacale ».

Rouge de carmin $C^{11}H^{12}O^7$.

Ce colorant, qui s'obtient en traitant l'acide carminique par l'acide sulfurique étendu, puis précipitant le produit de la réaction par de l'acétate de plomb et décomposant la laque formée par l'hydrogène sulfuré, se présente sous forme d'une masse rouge foncé, à reflets verts, insoluble dans l'éther, facilement soluble dans l'eau et l'alcool. Traité par les réducteurs, il se transforme en un dérivé incolore; fondu avec de la potasse, il donne de la coccinine (46); chauffé avec de l'eau à 200°, il donne du ruficarmin (48); traité à chaud par de l'acide nitrique concentré, il se transforme en acide trinitro-coccinique ou acide trinitrocrésotinique (45) :

$$C^7H^3 \diagdown \substack{\diagup OH \\ -(AzO^2)^3 \\ \diagdown COOH}$$

Le brome forme avec le rouge de carmin deux dérivés bromés : l'α bromocarmin $C^{10}Br^4H^1O^4$ et le β bromocarmin $C^{11}H^5Br^3O^4$ (47). Chauffé à 130-140° avec de l'acide sulfurique concentré, le rouge de carmin donne naissance à la ruficoccine $C^{11}H^{10}O^6$ et à un composé répondant à la formule $C^{32}H^{20}O^{13}$ (48).

Le rouge de carmin se comporte comme un acide bibasique et forme des sels analogues à ceux de l'acide carminique.

La coccinine, obtenue en fondant le rouge de carmin ou son glucoside avec de la potasse, cristallise en paillettes jaunes, insolubles dans l'eau, solubles dans l'alcool et les alcalis caustiques. Ses solutions alcalines absorbent rapidement l'oxygène de l'air et se colorent successivement en vert, puis en rouge. Sa solution dans l'acide sulfurique concentré est colorée en bleu par le bioxyde de manganèse.

La ruficoccinine $C^{16}H^{10}O^6$ (48) est une poudre rouge brique, peu soluble dans l'eau et l'éther, facilement soluble dans l'alcool. Elle se dissout dans les alcalis avec une coloration brune. Chauffée avec de la poudre de zinc, elle donne un hydrocarbure répondant à la formule $C^{16}H^{12}$.

Le ruficarmin (48) est une poudre rouge carmin, insoluble dans l'eau, facilement soluble dans l'alcool.

L'α bromocarmin $C^{10}H^4Br^4O^3$ (47) cristallise en aiguilles incolores fondant à 248°, solubles dans les alcalis. Chauffé avec une lessive alcaline, il se transforme en carmin oxybromé ; ce dérivé, qui se comporte comme un oxyacide de la formule (47) :

$$C^6H^4Br^2\begin{cases} OH \\ COOH \end{cases}$$

donne par oxydation avec le permanganate de potasse un nouvel acide répondant à la formule $C^9H^6Br^2O^4$, qui paraît être de l'acide bibromooxyméthylbenzoylformique :

$$C^7H^5OBr^2COCOOH.$$

Dans cette réaction on observe aussi la formation d'anhydride dibromométhoxyméthylphtalique :

$$\begin{matrix} CH^3O \\ \\ CH^3 \end{matrix} \!\! > C^6Br^2 < \!\! \begin{matrix} CO \\ \\ CO \end{matrix} \!\! > O \quad (47)$$

Le β bromocarmin $C^{11}H^5Br^3O^4$ se présente en aiguilles jaunes fondant à 232°. C'est un acide bibasique qui forme des sels rouges avec les alcalis. Oxydé par le permanganate de potasse, il donne de l'acide bibromooxyméthylbenzoylformique carboxylé :

$$C^7H^4OBr^2\begin{cases} COOH \\ CO\!-\!COOH \end{cases}$$

et de l'anhydride bibromométhoxylméthylphtalique (47).

Cependant ces différentes formules sont encore très douteuses, et ne présentent guère de rapports entre elles.

W. v. Miller et G. Rohde, ont publié dernièrement (49) des travaux remarquables sur le colorant de la cochenille et sur ses dérivés. Ils contestent l'existence de l'acide carminique qu'ils considèrent comme identique au rouge de carmin. D'après ces auteurs, les bromocarmins seraient des dérivés de l'indone :

$$C^6H^4 \diagdown \substack{CO \\ CO} \diagup CH^2$$

et le carmin l'hydrate d'une dioxyméthylnaphtoquinone. Mais ces formules de constitution sont encore bien hypo‑thétiques et demandent à être confirmées par de nouvelles recherches ; la composition même du rouge de carmin reste assez douteuse puisqu'il n'a pu être obtenu jus‑qu'ici à l'état cristallisé, et d'ailleurs on n'est pas encore parvenu à transformer ce colorant en dérivés connus de la naphtaline.

La dioxyméthylnaphtoquinone devrait donner de la mé‑thylnaphtaline lorsqu'on la traite par la poudre de zinc ou par d'autres réducteurs, fait qui n'a pas encore été observé. Les dioxynaphtoquinones connues jouissent du reste de propriétés trop différentes de celles du rouge de carmin pour rendre vraisemblable un tel rapprochement.

Carmin de cochenille.

Sous le nom de « carmin de cochenille », on trouve dans le commerce un produit préparé au moyen de la coche‑nille, qui est employé pour colorer les fruits, les sucres, les fards, etc., et comme couleur de peinture.

Le carmin de cochenille est insoluble dans l'eau et dans l'alcool; lorsqu'il n'est pas additionné de talc ou d'amidon, comme cela arrive souvent, il se dissout facilement et sans résidu dans l'ammoniaque étendue.

D'après les données très inexactes que l'on possède sur sa fabrication, il s'obtiendrait en traitant l'extrait aqueux de cochenille par une solution d'alun et récoltant le précipité très ténu qui se forme dans la liqueur après un certain temps de repos. Il renferme, d'après les recherches de Liebermann (50), 3 p. 100 d'alumine, autant de chaux, et 20 p. 100 environ de matières albuminoïdes. Puisque le carmin de cochenille est entièrement soluble dans l'ammoniaque et que la chaux et l'alumine ne peuvent pas y être décelées par leurs réactifs ordinaires, il faut en conclure que ces oxydes forment avec le rouge de carmin une laque d'une nature particulière; les matières albuminoïdiques semblent aussi prendre part à la formation de cette laque.

La couleur du carmin de cochenille et surtout celle de sa solution ammoniacale sont nettement différentes de celle du rouge de carmin. Cette dernière solution a été longtemps utilisée comme encre rouge.

La cochenille est employée en teinture pour obtenir des rouges écarlates. Avant la découverte des rouges azoïques, elle était presque le seul colorant employé dans ce but pour la teinture de la laine, mais depuis quelques années sa consommation a beaucoup diminué par suite de la concurrence que lui font les colorants artificiels. L'acide carminique et le rouge de carmin ne se fixent pas directement sur la fibre et la belle nuance rouge écarlate des teintures en cochenille est due à la formation d'une laque stannique.

Pour obtenir l'écarlate sur laine, on tient la fibre au bouillon dans un bain renfermant une infusion de cochenille et du chlorure d'étain avec ou sans addition de crème de tartre, d'acide oxalique ou d'autres composés. Au lieu d'employer une infusion de cochenille, on se contente souvent d'ajouter directement au bain de teinture de la cochenille grossièrement pulvérisée.

Pour obtenir des tons plus jaunes, on peut nuancer à volonté avec de la gaude, du quercitron ou du bois jaune.

La laque formée par la cochenille avec l'alumine est violette, celle de fer gris noir; aussi doit-on éviter avec le plus grand soin dans la teinture en cochenille l'emploi de mordants ou d'eaux contenant du fer.

La cochenille ammoniacale forme avec les sels d'étain une laque d'un rouge cramoisi.

La cochenille n'est guère employée dans la teinture du coton. En impression, on utilise ses laques qu'on fixe généralement à l'albumine par vaporisage.

Sous le nom de « laque de Florence », on emploie en peinture un produit obtenu en traitant une infusion de cochenille par une solution d'alun et précipitant la laque par addition de carbonate de soude ou de craie. Ce produit, qui est constitué par la laque aluminique de l'acide carminique, renferme souvent un excès d'alumine et de craie.

Sous les noms de « Lak-Lak » ou Lak-Dye », on trouve dans le commerce des colorants qui, d'après Schmidt (51), ne renfermeraient pas d'acide carminique, comme on l'avait généralement admis jusqu'alors, mais de l'acide laccaïnique $C^{16}H^{12}O^8$.

Ce fait est bien d'accord avec les observations des praticiens, d'après lesquelles les teintures en Lak-Dye sont notablement plus solides à la lumière et aux alcalis que les teintures en cochenille.

La Lack-Dye doit aussi son pouvoir colorant à un insecte, le *coccus lacca* ou *coccus ficus* qui vit sur les branches du *ficus religiosa* et du *ficus indica*.

Cet insecte pique la plante et s'enveloppe d'une résine qui, fondue et exprimée dans un linge, constitue la gomme laque ; le résidu de l'expression, qui renferme outre les insectes une petite quantité de résine et des morceaux d'écorce, est livré au commerce sous le nom de Lak-Dye.

Ce colorant se fixe sur laine par des procedés analogues à ceux employés pour la cochenille ; il donne des nuances moins pures.

Le kermès (coccus ilicis, C. baphia) semble aussi renfermer un colorant analogue à celui de la cochenille ; ce produit n'est plus guère employé en teinture.

Enfin, d'autres insectes comme le *coccus polonicus*, le *coccus fragrariae*, etc., contiennent encore des matières colorantes rouges.

Pourpre de Tyr (52. 53).

Le suc retiré de certains coquillages (*purpurea lapillus, P. hamastoma*) et de différentes variétés de Murex se transforme, par exposition à la lumière solaire, en un produit de couleur rouge violacé, qui était très apprécié dans l'antiquité comme matière tinctoriale. D'après Schunck (52), le pourpre de Tyr renfermerait une matière colorante appelée « Punicine », insoluble dans l'eau, l'alcool et l'éther, difficilement soluble dans la benzine et l'acide acétique cristallisable et facilement soluble dans l'aniline bouillante et l'acide sulfurique concentré (53).

La punicine se sublime partiellement sans décomposition en feuillets à reflets métalliques.

Witt admet au contraire que le pourpre est formé par un mélange d'indigo avec un colorant rouge peu solide à la lumière. On ne retrouve plus en effet que du bleu d'indigo dans les anciens tissus teints en pourpre par suite de la destruction du colorant rouge.

(Witt. *Technologie der Gespinnstfaser*, 1888. Vieweg, éditeur.)

Cachou de Laval.

Ce produit, préparé d'abord par Croissant et Bretonnière en fondant avec du sulfure de sodium les substances organiques les plus diverses (sciure de bois, sons, excréments, etc.), renferme des colorants sulfurés d'une nature particulière, à caractère légèrement acide, qui teignent directement le coton en bain alcalin. Le cachou de Laval donne en teinture un brun terne dont la nuance peut être modifiée par passage du tissu teint dans des sels métalliques. Ce colorant est encore très employé malgré son odeur désagréable. On teint directement dans un bain de cachou et on nuance ensuite par passage en sel de fer, de cuivre ou de bichromate. On obtient ainsi des teintures très résistantes au savon.

Comme la canarine et les colorants tétrazoïques, le cachou de Laval fixé sur fibre fonctionne comme mordant vis-à-vis des colorants basiques ; on peut donc modifier à volonté les nuances obtenues avec le cachou par des teintures secondaires en colorants basiques.

Le cachou de Laval doit être considéré comme le type d'une nouvelle classe de colorants, renfermant du soufre, et dits : « colorants sulfurés ».

Tous ces colorants sulfurés répondent aux caractères généraux suivants : insolubilité dans les acides faibles, solubilité dans les solutions alcalines renfermant plus ou moins de sulfure de sodium, teinture du coton en bain alcalin et fixation de la nuance, soit au moyen d'oxydes métalliques, soit au moyen d'oxydants (bichromate, eau oxygénée, ou simple exposition à l'air).

A cette catégorie de colorants appartiennent :

Le noir à l'hydroquinone, obtenu en chauffant en vase clos l'hydroquinone ou ses homologues avec du soufre, un alcali et un sel ammoniacal[1], et les noirs dérivés du paramidophénol et de la paraphénylène diamine, obtenus en chauffant avec du soufre le paramidophénol et la paraphénylène diamine ou les substances capables de leur donner naissance ; ce sont les noirs Vidal de la Société de Saint-Denis, les noirs Saint-Denis, etc.[2].

Dans certains brevets, on a remplacé les corps générateurs de la matière colorante, le paramidophénol et la paraphénylène diamine par des substances plus complexes mais dérivées des premières telles que les diphénylamines substituées : paraoxydinitrodiphénylamine[3], paraoxynitrosulfodiphénylamine, paraamidodinitrodiphénylamine et paranitrodinitrodiphénylamine (obtenue par condensation de la chlorodinitrobenzine avec la paranitraniline).

Les paradiamines acétylées donnent, dans les mêmes conditions de traitement, des résultats tout différents ; tandis que les paradiamines donnent des noirs, leurs dérivés acétylés donnent des jaunes ou des bruns[4].

On ignore la constitution de ces matières colorantes qu'on n'a pu encore isoler à l'état cristallisé. Peut-être renferment-elles le même chromophore que les thiazimes ? Leurs modes de formation en partant des indamines, des indophénols, des dérivés de la diphénylamine et de certains acides thiosulfoniques présentent en effet quelque analogie avec les modes de formation des thiazines ;

---

(1) Brevet français 231188.

(2) Brevet français 236403 de la Société de Saint-Denis et Vidal.

(3) Brevet français 271909. Voir immédiat.

(4) Brevet français 239715. Thiocatéchines. Société de Saint-Denis.

d'ailleurs, Vidal (certificat d'addition en B. F. 231188) signale la formation de thionol comme sous-produit et produit intermédiaire dans la préparation du colorant résultant de l'action du soufre sur l'hydroquinone en présence d'ammoniaque.

———

SUPPLÉMENT

D'APRÈS LA QUATRIÈME ÉDITION ALLEMANDE

Cette traduction était sous presse lorsque apparut une nouvelle édition allemande de l'ouvrage de Nietzki.

L'auteur supprime presque tout le chapitre consacré aux colorants naturels de constitution inconnue, chapitre devenu inutile depuis la publication de l'ouvrage de Rupe : « La chimie des matières colorantes naturelles » et crée deux nouvelles classes de colorants, les colorants azométhéniques et les colorants stilbéniques.

Ces colorants dérivent des colorants azoïques par substitution d'un ou des deux atomes d'azote du chromophore azoïque par le radical trivalent $=\!\!=$ CH :

$$R—Az =\!\!= Az—R' \quad R—CH =\!\!= Az—R' \quad R—CH = CH—R'$$

À l'azobenzène correspondent respectivement la benzilidène aniline et le stilbène :

$$C^6H^5 — Az =\!\!= Az — C^6H^5 \quad C^6H^5 — CH =\!\!= Az — C^6H^5$$
Azobenzène.   Benzilidène-aniline.

$$C^6H^5 — CH = CH — C^6H^5$$
Stilbène.

Les colorants azométhéniques ne présentent jusqu'à présent qu'un intérêt théorique. La classe des colorants silbéniques compte un certain nombre de représentants industriellement exploités parmi lesquels nous signalerons: le « Jaune Soleil » ou « Jaune Mikado » déjà mentionné page 95 et le « Jaune direct ». Ces deux colorants résultent de l'action de la soude caustique, à des concentrations différentes, sur l'acide paranitrotoluène ortho sulfoné (CH^3. SO^3H. AzO^2 1 : 2 : 4) et représentent les dérivés disulfonés de l'azoxystilbène et du dinitrosostilbène.

Dans le chapitre des pyrazolones, l'auteur décrit un nouveau mode d'obtention de la tartrazine consistant à traiter l'éther oxalo-acétique :

$$HO - CO - CO - CH^2 - CO^2C^2H^5$$

par l'acide phénylhydrazine sulfonique. On obtient ainsi une hydrazone :

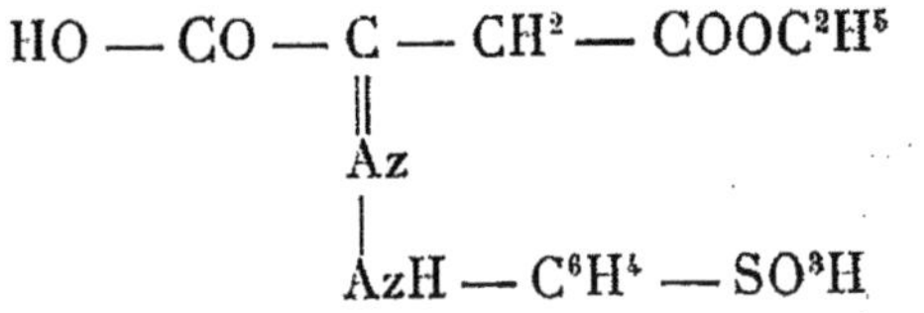

$$HO - CO - C - CH^2 - COOC^2H^5$$
$$\|$$
$$Az$$
$$|$$
$$AzH - C^6H^4 - SO^3H$$

qui se transforme en dihydrazone :

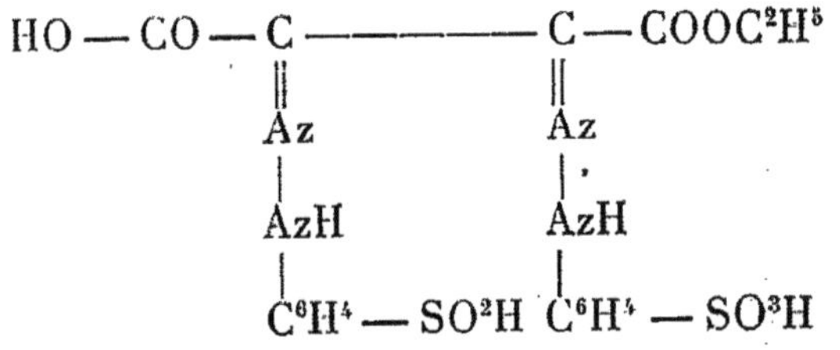

$$HO - CO - C \text{————} C - COOC^2H^5$$

par condensation avec l'acide diazobenzène sulfonique. Enfin, cette dernière, qui n'est autre que l'éther éthylique de la dihydrazone de l'acide dioxytartrique, reproduit la tartrazine par saponification.

La classe des colorants azoïques renferme naturellement le plus grand nombre de représentants nouveaux parmi lesquels nous signalerons :

Les « couleurs Janus » des Fabriques de Höchst obtenues pour la plupart en copulant le chlorure de m. amidotriméthylphénylammonium avec la m. toluidine, diazotant et copulant de nouveau avec un phénol. Ces colorants teignent directement en bain neutre la laine et le coton non mordancé.

Le « noir diaminogène » et les « bleus diaminogènes » G et GG obtenus en copulant l'acide acétyldiamidonaphtaline sulfonique diazoté :

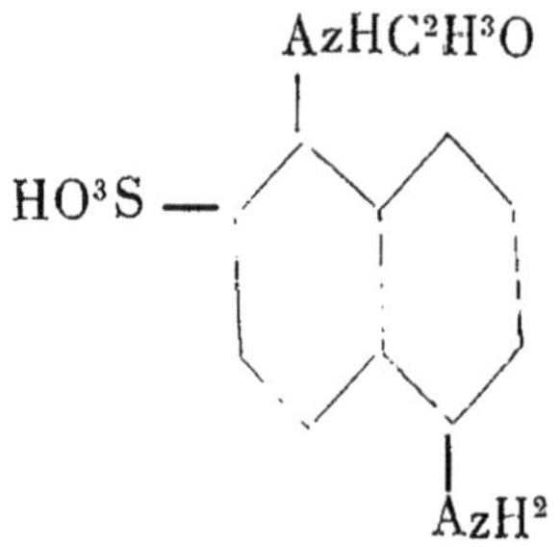

$$AzHC^2H^3O$$
$$HO^3S —$$
$$AzH^2$$

avec l'α-naptylamine, diazotant de nouveau et copulant respectivement avec les acides amidonaphtolsulfonique G, β-naphtolsulfonique 2 : 6 et β-naphtoldisulfonique R, puis désacétylant. Ce sont des colorants directs pour coton qui se laissent encore diazoter sur fibre même et donnent, par passage ultérieur dans un bain développeur de m. phénylène diamine ou de m. toluylène diamine pour les noirs et de β-naphtol pour les bleus, des teintures très solides à la lumière et au savon.

Le tableau des acides amidonaphtolsulfoniques donné page 32 s'enrichit d'un nouveau représentant, l'acide amidonaphtolsulfonique K :

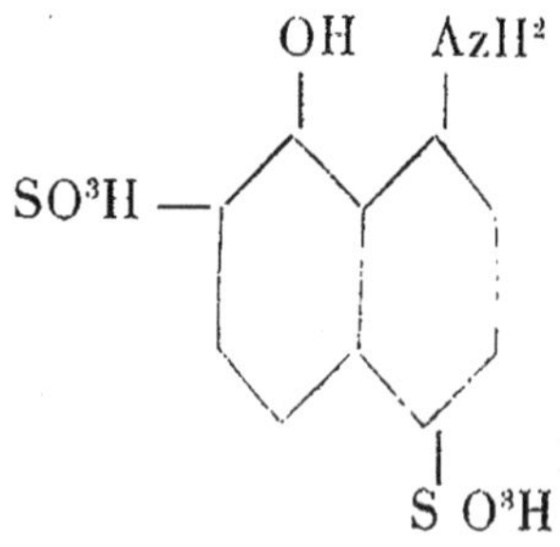

$$OH \quad AzH^2$$
$$SO^3H —$$
$$S\,O^3H$$

employé dans la préparation de quelques colorants tétrazoïques.

Deux dioxyanthraquinones, l'anthrarufine et la quinizarine, ont acquis depuis peu de temps une certaine importance dans l'industrie des matières colorantes artificielles.

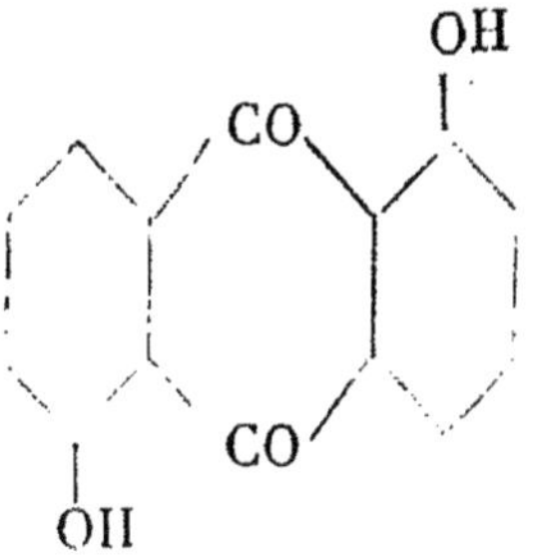

Anthrarufine.

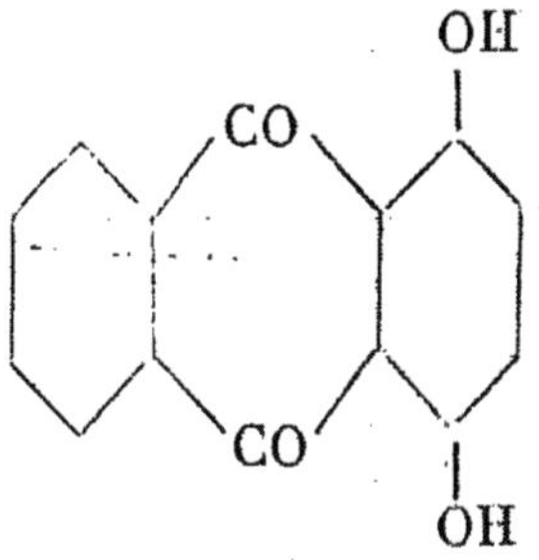

Quinizarine.

L'anthrarufine, obtenue d'abord en faisant agir l'acide
sulfurique concentré sur l'acide m-oxybenzoïque, se prépare industriellement au moyen de la dinitroanthraqui-
none 1 : 5. Sous le nom d' « alizarine saphinol B », les
fabriques Bayer d'Elberfeld livrent un colorant qui semble
être une diamidoanthrarufine disulfonique.

La quinizarine, préparée par Baeyer et Grimm par
condensation de l'anhydride phtalique avec l'hydroquinone, jouit de la propriété de réagir avec les amines
aromatiques primaires en donnant des produits de condensation qui possèdent probablement l'une ou l'autre
des formules de constitution suivantes :

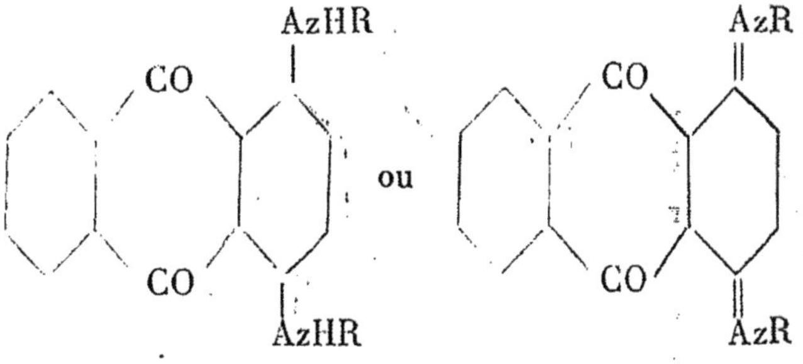

ou

Le « Vert d'alizarine cyanine » et le « Bleu pur d'alizarine » des fabriques Bayer d'Elberfeld sont probablement des dérivés sulfonés de semblables anilides.

L'auteur complète le chapitre relatif à l'indigo en décrivant la récente et très originale synthèse d'indigo réalisée par Sandmeyer au moyen de la thiodiphénylurée symétrique ou thiocarbanilide :

$$CS \Big\langle {{AzHC^6H^5} \atop {AzHC^6H^5}}$$

Ce produit, qui résulte de l'action du sulfure de carbone sur l'aniline, traité par le cyanure de potassium et le carbonate de plomb, se transforme en hydrocyancarbodiphénylimide :

$$C = AzC^6H^5, \quad CAz, \quad AzH$$

composé déjà obtenu par Laubenheimer (Ber. 13, 2155). Par saponification de ce nitrile, on obtient une amide :

$$C = AzC^6H^5, \quad COAzH^2$$

que le sulfure d'ammonium transforme en thioamide correspondante :

$$C = AzC^6H^5, \quad CSAzH^2$$

Or cette dernière, chauffée avec de l'acide sulfurique
concentré, donne de l'α-isatine anilide :

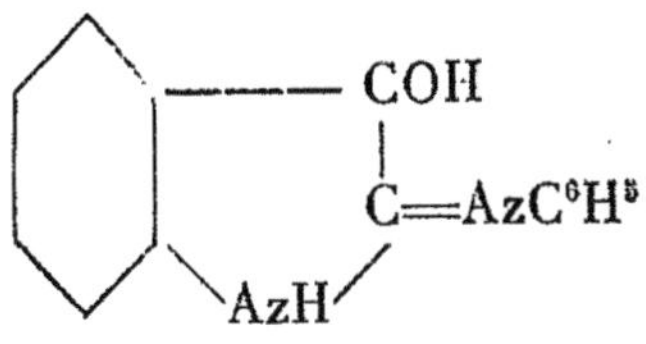

$$\text{COH} - \overset{|}{\underset{\diagdown \text{AzH}\diagup}{\text{C}}} = \text{AzC}^6\text{H}^5$$

qui se scinde en indigo et aniline lorsqu'on le réduit par
le sulfure d'ammonium.

La synthèse de Saudmeyer étant susceptible d'applications industrielles, il en résulte que nous possédons
actuellement trois procédés permettant de préparer
industriellement l'indigo : le procédé au phénylglycocolle
ortho carboxylé, le procédé à l'o-nitrobenzaldéhyde et
le procédé à la thiodiphénylurée. Ces trois procédés
mettant en œuvre des matières premières différentes,
naphtaline, toluène et benzine, peuvent s'exploiter con-
curremment. Cependant l'indigo synthétique ne se subs-
tituera que lentement à l'indigo naturel, car la production annuelle de ce dernier est très élevée et atteindrait,
d'après une statistique établie par Nœlting, le chiffre de
75 000 000 kilog. correspondant à 37 500 000 d'indigotine
pure.

A. G.

TABLE DES MATIÈRES

TABLE ALPHABÉTIQUE

X

INDEX BIBLIOGRAPHIQUE

ABRÉVIATIONS

Ber.   = Berichte der deutschen chem. Geselschaft.
Annal.   = Annalen der Chemie und Pharmacie. (Actuellement Liebig's
               Annalen).
Journ. pr. = Journal für praktische Chemie.
Friedl.   = P. Friedlander. Fortschritte der Theerfarbenfabrication,
               tomes I, II et III. J. Springer, Editeur à Berlin.
D. R. P.   = Deutsches Reichspatent.

INTRODUCTION. — 1. Ber. 1, p. 106. — 2. Ber. 9, p. 522. — 3. Witt, Färberzeitung, 1890. — 4. Première édition de cet ouvrage, p. 2. — 5. De la Harpe et van Dorp, Ber. 7, p. 1046. Graebe, Ber. 25, p. 3146. — 6. Witt, Ber. 21, p. 325. — 7. Runge, Poggendorff's Annal. 31, p. 65 et 512. — Reichenbach, Schweiger's Journ. f. Chemie, 68, p. 1. — 8. Nathanson, Annal. 98, p. 297. — 9. A. W. Hofmann, Jahresber. 1858, p. 351. — 10. Renard frères et Franc, Brev. du 8 avril 1859. — 11. Gerber Keller, Brev. 29, 10, 1859. — 12. Medlock, Engl. Pat. du 18 janvier 1860. Nicholson, Engl. Pat. du 26 janvier 1860. — 13. Girard et de Laire, Brev. du 26 mai 1860. — 14. Laurent et Castelhaz, Brev. du 10 décembre 1861. — 15. Kolbe et Schmitt, Annal. 119, p. 160. — 16. Nicholson, Moniteur scientif. 7, p. 5; Brev. du 10 juillet 1862. — 17. Monnet et Dury, Brev. du 30 mai 1862. — 18. Wanklyn, Eng. Pat. Nov. 1862. — 19. Hofmann. Cpt. rend. 54, p. 428, 56, p. 1033 et 57, p. 1131; Jahresber. 1862, p. 428; Zeitschr. f. Chem. 1863, p. 393. — 20. Usèbe, Brev. du 28 octobre 1862. — 21. Lightfoot, Engl. Pat. du 17 janvier 1863; Brev. du 28 janvier 1863. — 22. Martius et Griess, Zeitschr, f. Ch. 9, p. 132. — 23. Caro et Griess, Zeitschr. f. Chem. 10, p. 278. — 24. Caro et Wanklyn, Journ. f. pr. Chem. 100, p. 49. — 25. Keisser, Brev. du 18 avril 1866. — 26. Girard, de Laire et Chapoteaut, Brev. du 21 mars 1866 et du 16 mars 1867. — 27. Hofmann et Girard, Ber. 2, p. 447. — 28. Rosenstiehl, Bull. de la Soc. industrielle de Mulhouse 1869. — 29. Ber. 2, p. 14. — 30. Hofmann et Geyger, Ber. 5, p. 529. — 31. Hofmann, Ber. 6, p. 352. — 32. E. et O. Fischer, Ann. 194, p. 274. — 33. D. R. P. N° 1886 du 15 décembre 1877. — 34. Ber. 9, p. 1035. — 35. E. et O. Fischer, Annal. 206, p. 130. — 36. Döbner, Ber. 11, p. 1236. — 37. — D. R. P. N° 11857 du 19 mars 1880. — 38. Witt et Köchlin, D. R. P. N°s 15915 et 19580. — 39. Caro et Kern, Americ. Patent. du 25 décembre 1883 ; 22 avril, 8 juillet et 2 décembre 1884. — 40. D. R. P. N° 28753 ; Friedl, p. 364.

I. Colorants nitrés. — 1. D. R. P. N° 27271 (périmé). — 2. Laurent, Annal. 43, p. 219. — 3. Schmitt et Glutz, Ber. 2, p. 52. — 4. Schunck, Annal. 39. p. 6 et 65, p. 234. — 5. Martius et Wichelhaus, Ber. 2, p. 207. — 6. Piccard, Ber. 8, p. 685. — 7. Martius, Zeitschr. für Chem. 1868, p. 80. — 8. Darmstädter et Wichelhaus, Annal. 152, p. 299. — 9. D. R. P. N° 10785 du 28 décembre 1879 ; Friedl, p. 327. — 10. Lauterbach, Ber. 14, p. 2028. — 11. Merz et Weith, Ber. 15, p. 2714. — 12. Gnehm, Ber. 9, p. 1245. — 13. Schering, D. R. P. N°s 15117 et 15889. — 14. Hlasiwetz, Annal. 110, p. 289 ; Baeyer, Jahresber. 1859, p. 458.

II. Colorants azoïques. — 1. Liebermann, Ber. 16, p. 2858. — 2. Zincke. Ber. 18, p. 3132. — 3. Zincke et Bindewald, Ber. 17, p. 3026. — 4. Spiegel, Ber. 18, p. 1479. — 5. Cassella et Cie, D. R. P. 26, 11, 1887 ; Weinberg, Ber. 20, p. 3171. — 6. Geigy, D. R. P. 42006. — 7. Goldschmidt, Ber. 25, p. 2300 et p. 1324. — 8. Griess et Martius, Zeitschr. für Chem. 1866, p. 132. — 9. Kekulé, Zeitschr. für Chem. 1866, p. 688. — 10. Grässler, D. R. P. N° 4186 ; Friedl. p. 439. — 11. Griess, Ber. 15, p. 2183. — 11 a. Schultz, Ber. 17, p. 463. — 12. Griess, Ber. 10, p. 528. — 13. Witt, Chemikerzeit. 1880 N° 26. — 14. Witt, Ber. 12, p. 259. — 15. Nietzki, Ber. 10, p. 662 et 10, p. 1155. — 16. Nölting et Witt, Ber. 12, p. 77. — 17. Nietzki, Ber. 13, p. 472. — 18. Nölting et Forel, Ber. 18, p. 2681. — 19. Hofmann, Ber. 10, p. 213. — 20. Witt, Ber. 10, p. 656. — 21. Mixter, Amer. Chem. Journ. 5, p. 282. — 22. Nietzki, Ber. 17, p. 345. — 23. Lippmann et Tleisner, Ber. 15, p. 2136 et 16, p. 1415. — 24. Nölting, Ber. 18, p. 1143. — 25. Laurent, Annal. 75 p. 74. — 26. Haarhaus, Annal. 135, p. 164. — 27. Caro et Griess, Zeitschrift. für Chem. 1867, p. 278. — 27 a. Roussin et Poirrier, D. R. P. N° 6715. — 28. Bückney, Ber. 11, p. 1453. — 29. A. W. Hofmann, Ber. 10, p. 28. — 30. Griess. Annal. 137, p. 60. — 31. Weselsky et Benedikt, Ber. 12, p. 228. — 32. Perkin et Church, Annal. 129, p. 108. — 33. Griess, Annal. 154, p. 211.

34. Kekulé et Hidegh, Ber. 3, p. 234. — 35. Kimmisch, Ber. 8. p. 1026. — 36. Wallach et Kiepenheuer, Ber. 14, p. 2617. — 37, Griess, Ber. 11, p. 2192. — 38. Baeyer et Jäger, Ber. 8, p. 148. — 39. Witt, Ber. 11, p. 2196. — 40. Jäger, Ber. 8, p. 1499. — 41. Liebermann et Kostanecki, Ber. 17, p. 130 et 882. — 42. Wallach et Schulze, Ber. 15, p. 3020. — 43. Mazzara, Gaz. chim. ital. 9, p. 424. — 44. Nölting et Kohn, Ber. 17, p. 351. — 44 *a*. Walbach, Ber. 15, p. 2825. — 45. Liebermann, Ber. 16, p. 2858. — 46. Witt, Chemikerzeit. 1880 N⁰ 26. — 47. Meister Lucius et Br. D. R. P. N° 3229; Friedl I, p. 377. — 48. D. R. P. N° 20402 ; Friedl I, p. 373. — 48. Griess, Ber. 14, p. 2032; 10, p. 527 et 15, p. 2182. — 49. Stebbins, Ber. 13, p. 716. — 50. Nietzki, D. R. P. N° 44170. — 51. Bayer et Cⁱᵉ, D. R. P. N° 44380. — 52. Witt. Ber. 14, p. 3154. — 53. Bayer et Cⁱᵉ, D. R. P. N° 54116. — 54. Fabriques de Höchst, D. R. P. N° 67563. — 55. Wallach, Ber. 15, p. 2825. — 56. Nietzki, Ber. 17, p. 344 et 1350. — 57, Griess, Annal. 137, p. 60. — 58. Griess, Ber. 9, p. 627. — 59. Griess, Ber. 16, p. 2028. — 60. D. R. P. N° 22714 du 8 novembre 1882 ; Friedl. p. 453. — 61. Caro et Schraube, Ber. 10, p. 2230. — 62. Nietzki, Ber. 13. p. 800. — 63. Nietzki, Ber. 13, p. 1838. — 64. D. R. P. N° 18027 (13. 3. 82). — 65. Griess, Ber. 16, p. 2028. — 66. Nölting et Kohn, Ber. 17, p. 351. — 67. Meldola. Journ. of. chem. Societ. novembre 1883 et mars 1884. — 68. Bëttiger, D. R. P. N° 28753; 27. 2. 84; Friedl. I, p. 470. — 69. D. R. P. du 17. 3. 88; Friedl. I, p. 473. — 70. Bayer et Duisberg, Ber. 20, p. 1426. — 71. Weimberg, Ber. 20, p. 2906 et 3353. — 72. D. R. P. N° 38735; Friedl. p. 510. — 73. Bender et Schultz, Ber. 19, p. 3234.

III. Colorants dérivés des hydrazones et des pyrazolones. — 1. Anschütz, Annal. 294, p. 219. — 2. D. R. P. N° 43294, Ziegler et Locher, Ber. 20, p. 834.

IV. Oxyquinones et quinone-oximes. — 1. Fitz, Ber. 8, p. 631. — 2. v. Kostanecki, Ber. 20, p. 3133. — 3. Roussin, Jahresber. 1861. p. 955. — Aguiar et Baeyer, Ber. 4, p. 251. — 3 *a*. Schunck et Marschlewski, Ber. 27, p. 3162. — Zincke et Schmidt, Annal. 286, p. 27. — 4. Rochleder, Annal. 80. p. 324. — 5. Schunck, Annal. 66, p. 176 ; Jahresber. 1855, p. 666. — 6. Graebe et Liebermann, Annal. Spl. 7,300 ; Ber. 2, p. 14, 332, 505 et 3, p. 359. 7. Baeyer et Caro, Ber. 7, p. 972. — 8. Schunck, Jahresber. 1874, p. 446. — 9. Schützenberger, Farbstoffe (Berlin 1870) 2, 114. — 10. Baeyer, Ber. 9, p. 1232. — 11. Diehl, Ber. 11, p. 187. — 12. Perkin, Jahresber. 1874, p. 485. — 13. Stenhouse, Annal. 130, p. 343. — 14. Baeyer et Caro. Ber. 7, p. 972. — 15. Graebe et Liebermann, Annal. 160, p. 144. — 16. Widman, Ber. 9, p. 856. — 17. Engl. Pat. N° 1936 du 25 juin 1869. — 18. Perkin, Engl. Pat, n° 1948 du 26 juin 1869. — 19. Meister Lucius et Brüning, Jahresber, N° 1873, p. 1122. — 20. Perkin, Ber. 9, p. 281. — 21.

Perger, Journ. f. pr. Chem. 18, p. 184. — 22, Rosenstiehl, Bull. Soc. chim. 26, p. 63. — 23. Schunck et Römer, Ber. 12, p. 584. — 24. Strecker, Annal. 75, p. 20. — 25. De Lalande, Jahresber. 1874, p. 486. — 26. Vogel, Ber. 9, p. 1641. — 27. Lepel, Ber. 9, p. 1845 ; 10, p. 159. — 28. Auerbach, Jahresber. 1874, p. 488. — 29. Perkin, Jahresber, 1873, p. 450. — 3o. Schunck et Römer, Ber. 9, p. 679 ; 10, p. 1823 ; 13, p. 42. — 31. Caro, Ber. 9, p. 682. — 32. Ber. 23, p. 3739 et 22, p. 279, Ref. — 33. Journ. pr. 43, p. 237 et 246. — 34. Journ. pr. 44, p. 103. — 34 *a*. Annal. 276, p. 21. — 35. Robiquet, Annal. 19, p. 204. — 35 *a*. D.R.P. No 75490. — 35 *b*. D. R. P. No 73684 du 28 décembre 1892. — 36. Bad. Anilin-u. Sodafabrik, D. R. P. No 67102. — 37. Liefschütz, Ber. 17, p. 893. — 38. Demande de brevet du 21 octobre 1891. — 39. Prudhomme, Bull. de la Soc. de Mulhouse, 28, p. 62. — 40. Graebe, Annal. 201, p. 333. — 41. Journ. of. chem. Soc. 35, p. 800. — 42. D. R. P. No 17695 du 14 août 1881 ; Friedl. p. 168. — 43. D. R. P. Nos 46654 et 47252. — 44. Schmidt et Gattermann, Journ. pr. 44, p. 103. — 45. Graebe et Philipps, Annal. 276, p. 21. — 45 *a*. Graebe et Philipps, Annal. 276, p. 21. — 46. Fitz, Ber. 8, p. 631. — 47. Kostanecki, Ber. 20, p. 3133. — 48. Fuchs, Ber. 8. p. 625 et 1026. — 49. Hofmann, Ber. 18. — 5o. D. R. P. No 28065 du 19 janvier 1884 ; Friedl. p. 335. — 51. Leonhardt et Cie, D. R. P. No 55204.

V. Colorants du diphénylméthane et du triphénylméthane. — 1. Michler, Ber. 9, p. 716. — 2. Kern, D. R. P. No 5430 du 19 mars 1887 ; Friedl. p. 96 ; Ber. 19, Ref. p. 889. — 3. D. R. P. No 29060 du 11 mars 1884 ; Friedl. p. 99 ; Caro et Kern, Amerik. Patent du 25 décembre 1883 ; 22 avril, 8 juillet et 2 décembre 1884. — 4. D. R. P. No 29060 du 11 mars 1884. — 5. Fehrmann, Ber. 20, p. 2844. — 5 *a*. Stock, Journ. pr. 47, p. 103. — 5 *b*. Ber. 27, Ref. 465. — 6. Graebe, Moniteur scientifique 1887, p. 600. — 7. Graebe, Ber. 20, p. 3260. — 7 *a*. Stock, Journ. pr. 47, p. 403. — 7 *b*. Ber. 27, Ref. 57. — 8. Gerber et Cie, demande de brevet du 6 septembre 1889 ; Friedl. II, p. 64. — 9. Demande de brevet Leonhardt et Cie No 5765 ; Friedl. II, p. 63. — 10. Geigy, D. R. P. 65739 du 20 février 1892. — 11. Döbner, Ber. 15, p. 234. — 12. E. et O. Fischer, Ber. 11, p. 950 ; 12, p. 796 et 2348. — 13. O. Döbner, Ber. 11, p. 1236. — 14. O. Fischer, Annal. 206, p. 130. — 15. D. R. P. No 4322 du 26 février 1878 ; Friedl. I, p. 40. — 16. Albrecht, Ber. 21, p. 3292. — 17. E. et O. Fischer, Ber. 11, p. 950 ; 12. p. 796 et 2348. — 18. O. Fischer et J. Ziegler, Ber. 13, p. 672. — 19. Böttinger, Ber. 12, p. 975. — 20. O. Fischer, Ber, 14, p. 2521. — 21. D. R. P. No 6714 du 27 octobre 1878 ; Friedl. I, p. 117. — 22. D. R. P. No 10410 du 10 juin 1879. — 23. D. R. P. No 4988 du 6 juin 1878. — 24. Fabriques de Höchst, D. R. P. No 46384. — 24 *a*. Erdmann, Annal. 294, p. 376.

— 25. Nölting, Ber. 24, p. 3126. — 26. D. R. P. N° 73717, Cassella et Cie. — 27. D. R. P. N° 71370 du 10 déc. 92. — 28. D. R. P. N°s 58483, 58969 et 60606. — 29. D, R P. N° 59868, Bad. Anilin-und Sodafabrik. — 30. Demande de brevet Bayer et Cie ; Friedl. II, p. 51. — 31. Heumann et Rey, Ber. 21, p. 3001. — 32. Rosenstiehl, Ann. de Chim. et de Phys. (5) 8. 192. — 33. E. et O. Fischer, Annal. 194, p. 274. — 34. Dale et Schorlemer, Ber. 10, p. 1016. — 35. D. R. P. N° 16750 du 8 février 1881 ; Friedl. p. 57. — 36. Ph. Greiff, D. R. P. N° 15120 du 26 janvier 1881 ; Friedl. p. 49. — 37. Rosenstiehl, Annal. de Chim. et de Phys. (5) 8, p. 192. — 38. D. R. P. N° 16750. — 39. Greiff, l. c. — 40. D. R. P. N° 16710 du 24 février 1881 ; Friedl. p. 57. — 41. D. R. P. N° 16766 du 31 décembre 1881 ; Friedl. p. 54. — 41 a. D. R. P. N° 53937, Fabriques de Höchst. — 42. A. W. Hofmann, Ber. 6, p. 352. — 43. O. Fischer et E. Körner, Ber. 16, p. 2904. — 44. E. et O. Fischer, Ber. 12, p. 798. — 45. O. Fischer et Germann, Ber. 16, p. 706. — 46. Hofmann, Ber. 18, p. 767. — 47. Hofmann, Compt. rend. 54, p. 428. — 48. Hofmann, Ber. 6, p. 352. — 49. O. Fischer et Körner, Ber. 16, p. 2904. — 50. D. R. P. N° 16766 du 31 décembre 1881 ; Friedl. 1, p. 54. — 51. E. et O. Fischer, Annal. 194, p. 274. — 52. Hofmann, Compt. rend. 54, p. 428, 56, p. 945 et 1033, 57, p. 1131 ; Jahresber. 1862, p. 347. — 52 a. Liebermann, Ber. 5, p. 144, 6, p. 951, 11, p. 1435 et 16, p. 1927. — 53. Lange, Ber. 18, p. 1918. — 54. E. et O Fischer. Ber. 12, p. 798. — 55. E. et O. Fischer, Annal. 194, p. 274. — 56. Victor Meyer, Ber. 13, p. 2343. — 57. D. R. P. N°s 2096 et 8764. — 58. Caro et Graebe, Annal. 179, p. 203. — 59. Hofmann et Girard, Ber. 2, p. 447. — 60. Hofmann, Ber. 6. p. 263. — 61. Beckerhinn, Jahresber. 1870, p. 768. — 62. Schützenberger, Matières colorantes I, p. 506, Paris 1867. — 63. Girard et de Laire, Jahresber. 1862, p. 696. — 64. Hofmann, N. Handwörterb. d. Ch. 1, p. 626. — 65. Hofmann, Compt. rend. 54, p. 428, 56, p. 945 et 1033, 57, p. 1131, Jahresber. 1862, p. 347. — 66. Hofmann, Jahresber. 1863, p. 417. — 67. Girard et de Laire, Jahresber. 1862, p. 696. — 68. Bulk, Ber. 5, p. 417. — 69. Girard et de Laire, Jahresber. 1867, p. 968. — 70. Greiff, D. R. P. N° 15120 du 26 janvier 1881. — 71. Usèbe, Journ. pr. 92, p. 337 ; Lauth, Bull. de la Soc. chem. 1861, p. 78. — 71 a. Hofmann, Ber. 3, p. 761. 71 b. Gattermann et Wichmann, Ber. 22, p. 227. — 71 c. V. Miller et Plöchl, Ber. 24, p. 1700. — 72. Caro et Kern, D. R. P. N° 29060 du 11 mars 1884 ; Friedl. I. p. 99. — 73. E. et O. Fischer, Annal. 194, p. 274. — 74. Kolbe et Schmitt, Annal. 119, p. 169. — 75. Nencki et Schmitt, Journ. f. pr. Chem. (2) 23, p. 549. — 76. Graebe et Caro, Ber. 11, p. 1350. — 77. Liebermann et Schwarzer, Ber. p, 9, 800. — 78. Dale et Schorlemmer, Annal. 166, p. 281 et 196, p. 77. — 79. Dale et Schorlemmer, Ber. 10, p. 1016, — 79 a,

Zulkowsky, Annal. 179, p. 203. — 80. Caro et Wanklyn, Journ. f. pr. Chem. 100, p. 49. — 81. Runge, Poggend. Annal. 31, p. 65 et 512. — 82. Caro et Graebe, Annal. 179, p. 203. — 83. Persoz fils, Pelouze, traité de chimie. — 84. Guinon, Marnas et Bonnet, brevet français de 1862. — 85. Reichenbach, Schweiger's Journ. f. Chem. 68, p. 1. — 86. Liebermann, Ber. 9, p. 334. — 87. Hofmann, Ber. 11, p. 1455; 12, p. 1371 et 2216. — 88. D. R. P. N° 49970. — 89. Caro, Ber. 26, p. 939 et p. 2671. — 90. Döbner, Ber. 12, p. 1462; 13, p. 610. — 91. Nietzki et Schröter, 28, p. 44. — 92. Baeyer, Annal. 202, p. 68. — 93. Nietzki et Burckhardt, Ber. 30, p. 175. — 94. D. R. P. N° 52211. — 95. Baeyer, Annal. 212, p. 249. — 96. R. Meyer, Ber. 21, p. 3376; 24, p. 1412 et 2600. — 97. Baeyer, Annal. 183, p. 1, et Annal. 202, p. 68. — 98. Nietzki et Schröter, Ber. 28, p. 44. — 99. Bayer, Annal. 183, p. 1. — 100. Hofmann, Ber. 8, p. 62. — 101. D. R. P. N° 52139 du 26 avril 1889. — 102. D. R. P. N° 44002. — 103. D. R. P. N° 48367. — 104. D. R. P. N° 51983. — 105. Baeyer, Ber. 4, p. 457 et 663. — 106. Baeyer, Ber. 4, p. 457. — 107. Buchka, Annal. 209, p. 261.

VI. Colorants dérivés de la quinone imide. — 1. Nietzki, Ber. 16, p. 464. — 2. Nietzki, Ber. 10, p. 1157. — 3. Nietzki, Ber. 16, p. 464. — 4. Bernthsen, Annal. 230, p. 73 et 211. — 5. Witt, Ber. 12, p. 931. — 6. Bindschedler, Ber. 16, p. 865. — 7. Bindschedler, Ber. 13, p. 207. — 8. Köchlin et Witt, D. R. P. N° 15915. — 9. Witt, Journ. of the chem. Ind. 1882. — 10. Möhlau, Ber. 16, p. 2845. — 11. Schmidt et Andressen, Journ. pr. (2) 24, p. 435. — 12. Lauth, Ber. 9, p. 1035. — 13. Koch, Ber. 12, p. 592. — 14. Bernthsen, Ber. 17, p. 611. — 15. D. R. P. N° 1886 du 15 décembre 1877; Friedl., p. 247; Engl. Pat. N° 3751. — 16. Bernthsen, Ber. 16, p. 2903 et 1025. — 17. Annal. 251, p. 1. — 18. D. R. P. N° 38573; Fabriques de Höchst. — 19. D. R. P. 45839; Badische Anilin-und Sodafabrik. — 20. D. R. P. N° 38979; Friedl. I, p. 266. — 21. Oehler, D. R. P. N° 12932 du 14 juillet 1880. — 21 *a*. Demande de brevet N° 3603. — 22. Friedl. II, p. 156. — 23. Nietzki, D. R. P. N° 73556. — 24. Annal. 251, p. 1 et 230, p. 73 et 211. — 24 *a*. D. R. P. N° 85046; Bayer et Cie. — 25. Meldola, Ber. 12, p. 2065. — 26. Nietzki et Otto, Ber. 21, p. 1590 et 1736. — 27. Nietzki et Bossi, Ber. 25, p. 2994. — 28. D. R. P. N° 45268; Badische Anilin- und Sodafabrik. — 29. Witt, Ber. 23, p. 2247. — 30. Demande de brevet N° 3142; Friedl. II, p. 164. — 31. Weselsky, Annal. 162, p. 273. — 32. Weselsky et Benedikt, Wien. Monatsh. I, p. 886, Ber. 14, p. 530. — 33. Nietzki, Dietze et Mäckler, Ber. 22, p. 3020. — 34. Bindschedler et Busch, D. R. P. N° 14622. — 35. Brünner et Krämer, Ber. 17, p. 1847. — 36. Nietzki, Ber. 24, p. 3366. — 37. Nietzki et Mäckler, Ber. 23, p. 718. — 38. Möhlau, Ber. 25,

p. 1055. — 39. H. Köchlin, D. R. P. N° 19580 du 17 décembre 1881 ; Friedl. I, p. 269. — 40. Liebermann, Ber. 7, p. 1098. — 41. Nietzki et Mäckler, Ber. 23, p. 718. — 42. G. Fischer, Journ. f. pr. Chem. 19, p. 317. — 43. Seidel, Ber. 23, p. 182. — 44. Witt, Ber. 18, p. 1119. — 45. Witt, Ber. 19, p. 441. — 46. Nietzki et Otto, Ber. 21, p. 1598 et 1736. — 47. Witt, Ber. 21, p. 719. — 48. Nietzki et Simon, Ber. 28, p. 2975. — 49. Nietzki et Otto, Ber. 21, p. 1598. — 50. Kehrmann et Messinger, Ber. 23, p. 2447. — 51. Fischer et Hepp, Ber. 22, p. 355. — 52. Griess, Ber. 5, p. 202. — 53. Nietzki, Ber. 22, p. 3039. — 54. Nietzki et Ernst, Ber. 23, p. 1852. — 55. Witt, Ber. 12, p. 931. — 56. Bernthsen, Ber. 19, p. 2604 ; Annal. 236, p. 332. — 57. Witt, Ber. 19, p. 2791. — 58. O. Fischer et E. Hepp, Ber. 23, p. 845. — 59. Kehrmann et Messinger, Ber. 23, p. 2447. — 60. Kehrmann et Messinger, Ber. 24, p. 2167. — 61. Nietzki et Hasterlick, Ber. 24, p. 1337. — 62. Nietzki, Ber. 16, p. 464. — 63. Bindschedler, Ber. 16, p. 865. — 64. Bindschedler, Ber. 13, p. 207. — 65. Witt, Ber. 12, p. 931. — 65 *a*. Kehrmann, Ber. 29, p. 2316. — 65 *b*. Nietzki, Ber. 29, p. 1442. — 66. Nietzki et Otto, Ber. 21, p. 1590. — 67. Witt, Ber. 10, p. 873. — 68. Perkin, Jahresber. 1859-1863. — 69. Witt, Ber. 12, p. 939. — 70. Hofmann et Geyger, Ber. 5, p. 526. — 71. Perkin, Jahresber. de 1859 à 1863, Proc. of Royal Soc. 35, p. 717. — 72. Fischer et Hepp, Ber. 21, p. 2620. — 72 *a*. Nietzki, Ber. 29, p. 1442. — 73. Fischer et Hepp, Annal. 262, p. 262. — 74. Fischer et Hepp, Annal. 272, p. 311. — 75. Hofmann, Ber. 2, p. 374. — 76. Julius, Ber. 19, p. 1365. — 77. D. R. P. N° 63181. — 78. D. R. P. N° 40886. — 79. Fischer et Hepp, Annal. 256, p. 236. — 80. Nietzki et Otto, Ber. 21, p. 1736. — 81. Fischer et Hepp, Ber. 26, p. 1655. — 82. Kehrmann, Ber. 28, p. 1709. — 83. Kehrmann et Messinger, Ber. 24, p. 584 et 2167. — 84. D. R. P. N° 45370, Badische Anilin- und Sodafabrik ; Friedl. II, p. 202. — 85. D. R. P. N° 55227, Kalle et Cⁱᵉ. — 86. Caro et Dale, Dingler's Journ. 159, p. 465. — 87. Griess et Martius, Zeitschr. f. Chem. 1866, p. 136. — 88. Hofmann et Geyger, Ber. 5, p. 572. — 89. V. Dechend et Wichelhaus, Ber. 8, p. 1609. — 90. Witt, Ber. 17, p. 74. — 91. Witt et Thomas, Chem. Soc. 1883, p. 112. — 92. Caro, Fehling's Handwörterbuch, Art. indulines. — 93. Fischer et Hepp, Annal. 262, p. 262. — 94. D. R. P. N° 50534 ; Fabriques de Höchst. — 95. D. R. P. N° 36899 ; Dahl et Cⁱᵉ. — 96. Fischer, Ber. 24, p. 719. — 97. Kehrmann et Messinger, Ber. 24, p. 1239. — 98. Fischer et Hepp, Ber. 23, p. 2789.

VII. Noir d'aniline. — 1. Lauth, Bull. Soc. chim. Decembre 1864. — 2. Casthelaz, Deutsch. Industriez. 1874. — 3. Persoz, Deutsch. Industriez. 1868. — 4. Rich. Meyer, Ber. 9, p. 141. — 5. Fritzsche, Journ. f. pr. Chem. 28, p. 202. — 6. Lightfoot, Jahresber. 1872,

p. 1076. — 7. Witz, Jahresber. 1877, p. 1239. — 8, Kreis, Jahresber. 1874, p. 1217. — 9. Suida et Lichti, Wagner's Jahresber. 1884, p. 546. — 10. Coquillon, Compt. rend. 81, p. 404. — 11. Nietzki, Ber. 9, p. 616. — 12. R. Kayser, Verh. d. Kgl. Gewerbemuseums z. Nürnberg, 1877. — 13. Nietzki, Ber. 11, p. 1094; Verh. d. Vereins zur Bef. d. Gewerbfleisses, 1877. — 14. Nietzki, Ber. 9, p. 1168. — 15. Goppelsröder, Jahresber. 1876, p. 702. — 16. Witt et Thomas, Chem. Societ. 1883, p. 112. — 17. Nietzki, expérience inédite. — 18. Nietzki, Ber. 17, p. 223 et Ber. 11, p. 1094. — 18 *a*. Vortrag auf der Naturforscherversammlung zu Frankfurt, 1896. — 19. Lauth, Bull. Soc. chim., décembre 1864.

VIII. Colorants dérivés de la quinoléine et de l'acridine. — 1. Hofmann, Jahresber. 1862, p. 351. — 2. Nadler et Merz, Jahresber 1867, p. 512. — 3, Hoogewerf et v. Dorp, Ber. 17 Ref., p. 48. — 4. Williams, Chem. News 2, p. 219. — 5. Jacobsen et Reimer, Ber. 16, p. 1082. — 6. E. Jacobsen, D. R. P. Nos 23962 du 16 décembre 1882 et 23188 du 4 novembre 1882; Friedl. I, p. 161. — 7. Jacobsen et Reimer, Ber. 16, p. 2604. — 8. Fischer et Rudolf, Ber. 15, p. 1500; Fischer et Besthorn, Ber. 16, p. 68. — 9. Fischer et Täuber, Ber. 17, p. 2925. — 10. Fischer et Bedall, Ber. 15, p. 684. — 11. Boedecker, Annal. 24, p. 228. — 12. Büchner, Annal. 69, p. 40. — 13. Hlasiwetz et Gilm, Annalen, Supl. II, p. 191. — 14. Weidel, Ber. 12, p. 410. — 15. Fürth, Wiener Monatsh. 2, p. 416. — 16. Perkin, Chem. Soc. Journ. 1890, p. 991. — 17. Leonhardt et Cie, D. R. P. No 52324; Friedl. II, p. 109. — 18. Oehler, D. R. P. du 27 juillet 1887; Friedl. I, p. 167. — 19. D. R. P. No 49850; Fabriques de Höchst. — 20. Hofmann, Jahresber. 1862, p. 346; Ber. 2, p. 379. — 21. Fischer et Körner, Ber. 17, p. 203. — 22. Anschütz, Ber. 17, p. 434. — 22 *a*. D. R. P. No 49850; Fabriques de·Köchst.

IX. Colorants du thiazol. — 1. D. R. P. No 35790; Friedl. I, p. 535. — 2. Gattermann, Ber. 22, p. 424 et 1064; Jacobsen, Ber. 22, p. 331; Anschütz et Schulz, Ber. 22, p. 581; Green, Ber. 22, p. 969 et Ref., p. 569. — 3. D. R. P. No 51738; Friedl. II, p. 299. — 4. Green et Lawson, Chem. Soc. 1889, 55, p. 230. — 5. D. R. P. No 53935; Friedl. II, p. 297.

X. Oxycétones, xanthones, flavones et coumarines. — 1. Nencki et Sieber, Journ. pr. 23, p. 147. — 2. D. R. P. No 50238. — 3. D. R. P. No 49149. — 4. Ciamician et Silber, Ber. 28, p. 1393. — 5. Graebe, Annal. 254, p. 298. — 6. V. Kostanecki et Nessler, Ber. 24, p. 3983. — 7. Baeyer, Annal. 155, p. 2597. — 8. Wichelhaus et Salzmann, Ber. 10, p. 1397. — 9. Erdmann, Journ. f. pr. Chem. 33, p. 190. — 10. V. Kostanecki, Ber. 19, p. 2918. — 11. Spiegel, Ber. 15, p. 1964. — 12. Stenhouse, Annal. 51, p. 423. — 13. V. Kostanecki, Ber. 26, p. 2901 et Ber. 28, p. 2302. —

14. Perkin, Journ. of chem. Soc. 69, p. 207. — 14 *a*. Piccard, Ber. 6, p. 884. — 15. Chevreuil, Ann. de Chim. et Phys. (2) 82, p. 53-126. — 16. Moldenhauer, Annal. 100, p. 180 ; Journ. f. pr. Chem. 70, p. 428. — 17. Schutzenberger et Paraff, Jahresber. 1861, p. 707. — 18. Herzig, Ber. 28, p. 1013. — 19. Herzig, Wiener Monatsh. 12, p. 177. — 20. Hlasiwetz, Annal. 112, p. 109. — 21. Zwenger et Droscke, Annal. Supl. I, p. 267. — 21 *a*. Liebermann et Hörmann, Ber. 11, p. 952. — 22. Liebermann et Hamburger, Ber. 12, p. 1179. — 23. Rigaud, Annal. 90, p. 283, — 24. Rochleder, Jahresber. 1859, p. 523. — 25. Bolley, Annal. 115, p. 54. — 26. Herzig, Wiener Monatsh. 5, p. 72, 6, p. 863, 9, p. 537, 11, p. 952, 12, p. 173, 14, p. 53 et 15, p. 697. — 26 *a*. V. Kostanecki, Ber. 28, p. 2302. — 27. Hlasiwetz, Annal. 96, p. 123. — 28. Kane, Berzelius Jahresber. 24, p. 505. — 29. Gelatly, Jahresber. 1865, p. 473. — 30. Schutzenberger, Annal. de Chim. et de Phys. (4) 15, p. 118. — 31. Liebermann et Hörmann, Annal. 196, p. 307. — 32. Herzig, Wiener Monatsh. 6, p. 889, 9, p. 548 et 12, p. 172. — 33. D. R. P. N° 52927, Bayer et Cie. — 34. Jacobsen et Julius, Ber. 20, p. 3134. — 35. V. Kostanecki, Ber. 20, p. 2327. — 36. Bohn et Graebe, Ber. 20, p. 2327 ; D. R. P. N° 37934 ; Friedl. I, p. 567. — 37. Wöhler et Merklin, Annal. 55, p. 129. — 38. Griessmeyer, Annal. 160, p. 25. — 38 *a*. Schiff, Ber. 12, p. 1553.

COLORANTS DU GROUPE DE L'INDIGO. — 1. Bayer, Annal. suppl. 7, p. 56, Ber. 15, p. 785. — 2. Nencki, Ber. 7, p. 1593 ; 8 p. 336, Journ. f. pr. Chem. (2) 17, p. 98. — 3. Baeyer et Emmerling, Ber. 2, p. 680. — 4. Baeyer et Caro, Ber. 10, p. 692 et 1262. — 4 *a*. Baeyer, Ber. 11, p. 582. — 5. Morgan, Jahresber. 1877, p. 788. — 6. E. Fischer, Annal. 236, p. 126. — 7. Baumann et Tiemann, Ber. 12, p. 1192 ; 13, p. 415. — 8. Suida, Ber. 11, p. 584. — 9. Baeyer et Knop, Annal. 140 p. 29. — 10. Erdmann, Journ. pr. Chem. 24, p. 11. — 11. Baeyer, Ber. 11, p. 1228 ; 13, p. 2254. — 12. Friedländer et Ostermaier, Ber. 14, p. 1916. — 12 *a*. Baeyer, Ber. 14, p. 1741. — 13. Baeyer et Comstock, Ber. 16, p. 1704. — 14. Claisen et Schadwell, Ber. 12, p. 350. — 14 *a*. Baeyer, Ber. 12, p. 456. — 15. Baeyer, Ber. 15, p. 775. — 16. Baeyer, Ber. 15, p. 50. — 17. Baeyer, Ber. 15, p. 775. — 18. Schunck, Phil. Magazin (4) 10, 73, 15, 29, 117, 283 ; Jahresber. 1855, p. 660, 1858, p. 465. — 19. Fritzsche, Annal. 44, p. 290. — 20. Sommaruga, Annal. 195, p. 305. — 21. Erdmann, Journ. pr. 24, p. 11. — 22. Liebermann, Ber. 14, p. 413. — 23. Liebermann, Ber. 21, p. 442. — 24. Baeyer, Ber. 14, p. 1741. — 25. Schwartz, Jahresber. 1863, p. 557. — 26. Baeyer, Ber. 12, p. 1315. — 27. Crum, Berzelius Jahresber. 4, p. 189 ; Berzelius, Berz. Jahresber. 4, p. 190. — 28. Dumas, Annal. 48, p. 257. — 29. Loew, Ber. 18, p. 950. — 30. D. R. P. N° 32238 du 28 mars 1884 ; Friedl.

p. 145. — 31. Baeyer, Ber. 12, p. 456. — 32. Baeyer et Emmerling, Ber. 3, p. 514. — 33. Baeyer, Ber. 14, p. 1741. — 34. Forrer, Ber. 17, p. 975. — 35. Baeyer et Emmerling, Ber. 2, p. 680. — 36. Claisen et Comstock, Ber. 16, p. 1704. — 37. Schunck, Mem. of Manchest. phil. 14, p. 185; Ber. 16, p. 2188. — 38. Baeyer et Emmerling, Ber. 3, p. 514. — 39. Engler et Emmerling, Ber. 3, p. 885. — 40. Nencki, Ber. 8, p. 727; 7, p. 1593 et 9, p. 299. — 41. Nencki, Ber. 7, p. 1593 et 8, p. 336. — 42. Engler et Jänecke, Ber. 9, p. 1411. — 43. Nencki, Journ. f. pr. Chem. (2) 17, p. 98. — 44. Baeyer et Emmerling, Ber. 2, p. 680. — 45. Baeyer et Caro, Ber. 10, p. 692 et 1262. — 46. Baeyer et Knop, Annal. 140, p. 29. — 47. Suida, Ber. 11, p. 584. — 48. Erdmann, Journ. f. pr. Chem. 24, p. 11; Laurent, ibid. 25, p. 434. — 49. Baeyer, Ber. 11, p. 1228. — 50. Friedländer et Ostermaier, Ber. 14, p. 1921. — 51. Baeyer, Ber. 13, p. 2259. — 52. Nencki, Ber. 17, p. 1593 et 8, p. 336. — 53. D. R. P. N° 11857 du 19 mars 1880; Friedl. I, p. 127. — 54. Glaser, Annal. 143, p. 325; 147, p. 78 et 154, p. 137. — 55. D. R. P. N° 19266 du 23 décembre 1881; Friedl. I, p. 136; et D. R. P. N° 19768 du 24 février 1882; Friedl. I, p. 140. — 56. Baeyer et Drewsen, Ber. 15, p. 2856. — 57. Baeyer et Drewsen, Ber. 16, p. 2205. — 58. D. R. A. N° 20255 du 24 mars 1882; Friedl. I, p. 141. — 59. Claisen. Ber 14, p. 350, 2460 et 2468. — 60. Meister Lucius et Brüning, D. R. P. du 2 juillet 1882; Friedl. I, p. 142. — 61. D. R. P. N° 21592 du 12 août 1882; Friedl. p. 138. — 62. Gevekoht, Annal. 221, p. 330; D. R. P. N° 23785 du 13 janvier 1883; Friedl. I, p. 139. — 63. Baeyer et Bloem, Ber. 17, p. 963. — 64. P. Meyer, Ber. 16, p. 2261; D. R. P. N° 25136 du 2 mars 1883; D. R. P. N° 27979 du 22 décembre 1883; Friedl. I, p. 148 et 149. — 65. Heumann, Ber. 23, p. 3043; D. R. P. N°s 54626 et 55988. — 66. Ber. 24, p. 977. — 67. Heumann, Ber. 23, p. 3431. — 68. Heymann, Ber. 24, p. 1476 et 3066. — 69. Flim, Ber. 23, p. 57. — 70. Kekulé, Ber. 2, p. 748. — 71. Claisen et Schadwell, Ber. 12, p. 350. — 72. Baeyer, Ber. 16, p. 2188. — 73. Baeyer, Ber. 15, p. 782.

XII. Matières colorantes a constitution inconnue. — 1. Prochoroff et Müller, Dingler's Journal 253, p. 130. — 2. Markognikoff, Journ. d. russ. Chem. G. 1884, p. 380. — 3. Lindow, ibid. 1884, p. 271. — 4. Prout, Annal. d. Chim. et de Phys. 32, p. 316. — 5. Liebig et Wöhler, Annal. 26, p. 319. — 6. Fritzsche, Annal. 32, p. 316. — 7. Beilstein, Ann. 107, p. 176. — 8. Chevreuil, Annal. d. Chim. et Phys. (2) 82, p. 53-126; Leçons de chimie appliquées à la teinture II; Journ. de chim. méd. VI, 157. — 9. Erdmann, Annal. 44, p. 292. — 10. Hesse, Annal. 109, p. 332. — 10 a. Dralle, Ber. 17, p. 372. — 11. Rammelsberg, Jahresber. 1857, p. 490. — 12. Reim, Ber. 4, p. 329. — 13. Buchka, Ber. 17, p. 683. — 14. Chevreuil, Annal. d. chim. et phys. (2) p. 53-

126. — 15. E. Kopp, Ber. 6, p. 447. — 16. Bolley, Journ. f. pr. Chem. 153, p. 351. — 16 *a*. Benedikt, Annal. 178, p. 100. — 17. Hummel et Perkin, Ber. 15, p. 2344. — 17 *a*. Buchka et Erk, Ber. 18, p. 1138. — 18. Liebermann et Burg, Ber. 9, p. 1835. — 19. Wiedmann, Ber. 17, p. 194. — 20. Löwe, Fresenius Zeitschr. 14, p. 119. — 21. Wagner, Journ. f. pr. Chim. 51, p. 82. — 22. Hlasiwetz et Pfanndler, Annal. 127, p. 353. — 23. Benedikt, Ber. 8, p. 606. — 24. Piccard, Journ. f. pr. Chem. 1861, p. 709. — 25. Mylius, Journ. f. pr. Chem. 1864, p. 546. — 26. Stein, Jahresber. 1867, p. 731. — 27. Etti, Ber. 11, p. 864. — 28. Piccard, Ber. 6, p. 884. — 29. Daube, Ber. 3, p. 609. — 30. Iwanow-Gajewsky, Ber. 3, p. 624. — 31. Kachler, Ber. 3, p. 713. — 32. Jackson, Ber. 14, p. 485. — 33. Kane, Annal. 39, p. 25. — 34. Robignet, Annal. 15, p. 292. — 35. Dumas, Annal. 27, p. 147. — 36. Liebermann, Ber. 7, p. 247 et 8, p. 1649. — 36 *a*. Luynes, Jahresber. 1864, p. 551. — 37. Wartha, Ber. 9, p. 217. — 38. Schlieper, Annal. 58, p. 362. — 39. Malin, Annal. 136. p. 117. — 39 *a*. Leo Meyer, Jahresber. 1847, p. 784 ; Weyermann et Häfely, Annal. 74, p. 226. — 40. Franchimont, Ber. 12, p. 14. — 41. Carnelutti et Nasini, Ber. 13, p. 1514. — 42. Liebermann et Römer, Ber. 20, p. 2428. — 43. Cloëz et Guignet, Jahresber. 1872, p. 1068. — 43 *a*. Kayser, Ber. 17, p. 2228 et 18, p. 3417. — 44. Schaller, Jahresber. 1864, p. 410 ; Zeitschr. f. Chem. 1865. p. 140. — 45. Warren de la Rue, Annal. 64, p. 1. — 46. Hlasiwetz et Grabowski, Annal. 141, p. 329. — 47. Will et Leymann, Ber. 18, p. 3180. — 48. Liebermann et v. Dorp, Annal. 163, p. 105. — 49. V. Miller et Rhode, Ber. 26, p. 2647. — 50. Liebermann, Ber. 18, p. 1975. — 51. R. Schmidt, Ber. 20, p. 1285. — 52. Lacaze Duthiers, Wagner Jahresber. 1860, p. 488. — 53. Schunck, Ber. 12, p. 1359. — 54. Bizio, Ber. 6, p. 142. — 55. Witt, Ber. 7, p. 1530 et 1746.

ÉVREUX, IMPRIMERIE DE CHARLES HÉRISSEY

ERRATA

www.ingramcontent.com/pod-product-compliance
Ingram Content Group UK Ltd.
Pitfield, Milton Keynes, MK11 3LW, UK
UKHW020719120726
13693UKWH00001B/55